产业专利分析报告

（第1册）

杨铁军 ◎ 主编

1. 薄膜太阳能电池
2. 等离子体刻蚀机
3. 生物芯片

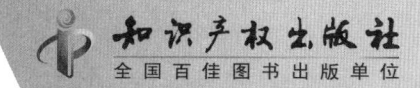

知识产权出版社
全国百佳图书出版单位

内容提要

本书收集了三个行业的专利态势分析报告。每个报告从相关行业的专利（国内、国外）申请、授权、申请人的已有专利状态、其他先进国家的专利状况、同领域领先企业的专利壁垒等方面入手，充分结合相关数据，展开分析，并得出分析结果。本书是了解相关行业技术发展现状并预测未来走向，帮助企业做好专利预警的必备资料。

读者对象： 相关行业的企业管理者、研发人员、知识产权预警及管理的研究人员。

责任编辑： 王 欣　卢海鹰　　**责任校对：** 董志英
版式设计： 王 欣　卢海鹰　　**责任出版：** 卢运霞
文字编辑： 胡文彬

图书在版编目（CIP）数据

产业专利分析报告.第1册/杨铁军主编.—北京：知识产权出版社，2011.7
ISBN 978-7-5130-0691-0

Ⅰ.①产… Ⅱ.①杨… Ⅲ.①专利-研究报告-中国 Ⅳ.①G306.72

中国版本图书馆CIP数据核字（2011）第136345号

产业专利分析报告（第1册）
CHANYE ZHUANLI FENXI BAOGAO

杨铁军　主　编

出版发行：知识产权出版社	
社　　址：北京市海淀区马甸南村1号	邮　编：100088
网　　址：http://www.ipph.cn	邮　箱：bjb@cnipr.com
发行电话：010-82000860 转 8101/8102	传　真：010-82005070/82000893
责编电话：010-82000860 转 8122	责编邮箱：wangxin@cnipr.com
印　　刷：知识产权出版社电子制印中心	经　销：新华书店及相关销售网点
开　　本：787mm×1092mm 1/16	印　张：22.25
版　　次：2011年9月第1版	印　次：2011年9月第1次印刷
字　　数：510千字	定　价：50.00元

ISBN 978-7-5130-0691-0/G·417（3590）

出版权专有　侵权必究
如有印装质量问题，本社负责调换。

编委会

主　任：杨铁军

副主任：葛　树　冯小兵

编　委：李永红　张清奎　崔伯雄　朱仁秀

　　　　张伟波　闫　娜　韩爱朋　王贞华

　　　　李超凡

全文题

序

　　有效地利用专利信息是提高创新水平、把握市场方向的重要途径，是避免专利纠纷、规避经营风险的有效手段，是提高经济增长质量和效益的保障。当前，作为市场主体，企业和行业对专利信息利用的认识正在不断深化，专利信息利用的市场需求逐步扩大，知识产权中介服务机构的信息服务能力和水平亟需大力提升。因此，为提升专利信息在产业发展中的作用，促进专利信息服务产业的发展，政府部门有必要发挥引导、示范和推动作用，以充分发挥专利制度在国民经济发展中的作用。

　　2010年国家知识产权局组织开展了专利分析普及推广项目。该项目的内容包括：定期开展涉及多个产业的专利分析课题研究，发布产业专利分析报告，推广专利分析成果；形成专利分析报告标准，规范专利分析内容，普及专利分析方法。通过这些工作的开展，我们力图实现"普及方法、培育市场、服务创新"的项目宗旨。"十二五"期间，国家知识产权局计划每年开展涉及不同产业的近10项专利分析课题研究，共计形成近50项专利分析报告。我们期待着这些报告在培育和规范专利分析市场，提升专利信息运用的意识和能力，引导技术创新和专利运用方面能够发挥重要支撑作用。

　　2010年度，国家知识产权局专利分析普及推广项目共开展了5项专利分析研究，包括薄膜太阳能电池、等离子体刻蚀机、生物芯片、环保农药、基因工程多肽药物。经过课题组成员的辛勤努力，形成了一组具有一定参考价值和示范作用的专利分析报告，并将这些分析报告公开出版。由于报告中专利文献数据采集范围和专利分析工具的限制，加之研究人员能力有限，报告的数据、结论和建议仅供社会各界借鉴参考。

我衷心希望本书对于相关行业、企业和地方知识产权管理部门以及知识产权服务机构开展专利分析工作发挥有益作用，并祝愿专利分析工作在我国各产业、各地区结出累累果实！

国家知识产权局副局长

2011 年 9 月

目 录

报告一　薄膜太阳能电池专利分析报告 / 1

第1章　研究概况 / 3
　　1.1　立题背景及研究目的 / 3
　　1.2　薄膜太阳能电池技术的起源和发展 / 4
　　1.3　课题研究所用的数据库及数据范围 / 10

第2章　专利技术分析 / 11
　　2.1　薄膜太阳能电池总体分析 / 11
　　2.2　硅基薄膜太阳能电池 / 17
　　2.3　I-III-VI族化合物薄膜太阳能电池 / 36
　　2.4　II-VI族化合物薄膜太阳能电池 / 55
　　2.5　染料敏化薄膜太阳能电池 / 62
　　2.6　有机聚合物薄膜太阳能电池 / 67

第3章　主要申请人分析 / 74
　　3.1　硅基薄膜太阳能电池 / 74
　　3.2　I-III-VI族化合物薄膜太阳能电池 / 91
　　3.3　II-VI族化合物薄膜太阳能电池 / 104
　　3.4　染料敏化薄膜太阳能电池 / 110
　　3.5　有机聚合物薄膜太阳能电池 / 119

第4章　在华专利申请分析 / 125
　　4.1　各国在华专利申请情况分析 / 125
　　4.2　硅基薄膜太阳能电池在华专利申请技术分析 / 131
　　4.3　各技术分支国内外申请人的申请状况分析 / 134
　　4.4　国内重点申请人的技术侧重点分析 / 141
　　4.5　国内各省市申请情况分析 / 143

第5章　主要结论及建议 / 146
　　5.1　主要结论 / 146
　　5.2　建　议 / 150

附　录 / 152

附件1：市场概况 / 152
附件2：各主要国家和地区光伏产业政策 / 157
附件3：技术分类及功效 / 163
附件4：术语说明 / 167

报告二　等离子体刻蚀机专利分析报告 / 169

第1章　研究概况 / 171
　　1.1　技术概况 / 171
　　1.2　市场概况 / 172
　　1.3　产业政策 / 174

第2章　专利技术分析 / 178
　　2.1　历年专利申请分布 / 178
　　2.2　技术广度分析 / 179
　　2.3　专利技术集中度分析 / 180
　　2.4　技术构成分布分析 / 181
　　2.5　技术研发活跃度分析 / 181
　　2.6　各技术分支历年申请量分布 / 184
　　2.7　技术功效矩阵分析 / 186
　　2.8　专利申请区域分布 / 190
　　2.9　各技术分支申请人分布 / 190
　　2.10　重要技术分支重点专利及技术发展路线分析 / 195
　　2.11　小　结 / 201

第3章　重要申请人分析 / 203
　　3.1　申请人类型分析 / 203
　　3.2　确定重要申请人 / 203
　　3.3　东京电子公司 / 206
　　3.4　应用材料公司 / 209
　　3.5　拉姆研究公司 / 213
　　3.6　三星电子公司 / 216
　　3.7　小　结 / 219

第4章　主要国家/地区专利申请状况分析 / 221
　　4.1　中、日、美、欧、韩历年专利申请分布 / 221
　　4.2　中、日、美、欧、韩专利申请流向分析 / 222
　　4.3　中、日、美、欧、韩专利申请区域分布 / 224
　　4.4　中、日、美、欧、韩专利技术研发活跃度分析 / 226
　　4.5　中、日、美、欧、韩专利技术优势分析 / 227
　　4.6　小　结 / 228

第 5 章　在华专利申请分析 / 231
　　5.1　各国在华专利申请状况 / 231
　　5.2　在华申请人分析 / 234
　　5.3　小　结 / 242
第 6 章　结论和建议 / 243
　　6.1　主要结论 / 243
　　6.2　建　议 / 245
附　录 / 246
　　　　附件1：术语说明 / 246
　　　　附件2：技术分类表 / 246

报告三　生物芯片专利分析报告 / 251

第 1 章　研究概况 / 253
　　1.1　研究目的 / 253
　　1.2　技术概况 / 253
　　1.3　产业概况 / 257
　　1.4　研究方法 / 259
第 2 章　专利技术分析 / 260
　　2.1　总体专利申请状况 / 260
　　2.2　主要技术分支专利申请状况 / 263
　　2.3　重要专利和技术路线分析 / 289
第 3 章　申请人分析 / 295
　　3.1　申请人总体情况分析 / 295
　　3.2　主要技术分支申请人分析 / 297
第 4 章　中国专利申请分析 / 325
　　4.1　在华专利申请总体状况分析 / 325
　　4.2　在华专利申请技术总体分析 / 326
　　4.3　在华专利申请人分析 / 330
　　4.4　中国申请人向他国提交的专利申请分析 / 334
第 5 章　主要结论及建议 / 336
　　5.1　主要结论 / 336
　　5.2　建　议 / 339
附　录 / 342

报告一

薄膜太阳能电池专利分析报告

课 题 名 称：薄膜太阳能电池专利分析

承 担 部 门：材料工程发明审查部

课 题 负 责 人：闫　娜

课 题 组 长：王启北

课题研究人员：董　刚　任　乐　李银锁　陈冠钦

主 要 执 笔 人：董　刚　李银锁　陈冠钦　任　乐

统 　稿 　人：闫　娜　王启北　董　刚　任　乐

研 究 时 间：2010 年 7～12 月

课题研究合作单位：

　　　　　　南开大学

　　　　　　新奥光伏能源有限公司

　　　　　　中国科学院上海硅酸盐研究所

　　　　　　中国科学院化学研究所

　　　　　　中国电子科技集团公司第十八研究所

第1章 研究概况

1.1 立题背景及研究目的

1.1.1 立题背景

太阳能是各种可再生能源中最重要的基本能源，生物质能、风能、海洋能、水能等都来自太阳能。通过转换装置把太阳辐射能转换成电能利用的属于太阳能光发电技术，太阳能电池通常利用半导体器件的光伏效应原理进行光电转换，是太阳能使用的重要形式。20世纪70年代以来，鉴于常规能源供给的有限性和减少温室气体排放等环保压力的增加，世界上许多国家掀起了开发利用太阳能及其他可再生能源的热潮。开发利用太阳能及其他可再生能源成为国际社会的一大主题和共同行动，成为各国制定可持续发展战略的重要内容。过去十余年间，太阳能电池市场每年都以很高的速度增长，但与全世界能源消耗量相比仍然显得微乎其微，近年来气候变化等原因进一步促进了太阳能电池产业的发展，使其展现出广阔的市场前景。

按照太阳能电池的发展阶段，可以将太阳能电池大致分为第一代太阳能电池——晶体硅太阳能电池、第二代太阳能电池——薄膜太阳能电池和第三代太阳能电池——新型的太阳能电池。目前已经商业化的太阳能电池主要是晶体硅太阳能电池和部分薄膜太阳能电池，其中晶体硅太阳能电池效率较高，制造技术最成熟可靠，使用最为广泛，占据了太阳能电池市场的主要份额。但是，晶体硅太阳能电池需要150微米以上的厚度才能有效地吸收太阳能，并且上游的晶体硅材料需要经过多次提纯，能耗较高，导致成本相对较高，从技术上看，单位发电成本（每瓦成本）降低的空间较小。薄膜太阳能电池的厚度一般只有1~10微米，降低了原材料的消耗，在玻璃等相对廉价的衬底材料上制造，可以实现低成本、大面积的工业化生产，自动化和生产效率较高，便于整合，改善了外观，在高温环境下能保持良好的性能，能够制备柔性和形状特别的太阳能电池，拓展了应用范围；主要缺点在于组件的转换效率低于晶体硅，但仍有较大的提升空间，可以预期，随着技术的发展，薄膜太阳能电池的单位发电成本将远低于晶体硅太阳能电池。因此，近年来薄膜太阳能电池日益受到广泛的关注。世界上已有一百多家企业涉足薄膜太阳能电池业务，国内也有二十多家企业已经建成或在建多条薄膜太阳能电池生产线。新能源是国家重点支持的高新技术，国内数量众多的企业、高校和研究机构已经对薄膜太阳能电池进行大量的研究开发，并围绕材料、制备和应用申请了大量的专利，但目前国内还没有关于薄膜太阳能电池的研发和生产的专利技术统计和分析研究。

1.1.2 课题研究的目的

本课题针对薄膜太阳能电池进行专利数据分析，了解相关技术领域专利申请的分布情况，掌握全球主要申请人以及国内主要申请人的专利申请量，对薄膜太阳能电池的专利技术、热点技术和发展趋势进行分析和总结，为行业发展提供参考。

1.2 薄膜太阳能电池技术的起源和发展

根据半导体材料的不同，可以将薄膜太阳能电池分为硅基薄膜太阳能电池、化合物薄膜太阳能电池、染料敏化薄膜太阳能电池和有机聚合物太阳能电池，其中化合物薄膜太阳能电池主要包括以碲化镉为代表的Ⅱ-Ⅵ族化合物薄膜太阳能电池和以铜铟硒（CIS）、铜铟镓硒（CIGS）为代表的Ⅰ-Ⅲ-Ⅵ族化合物薄膜太阳能电池❶。下面分别对这几类薄膜太阳能电池的技术起源和发展进行简要的介绍。

1.2.1 硅基薄膜太阳能电池

硅基薄膜太阳能电池包括非晶硅、微晶硅、多晶硅及单晶硅薄膜太阳能电池，其共同特点是具有相对薄的、沉积或附着在无活性的支撑衬底上的硅薄膜。其中非晶硅及微晶硅薄膜太阳能电池是市场上的主流产品。

20世纪60年代末，英国标准通讯实验室用辉光放电法制备了氢化非晶硅薄膜（a-Si: H）。1975年，W. E. Spear和Le Comber最先成功实现对非晶硅（a-Si）的P型、N型掺杂物进行控制，做出了PN结。同年，美国RCA的Carlson申请了最早的a-Si太阳能电池的专利。1980年Carlson将a-Si太阳能电池的效率提高到8%，具有产业化标志意义。随后日本三洋公司实现了a-Si太阳能电池的批量生产。

a-Si太阳能电池的基本结构为p-i-n型或n-i-p型。p-i-n型的电池一般在玻璃衬底（由于光透过玻璃射入，此时也将玻璃称为衬顶）上沉积一层透明导电膜（TCO），然后以p、i、n的顺序连续沉积各层，其中在p层和i层可以沉积一层缓冲层（过渡层）以降低界面缺陷态密度，提高填充因子，然后在n层上沉积背电极（铝或银），为了提高光在背电极的有效散射并降低由于金属离子扩散所引起的电池短路，在沉积背电极之前还可以在n层上沉积一层氧化锌。n-i-p型通常以不透明的材料如不锈钢和塑料作为衬底，首先在衬底上沉积背反射膜（常用AZO），然后依次沉积n、i和p层，接着在p层上沉积TCO（常用ITO）。

非晶硅太阳能电池内光生载流子主要产生于本征i层，与晶态硅太阳能电池中载流子主要由于扩散而移动不同，在非晶硅太阳能电池中，光生载流子主要依靠太阳能电池内电场作用做漂移运动。由于太阳光具有很宽的光谱，用一种禁带宽度的半导体材

---

❶ 化合物薄膜太阳能电池还包括Ⅲ-Ⅴ族薄膜太阳能电池，但是，仅有少量申请人对Ⅲ-Ⅴ族薄膜太阳能电池进行研究，全球的专利文献量仅有几十篇，不具备深入分析和研究的价值，因此，在本报告中不包括Ⅲ-Ⅴ族薄膜太阳能电池。

料不能有效地利用太阳光子的能量。在以非晶硅、非晶锗硅合金和微晶硅为吸收材料的太阳能电池中,多采用双结或三结的电池结构。利用多结电池,除可以提高对不同光谱区光子的有效利用外,还可以提高太阳能电池的稳定性。非晶硅及非晶锗硅在长时间光照条件下产生光诱导缺陷,相同密度的光诱导缺陷对具有薄本征层的太阳能电池效率的影响比对厚本征层电池的影响要小,在多结电池中每结的厚度都可以相对较薄,因而有利于提高内建场,因此多结硅薄膜太阳能电池不仅效率比单结电池高,而且稳定性优于单结电池。

单结、双结及多结硅薄膜太阳能电池结构的示意图如图1-2-1所示。

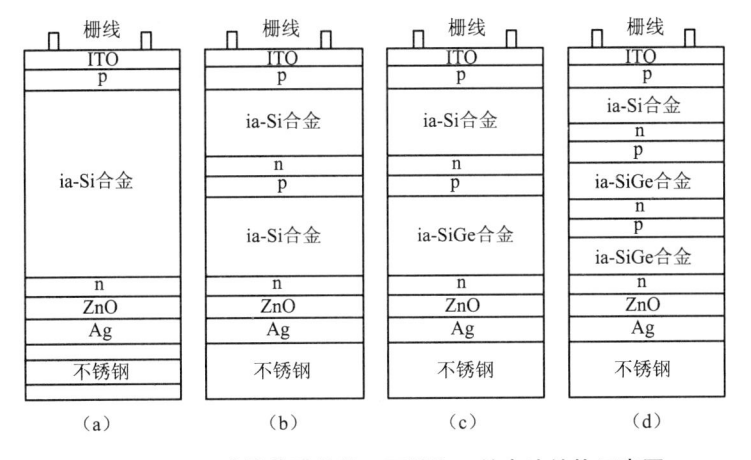

图1-2-1 硅基薄膜单结、双结和三结电池结构示意图
(a) 单结;(b) 同带隙双结;(c) 双带隙双结;(d) 三结

1.2.2 Ⅰ-Ⅲ-Ⅵ族化合物薄膜太阳能电池

1974年贝尔电话实验室的Wagner等发明了CIS(CuInSe$_2$晶体)/CdS异质结太阳能电池(US3978510A),这是最早的CIS系太阳能电池,该电池以CuInSe$_2$单晶为衬底,并非真正意义上的薄膜太阳能电池。1976年Maine大学的L. L. Kazmerski首次报道了CIS/CdS异质结薄膜太阳能电池,转换效率4%~5%。1980年波音公司的Michelsen和Chen开发出多源共蒸发技术,制备了转换效率9.4%的CIS薄膜太阳能电池,真正引起业内的普遍关注,其后该公司连续多年处于世界CIS薄膜太阳能电池的领先水平。1987年亚特兰大理查菲尔德公司(Atlantic Richfield Co.,ARCO)开发了溅射预置前驱层结合后硒化法,形成了CIGS薄膜太阳能电池制备的另一主流技术。进入20世纪90年代,CIGS薄膜太阳能电池迅速发展,1994年,美国国家能源可再生能源实验室(NREL)采用三步共蒸发法成功制备了转换效率达到15.9%的CIGS薄膜太阳能电池。NREL在此后十余年间在小面积CIGS电池的研制方面处于绝对领先地位,电池效率稳步提高,2008年报道的转换效率达到了19.9%。近来,德国氢能和可再生能源研究中心(ZSW)采用共蒸发法研制的小面积CIGS薄膜太阳能电池的转换效率达到了20.3%,创造了新的世界纪录,使CIGS与多晶硅光伏电池的效率差距缩小到只有0.1%。就大面积组件而言,美国米亚索尔公司(Miasolé)宣布其送检的1m^{2}的大面积

CIGS组件经NREL独立证实,效率已达14.3%,创下了商业级CIGS组件的最高效率,这比除了晶体硅以外的其他光伏电池组件的转换效率都高。

CIGS薄膜太阳能电池是多层膜结构组件,其主要结构有:衬底(通常是玻璃)、背电极(通常是Mo)、吸收层(p-CIGS)、缓冲层(通常是n-CdS,也可以使用CdZnS、In_2S_3等)、透明导电层(通常是本征ZnO及Al掺杂ZnO的双层结构)、前电极(通常为Ni/Al)、减反射层(通常是MgF_2,不一定要有)。各层膜的结构与特性都将影响CIGS电池的性能。除了玻璃衬底外,柔性的不锈钢、聚合物以及其他金属薄片都可用来作衬底,并可与卷对卷(Roll-to-Roll)技术相结合大规模制备质量轻、可弯曲的电池。CIGS薄膜太阳能电池迄今的高效率典型结构如图1-2-2所示。

CIS($CuInSe_2$)是直接带隙材料,其禁带宽度为1.04eV,太阳能电池的光电转换理论效率达到25%~30%,其光吸收系数为间接迁移型的硅的大约100倍,与CdTe一样,厚度仅1μm的CIGS薄膜就可以吸收能量大于其禁带宽度的光的99%。通过掺入适量的Ga以替代$CuInSe_2$中部分In(约代替1%~30%)成为$CuIn_{1-x}Se_2$混溶晶体,薄膜的带隙可在1.04eV~1.65eV范围内调整,非常适合调整和优化禁带宽度,例如在膜厚方向调整Ga的含量,形成梯度带隙半导体,会产生背表面场效应,可获得更多的电流输出。能进行带隙裁剪是CIGS系电池相对于Si系和CdTe系电池的最大优势。除此之外,CIGS薄膜太阳能电池还具有耐高温性好、无光致衰减效应、弱光性能好等优点。但是,CIGS是多元晶体材料,相对于非晶硅以及二元晶体CdTe,其制备工艺相对复杂,对工艺参数的控制要求更严格,这导致CIGS薄膜太阳能电池的工业化生产面临良品率相对较低的问题。此外,铟、镓都是稀有资源,限制了CIGS薄膜太阳能电池的大规模、长期使用。

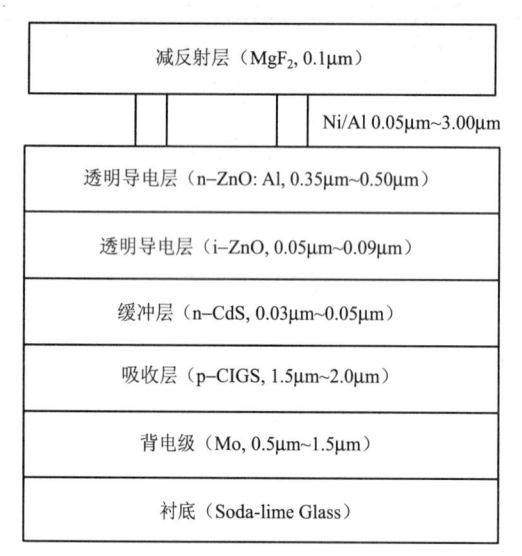

图1-2-2 CIGS薄膜太阳能电池结构示意图

1.2.3 Ⅱ-Ⅵ族化合物薄膜太阳能电池

Ⅱ-Ⅵ族化合物薄膜太阳能电池在20世纪六七十年代以硫化亚铜(Cu_2S)为主,自从1976年碲化镉(CdTe)/CdS异质结太阳能电池出现以来,随着碲化镉薄膜太阳能电池转换效率的不断提高,碲化镉薄膜太阳能电池已经全面取代硫化亚铜太阳能电池,成为主流的Ⅱ-Ⅵ族化合物薄膜太阳能电池。

碲化镉是直接带隙材料,禁带宽度为1.45eV,其光吸收系数极大,厚度1μm的薄膜就可以吸收能量大于其禁带宽度光的99%,所以这就降低了对材料扩散长度的要求,且其光谱响应与太阳能光谱十分吻合,是十分理想的太阳能电池吸光材料,已成为公认的高效、稳定、廉价的薄膜光伏器件材料。CdTe 薄膜太阳能电池转换效率理论值为 28%。

美国南佛罗里达大学于 1993 年用升华法制备出效率为 15.8% 的小面积（$1cm^2$）太阳能电池；1997 年，日本 Matsushita Battery 报道了 CdTe 基电池，以 CdTe 作吸收层，CdS 作窗口层的 n-CdS/P-CdTe 半导体异质结电池，其典型结构为 MgF_2/玻璃/SnO_2：F/n-CdS/P-CdTe/背电极，小面积电池最高转换效率 16%；2001 年 Wu 等人报道了其小面积 CdTe 太阳能电池的转换效率已达 16.5%，其衬底使用的是普通的硅酸盐玻璃，导电膜并没有采用常见的 SiO_2：F 或 In_2O_3：Sn，而是采用透光性更好的 Cd_2SnO_4 和 Zn_2SnO_4，这样可以形成双层导电膜，有利于提高器件的电学性能。在大面积电池方面，Siemens 报道了面积为 $3\ 600cm^2$、转换效率达到 11.1% 的太阳能电池。Solar Cells 公司生产的面积为 $6\ 879cm^2$ 的 CdTe 薄膜太阳能电池转换效率达到 7.7%；Bp Solar 的 CdTe 薄膜太阳能电池，面积为 $4\ 540cm^2$，效率为 8.4%，而面积为 $706cm^2$ 的太阳能电池，转换效率达到 10.1%；Goldan Photon 的 CdTe 太阳能电池，面积为 $3\ 528cm^2$，转换效率为 7.7%。

CdTe 薄膜太阳能电池的转换效率高于硅基薄膜太阳能电池，生产成本相对较低，First Solar 是目前世界上最大的 CdTe 薄膜太阳能电池生产商，据该公司的 2009 年年报，其 CdTe 薄膜太阳能电池产量达到 1.1GW，发电成本降低至 0.84 美元/瓦，组件的转换效率平均为 11.1%，并且预计到 2014 年发电成本能进一步降低至 0.52~0.63 美元/瓦，几乎达到了许多太阳能公司梦寐以求的目标，即与常规发电成本一致。

CdTe 薄膜太阳能电池结构示意图如图 1-2-3 所示。

由于碲化镉薄膜太阳能电池含有重金属元素镉，过去人们常常担心碲化镉太阳能电池的生产和使用会对环境产生不利影响。美国布鲁克文国家实验室的科学家们专门研究了这个问题。其研究报告基于对美国 First Solar 公司碲化镉薄膜太阳能电池生产线、碲化镉太阳能电池组件使用现场的系统考察以及对其他太阳能电池、能源的实际生产企业的工艺、相关产品的使用环境研究分析，其研究结果表明：碲化镉太阳能电池在生产、使用等方面是环境友好的。另据报道，First Solar 还承诺对于在欧洲销售的碲化镉太阳能电池组件在达到使用寿命后进行回收处理。

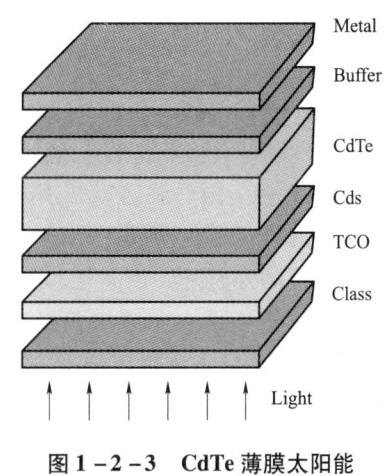

图 1-2-3 CdTe 薄膜太阳能电池结构示意图

然而，由于碲资源的储量有限，无法满足大量、长期使用这种电池来发电的需要，对 CdTe 薄膜太阳能电池的长期发展造成了严重的不利影响。

1.2.4 染料敏化薄膜太阳能电池

自 20 世纪 60 年代起，科学家发现染料吸附在半导体上，在一定条件下能产生电流,这种现象成为光电化学电池的重要基础。20世纪70年代到90年代,科学家们大量研究了各种染料敏化剂与半导体纳米晶光敏化作用,研究主要集中在平板电极上,这类电极只有表面吸附单层染料,光电转换效率小于1%。直到1991年,瑞士洛桑高等工业学院Grätzel研究小组将高比表面积的纳米晶多孔TiO_2膜作半导体电极引入到染料敏化电极的研究中,这种高比表面积的纳米晶多孔TiO_2组成了海绵式的多孔网状结构,使它的总表面积远远大于其几何面积,可以增大约1 000~2 000倍,能有效地吸收阳光,使染料敏化光电池的光电能量转换率有了很大提高,其光电能量转换率可达7.1%,入射光子电流转换效率大于80%。

1993年,Grätzel等人再次报道了光电能量转换率达10%的染料敏化纳米太阳能电池,1997年,其光电能量转换率达到了10%~11%。1998年,Grätzel等人采用固体有机空穴传输材料替代液体电解质的全固态染料敏化薄膜太阳能电池研制成功,转换效率只有0.74%,但在单色光下其电转换效率达到3.3%,从而引起了全世界的关注。

2004年,韩国Jong Hak Kim等使用复合聚合电解质全固态染料敏化薄膜太阳能电池,其光电转换效率可达4.5%。2004年,日本足立教授领导的研究组用TiO_2纳米管做染料敏化薄膜太阳能电池电极材料,其光电转换效率可达5%,随后用TiO_2纳米网络做电极,其光电转换效率达到9.33%。

2004年,日立制作所试制成功了色素(染料)增感型太阳能电池的大尺寸面板,在实验室内进行的光电转换效率试验中得出的数据为9.3%。2004年,染料敏化薄膜太阳能电池开发商Peccell Technologies公司(Peccell)宣布其已开发出电压高达4V(与锂离子电池电压相当)的染料敏化薄膜太阳能电池,有可能逐渐取代基于硅元素的太阳能电池产品。

在产业化方面,染料敏化薄膜太阳能电池研究取得了较大的进展。澳大利亚STA公司建立了世界上第一个面积为$200m^2$染料敏化薄膜太阳能电池显示屋顶。欧盟ECN研究所在面积大于$1cm^2$的电池效率方面保持着最高纪录:8.18%($2.5cm^2$)、5.8%($100cm^2$)。在美国马萨诸塞州Konarka公司,对以透明导电高分子等柔性薄膜等为衬底和电极的染料敏化薄膜太阳能电池进行实用化和产业化研究。目前纳米晶体太阳能电池技术在国外已开始商品化,初期效率约5%。

染料敏化薄膜太阳能电池的发展历史表明,这种电池制作工艺简单,成本低廉(预计只有晶体硅太阳能电池成本的1/10~1/5),引起了各国科研工作者的极大关注,使人们看到了染料敏化薄膜太阳能电池的广大应用前景。

染料敏化薄膜太阳能电池与传统硅太阳能电池原理不同,TiO_2属于宽带隙半导体(带隙宽度为3.2eV),具有较高的热稳定性和光化学稳定性,不能被可见光激发。但将合适的染料吸附到这种半导体的表面上,借助于染料对可见光的强吸收,可以将宽带隙半导体拓宽到可见区,这种现象称为半导体的敏化作用,载有染料的半导体称为染料敏化半导体电极。

染料敏化薄膜(DSSC)太阳能电池的结构如图1-2-4所示。在透明导电玻璃(FTO)上镀一层多孔纳米晶氧化物薄膜(TiO_2),热处理后吸附起电荷分离作用的单层染料,构成光阳极。对电极(阴极)为镀有催化剂(如铂Pt)的导电玻璃,中间充有具有氧化还原作用的电解液，经过密封剂封装后，从电极引出导线即制成染料敏化薄膜太阳能电池。

DSSC 太阳能电池虽然有光明的前景，但仍存在较大的缺陷，使其不能广泛应用。首先是效率仍有待进一步提高；其次，DSSC 目前效率最高的是液态电解质电池，但这种电池存在一系列问题，如容易导致染料的脱附，容易挥发给密封性带来问题，含碘的液态电解质具有腐蚀性，且本身存在可逆反应导致电池寿命缩短。

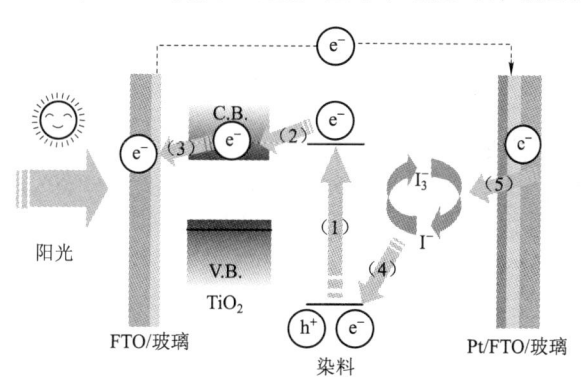

图 1-2-4 染料敏化薄膜太阳能电池结构示意图

1.2.5 有机聚合物太阳能电池

1977 年，Eastman Kodak Co. 的 Tang 申请了关于转换效率为 1% 的铜酞花菁二萘嵌苯（phthalocyanine perylene）系的有机系太阳能电池的专利。从此，该电池才得到广泛关注。进入 20 世纪 90 年代，本体异质结结构的出现真正开启了有机聚合物薄膜太阳能电池的实用化研究。最近，类似于有机系半导体太阳能电池的结构的有机 EL 元件实现实用化，在该研究开发过程中累积的技术在太阳能电池中也得到了广泛应用。

对于有机聚合物薄膜太阳能电池，当能量比有机半导体分子的 HOMO 和 LUMO 的差还大的光入射其上的时候，产生激励子，在 P 型有机半导体和 N 型有机半导体的界面上，该激励子分离成电子和空穴，从而产生光电动势。其中，有机半导体的 PN 结在电子和空穴分离时所必须的内部电场存在的空间电荷层的宽度为纳米级，与具有微米级的空间电荷层的硅系太阳能电池相比转换效率很低。另外，由光所产生的激励子中，能够到达界面的仅为靠近界面附近稍微数纳米的地方，这也是转换效率低的主要原因。然而，近年来，使载流子（电子和空穴）分离界面增大的技术以及采用共轭高分子等材料提高载流子输送效率的技术得到发展，能够获得超过 5% 的转换效率。

从结构上分，有机聚合物薄膜太阳能电池大致有 4 种类型，即单组分肖特基型单层电池、双层 D/A 异质结电池、D/A 本体异质结电池和叠层电池，这几种结构的示意图如图 1-2-5 所示。不管是哪种类型，它们都具有一个特征，即，有机半导体层的厚度整体上均达到数百纳米之薄。

有机聚合物薄膜太阳能电池由于在低温下能够在有机高分子膜基板上形成，所以具有轻量、柔软、低廉、低环境负荷的优点。但是，除了转换效率低外，还存在受温

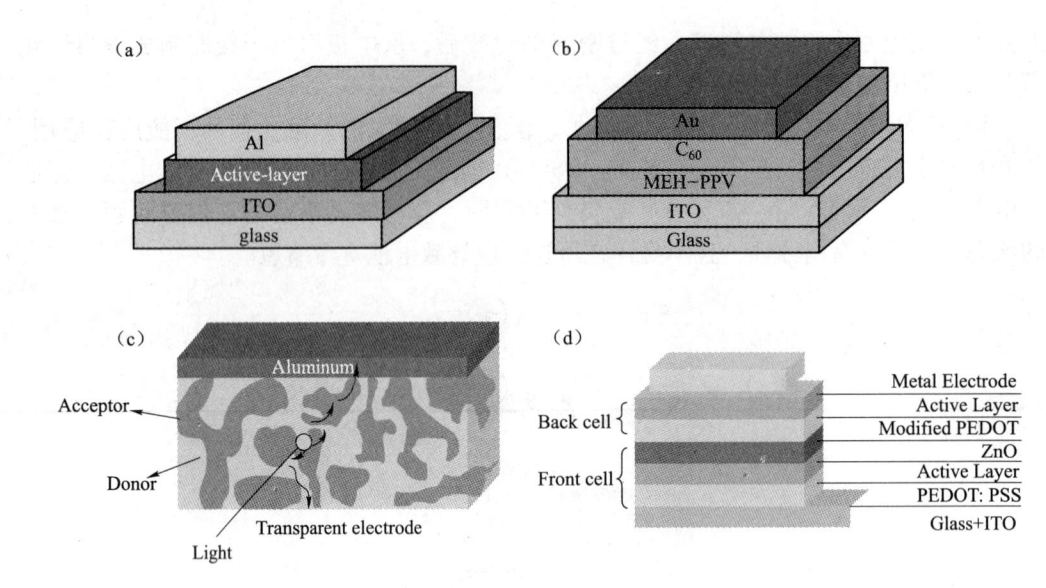

图1-2-5 有机聚合物薄膜太阳能电池结构示意图
(a) 单组分肖特基型单层电池;(b) 双层D/A异质结电池;
(c) D/A本体异质结电池;(d) 叠层电池

度、湿度、紫外线等影响容易变质的问题,所以尚未达到商业化生产的程度。然而,太阳能电池市场整体日趋庞大,有机聚合物薄膜太阳能电池的研究开发从提高性能和开发量产技术两方面考虑,可以预料今后将日益活跃。

1.3 课题研究所用的数据库及数据范围

全球专利数据采用EPODOC和WPI数据库进行检索,在华专利数据采用国家知识产权局专利检索与服务系统(简称"S系统")进行检索。

数据范围:在华专利分析采用的是1988~2008年间向中国专利局提交的涉及薄膜太阳能电池的相关专利申请[1];其他章节的数据范围为最早申请日(有优先权的为最早优先权日)在1988~2008年间在全球范围内的相关专利申请。

---

[1] 在华专利以申请日为准,因此在华专利的申请量数据与其他章节全球专利申请数据中的中国专利申请量有所偏差。

第 2 章 专利技术分析

本章从总体上对薄膜太阳能电池的申请趋势、技术集中度和专利流向进行分析，并从技术生命周期、技术构成、技术需求、技术—功效矩阵分析❶、区域分布和重要技术分支的技术发展路线等几个方面分别对硅基薄膜太阳能电池、Ⅰ–Ⅲ–Ⅵ族化合物薄膜太阳能电池进行分析，从技术生命周期、技术构成、技术需求、技术—功效矩阵分析和区域分布等方面对Ⅱ–Ⅵ族化合物薄膜太阳能电池、染料敏化薄膜太阳能电池和有机聚合物薄膜太阳能电池进行分析。

2.1 薄膜太阳能电池总体分析

2.1.1 申请趋势分析

从 1988~2008 年在全球范围内共检索到 12 021 项❷涉及薄膜太阳能电池的专利或专利申请，其中涉及硅基薄膜太阳能电池的专利或专利申请有 6 198 项，涉及 Ⅰ–Ⅲ–Ⅵ 族化合物薄膜太阳能电池的专利或专利申请有 1 528 项，涉及 Ⅱ–Ⅵ 族化合物薄膜太阳能电池的专利或专利申请有 1 257 项，涉及染料敏化薄膜太阳能电池的专利或专利申请有 2 549 项，涉及有机聚合物薄膜太阳能电池的专利或专利申请有 787 项。

基于上述数据，按照各类薄膜太阳能电池在 1988~2008 年期间的历年专利申请量以及合计的薄膜太阳能电池在上述期间的历年专利申请量绘制了全球薄膜太阳能电池专利申请趋势分析图，如图 2-1-1 所示。从图中可以看出，薄膜太阳能电池的年申请量总体呈上升趋势，尤其是在 2006 年后有较大幅度的增长，而且，各种类型的薄膜太阳能电池在 2006 年后的申请量均出现大幅增长，分析其原因，大致有以下三个方面：第一，日本、美国，尤其是欧洲一些国家相继出台了强有力的支持太阳能电池发展的规划及补贴政策，刺激和加速了薄膜太阳能电池的市场发展；第二，多种薄膜太阳能电池的转换效率得到显著提高，例如，双结非晶/微晶硅薄膜太阳能电池的组件平均效率接近 9%，CIGS 薄膜太阳能电池和碲化镉薄膜太阳能电池的组件平均效率都已超过 10%，其规模化生产和市场化进程在 2005 年以后明显加速；第三，多晶硅原料价格在 2004 年以后的快速上升导致晶体硅太阳能电池的成本提高，成本较低的薄膜太阳能电池更加受到业界的关注。

在这几类薄膜太阳能电池中，由于硅基薄膜太阳能电池的技术发展较早，并且是最

---

❶ 以技术功效为横坐标、技术分类为纵坐标描绘的矩阵图，主要用于寻找潜在的技术空白点。

❷ 在进行专利申请量统计时，对于数据库中以一族（这里的"族"是指同族专利中的"族"）数据的形式出现的一组专利文献，计为"1项"。一般情况下，专利申请的项数对应于技术的数目。

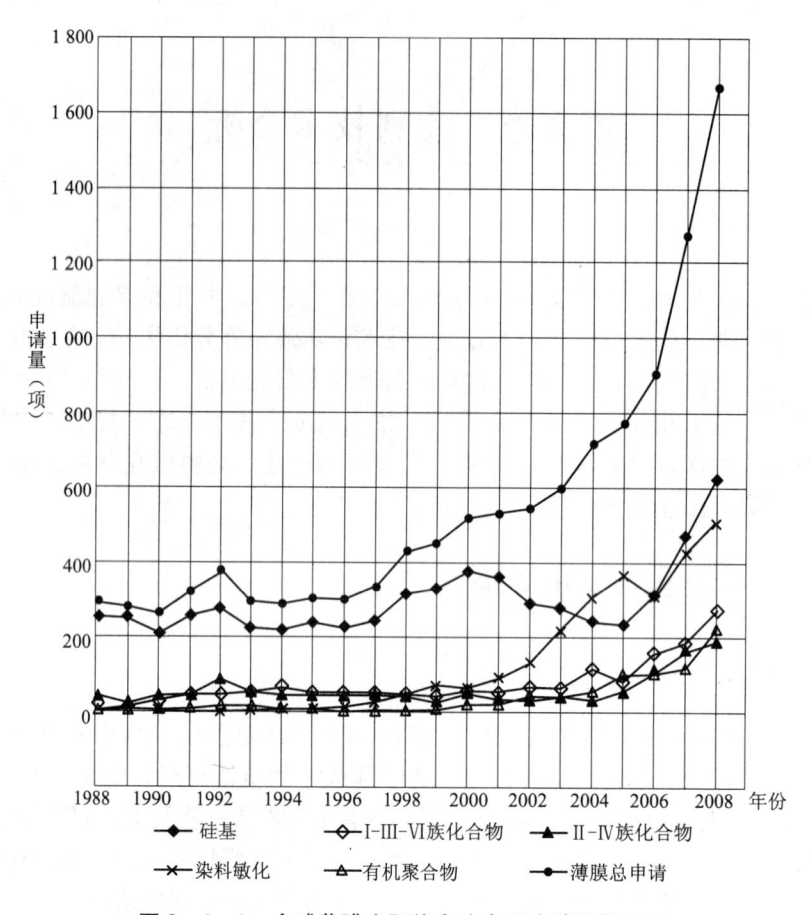

图 2-1-1 全球薄膜太阳能电池专利申请趋势分析

早进入市场化和实现规模化生产的类型，因而硅基薄膜太阳能电池的申请量长期高于其他类型薄膜太阳能电池的申请量，在薄膜太阳能电池的年度总申请量中一直占据着较大的比重；但在2000年后，随着其他类型薄膜太阳能电池申请量的迅速增加，硅基薄膜太阳能电池的申请量在总申请量中所占的比重有所下降，其中染料敏化型太阳能电池在2004年和2005年的申请量甚至超过了同期硅基薄膜太阳能电池的申请量，2006～2008年也与硅基薄膜太阳能电池的申请量相近。这表明，在全球范围的政策、市场以及技术进步的多重作用下，五种类型的薄膜太阳能电池均受到了很大的关注，其中近年来对具有潜在的制造和成本优势的染料敏化薄膜太阳能电池关注度增长尤为明显。

2.1.2 各主要国家/地区申请人在各技术领域的历年专利申请分布

图 2-1-2 显示了日本申请人在硅基薄膜、I-III-VI族化合物薄膜、II-VI族化合物薄膜、染料敏化薄膜和有机聚合物薄膜太阳能电池领域1988～2008年的全球专利申请分布。可以看出，硅基薄膜太阳能电池领域的申请量一直较为平稳，在2002～2005年有所下降，2006年开始恢复增长，这体现了日本申请人在该领域保持了多年未间断的大量研发，并转化为持续的专利布局；在染料敏化薄膜太阳能电池方面，1999

年之前的申请较少，2003 年后则保持有较高的申请量，这也反映了日本申请人对该领域的研发及专利布局的重视程度；有机聚合物薄膜太阳能电池的申请量变化有一定的波动，在 2000 年前的各个年份几乎都有少量申请，2000 年后的申请量呈上升趋势，这反映了日本申请人逐渐加大了对该领域的关注度；I-III-VI 族化合物薄膜与 II-VI 族化合物薄膜太阳能电池方面的申请量则没有太大的起伏。

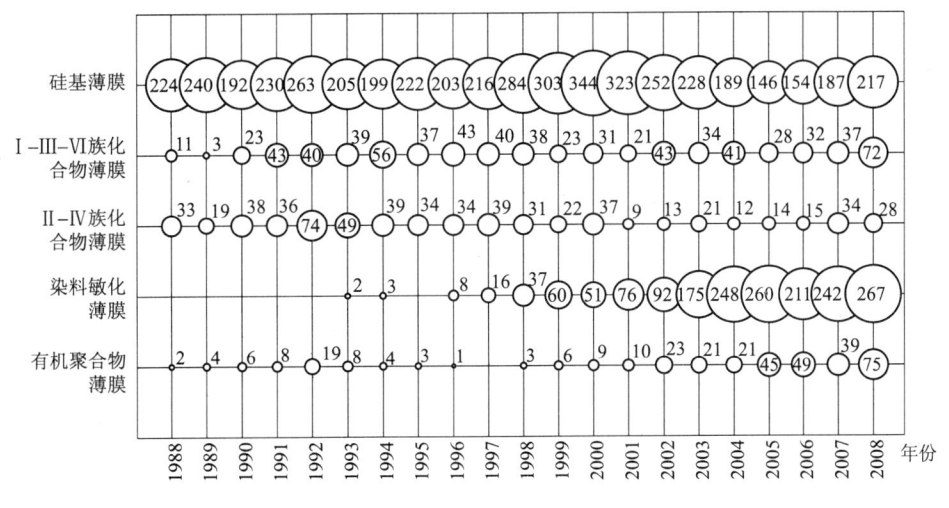

图 2-1-2　日本申请人在各技术领域中历年专利申请分布

图 2-1-3 给出了美国申请人在硅基薄膜、I-III-VI 族化合物薄膜、II-VI 族化合物薄膜、染料敏化薄膜和有机聚合物薄膜太阳能电池领域 1988～2008 年历年的全球专利申请分布。可以看出，在 2003 年以前，美国申请人在硅基薄膜、I-III-VI 族化

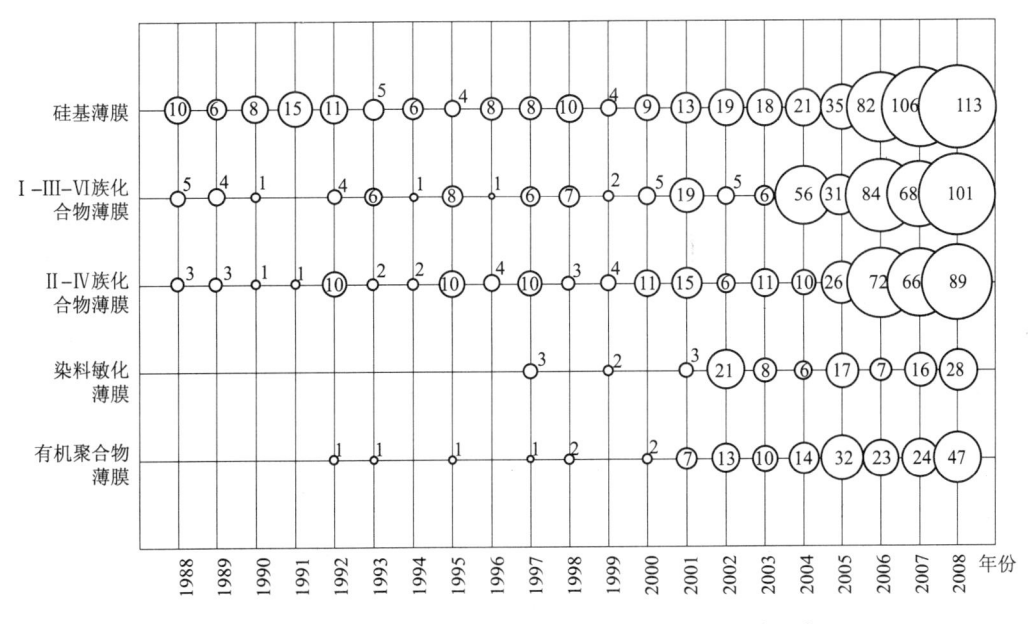

图 2-1-3　美国申请人在各技术领域中历年专利申请分布

合物薄膜与Ⅱ-Ⅵ族化合物薄膜太阳能电池领域历年的申请量均较少，从2004年开始，这三块领域的申请量均呈现高速增长的趋势，这表明美国申请人明显加大了对这些领域的研发和专利布局力度；美国申请人从1997年才进行染料敏化薄膜太阳能电池方面的申请，总体申请量不大；而在有机聚合物薄膜太阳能电池方面，2000年前有零星分布，2001年之后的申请量则明显增长，但总量不大。

图2-1-4显示了欧洲在硅基薄膜、Ⅰ-Ⅲ-Ⅵ族化合物薄膜、Ⅱ-Ⅵ族化合物薄膜、染料敏化薄膜和有机聚合物薄膜太阳能电池领域1988~2008年历年的全球专利申请分布。可以看出，欧洲申请人在硅基薄膜太阳能电池方面的历年申请量均不大，仅有小幅的申请波动；而在Ⅰ-Ⅲ-Ⅵ族化合物薄膜、Ⅱ-Ⅵ族化合物薄膜、染料敏化薄膜和有机聚合物薄膜太阳能电池方面的申请呈现稳中有升的趋势，但历年的申请量均不大。整体而言，欧洲在各类薄膜电池方面的申请量较为均衡。

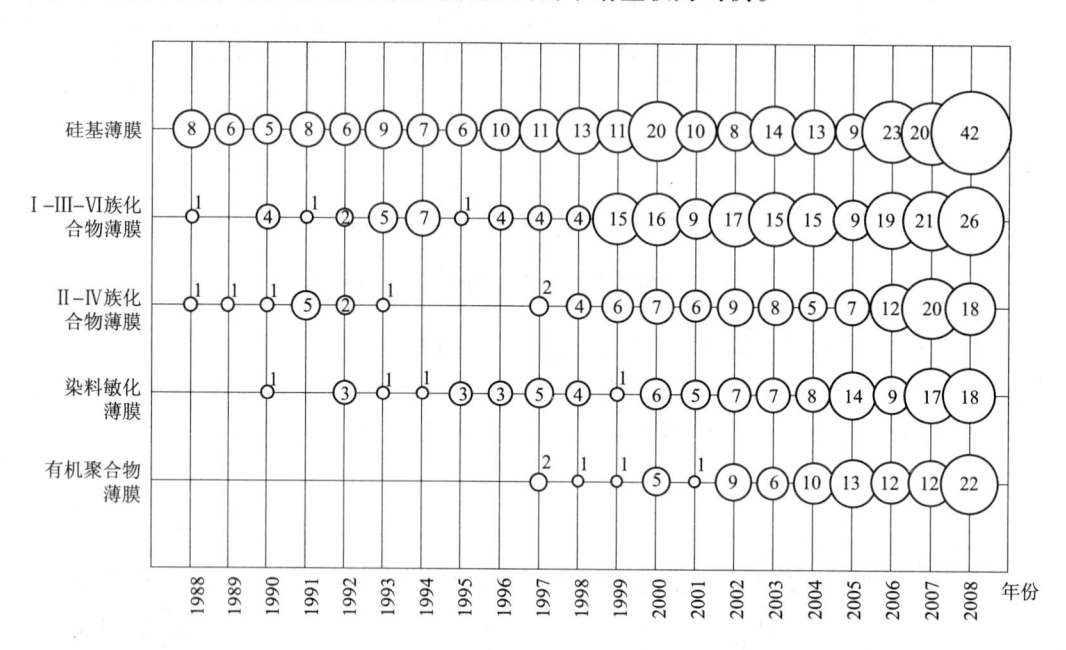

图2-1-4 欧洲申请人在各技术领域中历年专利申请分布

图2-1-5反映了中国在硅基薄膜、Ⅰ-Ⅲ-Ⅵ族化合物薄膜、Ⅱ-Ⅵ族化合物薄膜、染料敏化薄膜和有机聚合物薄膜太阳能电池领域1988~2008年历年的全球专利申请分布。可以看出，2000年前，硅基薄膜、Ⅰ-Ⅲ-Ⅵ族化合物薄膜、Ⅱ-Ⅵ族化合物薄膜太阳能电池方面的申请呈零星分布，而染料敏化薄膜与有机聚合物薄膜太阳能电池方面则没有申请；2000年后，各领域的申请量均有一定程度的增长，其中，硅基薄膜太阳能电池在2006~2008年期间的申请呈放量增大，这体现了中国申请人对该领域的研发与专利布局的日益重视，也与我国硅基太阳能电池的产业发展状况与趋势相一致，而染料敏化薄膜太阳能电池方面的申请量也呈现明显的增长趋势。

图2-1-6给出了韩国申请人在硅基薄膜、Ⅰ-Ⅲ-Ⅵ族化合物薄膜、Ⅱ-Ⅵ族化合物薄膜、染料敏化薄膜和有机聚合物薄膜太阳能电池领域1988~2008年历年的全球

专利申请分布。可以看出，2001年前，硅基薄膜、Ⅰ-Ⅲ-Ⅵ族化合物薄膜、Ⅱ-Ⅵ族化合物薄膜太阳能电池方面的申请呈零星分布，而染料敏化薄膜与有机聚合物薄膜太阳能电池方面则没有申请；2001年后，各领域的申请量均有一定程度的增长，其中，染料敏化薄膜太阳能电池的增长最为明显，这体现了韩国申请人在该领域的研发最为活跃，并转化为持续增长的专利布局；硅基薄膜太阳能电池的申请量仅在2007年与2008年有过明显的增长。

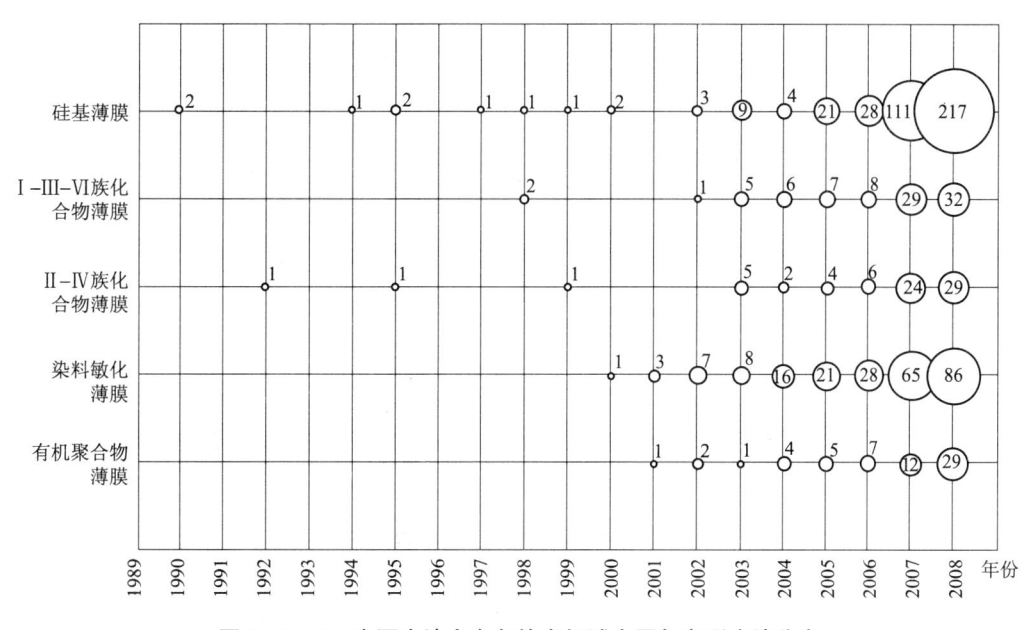

图2-1-5 中国申请人在各技术领域中历年专利申请分布

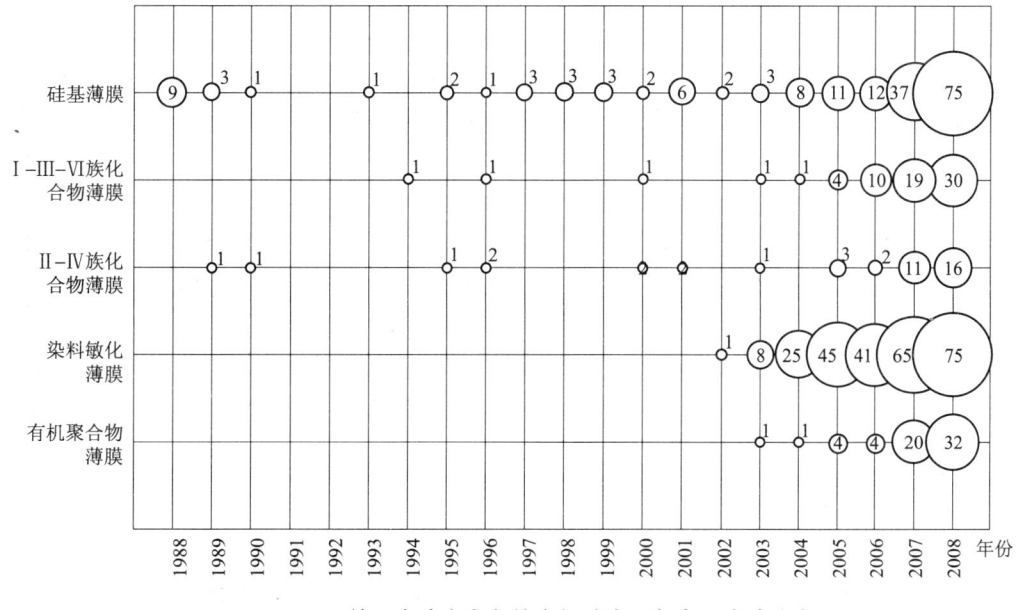

图2-1-6 韩国申请人在各技术领域中历年专利申请分布

2.1.3 技术集中度分析

从申请人在薄膜太阳能电池领域的申请量占该领域的总体申请量的比例来看，如图2-1-7所示，在全球申请量中，排名前10位的申请人所占比例不到35%，而排名前30位的申请人所占比例达到50%，排名前50位的申请人所占比例则接近60%。而在多边专利申请❶中，对应的比例则稍微高于全球申请量中的情况。这表明，在薄膜太阳能电池领域，一些主要申请人在申请专利上较为重视，占据了一定的申请量优势。但就整体而言，薄膜太阳能电池领域技术集中度不高。

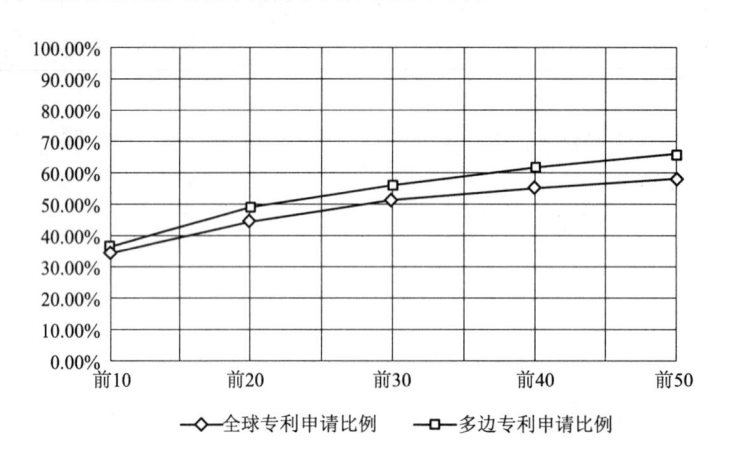

图2-1-7 薄膜太阳能电池技术集中度分析

2.1.4 专利流向分析

我们根据中国、美国、日本、欧洲❷和韩国五大专利局相互之间的专利申请分布绘制了中、美、日、欧、韩的专利申请流向图，如图2-1-8所示。

从图2-1-8中可以看出，在整个薄膜太阳能电池领域的申请中，向日本特许厅提出的专利申请的数量最多，超过了在其他四局提出的专利申请量的总和。其中，在向日本特许厅提出的申请中，本土的申请人占到了绝大多数，达到了93%，往下则依次为美国、欧洲、韩国申请人，中国申请人所占的比例则很少；并且，在日本特许厅以外的其他四大局的专利申请中，日本申请人也都占据了较大的比例，日本向其他四局的专利申请流出量也均高于其流入量，这意味着日本为薄膜太阳能电池领域的主要专利申请输出国。向中国国家知识产权局提出的专利申请中，虽然中国本土申请人的申请量同样占据了主导地位，但中国向其他四大局的专利流出量则远远小于其专利流入量，这意味着中国基本上为薄膜太阳能电池领域的专利净输入国。而美国、欧洲、

---

❶ 指一件申请同时向中国国家知识产权局、美国专利商标局、欧洲专利局、日本特许厅、韩国专利局中的两局以上提出专利申请。

❷ 本报告中对欧洲的数据进行合并处理，凡提及欧洲专利局或欧洲申请人时，除欧洲专利局（EPO）受理的专利申请外，还包含德国、英国、法国、瑞士等所有欧盟成员国的专利管理部门受理的专利申请。

韩国三局中，虽然本土申请人的申请量比例未达一半以上，但其专利申请流入量和流出量差距并不大。通过以上分析可以发现，日本申请人对薄膜太阳能电池领域的专利申请最为重视，同时也很注重向其他四局的专利申请，而中国申请人虽然在薄膜太阳能电池领域的专利申请量较大，但申请基本集中在国内。

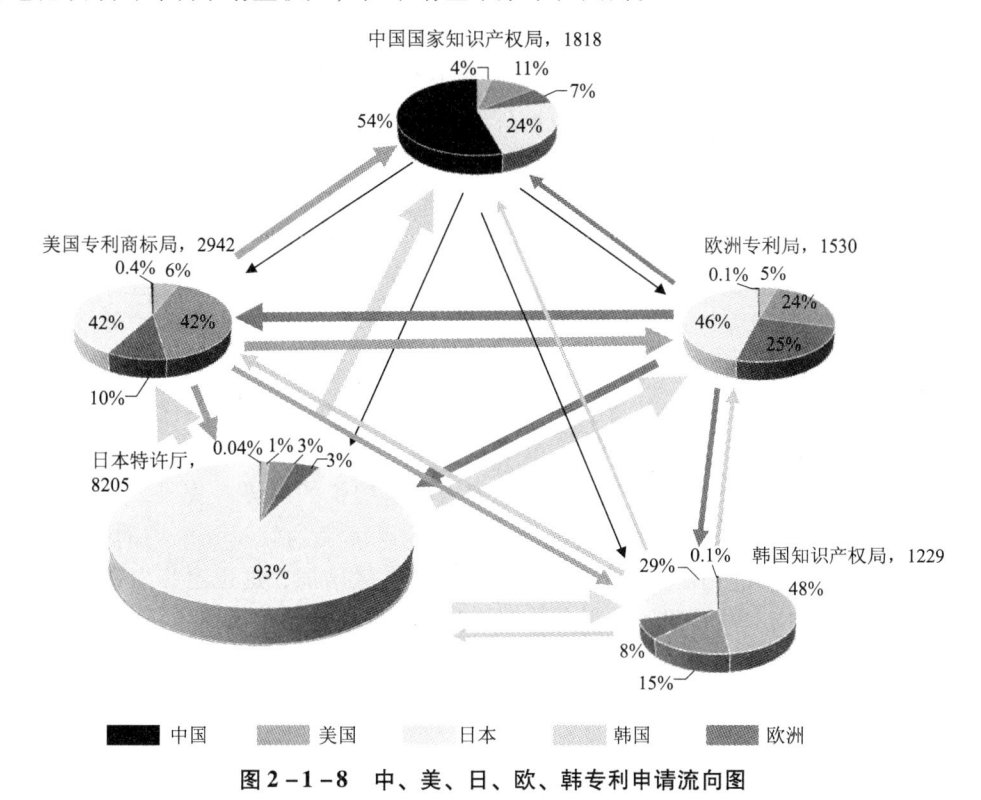

图 2-1-8　中、美、日、欧、韩专利申请流向图

2.2　硅基薄膜太阳能电池

2.2.1　技术生命周期分析

以年申请人数量为横坐标、以年专利申请量为纵坐标绘制了硅基薄膜太阳能电池的技术生命周期图（参见图 2-2-1），通过专利申请的数量和申请人数量之间的变化趋势对硅基薄膜太阳能电池的技术生命周期进行分析，以了解其技术发展所处的阶段。技术发展通常可以分为四个阶段：起步期、发展期、成熟期和衰退期，从专利申请上来看，起步期表现为年专利申请量和申请人的数量都很少；发展期表现为年专利申请量和申请人的数量均快速增长；成熟期表现为年专利申请量和申请人的数量保持相对稳定；衰退期表现为年专利申请量和申请人的数量都快速减少。

可以看出，硅基薄膜太阳能电池在1988年到20世纪90年代初期的历年申请量和申请人数目都处于上下徘徊状态，而实际上硅基薄膜太阳能电池的专利申请曾在20世纪80年初期出现过高峰，这个高峰的出现是由于硅基薄膜太阳能电池技术刚刚出现不久,同时受中东石油危机的影响,在世界范围内引起了对其的广泛关注和研发热潮,之后,随着石油危机的消除,对新能源的需求减弱,加之硅基薄膜太阳能电池在此期间并未大规模地产业化,其产业前景并不明朗,因而其申请量和申请人数都出现了暂时的下降和徘徊,而图2-2-1中1988年到20世纪90年代初期的情况即是仍处于这个高峰后的下降和徘徊期。在此之后,日本1994年在国内出台了太阳能电池鼓励政策,并且硅基薄膜太阳能电池的一些早期的基本专利已过期或即将过期,受此影响,日本申请人在硅基薄膜太阳能电池领域保持着较高的研发活跃度,研究发现,图2-2-1中在这段时间内申请量和申请人数的变化正是主要来自于日本。进入2000年后,日本申请人的申请量和申请人数出现了下降,从而在图2-2-1中表现出了在整个世界范围内的申请量和申请人数的下降,但实际上在这个时期,其他主要国家和地区的申请并未出现同样的下降趋势。日本申请人的申请量和申请人数的这种上升后又下降的表现,可能与硅基薄膜太阳能电池的市场规模始终未得到有效的扩大以及这段期间晶硅电池产业的迅速发展有关。但在2005年后,随着全世界范围内对新能源的不断重视并相继出台刺激政策,以及由于晶硅价格的上涨所带来的对替代晶硅太阳能电池的迫切需求,硅基薄膜太阳能电池的申请量和申请人数开始出现快速的增长,而且这段时间在各主要国家和地区的申请量均呈现出快速增长的趋势。从图2-2-1及相应的研究可以看出,硅基薄膜太阳能电池的研发活跃度受到政策和市场的影响较大,每次在有利影响下,均会出现申请量和申请人数的大量增加,这也意味着硅基薄膜太阳能电池仍然处于技术发展期,行业人员对其改进仍保持着极大兴趣。

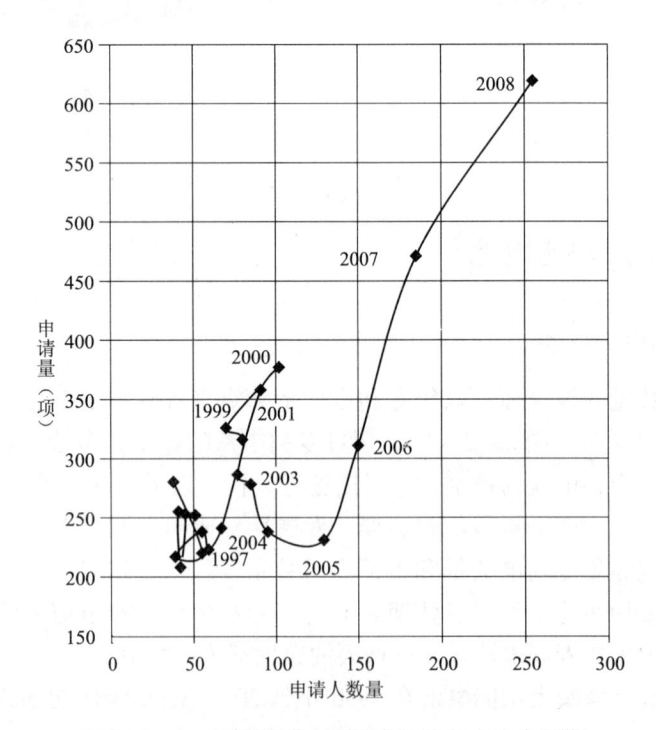

图2-2-1 硅基薄膜太阳能电池的技术生命周期

2.2.2 技术构成分析

在 1988~2008 年期间，有关硅基薄膜的太阳能电池的申请中，来自日本申请人的申请占到了 76%，而来自美国、欧洲、中国、韩国的申请人的申请均未超过 10%，日本申请人在申请量上占据的绝对优势与日本较早实施太阳能产业的激励政策，和日本企业自身普遍对专利申请的重视，以及日本专利制度中对专利申请的单一性有着较为苛刻的要求有关。虽然日本申请人在申请量上占据了绝对优势，但从全球来看，美国和欧洲在该领域起步同样很早，重要专利多数掌握在美国专利权人/申请人手中，欧洲也掌握了一些重要专利，并都有一批业界知名的企业，因此，日本在硅基薄膜太阳能电池领域的技术水平并不能完全代表整个业界的水平。为了能更为客观地反映硅基薄膜太阳能电池领域的专利技术趋势，技术构成分析以及后面的技术需求分析、技术——功效矩阵分析所选取的专利申请均为多边专利申请。

图 2-2-2 反映了 1988~2008 年期间提出的涉及硅基薄膜太阳能电池的多边专利申请中，各技术分支的总体分布情况。从图 2-2-2 中可以看出，在硅基薄膜太阳能电池的各技术分支的申请中，吸收层占据了最大的比例，达到 40%，受到申请人的最大关注；其次则依次为组件、制造装置和电极，并且这三个分支的申请量比例均达到了 10% 以上，受到申请人的较大关注；而封装、结构和衬底的申请量比例较低，不足 10%。

图 2-2-3 进一步反映了各技术分支的申请量随申请年代的变化。从图中可以看出来，在各分支的历年申请中，在 1996 年后，虽然出现过个别年代的申请量波动，但相较于 1996~1997 年之前的申请总量和年平均申请量而言，普遍呈现出了一定的增长态势，并且在 2006~2007 年期间，吸收层、电极、封装、组件和制造装置均先后出现了申请量的峰值。其中，在各分支的历年申请中，有关吸收层的申请量一直是居于各分支之首，而组件在 1996 年后、制造装置在 1997 年后的申请总量和年平均申请量则有着最为明显的增幅。

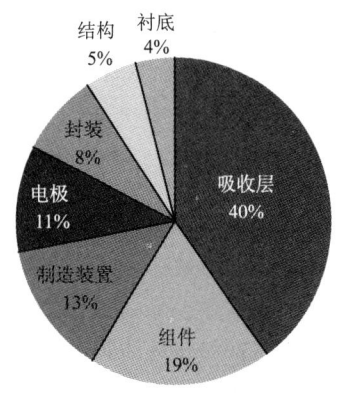

图 2-2-2 硅基薄膜太阳能电池技术构成分布

吸收层作为硅基薄膜太阳能电池的最核心和最基础的部分，与转换效率的高低有着直接的关系，因而，有关吸收层的材料选择、结构设计和制备工艺的改进始终是最受申请人关注的技术领域，在该领域始终保持着最活跃的研发热度。而组件和制造装置与硅基薄膜太阳能电池的产品化关系最为密切，电极则是在整个硅基薄膜太阳能电池的构成中，除吸收层外与电池性能关系最密切的部分，因此，这三个分支也不同程度地受到了申请人较大的关注。组件、制造装置分支的申请量在 1996~1997 年后的明显增长，与硅基薄膜太阳能电池的产业化的推进和市场规模的扩大有着密切的关联，表明申请人除了在传统的吸收层领域继续探求改进和突破外，加大了对与产业化相关的领域的关注，以期从各个方面来提升电池的产品化能力和使用性能，提升硅基薄膜

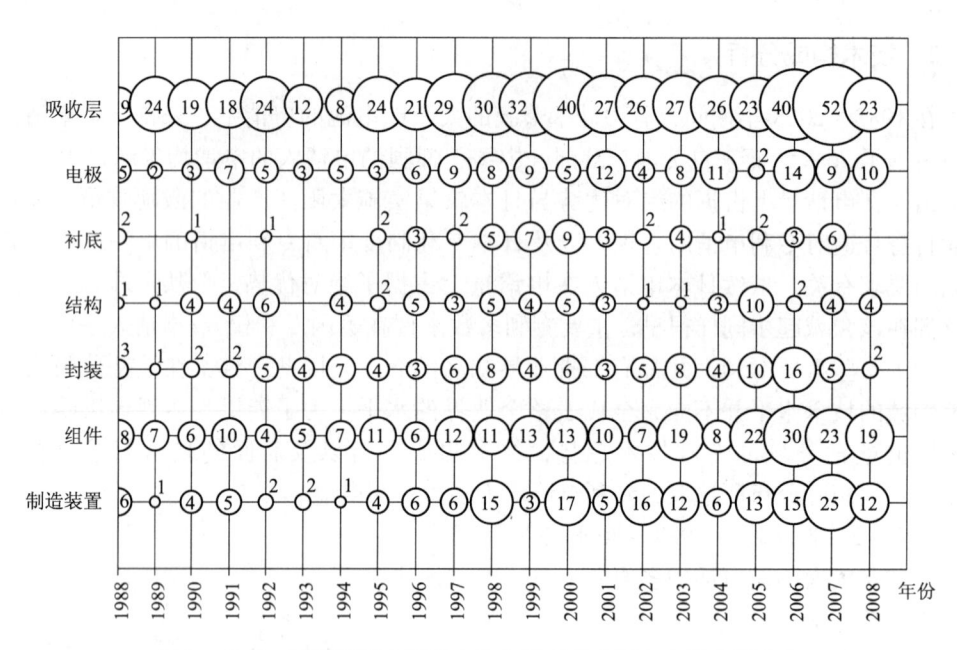

图 2-2-3　硅基薄膜太阳能电池各技术分支历年专利申请分布

太阳能电池在整个太阳能电池领域中的产业竞争力。尤为值得注意的是，在各分支中，制造装置的申请量在1997年后的增幅最为明显，其中，除了行业加大了对该领域的关注外，还与不少半导体或液晶领域的设备制造商开始涉足硅基薄膜太阳能领域有关。由于制造装置对硅基薄膜太阳能电池的规模化生产的实现有着最为密切的关系，制造装置往往直接制约着生产的规模、直接或间接影响着产品的质量，并间接影响着最终产品的光电转换效率，制造装置的申请量的大幅增加印证了硅基薄膜太阳能电池的产业化程度的加深，而半导体或液晶领域的设备制造商的加入也进一步促进了硅基薄膜太阳能电池的产业规模化的发展。

2.2.3　技术需求分析

图2-2-4反映了1988~2008年期间涉及硅基薄膜太阳能电池的多边专利申请中，各技术功效的年代分布，反映了该领域的技术需求发展趋势。从图中可以看出，专利申请中涉及最多的三个技术功效依次为提高效率、降低成本和提高可靠性，这表明业界对这三个方面的技术需求最为迫切，尤其是降低成本方面，在1996年后增幅较大。在各功效中，由于硅基电池自身的技术特点，其在转换效率和稳定性/可靠性方面相对于传统的晶硅电池而言一直处于劣势，而涉及降低成本的申请量在1996年后的大幅增加，甚至开始超过涉及提高转换效率的专利申请量，表明了随着整个太阳能电池的市场规模的扩大，为了和传统的晶硅电池有力地竞争市场份额，除了继续保持对硅基薄膜太阳能电池的转换效率和稳定性/可靠性的关注外，业界更加开始重视生产效率的提高和生产成本的控制。涉及柔性、轻量化等扩大用途方面的专利申请量也在总体上保持着稳中有增的趋势，表明业界在这方面也存在着持续的技术需求。

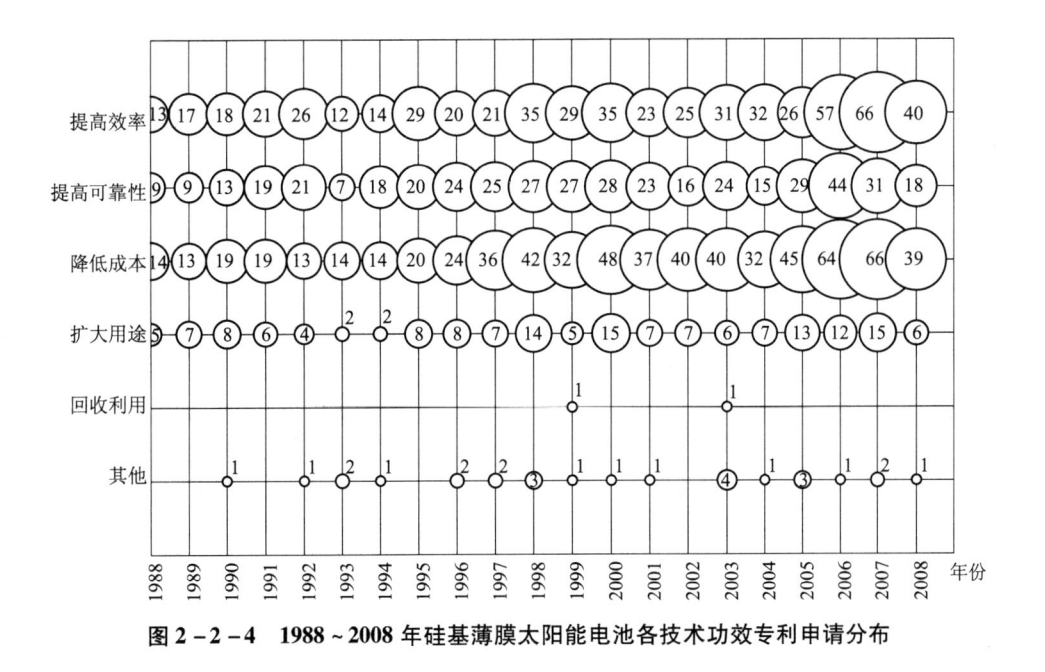

图 2-2-4　1988～2008 年硅基薄膜太阳能电池各技术功效专利申请分布

2.2.4　技术——功效矩阵分析

图 2-2-5 是硅基薄膜太阳能电池的专利技术——功效矩阵图，横坐标为技术功效（代表相应的技术需求），纵坐标为各技术分支（代表相应的技术手段），该图中面积越大的圆代表申请量越集中，表明针对纵坐标所代表的技术分支的改进是解决相应的技术需求的主要技术手段；反之，图中面积小的圆或者空白的点分别代表专利申请量很少或者没有提出专利申请，这样的圆或点代表了技术——功效矩阵分析，但是部

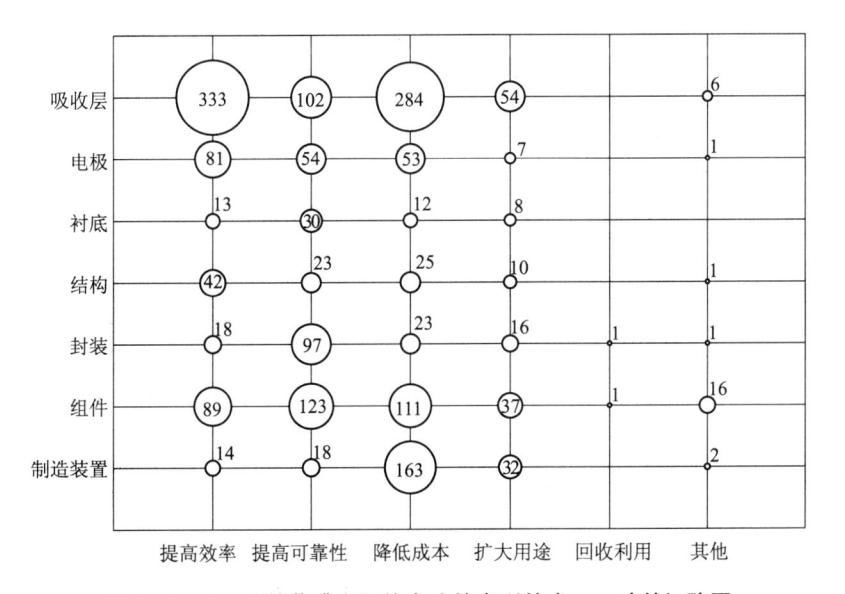

图 2-2-5　硅基薄膜太阳能电池的专利技术——功效矩阵图

分技术——功效矩阵分析是无法实现或者没有价值的,这样的点无需关注,而有些点则存在实现的可能,值得关注。

由图 2-2-5 可以看出,在提高转化效率、提高可靠性、降低成本和扩大用途四个功效中,各个技术分支都有所涉及。其中,在三个最受关注的技术功效中,在提高电池的转换效率方面,主要是通过从吸收层、组件和电极三个方面的设计和改进来实现,并且最为依赖的是吸收层的设计和改进;而在提高电池的可靠性方面,主要是通过从吸收层、封装和组件三个方面的设计和改进来实现,这三个方面的重要性基本上相当;在降低成本上,则主要是通过吸收层、制造装置和组件三个方面的设计和改进来实现,其中,制造装置对于降低成本方面的重要性不容忽略。而有关回收利用方面的专利较少,并仅涉及封装和组件领域。随着硅基薄膜太阳能电池生产规模的扩大,其生产原料的消耗会不断增加,在其生产/使用过程中也会不断产生更多的废料,因而这些废料的回收和生产原料的有效重复利用将值得业内申请人的进一步关注。

2.2.5 各主要国家/地区申请人历年专利申请分布

图 2-2-6 反映了硅基薄膜太阳能电池领域主要国家和地区在 1988~2008 年间的历年申请(按项计)的分布情况。从图 2-2-6 中可以看出,在 2002 年之前,日本申请人在该领域的申请所占比例变化不大,一直稳居在 90% 左右,而从 2002 年开始,其所占比例逐年下降,至 2008 年时,其所占比例已不到 35%。虽然在 2002~2005 年间,日本申请人的绝对申请量出现了下降,但自 2006 开始又出现回升,因此,日本申请人在该领域的申请所占比例在 2002 年后的大幅下降并不完全归因于其绝对申请量的下降,而是由于同期其他国家和地区申请量的大幅增加所致。实际上,美国从 2002 年开始、中国从 2003 年开始,以及韩国从 2004 年开始,其申请量及所占比例均开始呈现明显的增长趋势,这表明,受到政策刺激和市场的带动作用,世界各主要国家和地区的申请人均对硅基薄膜太阳能电池领域表现出了极大的兴趣,并加大了研发和专利布局的

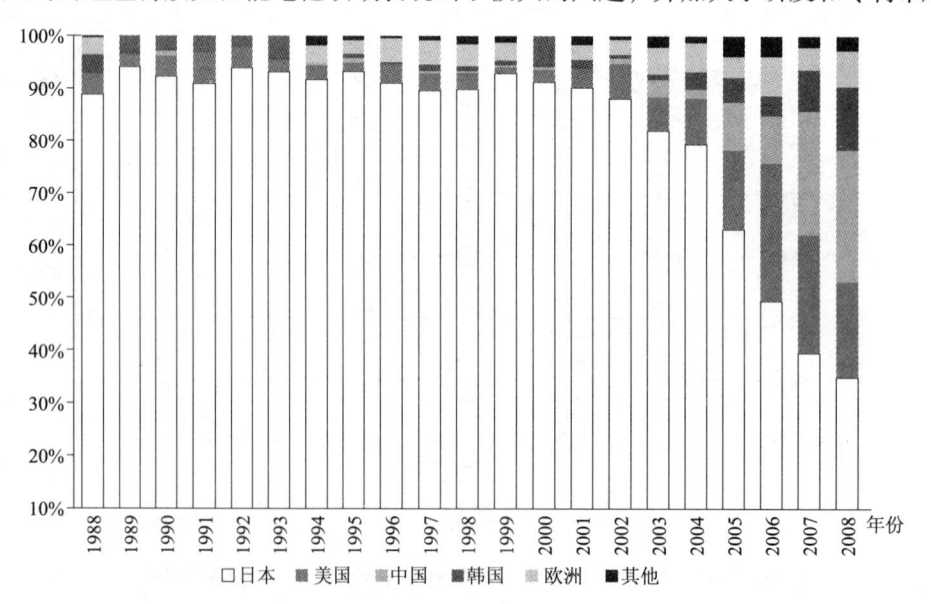

申请日	日本	美国	中国	韩国	欧洲	其他
1988	224	10	0	9	8	1
1989	240	6	0	3	6	0
1990	192	8	2	1	5	0
1991	230	15	0	0	8	0
1992	263	11	0	0	6	0
1993	205	5	0	1	9	0
1994	199	6	1	0	7	4
1995	222	4	2	2	6	2
1996	203	8	0	1	10	1
1997	216	8	1	3	11	2
1998	284	10	1	3	13	5
1999	303	4	1	3	11	4
2000	344	9	2	2	20	0
2001	323	13	0	6	10	6
2002	252	19	3	2	8	2
2003	228	18	9	3	14	6
2004	189	21	4	8	13	3
2005	146	35	21	11	9	9
2006	154	82	28	12	23	12
2007	187	106	111	37	20	10
2008	217	113	155	75	42	17

图 2-2-6　硅基薄膜太阳能电池各主要国家/地区申请人历年申请分布

投入。这其中，中国在硅基薄膜太阳能电池领域的专利申请的起步虽然晚，但增长最为明显，从 2007 年开始，中国申请人的绝对申请量及所占比例已经超过了美国，成为仅次于日本的第二大申请国。而最早开发出硅基薄膜太阳能电池技术的美国，其在 1988～2001 年间的申请量大都在 10 件上下徘徊，但从 2002 年开始其申请量接近 20 件并在 2007 超过了 100 件，其中，既有传统的硅基薄膜太阳能电池生产商，也出现了生产设备供应商以及封装材料供应商。而欧洲虽然在 2006～2008 年的申请量也呈现出了增长趋势，但相对于以前的增幅并不大。

2.2.6　各主要专利申请地历年专利申请分布

图 2-2-7 反映了硅基薄膜太阳能电池领域在 1988～2008 年间各专利申请地的历年申请量（按件计）的分布情况。作为申请量最大的国家——日本，在该国公开的专利申请的绝对量和比例一直居于首位，但整体上呈现下降趋势，尤其是从 2002 年开始，这种下降最为明显，2002 年，在该国公开的专利申请的比例仍在 50% 以上，而在 2006～2008 年连续三年内在该国公开的专利申请的比例在 25% 上下徘徊，这种下降一方面归因于在该国公开的专利申请绝对量的下降，更主要的原因则来自于在其他国家和地区公开的专利申请量的大幅增长。而在美国和欧洲所公开的专利申请量在大部分时间内保持着较为稳定的比例并分别位居第二和第三的位置，并在 2005 年后均出现了一定的增长，其中欧洲的增长更为明显，这表明美国和欧洲始终是被该领域的申请人较为重视的市场。中国和韩国在 1988～2001 年间所公开的专利申请的比例相差不大，

这表明在此期间，中国和韩国在硅基薄膜太阳能电池领域受到的关注度相当；而中国从 2002 年开始、韩国则从 2004 年开始，所公开的专利申请的比例均出现明显的增长，尤其是中国的增长最为明显，其在 2007 年中所公开的专利申请的比例超过了日本和美国而居第一位，在 2008 年也超过美国并和日本非常接近，这表明在硅基薄膜太阳能电池大规模产业化的过程中，作为新兴的市场，中国受到了极大的关注，这对于国内企业而言即意味着机遇，同时也可能会面临着很多来自国外企业的技术和专利挑战。

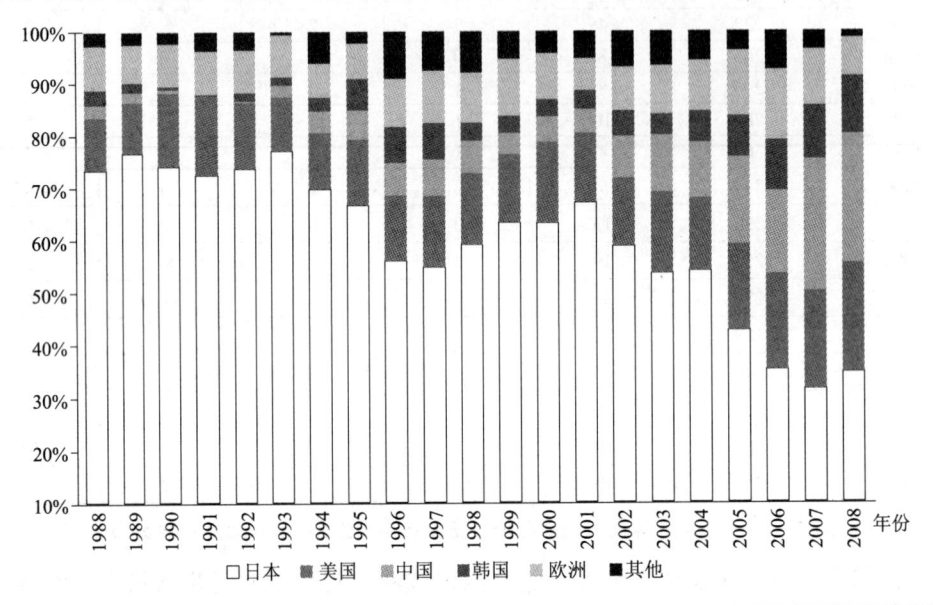

申请日	日本	美国	中国	韩国	欧洲	其他
1988	240	38	9	11	32	10
1989	247	36	7	7	27	9
1990	197	43	2	2	25	7
1991	235	57	0	1	31	14
1992	268	53	1	7	34	15
1993	209	32	7	5	25	2
1994	204	37	14	9	22	21
1995	225	50	22	24	27	9
1996	207	56	28	31	41	41
1997	225	68	35	35	50	38
1998	295	82	37	21	57	48
1999	306	75	23	19	62	31
2000	354	103	32	22	58	29
2001	331	77	26	21	35	31
2002	259	69	42	26	44	37
2003	252	89	63	23	53	39
2004	207	65	50	28	45	27
2005	179	90	91	43	68	21
2006	205	149	128	79	109	61
2007	194	168	226	92	96	33
2008	193	162	192	86	57	11

图 2-2-7　硅基薄膜太阳能电池专利申请地历年申请分布

2.2.7 被关注专利分析

本节针对硅基薄膜太阳能电池的重要技术分支从专利被引频次、同族数量、重要技术首次申请等角度找出该技术分支的被关注专利或专利申请,并收集和整理这些被关注专利的专利族、专利权人、在中国法律状态等方面的信息。

"专利被引频次"是指专利文献被在后申请的其他专利文献引用的次数,通常被引频次尤其是他人引用频次越多,表明该专利在行业内受到的关注程度越高,其专利价值相应越大;"同族数量"是指一件专利同时在多个国家或地区的专利局申请专利的数量,由于专利申请以及专利权维持有效需要缴纳相应的费用,专利申请人一般不会盲目地申请专利,通常只有价值较高的专利才会在多个国家或地区进行专利布局;"重要技术首次申请"是指业界内公认的一些重要技术首次提出的专利申请。

由于硅基薄膜太阳能电池技术出现较早,发展至今在硅基薄膜太阳能电池的专利申请方面已经越来越多地偏向于更多细节的限定,例如在有关吸收层的权利要求中越来越倾向于用具体的工艺参数和性能/结构参数范围进行限定,而这些专利引用频次往往并不高,因此,本节主要着眼于归纳涉及其基本结构和基本工艺的早期被关注专利。另外,近年来随着硅基薄膜太阳能电池市场份额的扩大,对能够批量化、大尺寸地生产硅基薄膜太阳能电池的设备的需要越来越多,其中的电极对于沉积的均匀性有着最关键的影响,因此本节也特别归纳了有关 PECVD 电极方面近年来一些值得关注的专利。另外值得一提的是,由于硅基薄膜太阳能电池技术在其发展历程中借鉴了很多其他领域的技术,例如在一些设备方面以及工艺方面的技术,即是首先出现在液晶或半导体领域,而后才被应用或改进性地应用于太阳能电池中,因此,本节归纳的被关注专利主要着眼于明确涉及硅基薄膜太阳能电池领域的专利。此外,由于一件专利不仅仅会由其权利要求决定的保护范围,其整个文件同样还是作为一篇现有技术文献存在,因而在本节中对被关注专利的技术内容的描述将并不限于其权利要求的保护内容,同样也可能涉及说明书中公开的内容。

2.2.7.1 基本结构和基本工艺

1. 非晶硅薄膜太阳能电池

由 RCA 公司于 1976 年 7 月 30 日申请的专利 US4064521 公开了利用硅烷的辉光放电来沉积非晶硅膜,电源为直流、交流或射频电源,并由此制得了具有 PIN 结构和透明导电电极的非晶硅薄膜太阳能电池。辉光放电法至今仍是制备硅基薄膜太阳能电池中的硅薄膜的最重要也是唯一的工业应用方法。

由 RCA 公司于 1977 年 5 月 27 日申请的专利 US4109271 公开了使用非晶 SiC 层用作 PIN 结构的硅基薄膜太阳能电池的 P 型或 N 型窗口层,并且其中的 C 含量可以呈梯度变化。

由能源转换装置公司(ENERGY CONVERSION DEVICES)于 1978 年 3 月 16 日申请的专利 US4226898 公开了辉光放电分解沉积高质量的含氟非晶硅膜。之后,能源转换装置公司又围绕使用含氟硅膜的太阳能电池申请了一系列的专利。

由 RCA 公司于 1980 年 6 月 2 日申请的专利 US4292092 公开了通过三次激光画线形

成硅基薄膜太阳能电池的方法，这种激光画线法之后在硅基薄膜太阳能电池中一直被广泛使用。

由株式会社钟化于1981年11月4日申请的专利JP58078475公开了抗热柔性太阳能电池，其在金属箔上使用了高分子绝缘层，继而再沉积PIN结构的硅基薄膜太阳能电池。

由能源转换装置公司（ENERGY CONVERSION DEVICES）于1982年9月24日申请的专利US4517223公开了采用微波等离子放电沉积用于太阳能电池的非晶硅膜。之后的一段时间，微波放电法成为制备硅基薄膜太阳能电池的热点方法之一。

由RCA公司于1982年9月27日申请的专利US4532537公开了使用织构化透明底电极构成的硅基薄膜太阳能电池。

由ATLANTIC RICHFIELD CO.于1983年9月29日申请的专利US4492736中公开了使用含硅气体、氢气和惰性气体的辉光放电来形成微晶硅膜，这种微晶硅膜可用作PIN结构的硅基薄膜太阳能电池的N型窗口层。值得注意的是，虽然由YAMAZAKI S于1980年3月3日申请的专利JP56122123中也公开了类似的技术，其使用含硅气体、He气和/或Ne气的辉光放电来形成"半非晶膜"，但并未公开其在PIN结构的硅基薄膜太阳能电池中的应用。虽然专利US4492736中所公开的方法并未在工业上广泛应用，但因其较早地公开了微晶硅N型窗口层的结构，因此，该专利也值得关注。

由能源转换装置公司（ENERGY CONVERSION DEVICES）于1984年11月2日申请的专利US4600801公开了含氟的微晶Si层，其可用作PIN结构的硅基薄膜太阳能电池的P型窗口层。

由佳能于1985年12月28日申请的专利JP62158874公开了在单一沉积室中沉积P、I、N层，并用卤素氧化剂来处理界面以降低各层之间的界面污染问题。

由MIDWEST RESEARCH INST于1994年5月25日申请的专利US5776819公开了采用热丝法制备低氢含量的非晶硅膜。

2. 微晶硅薄膜太阳能电池

由YAMAZAKI S于1980年5月12日申请的专利JP56158419公开了通过对非晶结构通电来形成介于非晶和晶体之间的"半非晶膜"的方法，这种"半非晶膜"可以为N、I或P型，并可获得PIN结构的太阳能电池。虽然该专利中所公开的方法并非工业上广泛应用的方法，但因其较早地公开了微晶硅膜太阳能电池，因此，该专利也值得关注。该同一申请人于1980年5月26日申请的JP56165371也公开了类似的方法。值得注意的是，本专利的申请人YAMAZAKI S后来成为株式会社半导体能源研究所（SEMICONDUCTOR ENERGY LAB）的众多专利申请中的重要发明人之一。

由能源转换装置公司（ENERGY CONVERSION DEVICES）于1991年2月8日申请的专利US5103284公开了在非晶基质中含有晶簇的硅膜，其可用于太阳能电池中，该硅膜可用氢稀释的硅烷在RF辉光放电下制备。

由三井东亚化学公司（MITSUI TOATSU CHEMICALS）于1996年2月16日申请的专利JP9232235公开了利用RF辉光放电，通过先低速沉积初始层而后高速沉积从而获得微晶硅膜的方法，该微晶硅膜可用于PIN结构硅基薄膜太阳能电池的本征层。

由 Neuchatel 大学于 1996 年 10 月 30 日申请的专利 EP0871979 公开了 PIN 结构的微晶硅薄膜太阳能电池和微晶/非晶硅薄膜太阳能电池，这些薄膜可用氢稀释的硅烷通过辉光放电沉积。值得一提的是，取得该专利的独家授权的欧瑞康公司曾就该专利对应用材料提出侵权诉讼，但判决结果欧洲专利局撤销了该专利。虽然该专利已被撤销，但无论是该专利本身或是其申请人 Neuchatel 大学在微晶硅薄膜太阳能电池的发展历程上都具有主要地位，因此该专利也值得关注。

由能源转换装置公司（ENERGY CONVERSION DEVICES）于 1996 年 12 月 12 日申请的专利 US6087580 公开了含有初晶态的硅膜，其可用于太阳能电池中，该硅膜可用氢稀释的硅烷在 RF 辉光放电下制备。

3. 叠层电池

由 RCA 公司于 1980 年 1 月 4 日申请的专利 US4272641 公开了非晶硅/非晶硅的叠层电池，在两个 PIN 电池中间使用了隧道结层，该隧道结层可以是 $PtSiO_2$ 等，并对子电池的厚度和带隙进行匹配，其中带隙是通过氢含量来调整的。

由能源转换装置公司（ENERGY CONVERSION DEVICES）于 1981 年 9 月 7 日申请的专利 GB2083705 公开了含氟的硅/硅锗的叠层电池。

由 AGENCY OF IND SCI & TECHNOLOGY 于 1982 年 9 月 29 日申请的专利 US4479028 公开了氢化的硅/硅锗的叠层电池。

由株式会社半导体能源研究所（SEMICONDUCTOR ENERGY LAB）于 1984 年 5 月 15 日申请的专利 JP60240169 公开了使用中间透明导电层的叠层硅基薄膜电池，其中底电池和顶电池的本征层具有不同的晶化程度，例如可以为非晶硅/微晶硅叠层电池。

4. 其他类型硅薄膜太阳能电池

虽然实际产业中，多晶硅膜以及单晶硅膜的太阳能电池并未被应用，但其同样是硅基薄膜电池的一个重要研究分支，因此以下列出了涉及这些方面的一些早期代表性专利。

由 MASSACHUSETTS INST TECHNOLOGY 于 1975 年 12 月 10 日申请的专利 US4059461 公开了采用激光扫描非晶硅膜的方法来提高硅膜的结晶性。激光扫描已经是制备多晶硅膜的常见手段之一，而 US4059461 较早地公开了这种方法。

由 COMMISSARIAT ENERGIE ATOMIQUE 于 1991 年 9 月 18 日申请的专利 FR2681472 公开了通过离子轰击进行离子注入来获得剥离界面，从而从单晶或多晶硅基体上剥离硅薄膜的方法。

由索尼公司于 1995 年 2 月 2 日申请的专利 JP8213645 公开了通过在晶体硅上形成多孔层作为分离层来制备单晶硅膜太阳能电池的方法。

由株式会社半导体能源研究所（SEMICONDUCTOR ENERGY LAB）于 1996 年 3 月 27 日申请的专利 JP8340127 公开了通过金属膜催化法来促进非晶膜结晶从而制备多晶膜的方法。

2.2.7.2 吸收层制备设备

由能源转换装置公司（ENERGY CONVERSION DEVICES）于 1981 年 5 月 7 日申请的专利 EP0041773 中公开了卷绕式 NIP 连续沉积设备，其在不同的室中分别沉积 N、I、

P层。以及这种设备是柔性太阳能电池生产所采用的典型设备。

由能源转换装置公司（ENERGY CONVERSION DEVICES）于1981年9月28日申请的专利US4438723A中也公开了多室沉积系统。

由CHRONAR公司（EPV的前身）于1984年11月5日申请的专利US4576830公开了利用承载盒进行平板硅基薄膜电池沉积的PECVD设备。

由三菱重工于1998年5月29日申请的专利JP11340150公开了采用多点馈入法来为平板电极供电，从而改善了在大面积平板上沉积硅薄膜的均匀性。

由AGENCY OF IND SCI & TECHNOLOG于1998年6月25日申请的专利JP2000012471公开了采用多个中空管来作为充当电极并同时用于气体的供给和分配。

由三菱重工于2001年1月10日申请的专利US2001021422公开了采用一种梯状电极来消除VHF沉积时的驻波效应，从而在制备大面积平板硅基薄膜太阳能电池时，能获得均匀的硅薄膜。此外，在三菱重工更早期的专利中，已经提出了梯状电极的设计，例如1999年2月12日申请的EP0949352和1991年1月21日申请的JP4236781，但JP2001257098具有最多的同族和最高的引用频次。

由应用材料公司于2004年7月12日申请的专利US2005251990公开了用于控制等离子体均匀性的气体分配板。虽然该专利的说明书只是提及了在液晶领域的应用而并未提及在硅基薄膜太阳能电池领域的应用，但在应用材料公司后继的涉及硅基薄膜太阳能电池设备的申请中，引用了该专利，即从技术上而言，其完全可以应用在硅基薄膜太阳能电池的生产中，而且该专利申请具有较高的引用频次。

由欧瑞康公司于2004年9月8日申请的专利WO2005024891公开了采用曲面电极和电介质补偿板来改善等离子的均匀性，从而在制备大面积平板硅基薄膜太阳能电池时，能获得均匀的硅薄膜。此外，在欧瑞康更早期的专利中，已经提出了类似的设计，例如于2000年8月8日申请的WO0111658中，但该申请中并未在太阳能电池领域的应用。

由应用材料公司于2007年4月11日申请的专利US2007281090公开了集群式沉积系统。这种系统由应用材料公司出售给多家硅基薄膜电池生产商。

2.2.7.3 被关注专利的主要信息

表2-2-1列出重要专利的专利权人/申请人（待审状态的专利申请指的是申请人）、申请日/最早的优先权日（有优先权时指的是最早的优先权日）、同族专利、在中国的法律状态和被引频次等信息，其中同族专利是根据INPADOC专利族的数据进行整理获得的，其原则是要求同一件优先权的若干件专利申请构成一个专利族，同一专利族中不同专利申请公开的内容以及要求保护的范围可能不尽相同，该数据与WPI数据库中的数据有差别。

从表2-2-1中可以看出，在涉及硅基薄膜太阳能电池的基本结构和工艺的专利中，美国的RCA和能源转换装置公司占据了大多数，而且无论是非晶硅薄膜电池，还是微晶硅薄膜电池，或是叠层电池，其基本结构的专利均已经失效，成为公用的技术。而近年来在制备硅基薄膜太阳能电池的PECVD设备的电极方面，日本、美国和欧洲的公司均提出了各自特色的解决方案。

表 2-2-1 被关注专利的主要信息

序号	公开号/公告号	专利权人申请人	申请日/最早的优先权日	同族专利	在中国法律状态	被引频次
1	US4064521A	RCA COR	1975-7-28	AU503228B2; AU1555876A; AU571880A; CA1091361A1; DE2632987A1; DE2632987C2; DE2632987C3; FR2304180A1; FR2304180B1; GB1545897A; HK49683A; IT1062510B; JP52016990A; JP53037718B; JP1125358C; JP57141971A; JP57141972A; JP58025283A; JP58028878A; KR810001312B1; KR810001314B1; NL7607571A; NL185884B; NL185884C; SE407870B; SE407870C; SU1405712A3; US4064521A; US4317844A	未进入中国	146
2	US4109271A	RCA COR	1977-5-27	无	未进入中国	38
3	US4226898A	ENERGY CONVERSION DEVICES	1978-3-16	AU523424B2; AU4493379A; CA1125896A1; DE2943211C2; DE2943211T0; DE3000905A1; EG13885A; ES478454A1; FR2432765A1; FR2432765B1; IL56870A; IN151380A1; MX5024E; US4226898A; US4409605A; US4520380A	未进入中国	209
4	US4292092A	RCA COR	1980-6-2	DE3121350A1; DE3121350C2; FR2483686A1; FR2483686B1; GB2077038A; GB2077038B; HK78486A; JP57012568A; JP4072392B; JP1890558C; MY78385A; US4292092A	未进入中国	73
5	JP58078475A	株式会社钟化	1981-11-4	DE3280455T2; DE3280455T3; EP0078541A2; EP0078541A3; EP0078541B1; EP0341756A2; EP0341756A3; EP0341756B1; EP0341756B2; JP58176977A; JP4081350B; JP1791261C; JP6188443A; JP58103178A; JP58115872A; JP4612409A; US4773942A; US4875943A; US5127964A; US5419781A	未进入中国	50

续表

序号	公开号/公告号	专利权人/申请人	申请日/最早的优先权日	同族专利	在中国法律状态	被引频次
6	US4517223A	ENERGY CONVERSION DEVICES	1982-9-24	AT27186T; AT110795T; AU560168B2; AU568192B2; AU1938383A; AU3961485A; BR8305222A; BR8501075A; CA1219240A1; CA1248047A1; CA1325793C; DE3750470T2; EG15981A; EP0104907A2; EP0104907A3; EP0104907B1; EP0160365A1; EP0160365B1; EP0175223A1; EP0284693A2; EP0284693A3; EP0284693B1; ES8503453A1; ES8503892A1; ES8602974A1; IE832238L; IE54688B1; IL69773A; IN161892A1; IN162992A1; JP59078528A; JP4019703B; JP1739009C; JP2034911A; JP60231322A; JP2579900B2; KR910005370B1; MX159170A; PH20277A; US4504518A; US4517223A; US4615905A; US4664937A; US4701343A; US4737379A; US4745000A; ZA8307086A; ZA8501756A	未进入中国	129
7	US4532537A	RCA COR	1982-9-27	DE3318852A1; DE3318852C2; FR2533755A1; FR2533755B1; GB2128020A; GB2128020B; JP59061973A; JP6012840B; JP2030135C; JP7283432A; JP2814361B2; US4532537A; US4663188A	未进入中国	41
8	US4492736A	ATLANTIC RICHFIELD CO	1983-9-29	无	未进入中国	15
9	US4600801A	ENERGY CONVERSION DEVICES	1984-11-2	AU572065B2; AU576453B2; AU4904485A; AU7934087A; BR8505441A; CA1226658A1; CN85108047A; CN85108047B; EP0189636A1; ES8701856A1; ES8900101A1; IN164419A1; JP61174714A; JP7123111B; JP2084571C; US4600801A; US4609771A; ZA8507895A	已失效	20
10	JP62158874A	佳能	1985-12-28	DE3644652A1; DE3644652C2; JP62158874A; JP6051909B; JP1920586C; US4771015A	未进入中国	16

续表

序号	公开号/公告号	专利权人/申请人	申请日/最早的优先权日	同 族 专 利	在中国法律状态	被引频次
11	US5776819A	MIDWEST RESEARCH INST	1992-5-5	US5397737A; US5776819A; US6124186A; US6468885B1	未进入中国	7
12	JP56158419A	YAMAZAKI S	1980-5-12	JP56158419A; JP3019694B; JP1698977C	未进入中国	1
13	US5103284A	ENERGY CONVERSION DEVICES	1991-2-8	无	未进入中国	21
14	JP9232235A	Mitsui Toatsu Chemicals	1995-2-24	DE69621365T2; EP0729190A2; EP0729190A3; EP0729190B1; JP9232235A; US5677236A	未进入中国	38
15	EP0871979A	Neuchatel 大学	1996-1-2	AU721374B2; AU7275396A; DE69636253T2; EP0871979A1; EP0871979B1; ES2265647T3; FR2743193A1; FR2743193B1; US6309906B1; WO9724753A1; WO9724769A1	未进入中国	6
16	US6087580A	ENERGY CONVERSION DEVICES	1996-12-12	AU738173B2; AU5383398A; BR9714012A; CA2274717A1; CA2274717C; EP0953214A1; EP0953214A4; JP2001506407T; KR20000057559A; RU2197035C2; TW387158B; UA66351C2; US6087580A; WO9826459A1	未进入中国	15
17	US4272641A	RCA COR	1979-4-19	DE2950085A1; DE2950085C2; FR2454705A1; FR2454705B1; GB2047463A; GB2047463B; IT1194594B; JP55141765A; JP63033308B; JP1482153C; MY78285A; US4272641A	未进入中国	46

续表

序号	公开号/公告号	专利权人/申请人	申请日/最早的优先权日	同 族 专 利	在中国法律状态	被引频次
18	GB2083705A	ENERGY CONVERSION DEVICES	1980-9-9	AU523216B2; AU541939B2; AU541974B2; AU547043B2; AU547173B2; AU547646B2; AU4473679A; AU7501781A; AU7501881A; AU7501981A; AU7502081A; AU7502181A; BR7908764A; BR8105742A; BR8105745A; BR8105746A; BR8105747A; BR8105748A; CA1122687A1; CA1172742A1; CA1192816A1; CA1192817A1; CA1192818A1; CA1192819A1; DE2940994C2; DE2940994T0; DE3000904A1; DE3135353A1; DE3135375A1; DE3135375C2; DE3135393A1; DE3135393C2; DE3135411A1; DE3135411C2; DE3135412A1; DE3135412C2; DE3135761C2; EG15333A; EG15394A; ES478453A1; ES8304612A1; ES8302363A1; ES8302361A1; ES8302362A1; ES8302365A1; FR2445616A1; FR2445616B1; FR2490013A1; FR2490013B1; FR2490016A1; FR2490016B1; FR2490017A1; FR2490017B1; FR2490018A1; FR2490018B1; FR2490019A1; FR2490019B1; GB2083701A; GB2083701B; GB2083702A; GB2083702B; GB2083703A; GB2083703B; GB2083704A; GB2083704B; GB2083705A; GB2083705B; IE812061L; IE52205B1; IE812063L; IE52207B1; IE812064L; IE52208B1; IE812065L; IE52209B1; IL63752A; IL63753A; IL63754A; IL63755A; IN151362A1; IN157288A1; IN157308A1; IN157458A1; IN157494A1; IN157589A1; IN157667A1; IT1138202B; IT1138203B; IT1138204B; IT1138583B; IT1195053B; JP57079674A; JP62026196B; JP1421379C; JP57078183A; JP57078184A; JP57079672A; JP57079673A; KR86002031B1; KR890000478B1; KR890000479B1; KR890004497B1; KR900005566B1; MX4797E; MX159698A; NL8104137A; NL190256B; NL190256C; NL8104138A; NL8104139A; NL8104140A; NL8104142A; PH19569A; PH19596A; PH20028A; PH20821A; PH24724A; SE451353B; SE451353C; SE455553B; SE455553C; SE455554B; SE455554C; SE8105275A; SE8105275L; SE8105276A; SE8105276L; SE8105277A; SE8105277L; SE8105278A; SE8105278L; SE8105279A; SE8105279L; US4217374A; US4342044A; US4485389A; US4492810A; US4522663A; US4605941A; US4689645A; US4689645B1; US4891074A; US4954182A; WO7900724A1; ZA7900880A; ZA8105982A; ZA8105983A; ZA8105984A; ZA8105985A; ZA8105986A; ZA8308635A	未进入中国	29

续表

序号	公开号/公告号	专利权人/申请人	申请日/最早的优先权日	同族专利	在中国法律状态	被引频次
19	US4479028A	AGENCY OF IND SCI & TECHNOLOGY	1982-2-15	DE3305030A1; DE3305030C2; JP58139478A; JP63034634B; JP1481522C; US4479028A	未进入中国	10
20	JP60240169A	SEMICONDUCTOR ENERGY LAB	1984-5-15	AU699214B2; AU3068595A; JP60240168A; JP60240169A; JP60240167A; JP1819360C; JP5025186B; JP1819361C; JP5025187B; US4878097A; US4950614A; US4954856A; US4971919A; US5045482A; US5478777A; US5580820A	未进入中国	31
21	US4059461A	MASSACHU SETTS INST	1975-12-10	CA1066432A1; JP52115681A; JP60057232B; JP1334175C; US4059461A	未进入中国	116
22	FR2681472A1	COMMISSARIAT ENERGIE ATOMIQUE	1991-9-18	DE69231328T2; EP0533551A1; EP0533551B1; FR2681472B1; JP5211128A; JP3048201B2; USRE39484E1; US5374564A	未进入中国	442
23	JP8213645A	索尼	1995-2-2	EP0797258A2; EP0797258A3; JP8213645A; JP3381443B2; JP10135500A; JP2008177563A; US5811348A; US6107213A; US6194239B1; US6194245B1; US6326280B1; US6426274B1	未进入中国	77
24	JP8340127A	SEMICONDUCTOR ENERGY LAB	1995-3-27	JP8340127A; JP3394646B2; JP2000232231A; JP2007194659A; JP3983492B2; JP3434256B2; JP2001338876A; US5700333A; US5961743A; JP4159592B2; JP4447144B; TW448584B; TW447144B; US7075002B1; US20060213550A1	未进入中国	131

续表

序号	公开号/公告号	专利权人/申请人	申请日/最早的优先权日	同族专利	在中国法律状态	被引频次
25	EP0041773A1	ENERGY CONVERSION DEVICES	1980-5-19	AU542845B2; AU556493B2; AU556596B2; AU3487484A; AU3487584A; AU7065381A; BR8103024A; BR8103030A; CA1184096A1; CA1189603A2; DE3119481A1; DE3119481C2; DE3153270C2; EP0041773A1; EP0041773B1; ES8207658A1; ES8306923A1; FR2482786A1; FR2482786B1; GB2076433A; GB2076433B; GB2146045A; GB2146045B; GB2147316A; GB2147316B; IE811099L; IE52688B1; IL62883A; IL71316A; IL71317A; IN155670A1; IN158164A1; IN162721A1; IN162722A1; ITI1135827B; JP5704313A; JP62036633B; JP1426597C; JP61022622A; JP3055977B; JP1695968C; JP61287176A; JP4061510B; JP1794107C; JP2168676A; JP2539916B2; JP7038125A; JP2741638B2; JP57122581A; JP62043554B; KR840000756B1; KR890003498B1; KR890003499B1; MX155307A; MX155842A; NL8102411A; PH18408A; SE456380B; SE456380C; SE8103043A; SE8103043L; US4400409A; US4410558A; US4519339A; US4677738A; ZA8103076A	未进入中国	85
26	US4438723A	ENERGY CONVERSION DEVICES	1981-9-28	AT238837T; AU552270B2; AU8813682A; BR8205600A; CA1186280A1; EP0076426A2; EP0076426A3; EP0076426B1; ES8400635A1; ES8407626A1; IE822164L; IE53843B1; IL66784A; IN157462A1; JP58070524A; JP3038731B; JP1689616C; KR900007042B1; PH18998A; PT75612A; PT75612B; US4438723A; ZA8206615A	未进入中国	53
27	US4576830A	CHRONAR CORP	1984-11-5	EP0259311A1; US4576830A; WO8705539A1; CN86102741A; AU5697786A	未在中国授权	16
28	JP11340150A	三菱重工	1998-5-29	AU725612B2; AU1737199A; EP0961307A2; EP0961307A3; JP11340150A; JP3631903B2; JP2000058465A; JP3697110B2	未进入中国	21
29	JP2000012471A	AGENCY OF IND SCI & TECHNOLOG	1998-6-25	JP2000012471A; JP3844274B2; US6189485B1	未进入中国	26

续表

序号	公开号/公告号	专利权人/申请人	申请日/最早的优先权日	同族专利	在中国法律状态	被引频次
30	US2001021422A1	三菱重工	2000-3-13	AT472170T; AU751927B2; AU1110801A; EP1134773A3; EP1134773B1; EP2190004A2; EP2190004A3; ES2345602T3; JP3316490B2; JP2001274099A; JP3377773B2; KR20010091880A; TW507256B; US2001021422A1; US6456010B2	未进入中国	30
31	US2005251990A1	应用材料公司	2004-5-12	CN1696768A; CN100386668C; CN100536086C; CN101018886A; CN100577547C; CN101144154A; CN101348902A; CN101871099A; EP1595974A3; EP1789605A2; JP2005328021A; JP4541117B2; JP2005311365A; JP2008506273T; JP2009035821A; JP2010050466A; KR20060047185A; KR100741435B1; KR20050109041A; KR100856690B1; KR20070039931A; KR20070091589A; KR20090009698A; TW259506B; US2005233595A1; US7125758B2; US2008268176A1; US2005255257A1; US7785672B2; US2005233092A1; US2005251990A1; US2006005771A1; US2006019502A1; US2006228496A1; US2006236934A1; US2008020146A1; US2008268175A1; US2005104206A1; WO2006014612A3; WO2006017136A1; WO2006017136A3	部分同族获得授权并在专利权有效期内，部分待审①中	27
32	WO2005024891A2	欧瑞康公司	2003-9-10	AT364897T; CN1879189A; DE60200400701T2; EP1665323A2; EP1665323B1; ES2287755T3; JP2007505450T; KR20060008205A; US2005066898A1; US7487740B2; US2009155489A1; US7687117B2; US2010139863A1; WO2005024891A2; WO2005024891A3	待审中	5
33	US2007281090A1	应用材料公司	2006-4-11	CN101495671A; EP2010692A2; JP2009533876T; KR20080108595A; US2007281090A1; US2010075453A1; WO2007118252A2; WO2007118252A3; WO2007118252B1	待审中	5

❶ 待审：指的是专利申请已经公开，但尚未或者正在进行实质审查，能否获得授权以及能够授权时最终授权的权利要求的保护范围还不确定。

2.3 Ⅰ-Ⅲ-Ⅵ族化合物薄膜太阳能电池

2.3.1 技术生命周期分析

以年申请人数量为横坐标、以年专利申请量为纵坐标绘制了Ⅰ-Ⅲ-Ⅵ族化合物薄膜太阳能电池的技术生命周期图（参见图2-3-1），通过专利申请的数量和申请人数量之间的变化趋势对Ⅰ-Ⅲ-Ⅵ族化合物薄膜太阳能电池的技术生命周期进行分析，以了解其技术发展所处的阶段。

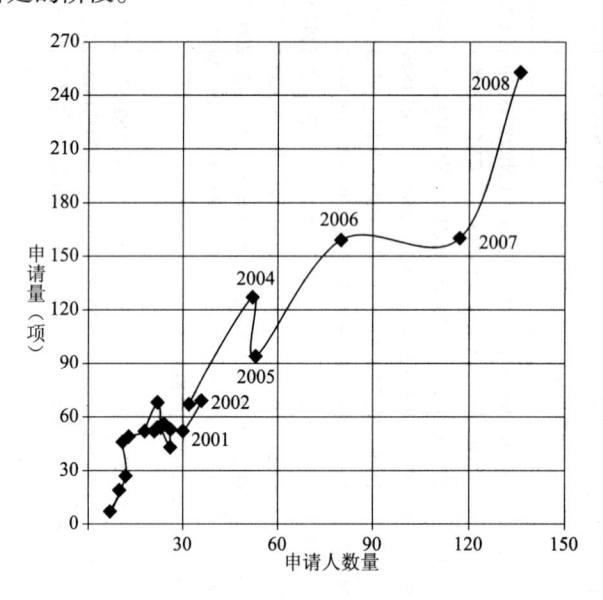

图2-3-1 Ⅰ-Ⅲ-Ⅵ族化合物薄膜太阳能电池技术生命周期

从图2-3-1可以看出，Ⅰ-Ⅲ-Ⅵ族化合物薄膜太阳能电池自2001年以后申请量基本上呈上升趋势，其中在2004~2005年间的申请人数量变化不大，但申请量出现了较明显的下降，通过对主要申请人的申请量分析，发现出现这一情况很大程度上是由于2004年纳米太阳能等公司开始进入该领域，集中进行较大规模的专利布局，导致Ⅰ-Ⅲ-Ⅵ族化合物薄膜太阳能电池领域的总申请量在该年显著增加，而在2005年，上述公司的申请量明显下降，并且早期的主要申请人如佳能在2005年基本没有相关申请，导致2005年的总申请量较2004年呈较明显的下降趋势，但在2006年后，由于受到CIGS薄膜太阳能电池的产业化进程明显加速的影响，该领域的申请人数量和年度申请量都出现了持续的快速增长。由图2-3-1显示的申请人数量和申请量增长趋势可以确定Ⅰ-Ⅲ-Ⅵ族化合物薄膜太阳能电池处于技术发展期。

2.3.2 技术构成分析

图2-3-2反映了Ⅰ-Ⅲ-Ⅵ族化合物薄膜太阳能电池各技术分支的总体分布情况。从中可以看出，所有技术分支中吸收层、电池结构和组件的申请量排在前三位，

所占比例分别为 38%、17% 和 11%。

图 2-3-3 反映了 I-III-VI 族化合物薄膜太阳能电池各技术分支在 1988~2008 年间历年专利申请的分布情况。由图 2-3-3 可以进一步看出，有关吸收层的申请在 1988~2008 年间的所有年份均多于其他技术分支，有关电池结构的专利申请在多数年份申请量均仅次于吸收层，表明吸收层和电池结构是该领域始终关注的研发重点；在组件方面，从 1988 年到 2004 年间历年的申请量均保持在 10 件以内，2005 年申请量增加到 15 项，2006 年到 2008 年的年申请量则快速增加到 30 项左右，这可能是由于 2005 年之后 CIGS 薄膜太阳能电池的规模化生产取得了显著进展，CIGS 薄膜太阳能电池组件陆续开始进入市场，相关企业及研发机构因此加大了在组件方面的专利布局力度。其他几个技术分支中，电极、封装、缓冲层、装置和衬底的申请量都不大，在总的技术构成中所占比例分别为 8%、7%、6%、6% 和 5%，其中电极、封装、装置和衬底在 2006 年都有较明显的增长，尤其是有关装置的年申请量虽然不大，但自 2006 年起到 2008 年保持了持续的快速增长，在一定程度上表明近几年来业界对装置的研发及专利保护日益重视；有关缓冲层的申请量较为稳定，

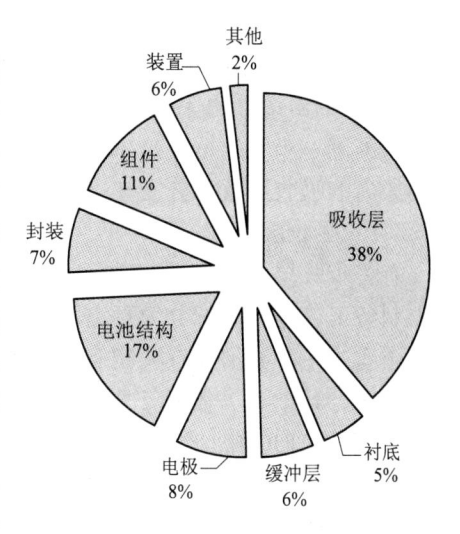

图 2-3-2 I-III-VI 族化合物薄膜太阳能电池技术构成

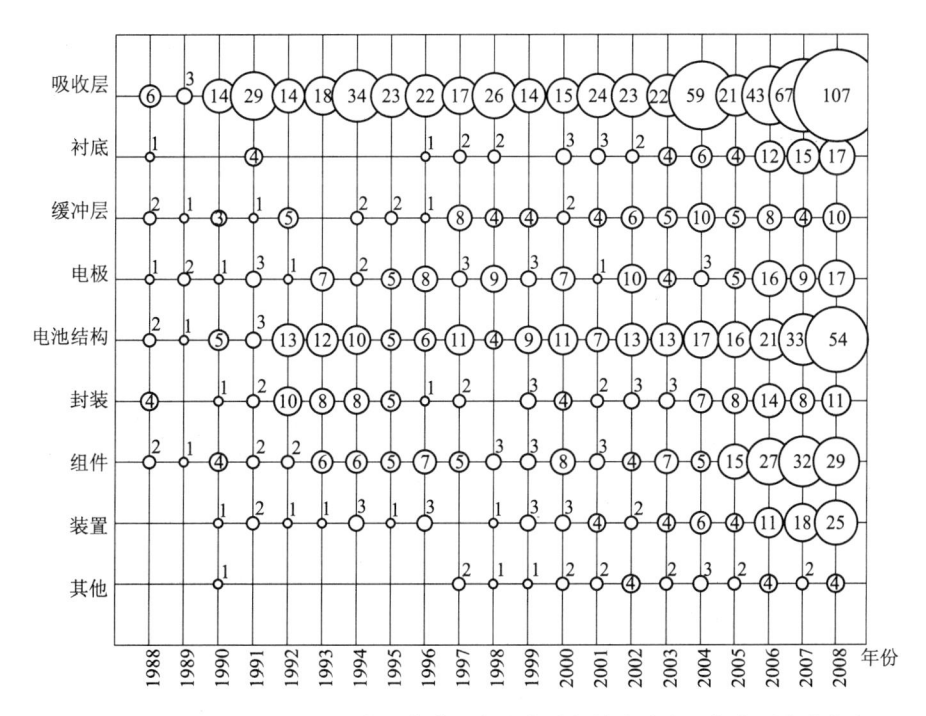

图 2-3-3 I-III-VI 族化合物薄膜太阳能电池各技术分支历年专利申请分布

1988～2008年间除1993年之外历年的申请量均保持在10件以下；其他申请（如涉及检测或评估方法的申请、涉及资源回收利用的申请）在总的技术构成中所占比例仅2%，历年的申请量均保持在4件以下，表明该技术分支并非研发的重点。

为了进一步明确重点技术分支的专利申请分布情况，下面对申请量最大、受关注程度最高的吸收层技术分支和电池结构技术分支作进一步的分析。

2.3.2.1 吸收层

有关吸收层的专利或专利申请共601件，进一步细分为制备工艺、材料和结构，其中制备工艺进一步细分为真空法、非真空法和其他方法。

图2-3-4显示了有关制备工艺、材料和结构的申请量分别相对于吸收层总申请量的比例，其中有关制备工艺的申请所占比例为74%，有关材料的申请所占比例为14%，有关结构的申请所占比例为12%。可见，由于I-III-VI族化合物是多元晶体，工艺控制相对复杂，并且工艺路线众多，业界围绕其制备工艺进行大量的研究和改进。

具体到所用的工艺路线，图2-3-5反映了真空法、非真空法和其他方法在涉及制备工艺的申请中所占的比例。从图中可以看出，真空法所占比例最高，达到53%，非真空法所占比例为44%，其他方法仅占3%。进一步分析真空法和非真空法相关申请的年代分布，涉及非真空法的专利申请中60%以上在2004年以后申请，而涉及真空法的专利申请中在2004年以后申请的仅占40%左右。这表明非真空法由于成本远低于真空法，近年来受到了广泛的关注，大量的研究者致力于采用非真空法来制备效率高、成本低的CIGS薄膜太阳能电池。

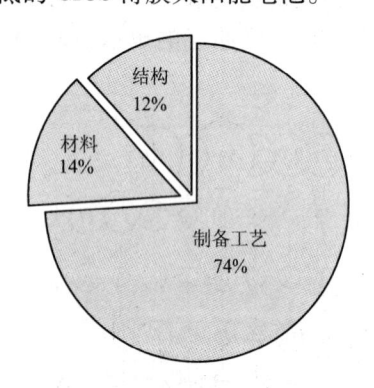

图2-3-4 吸收层专利申请分布 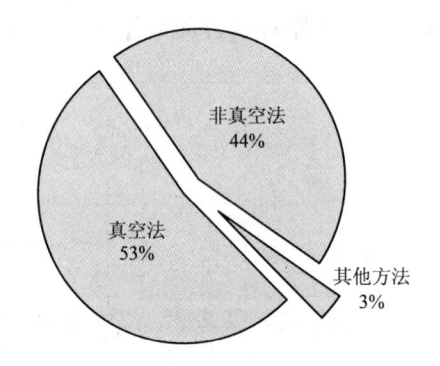　　图2-3-5 吸收层制备工艺专利申请分布

真空法主要包括共蒸发法、溅射后硒化法、共溅射法、反应溅射法、混合蒸镀法和化学气相沉积法等，其中共蒸发法和溅射后硒化法是业界的主流技术。共蒸发法采用多源同时蒸发，能够精确控制薄膜组成，自由调节能隙分布，目前高效率的小面积电池均采用共蒸发法制成，但大面积沉积的均匀性难以控制，电池良品率较低；溅射后硒化法技术成熟，沉积效率高，生产时间短，但组成控制较为困难，此外，该方法中后硒化的步骤对吸收层的质量有重要影响，使用最早的硒源是硒化氢气体，一般用氩气或氮气稀释后精确控制其流量，在高温下分解成原子态的硒，但硒化氢气体有剧毒，储运及使用均不方便，避免使用硒化氢气体是业界持续关注的一个问题。目前具体采取的措施有使用固态硒源或有机硒源（典型的如乙基硒），在非真空法制备预置层

的工艺中还有直接将含硒的无机或有机化合物涂覆到预置层上或者在形成预置层时直接使用硒的化合物，然后进行热处理，然而，上述替代方法各有其缺点，例如固态硒源产生的硒蒸气压不易控制，原子活性较差，有机硒源价格昂贵等，目前使用最普遍的硒源仍然是硒化氢气体。

非真空法主要包括溶液涂覆法（主要包括基于纳米颗粒的沉积法、有机金属前驱体溶液的喷涂或旋涂等方法）、电镀法、高温喷涂热分解法等，其中溶液涂覆法和电镀法的申请量最大，分别占到非真空法总申请量的58%和33%，喷涂等其他方法仅占9%，其中尤其需要注意的是基于纳米颗粒的沉积法和电镀法，前者以 Nanosolar 和 International Solar Electric Technology Inc（ISET）为代表，采用纳米级的颗粒形成"墨水"，然后采用丝网印刷等涂覆方法形成预置层，进行硒化或热处理，进入该领域更晚的一些公司如 IBM、LG 等也采用类似的方法，区别在于这几家公司所用的前驱体不同；后者以早期的 Yazaki、ETH 和近期的 Solopower、CIS Solartechnik 等为代表，电镀形成预置层，然后进行热处理。非真空法相对于真空法具有原料利用率高、设备简单、能耗低、生产速度快、制造成本低的优点，但材料的组成不易控制，电池的转换效率较低，良品率得不到保证。

在吸收层的材料方面主要涉及吸收层材料及其掺杂，在涉及掺杂的申请中，一部分是关于碱金属元素（主要是Na）的掺杂，还有部分申请涉及 VA 族元素（主要是锑、铋）、IVA 族元素（如硅、锡）、碱土金属元素（如钙）、VII 族元素等的掺杂，其中申请量最大的是碱金属元素的掺杂，其次是 VA 族元素，涉及 IVA 族元素、碱土金属元素和 VII 族元素掺杂的申请量较少。在吸收层的结构方面主要涉及吸收层中元素浓度的梯度分布、吸收层的界面处理等。

2.3.2.2 电池结构

有关电池结构的专利申请共266项，进一步细分为结、层结构、叠层和连接方式。图2-3-6显示了有关结、层结构、叠层和连接方式的申请量分别相对于电池结构总申请量的比例。

从图2-3-6可以看出，层结构所占的比例为60%，表明该技术分支是电池结构中最受关注的研发重点，连接方式、叠层和结所占的比例分别为19%、11%和10%，在一定程度上表明这三个技术分支受到的关注程度依次降低。

图2-3-6 电池结构专利申请分布

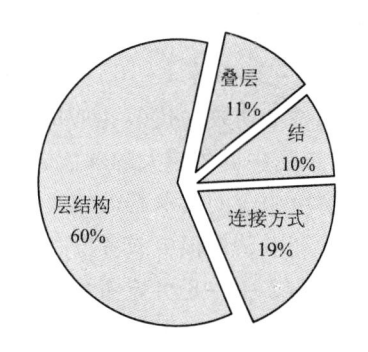

2.3.3 技术需求分析

图2-3-7列出了I-III-VI族化合物薄膜太阳能电池各技术功效在1988~2008年间历年专利申请的分布情况，反映了该领域的技术需求发展趋势。从图中可以看出，专利申请量最多的三个技术功效依次为提高效率、降低成本和提高可靠性，这表明业界对这三个方面的技术需求最为迫切；涉及柔性电池、轻量化等扩大用途方面的专利申请量自2004年以后呈增长趋势，表明业界在这方面的技术需求日益扩大；此外，业

界对资源替代及回收也有部分需求。

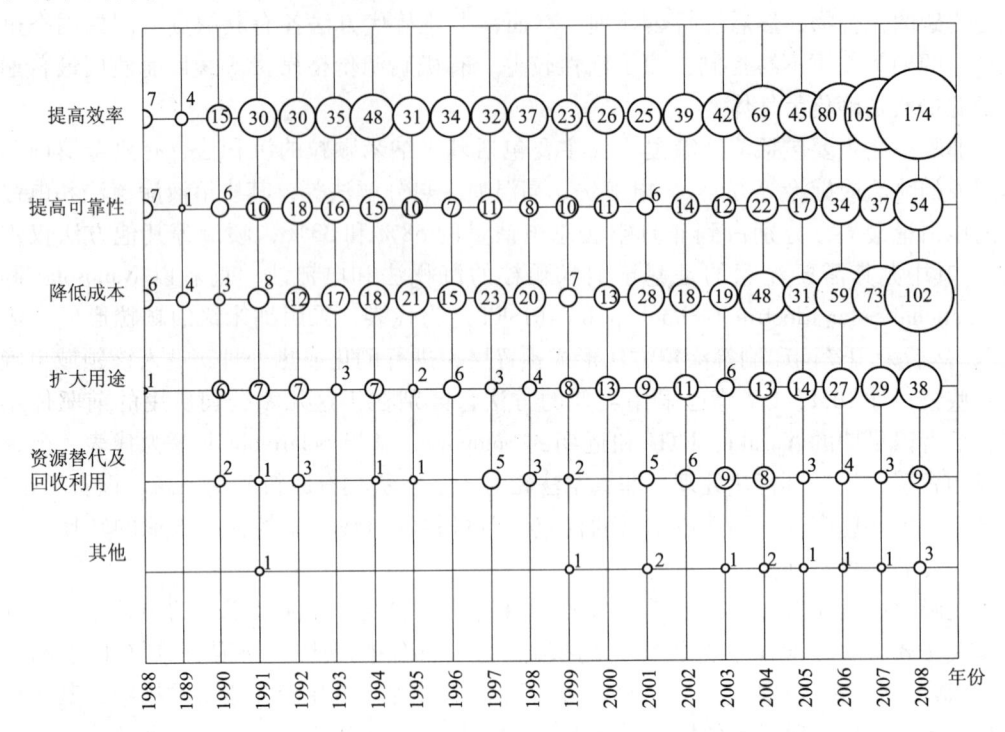

图 2-3-7 I-III-VI 族化合物薄膜太阳能电池各技术功效历年专利申请分布

2.3.4 技术——功效矩阵分析

图 2-3-8 是 I-III-VI 族化合物薄膜太阳能电池的专利技术——功效矩阵图，横坐标为技术功效（代表相应的技术需求），纵坐标为各技术分支（代表相应的技术手段），该图中面积越大的圆代表申请量越集中，表明针对纵坐标所代表的技术分支的改进是解决相应的技术需求的主要技术手段；反之，图中面积小的圆或者空白的点分别代表专利申请量很少或者没有提出专利申请。

从图 2-3-8 可以看出，在技术需求最大的提高效率方面涉及的技术分支很多，主要通过吸收层、电池结构、电极、组件和缓冲层等方面的改进来实现；在降低成本方面的技术需求主要通过吸收层、电池结构和组件方面的改进来实现；提高可靠性的技术需求主要通过封装、组件、电池结构和吸收层方面的改进来实现；扩大用途方面主要涉及吸收层、电池结构、衬底、组件和装置；资源替代及回收利用仅涉及缓冲层、吸收层和其他方面。

从图 2-3-8 中装置与技术功效的关系可以看出，通过对装置的研发和改进以提高薄膜质量进而提高效率并降低成本方面有一些专利申请，但通过对这些申请的进一步分析发现所涉及的装置类型繁多且分散，具体涉及溅射装置、蒸发装置、热处理装置、电镀装置、喷涂装置、化学气相沉积装置、卷对卷装置和化学浴装置等，对于每一种装置的改进仅涉及其中的一部分，并未形成完整的体系。然而，目前小面积 CIGS 薄膜太阳能电池的实验室最高转换效率已经达到 20.3%，但组件的转换效率通常仅为 10%~12%，二者之间的巨大差距一部分原因是由于级联过程中产生了部分无效区域、其他层导致光损失等，但更重要的是由于实验室能够精确地控制所制备的小面积吸收层的晶体质量和组成，获得均匀的膜厚，而大面积生产中对吸收层的厚度、晶体质量及组成的控制均达不到实验室规模的程度，要缩小二者之间的差距有赖于更精确可靠的大规模制备工艺，而整体装置的操控性和可靠性是实现上述目标的重要支撑，也是降低薄膜太阳能电池整体成本的重要环节，因此，对大规模整体装置的研发和改进是 I-III-VI 族化合物薄膜太阳能电池领域值得重点关注的技术发展点。

从图 2-3-8 中关于吸收层与技术功效的对应关系可以看出，有少量专利申请涉及吸收层材料的资源替代，具体涉及替代或者避免使用资源稀少的 In，这些专利申请中早期涉及采用铜镓二硒作为 P 型吸收层，以铜铝二硒或者硒化锌作为 n 型缓冲层以避免使用 In 和 Cd；后期的申请多涉及作为 P 型吸收层的锌黄锡矿型铜锌锡硫（硒）的制备，然而，目前以锌黄锡矿型铜锌锡硫（硒）作为吸收层所制备的太阳能电池的光电转换效率还不到 4%，没有应用价值。从长期的发展来看，为了克服资源因素对 I-III-VI 族化合物薄膜太阳能电池的制约，仍然有必要在确保足够的转换效率的前提下寻找能够有效替代或者避免使用 In 的吸收层材料。

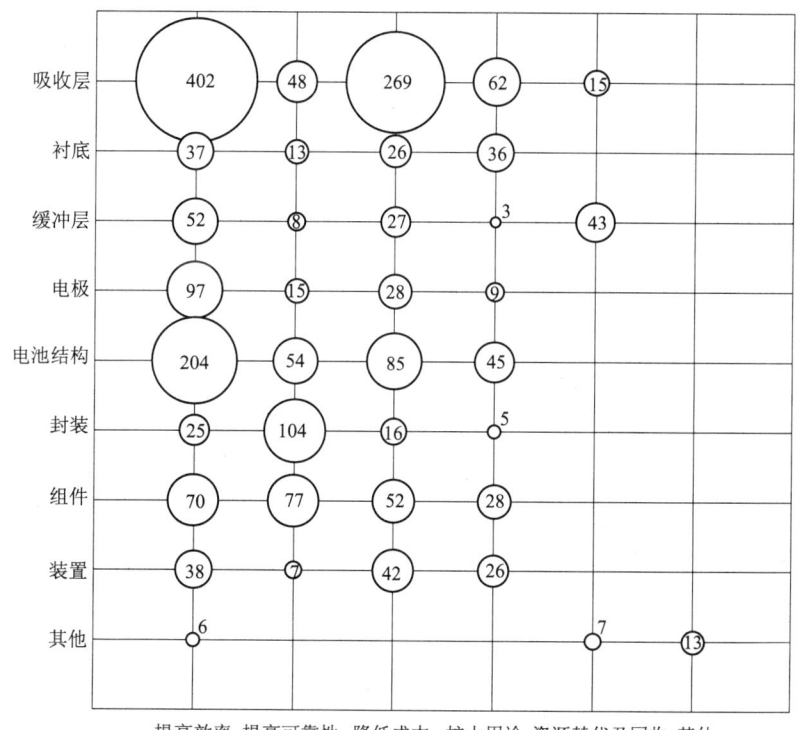

图 2-3-8　I-III-VI 族化合物薄膜太阳能电池的专利技术——功效矩阵图

2.3.5 各主要国家/地区申请人历年专利申请分布

本节通过对主要国家和地区申请人在Ⅰ-Ⅲ-Ⅵ族化合物薄膜太阳能电池领域的历年申请分布情况进行分析，了解主要国家和地区在该领域的研发投入情况。图2-3-9反映了Ⅰ-Ⅲ-Ⅵ族化合物薄膜太阳能电池领域主要国家和地区的申请人在1988~2008年期间的历年申请（按项计）的分布情况。从图中可以看出，在2003年以前，除1989年和2001年之外，日本的申请人在该领域历年的申请量所占比例均超过了50%，而1989年和2001年所占比例也超过了40%，可见，日本的申请人在这段时期内对Ⅰ-Ⅲ-Ⅵ族化合物薄膜太阳能电池进行大量的研发，并进行持续的专利布局；从2004年开始，日本的申请人所占的申请量比例下降到40%以下，而美国申请人所占的比例开始超过日本的申请人，但从绝对数量上看，日本的申请人的年申请量并未明显下降，主要是由于美国的申请人从2004年开始在该领域的年申请量显著增加，这表明美国的申请人自2004年开始明显加大了在该领域的研究开发及专利布局的力度。从申请的历年分布来看，欧洲的申请人从1988年起就有相关的申请，但是申请量始终不大，1998年以前历年申请均在10项以下，1999年以后有所上升，2006年以后申请量呈递增趋势。从专利申请的时间来看，中国和韩国的申请人进入该领域的时间相对较晚，总的申请量明显少于日、美、欧，但中国的申请人的年申请量从2003年开始、韩国的申请人的年申请量自2005年开始均呈上升趋势，尤其是在2007年和2008年上述两国的申请量已经接近欧洲的水平，表明中、韩两国近年来明显加强了在该领域的研究开发和专利申请，正在奋力追赶该领域的先进国家和地区。

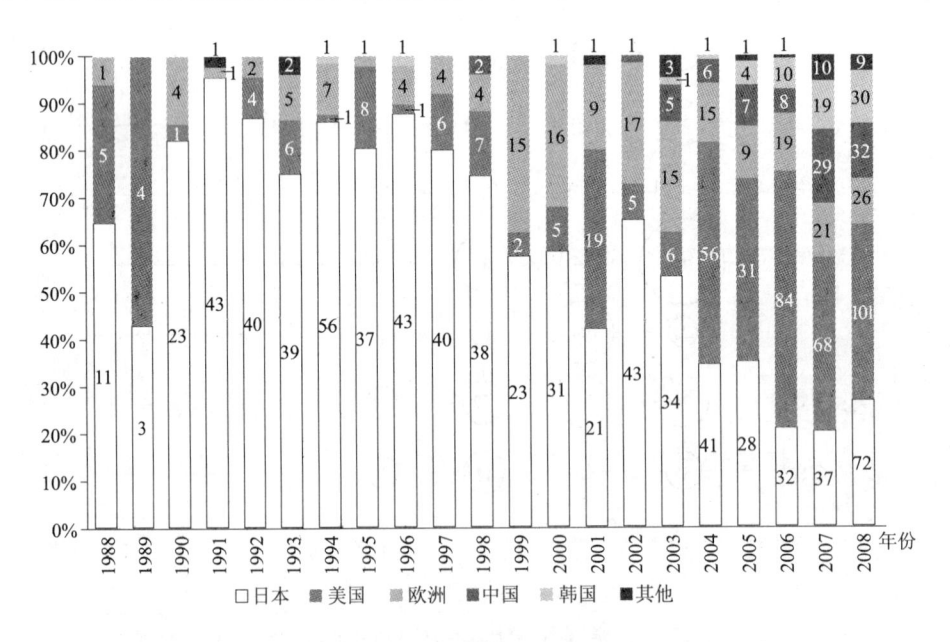

图2-3-9 Ⅰ-Ⅲ-Ⅵ族化合物薄膜太阳能电池领域各主要国家/地区申请人历年申请分布

2.3.6 各主要专利申请地历年专利申请分布

本节通过分析各主要专利申请地的专利申请分布情况，了解该领域的专利申请受理情况的变化。

图 2-3-10 反映了 I-III-VI 族化合物薄膜太阳能电池领域在 1988~2008 年期间的专利申请地的历年申请量（按件[1]计）的分布情况。从图中可以看出，在绝大多数年份中专利申请地以日本、美国和欧洲为主，中国和韩国在 2002 年以前所占比例很低，从 2003 年开始，中国和韩国所占比例明显提高，尤其是中国的上升趋势更为显著，表明近年来在 I-III-VI 族化合物薄膜太阳能电池领域中国和韩国市场尤其是中国市场日益受到重视。在其他国家和地区中，申请分布在澳大利亚、印度、加拿大、墨西哥、俄罗斯、巴西、南非、新西兰等国，其中向澳大利亚和印度提出的申请最多，除日、美、欧、中、韩外最受重视。

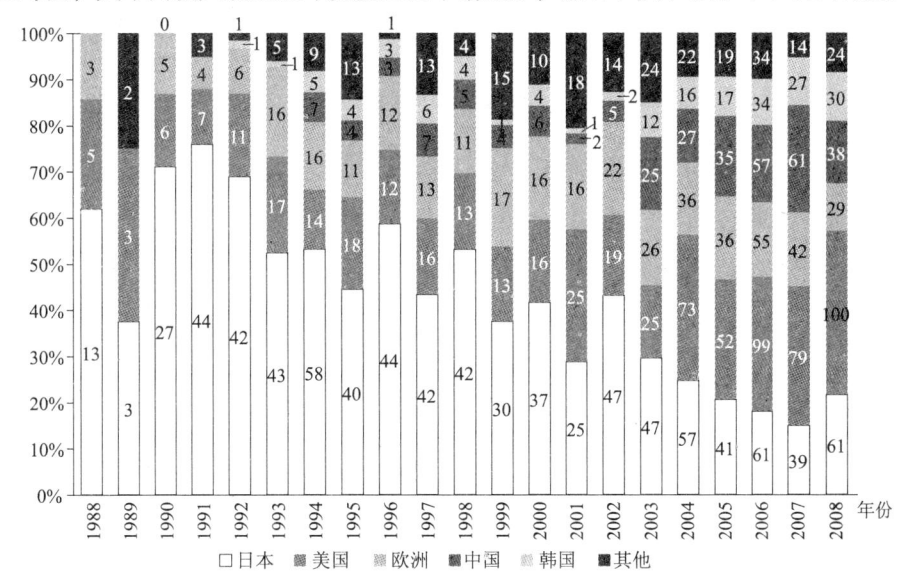

图 2-3-10 I-III-VI 族化合物薄膜太阳能电池各专利申请地的历年申请分布

（注：由于 PCT 申请进入指定国的时间较长，图中 2008 年的数据较最终的实际数据偏少）

2.3.7 被关注专利分析

本节针对 I-III-VI 族化合物薄膜太阳能电池的重要技术分支从专利被引频次、同族数量、重要技术首次申请以及政府资助的申请等角度找出该技术分支的被关注专利，通过被关注专利理顺该技术分支的技术发展路线，并收集和整理这些被关注专利的专利族、专利权人、法律状态等方面的信息。

2.3.7.1 重要技术分支技术发展路线

表 2-3-1 和表 2-3-2 分别列出了按被关注专利排列的 I-III-VI 族化合物薄膜太阳能电池两个重要技术分支——吸收层和电池结构的技术发展路线。现分别简述如下：

---

[1] 件：在进行专利申请量统计时，将同族的专利申请分开进行统计，得到的结果对应于申请的件数。

表 2-3-1　I-III-VI 族化合物薄膜太阳能电池吸收层技术发展路线图

年份		1980~1989	1990~1999	2000~2004	2005~2008
吸收层制备工艺	共蒸发	1980 年，US4335266A，BOEING CO.，多源共蒸发，两步工艺	1993 年，US5356839A，Midwest RES INST，共蒸发，再晶化工艺		
	溅射后硒化	1985 年，US4798660A，ATLANTIC RICHFIELD CO，溅射后硒化 1985 年，US5045409A，ATLANTIC RICHFIELD CO，溅射后硫化	1994 年，US5578503A，SIEMENS AG，快速热处理		2006 年，US2008072962A1，NIIT，等离子体裂解固态硒源
	共溅射或反应溅射			2002 年，CN100530701C，Miasolé，双圆柱体旋转磁控管溅射技术，共溅射或反应溅射	
	电镀	1984 年，US4581108A，ATLANTIC RICHFIELD CO，电镀金属层，后硒化	1995 年，US5730852A，Davis, Joseph & Negley，电镀，真空沉积调计量比	2004 年，CN100573I2C，SOLOPOWER，Cu-IIIA 薄层，处理，重复 2~5 次	
	溶液涂覆		1997 年，US5985091A，ISET，亚微米级合金粉末形成墨水，涂覆，后硒化 1997 年，US6268014B1，EBERSPACHERC 等，亚微米级的合金氧化物相的多相化合物作为前驱体	2001 年，US20080729262A1，BASOL B M，混合的纳米金属固溶体粉末作为前驱体 2004 年，US7663057B2，NANOSOLAR，金属硒化物或者涂覆的金属纳米颗粒或重子点作为前驱体	
	场辅助合成及转移技术			2001 年，US6500733B1，Helio Volt，场辅助合成及转移技术	

续表

年份	1970~1979	1980~1989	1990~1999	2000~2004	2005~2008
吸收层材料	1974年,US3978510A,BELL TELEPHONE LAB INC.,单晶CIS/CdS异质结电池	1987年,US5045409A,ATLANTIC RICHFIELD CO.,$CuInSe_{2-x}S_x$ ($x<2$) 1988年,US5141564A,BOEING CO.,$CuIn_{1-x}Ga_xSe_2/Cd_yZn_{1-y}S$	1994年,US5626688A,SIEMENS AG,掺杂碱金属原子 1995年,US5858121A,MATSUSHITA ELECTRIC INDUSTRIAL CO.,$Cu(In_{1-x}Ga_x)(Se_{1-y}S_y)_2$,$x=0.3$,$y=0.4$		
吸收层结构		1980年,US4335266A,BOEING CO.,CIS中邻近缓冲层一侧贫Cu 1988年,US5141564A,BOEING CO.,CIGS中铜和镓的浓度沿背电极到缓冲层递减			

表2-3-2 Ⅰ-Ⅲ-Ⅵ族化合物薄膜太阳能电池电池结构技术发展路线图

年份	1980~1989	1990~1999	2000~2004	2005~2008
电池结构	1980年,US4335266A,BOEING CO.,Al_2O_3/Mo/CIS/CdS/Al/SiO_x 1984年,US4611091A,ATLANTIC RICHFIELD CO,极薄的CdS、ZnO层 1988年,US5078804A,BOEING CO.,Al_2O_3/Mo/CIGS/(低Zn含量的CdZnS/高Zn含量的CdZnS)/(高阻ZnO/高导电ZnO)/(Ni/Al)/SiO_x双ZnO层		2001年,US7053294B2,MIDWEST RES INST,金属衬底上设置SiO_x/Al_2O_3绝缘层	2008年,WO2009116626A1,NIIT,柔性衬底上沉积含碱土金属的碱金属硅酸盐层

2.3.7.1.1 吸收层

1. 吸收层材料

1974 年 BELL TELEPHONE LAB INC 的专利 US3978510A 公开了单晶 CIS($CuInSe_2$)/CdS 异质结电池,转换效率 5%,但并非真正意义上的薄膜电池;1976 年 L. L. Kazmerski 首次报道了薄膜 CIS/CdS 异质结电池,转换效率 4%~5%,未申请专利。

1987 年 ATLANTIC RICHFIELD CO.(ARCO) 的专利 US5045409A 公开了 $CuInSe_{2-x}S_x$($x<2$)/CdS 异质结电池,转换效率 12%,此外,该专利还公开了 $CuIn_{1-y}Ga_ySe_2$($y<1$)/CdS 异质结电池,转换效率约 10%,并提及用 Ga 和/或 Al 代替部分 In 会比纯 Cu/In 层的效率更高,即实质上公开了 $Cu(In/Ga/Al)Se_{2-x}S_x$。

1988 年 BOEING CO. 的专利 US5141564A 公开了 $CuIn_{1-x}Ga_xSe_2$(x 为 0.25~0.35)/CdZnS 异质结电池,当 x 为 0.25 时,转换效率超过 10%,由于 Ga 的掺入提高了电池的开路电压。

1994 年 SIEMENS AG 申请的专利 US5626688A 公开了在每平方厘米的黄铜矿型 CIS 或 CIGS 吸收层中含有约 10^{14} 到约 10^{17} 碱金属原子。

1995 年 MATSUSHITA ELECTRIC INDUSTRIAL CO 申请的专利 US5858121A 公开了 $Cu(In_{1-x}GaX)(Se_{1-y}S_y)_2$ 吸收层材料,当 $x=0.3$,$y=0.4$,晶体材料的 c 轴与 a 轴的晶格常数之比为约 2 时,获得最高的转换效率(缓冲层采用 CdS 时,19%)。

2. 吸收层结构

1980 年 BOEING CO. 申请的专利 US4335266A 公开了 CIS 吸收层沿厚度方向在靠近背电极一侧形成富铜区,在靠近缓冲层一侧形成贫铜区。

1988 年 BOEING CO. 的专利 US5141564A 进一步公开了 CIGS 吸收层中沿厚度方向在靠近背电极一侧形成富铜、富镓区,在靠近缓冲层一侧形成贫铜、贫镓区。

3. 吸收层制备工艺

(1)共蒸发

1980 年 BOEING CO. 申请的专利 US4335266A 公开了两步多源共蒸发法制备 CIS 吸收层,即先沉积低电阻率的富铜薄膜,后生长高电阻率的贫铜薄膜。

1993 年 MIDWEST RES INST(NREL 为该研究院的分支机构)申请的专利 US5356839A、US5436204A 和 US5441897A 公开了多步共蒸发制备 CIGS 的工艺,通过气相再晶化提高 CIGS 吸收层的质量。

(2)溅射后硒化

1985 年 ATLANTIC RICHFIELD CO. 申请的专利 US4798660A 首次采用直流磁控溅射形成金属预置层,然后在有硒源存在的条件下热处理进行硒化,形成 CIS。

1987 年 ATLANTIC RICHFIELD CO. 申请的专利 US5045409A 公开了溅射形成铜、铟、镓/铝和硒的预置层,在惰性气体稀释的硫化氢气体中热处理进行硫化。

1992 年 Siemens AG 申请的专利 US5578503A 公开了预先依序形成 Cu、In 和 Se 的离散层,然后以至少 10℃/s 的加热速率快速升温,进行快速退火处理。此外,该公司还开发了先使用硒化氢气体进行硒化而后采用硫化氢进行硫化的工艺(SAS),在硒化及硫化过程中均采用快速热处理(RTP)。

2006 年独立行政法人产业技术综合研究院申请的 US2008072962A1 提出采用等离子体裂解固态硒源以产生原子态的硒用于后硒化,从而在确保硒化效果的前提下避免使用有毒的硒化氢气体。

(3) 共溅射或反应溅射

2002 年 Miasolé 申请的专利 CN100530701C 公开了通过双圆柱体旋转磁控管溅射技术利用特别制备的导电靶材进行共溅射来制备 CIGS 层,或者在有硒化氢气体的情况下用金属合金靶材进行反应性溅射,该工艺采用卷对卷装置,适用于柔性薄膜电池的制备,并且该方法可以在靶材中掺入微量的掺杂元素,例如以 $NaSe_2$ 的形式掺杂 Na,能够精确地控制掺杂量。

(4) 电镀

1984 年 ATLANTIC RICHFIELD CO. 申请的专利 US4581108A 首次公开了电镀形成金属预置层,然后进行硒化,形成 CIS 吸收层。

1995 年 Davis, Joseph & Negley 申请的专利 US5730852A 首次公开了电镀形成 $Cu_xIn_yGa_zSe_n$ ($x=0\sim2$, $y=0\sim2$, $z=0\sim2$, $n=0\sim2$) 膜,然后物理气相沉积 Cu 和 In (或者 In 和 Se) 来调节薄膜的化学计量,最后经退火处理获得 CIGS 层,所制备的电池转换效率达到 9% 以上。此后,该专利权人对该工艺进行进一步的改进,转换效率达到 13.6% (US5871630A)。

2004 年 Solopower 申请的专利 CN100573812C 公开了一种电镀结合后硒化制备 CIGS 吸收层的方法,通过首先在衬底上电镀 Cu 薄层和 IIIA 族材料薄层,然后进行处理(热处理、微波处理或激光处理等),使 Cu 和 IIIA 族材料相互混合形成固溶体和/或合金,重复上述沉积和处理步骤 2~5 次,获得具有希望的厚度并且具有微观尺度组成均匀性的金属前体,最后进行硒化,能够实现对微观尺度组成的控制和吸收层对衬底的良好黏附。

(5) 溶液涂覆

1997 年 International Solar Electric Technology Inc. 申请的专利 US5985691A 采用微米级的 IB - IIIA 合金粉末,调控合金粉末中的组成,加水、润湿剂和分散剂进行球磨,制成墨水(墨水中的粉末平均粒径约 $0.5\mu m$),涂覆然后硒化,所制备的电池的转换效率接近 10%。

1997 年 EBERSPACHER C 和 PAULS K L 申请的专利 US6268014B1 则采用亚微米级的含金属氧化物相的多相化合物作为前驱体,制成浆料,涂覆后进行硒化以获得 CIS 层。

2001 年 BASOL B M 申请的专利 US7091136B2 用混合的纳米金属固溶体粉末作为前驱体,采用类似于 US5985691A 的工艺制备 CIGS 层。

2004 年 NANOSOLAR 申请的专利 US7663057B2 以金属硒化物纳米颗粒为前驱体形成墨水,经涂覆、退火、硒化制备 CIGS 吸收层,并且还进一步公开了可以采用金属硒化物量子点纳米颗粒(粒径小于 10nm)为前驱体,同年该公司申请的专利 US7306823B2 公开了制备表面涂覆 IB 和/或 IIIA 和/或 VIA 的金属纳米颗粒或量子点的方法,这些涂覆的纳米金属颗粒或量子点可以作为前驱体用于制备 CIGS。

(6) 场辅助合成及转移技术 (FASST)

2001 年 Helio Volt 申请的专利 US6500733B1 公开了一种新的制备吸收层的工艺——场辅助合成及转移技术,该工艺在可重复使用的第一衬底上依次沉积释放层

CaF_2 或 $(Cu, Sr)F_2$ 等以及第一前驱体层$(In)_y(Se)_{1-y}$或$(In,Ga)_y(S,Se)_{1-y}$，在第二衬底上依次沉积钼电极层和第二前驱体层Cu_xSe_{1-x}，然后在第一衬底和第二衬底之间施加机械压力或静电场或磁场（足以基本上防止蒸气从第一前驱体层、第二前驱体层和组合层中逸出），形成组合层，相对第二衬底移动第一衬底，组合层仍连接在第二衬底上，然后使第一和第二前驱体层快速反应，形成 CIS 或 CIGS。根据需要还可以在上述第一衬底与第一前驱体层之间以及在第二前驱体层上增设其他层，以实现不同的目的。

2.3.7.1.2 电池结构

（1）层结构

1980 年 BOEING CO. 申请的专利 US4335266A 公开了如下的电池结构：衬底（Al_2O_3）/背电极（Mo）/吸收层（富铜的 CIS/贫铜的 CIS）/缓冲层（CdS/掺铟的 CdS）/栅状前电极（Al）/减反层（SiO_X）。

1984 年 ARCO 申请的专利 US4611091A 中首次提出采用极薄的 CdS，并使用了 ZnO，具体结构为：玻璃/Mo（$1\mu m \sim 2\mu m$）/CIS（$1\mu m - 2\mu m$）/CdS（100～2500 埃）/ZnO（$0.1\mu m \sim 2\mu m$）/Al。

1988 年 BOEING CO 申请的专利 US5078804A 首次采用了双 ZnO 层，基本形成了目前使用最广泛的电池结构，具体结构如下：Al_2O_3/Mo/CIGS/（低 Zn 含量的 CdZnS/高 Zn 含量的 CdZnS）/（高阻 ZnO/高导电 ZnO）/（Ni/Al）/SiO_X。

针对柔性电池，2001 年 MIDWEST RES INST 申请的专利 US7053294B2 首次公开了在铝箔或不锈钢箔衬底和钼电极之间形成由 SiO_X 和 Al_2O_3 组成的绝缘层，这是目前被认为效果最好的绝缘结构。此外，2008 年独立行政法人产业技术综合研究院提出的申请 WO2009116626A1 首次提出在柔性衬底上沉积一层含碱土金属的碱金属硅酸盐薄膜，然后沉积钼电极，通过调节硅酸盐薄膜的厚度能够有效控制吸收层中的 Na 掺杂量，从而提高柔性电池的性能。

（2）连接方式

1980 年 RCA CORP 申请的专利 US4292092A 公开了在薄膜太阳能电池的制备过程中分别采用激光对透明电极层、半导体活性区域和背电极进行平行画线（即三次画线）以形成级联，虽然该专利仅涉及硅基薄膜、II－VI族薄膜等，并未提及 I－III－VI 族化合物，但这种连接方式显然适用于 I－III－VI 族化合物薄膜太阳能电池，该专利的存在导致后期针对 I－III－VI 族化合物薄膜太阳能电池提出的类似申请未获授权。

2.3.7.2 被关注专利的主要信息

表 2－3－3 列出被关注专利的专利权人/申请人（待审状态的专利申请指的是申请人）、申请日/最早的优先权日（有优先权时，指的是最早的优先权日）、同族专利、法律状态、被引频次和政府资助等信息，其中同族专利是根据 INPADOC 专利族的数据进行整理获得的，其原则是要求同一件优先权的若干件专利申请构成一个专利族，同一专利族中不同专利申请公开的内容以及要求保护的范围可能不尽相同，该数据与 WPI 数据库中的数据有差别；由于专利中各国政府资助的信息披露情况不同，除美国外，其他国家如日本、中国等政府资助的情况缺乏准确信息，因此，表 2－3－3 中政府资助一栏仅列出了获得美国政府资助的情况。

表2-3-3 被关注专利的主要信息

序号	公开号/公告号	专利权人/申请人	申请日/最早的优先权日	同族专利	法律状态	被引频次	政府资助
1	US3978510A	BELL TELEPHONE LAB INC	1974-07-29	无	失效	8	无
2	US4335266A	BOEING CO.	1980-12-31	BE890348A1；WO8202459A1；AU8081282A；AU537139B2；NO822922A；DK387082A；EP0067860A1；EP0067860A4；EP0067860B1；JP57502196A；GB2106316A；GB2106316B；US4392451A；ES8308157A1；GB2144914A；GB2144914B；GR76957A1；IL64676A；CA1185347A1；CA1201192A2；DE3177076G；IT1172197B；AT44334T；JP5057746B；USRE31968E	全部失效	86	美国政府资助
3	US4581108A	ATLANTIC RICHFIELD CO. SIEMENS SOLAR IND LP	1984-01-06	EP0195152A；EP0195152B1；DE3586847G；JP61237476A	全部失效	50	无
4	US4611091A	ATLANTIC RICHFIELD CO.	1984-12-06	EP0184298A1；EP0184298B1；JP61136276A；JP6014558B；JP1886344C	全部失效	30	无
5	US4798660A	ATLANTIC RICHFIELD CO.	1985-07-16	EP0211529A1；EP0211529B1；DE3674104G；JP62020381A；JP5016674B；JP1822079C	全部失效	43	无
6	US5045409A	ATLANTIC RICHFIELD CO.	1987-11-27	DE3887650T2；EP0318315A2；EP0318315A3；EP0318315B1；JP1231313A；JP3172794B2	全部失效	37	无
7	US5141564A	BOEING CO.	1988-05-03	无	失效	39	美国政府资助

续表

序号	公开号/公告号	专利权人/申请人	申请日/最早的优先权日	同族专利	法律状态	被引频次	政府资助
8	US5078804A	BOEING CO.	1988-05-04	无	失效	33	美国政府资助
9	US5578503A	SIEMENS AG.	1992-09-22	WO9407269A1; EP0662247A1; EP0662247B1; JP8501189T; JP3386172B2	有效	44	无
10	US5356839A	MIDWEST RES INST	1993-04-12	AU1844695A; AU3274795A; AU628194A; DE69425255T2; EP0694209A1; EP0694209A4; EP0694209B1; EP0724775A1; EP0724775A4; JP8510359T; JP3130943B2; JP1051 3606T; JP3258667B2; JP9506475T; WO9424696A1; US5436204A; US5441897A; WO9606454A1; WO9625768A1	有效	30	美国政府资助
11	US5626688A	SIEMENS AG.	1994-12-01	DE4442824C1; EP715358A2; EP715358A3; EP715358B1; JP8222750A; JP4022577B2; JP2007266626A	有效	49	无
12	US5858121A	Matsushita Electric Industrial CO.	1995-09-13	DE69622109ET2; EP0763859A2; EP0763859A3; EP0763859B1; JP982992A; JP324408B2	有效	22	无
13	CN1155111C	Davis, Joseph & Negley	1995-09-25	AU1284997A; AU6786998A; AU705545B2; BR9612022A; CA2239786A1; CA2239786C; CA2284826A1; CA2284826C; CN1204419A; DE69621467T2; EP0956600A4; EP0956600A1; EP0956600B1; EP0977911A1; EP0977911A4; HK1023849A1; JP2000501232T; JP3753739B2; MX9804620A; NO982699A; NO320118B; NO20052210A; US5730852A; US5804054A; US5871630A; WO9722152A1; WO9848079A1	中国失效 其他有效	38	美国政府资助

续表

序号	公开号/公告号	专利权人/申请人	申请日/最早的优先权日	同族专利	法律状态	被引频次	政府资助
14	CN1144399C	INT SOLAR ELECTRIC TECHNOLOGY INC	1997-05-16	CN1213186A; US5985691A; EP0881695A2; DE69835851T2; EP0881695A2; EP0881695B1; EP0881695B9; ES2273382T3; JP11340482A; JP4177480B2	全部有效	24	美国政府资助
15	US6268014B1	EBERSPACHER C PAULS K L	1997-10-07	WO9917889A2; AU9895916A; US20020006470A1; US6821559B2	全部有效	33	美国政府资助
16	US7091136B2	BASOL B M	2001-04-16	WO2002084708A2; EP1428243A2; US2004219730A1; US2005194036A1; US2005266600A1; US7537955B2; US2006165911A1; US2006189155A1; US20061780121A1; US7521344B2	全部有效	33	无
17	US7053294B2	MIDWEST RES INST	2001-07-13	WO2003007386A1; AU2001298012A1; US2005074915A1	有效	21	美国政府资助
18	US6500733B1	HELIO VOLT CORP	2001-09-20	AU2002326953A1; AU2002334597B2; AU2002325038B2; EP1470593A2; EP1470594A2; EP1476906A2; US6659372B2; US20030526382A1; US2003054661A1; US2003054582A1; US20030534662A1; US2003051664A1; US20030523917A1; US20030546663A1; US2005186805A1; US2005022747A1; US20032052701A1; US6593213B2; US6720239B2; US6736986B2; US6778012B2; US6797874B2; US6881647B2; US7148123B2; US7163608B2; ZA200404981A; US2003211646A1; WO03026022A2; WO03026023A2; WO03026024A2; WO03026025A2; WO03026026A2; WO03026028A2; ZA200404979A	部分有效待审	15	无

续表

序号	公开号/公告号	专利权人/申请人	申请日/最早的优先权日	同族专利	法律状态	被引频次	政府资助
19	CN100530701C	Miasolé	2002-09-30	AU2003275239A1; AU2003275239A8; CN1703782A; CN101521249A; EP1556902A2; TW200414551A; TW250658B1; US2004063320A1; US6974976B2; US2005109392A1; US7544884B2; US2009145746A1; WO2004032189A2	有效 部分 待审	35	无
20	CN100573812C	SOLOPOWER INC.	2004-03-15	CN101027749A; CN101331589A; CN101443920A; CN101528987A; CN101578386A; CN101583741A; EP1749309A2; EP1938360A2; EP1943668A2; EP1999795A2; EP2087151A2; EP2094882A1; EP2102898A2; JP2007529907T; JP2009513020T; JP2009515343T; JP2009530812T; JP2010505045T; JP2010507909T; JP2010509779T; KR2007009297A; KR20080072663A; KR20080077103A; KR20090014146A; KR20090085583A; KR2009098962A; US2005202589A1; US7374963B2; US2007272558A1; US7507321B2; US2006121701A1; US2007166964A1; US7582506B2; US2007145507A1; US7713773B2; US2007093006A1; US2007093059A1; US2007111367A1; US2008093221A1; US2008095938A1; US2008096307A1; US2008175993A1; US2008190761A1; US2009035882A1; US2009050208A1; US2009117684A1; US2009162969A1; US2009173634A1; US2009183675A1; US2009314649A1; US20100015754A1; US20100139557A1; US20100226629A1; US20100229940A1; US2005089330A2; WO2007047888A2; WO2007056224A2; WO2007108932A2; WO2008039736A1; WO2008049103A2; WO2008085604A2; WO2009099888A1; WO2010068703A1; WO2010078088A1	有效 部分 待审	8	无

续表

序号	公开号/公告号	专利权人/申请人	申请日/最早的优先权日	同族专利	法律状态	被引频次	政府资助
21	US7306823B2	Nanosolar Inc.	2004-09-18	AT462200T; CN101128941A; CN101128941A; CN101268608A; CN101336487A; CN101443130A; CN101443892A; CN101443919A; CN101443921A; CN101506990A; WO2006135377A2; DE102005003842A1; EP1723265A2; EP1723265A4; EP1747590A2; EP1805804A1; EP1805804A4; EP1805804B1; EP1849191A2; EP1861916A2; EP1935086A2; EP1949528A2; EP1961047A2; EP1992010A2; EP1997149A2; EP1997150A2; EP1998902A2; EP1999796A2; EP2230693A1; ES2342091T3; JP2008514006T; JP2008529281T; JP2008537640T; JP2009505430T; JP2009528680T; JP2009528681T; JP2009528682T; JP2009529805T; JP2009540537T; KR20070064345A; US2005186338A1; US7115304B2; US2006160261A1; US7276724B2; US2006062902A1; US7604843B1; US2005183768A1; US7605328B2; US2005183767A1; US7663057B2; US2007163637A1; US7704464B2; US2007000537A1; US7732229B2; US2008020503A1; US7732232B2; US2005186342A1; US2006060237A1; US2006153985A1; US2006157103A1; US2006207644A1; US2007092648A1; US2007163383A1; US2007163641A1; US2007163638A1; US2007163639A1; US2007166453A1; US2007163640A1; US2007163641A1; US2007163642A1; US2007163643A1; US2007163644A1; US2007169809A1; US2007169810A1; US2007169811A1; US2007169812A1; US2007169813A1; US2007186971A1; US2008121277A1; US2008124831A1; US2008135099A1;	有效部分待审	16	无

续表

序号	公开号/公告号	专利权人/申请人	申请日/最早的优先权日	同族专利	法律状态	被引频次	政府资助
21	US7306823B2	Nanosolar Inc.	2004-09-18	US2008135811A1; US2008135812A1; US2008138501A1; US2008142072A1; US2008142073A1; US2008142080A1; US2008142081A1; US2008142082A1; US2008142083A1; US2008142084A1; US2008149176A1; US2008213467A1; US2008305269A1; US2008308148A1; US2009025640A1; US2009107550A1; US2009178706A1; US2009246906A1; US2009305455A1; US2010089453A1; US2010096015A1; US2010170564A1; US2010243049A1; US2010267189A1; US2010267222A1; WO2005081788A2; WO2005081789A2; WO2006033858A1; WO2006037437A2; WO2006078985A2; WO2006101986A2; WO2006135377A2; WO2007022221A2; WO2007041533A2; WO2007065096A2; WO2007101099A2; WO2007101135A2; WO2007101138A2; WO2007106756A2; WO2009051862A2	有效 部分 待审	16	无
22	US20080072962A1	NAT INST ADVANCED IND SCI & TECHNOLOGY ISHIZUKA S MATSUBARA K NIKI S SAKURAI K YAMADA A	2006-08-24	JP2008078619A	待审	无	无
23	WO2009116626A1	NAT INST ADVANCED IND SCI & TECHNOLOGY	2008-03-21	无	待审	无	无
	US4292092A*	RCA CORP	1980-06-02	DE3121350A1; DE3121350C2; FR2483686A1; FR2483686B1; GB2077038A; GB2077038B; HK78486A; JP57012568A; JP4072392B; JP1890558C; MY78385A	失效	73	美国政府资助

注：*所代表的US4292092A并未涉及 I-III-VI 族化合物薄膜太阳能电池（详细情况参见2.3.7.1.2节第2段）。

从表2-3-3中可以看出，24项被关注专利中，美国的专利权人/申请人共拥有18项，占据绝对优势；欧洲和日本的专利权人/申请人各拥有3项，再次证明了上述国家和地区在Ⅰ-Ⅲ-Ⅵ族化合物薄膜太阳能电池领域的领先优势。此外，从这些被关注专利的法律状态来看，部分涉及主要材料和基本结构的专利已经失效，已成为公用的技术。

2.4　Ⅱ-Ⅵ族化合物薄膜太阳能电池

2.4.1　技术生命周期分析

我们以年申请人数量为横坐标、以年专利申请量为纵坐标绘制了Ⅱ-Ⅵ族化合物薄膜太阳能电池的技术生命周期图（参见图2-4-1），通过专利申请的数量和申请人数量之间的变化趋势对Ⅱ-Ⅵ族化合物薄膜太阳能电池的技术生命周期进行分析，以了解其技术发展所处的阶段。

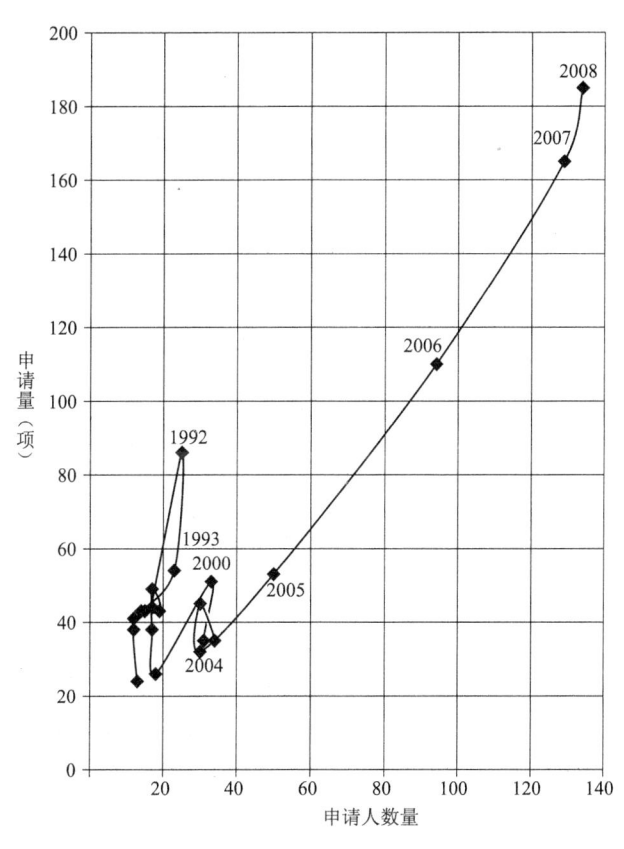

图2-4-1　Ⅱ-Ⅵ族化合物薄膜太阳能电池技术生命周期

2.4.2　技术构成分析

图2-4-2显示了Ⅱ-Ⅵ族化合物薄膜太阳能电池各个技术分支的申请量趋势。

由图可知，1988~2008年期间衬底方面的申请量均不大，申请主要涉及衬底材料的结构以及衬底材料的处理。其中，2004年之前的申请量比较平均，但2006~2008年之间的申请量有一定的增长，主要是因为Solexel以及Dow Corning等公司的申请量的增加，这些申请涉及衬底的结构与形貌改进等方面。

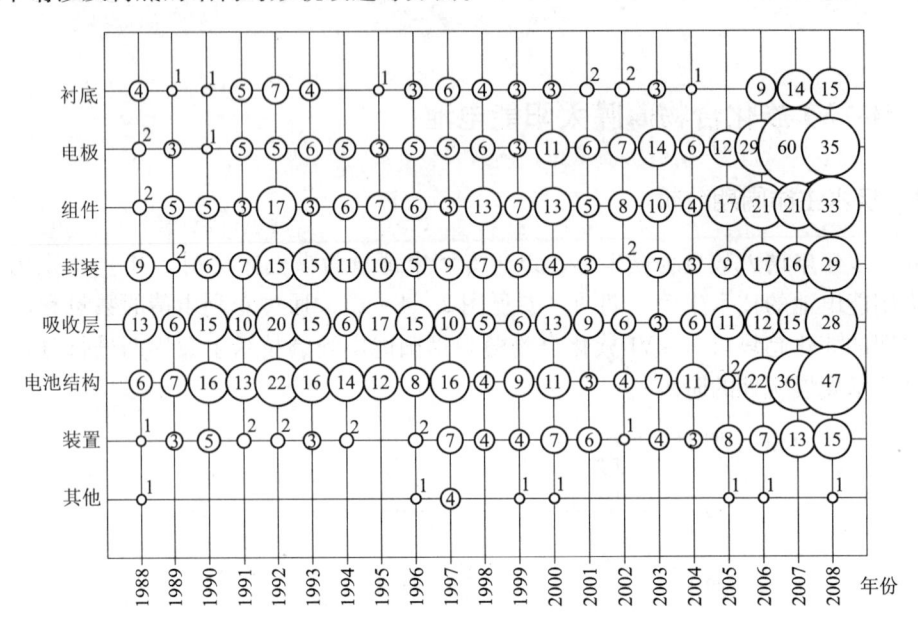

图2-4-2 Ⅱ-Ⅵ族化合物薄膜太阳能电池各技术分支历年专利申请分布

图2-4-3 电极专利申请分布

在电极方面，在2005年之前的申请比较平均。在2006年后，电极方面的申请量有了有较大的增长，一是由于钟渊与三菱在ZnO电极方面集中进行一系列申请，二是由申请人的大幅增加而引起，如爱发科、杜邦、圣戈班等公司的加入。进一步地，由图2-4-3可知，在电极方面，有关制备工艺的申请的比例为35%，有关组成与结构的申请分别占到30%和35%。其中，制备工艺涉及溅射法、气相沉积法、电沉积法等；有关组成的申请中，有接近六成涉及电极材料的掺杂，其次涉及电极材料的选择；结构方面则主要涉及电极的层结构、电极形貌与材料结构等。但在电极方面大部分申请具备通用性。

在组件方面，2004年之前的申请量比较平均，其中在某些年份有小幅增长，例如1992年的增加是由于佳能在组件的阵列和/或连接布置上集中申请了10件，1998年的小幅增长是由于松下在通过多次激光画线和/或刻槽在单一衬底上制备组件方面集中申请了8件。从2005年开始，组件方面的申请量呈逐步上升趋势，主要是由众多公司申请人的介入，如索林塔、应用材料、纳米太阳能等公司均有许多涉及通用性组件的申请，此外国内申请人如苏州富能、中科院上硅所等也有通用性组件的申请。

在封装方面，1988~2004年的申请量均不大，其中在1988~2000年之间的申请主要由佳能和松下所主导，随后由于佳能和松下申请量的逐步减小，申请量有一定的下降。但从 2005 年开始，封装方面的申请量又呈上升趋势，主要是以杜邦为首的众多公司都进行大量的申请，其中仅涉及封装材料的申请占了四分之一。虽然封装方面的大部分申请具有通用性，并非仅针对 II-VI 族化合物薄膜太阳能电池，但仍能看出各个公司对封装方面的重视程度。

在吸收层方面，从 1988 年开始吸收层方面一直有较为平均的申请量，2000 年开始申请量有一定的下降，主要是由于佳能和松下两大申请"主力"在该领域的逐步退出。但从 2004 年开始，该领域的申请量进一步上升，这主要体现在众多申请人，尤其是企业申请人的进入。

图 2-4-4 显示了制备工艺、组成、结构和修复的申请量分别相对于吸收层总申请量的比例，其中有关制备工艺的申请所占比例为 71%，有关组成的申请所占比例为 11%，有关结构的申请所占比例为 14%，另有 4% 的申请涉及吸收层缺陷的修复。这反映了吸收层的制备工艺仍是 II-VI 族化合物薄膜太阳能电池吸收层方面的关注重点。

图 2-4-5 显示了吸收层制备工艺中各种制备工艺相对于所有吸收层制备工艺的比例，其中，有关气相法的申请所占比例为 43%，是制备 II-VI 族化合物薄膜的主流方法，包括近空间升华法、CVD、MOCVD、外延法等，有关涂覆法的申请所占比例为 9%，有关粉末烧结的申请所占比例为 8%，有关电沉积的申请所占比例为 7%，有关 $CdCl_2$ 处理、溅射法、液相法的申请所占比例均为 6%，另有 15% 的申请涉及吸收层的其他制备工艺，包括热处理、部分晶化等。

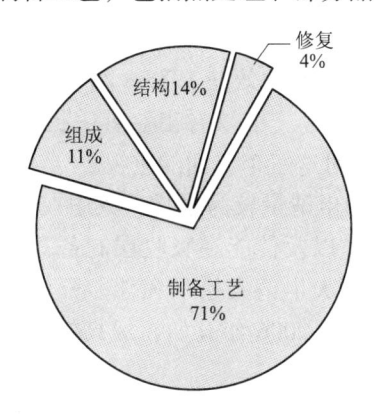

图 2-4-4 吸收层专利申请分布 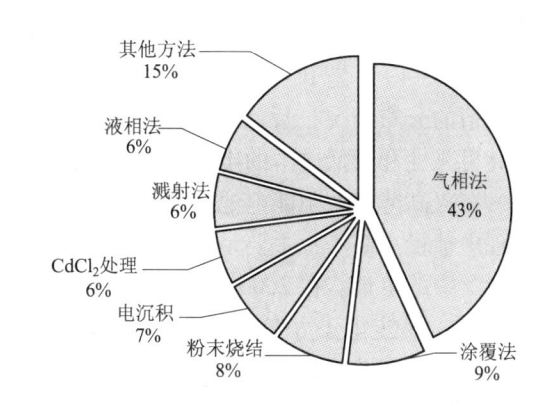　　图 2-4-5 吸收层制备工艺专利申请分布

在电池结构方面，2000 年之前有较大的申请量，其中松下在窗口层方面进行大量的申请。随着松下的逐步退出，申请量有一定的下降。在 2003 年之后，申请量的逐年上升趋势仍主要由申请人的增多而引起，申请主要涉及层结构的改进以及叠层和/或异质结方面。

图 2-4-6 显示了电池结构方面各个分支的申请量所占的比例。在所有申请中，有关层结构方面的申请所占的比例达到了 74%，有关叠层和结方面的申请所占比例分别为 9% 和 6%；另有 11% 的申请涉及电池结构的其他方面，例如新型的圆柱形结构电池等。其中，在有关层结构的申请中，窗口层的申请占所有电池结构申请的 34%，但

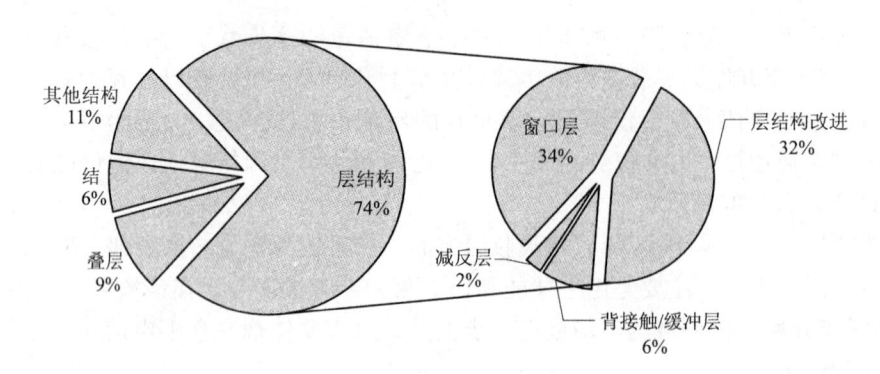

图2-4-6 电池结构专利申请分布

主要由松下在2000年之前申请；有关层结构改进的申请所占比例为32%，该方面的申请包括如在CdTe薄膜太阳能电池的典型结构基础之上增加其他层结构，是近年来在电池结构方面申请的重点，而有关背接触层/缓冲层和减反层的申请仅占6%和2%。

在装置方面，总体申请量较小，但年度申请分布较为平均，主要涉及吸收层材料的制备装置，尤其是与气相法制备相关的装置，其次在电极制备、激光画线等方面也有不少有关装置的申请。2005年以后，装置的申请量呈一定的上升趋势，其中，First Solar明显增加了装置方面的申请。而在其他技术分支方面，有涉及电池回收利用等方面的申请，但总体申请量不大，申请年度分布也较为分散。

2.4.3 技术需求分析

图2-4-7是Ⅱ-Ⅵ族化合物薄膜太阳能电池各技术功效在1988~2008年期间历年申请的分布情况，反映了该领域的技术需求发展趋势。可以看出，有关提高效率、提高可靠性和降低成本的申请量最大，这也表明业界对这三个方面的重视。

在提高薄膜太阳能电池效率方面，2005年之前的申请量较为平均，其中在1992年出现申请量小高峰，主要是由于松下在窗口层方面，以及佳能在吸收层制备等方面有较为集中的申请。在2000年后，20世纪90年代的两大申请人松下和佳能开始逐步减少在Ⅱ-Ⅵ族化合物薄膜太阳能电池方面的申请，但从2006年开始，提高效率方面的申请量仍然有着明显的上升，并且有进一步增加的趋势。

在提高电池可靠性方面，一个重要的手段就是通过封装来提高电池的耐湿耐候性、机械强度以及工作可靠性等。由图2-4-7可知，2005年之前申请量没有太大的起伏，但从2006年开始，申请量明显增加，这表明业界对该技术需求的扩大。

在降低成本方面，2005年之前历年的申请量较为平稳，但从2006年开始，申请量明显放大，主要涉及从大面积制备、简化工艺等方面来实现成本的降低，这也表明业界对降低成本的技术需求更加迫切，这也是Ⅱ-Ⅵ族化合物薄膜太阳能电池进入量产的一个门槛。

在扩大用途方面，各个年度的申请量均不大，但从2006年开始该方面的申请量有明显的增长，主要涉及电池的柔性和轻量化方面，但大部分申请对其他类型的薄膜太阳能电池具备通用性，这有可能与薄膜太阳能电池产业越来越重视薄膜太阳能电池的

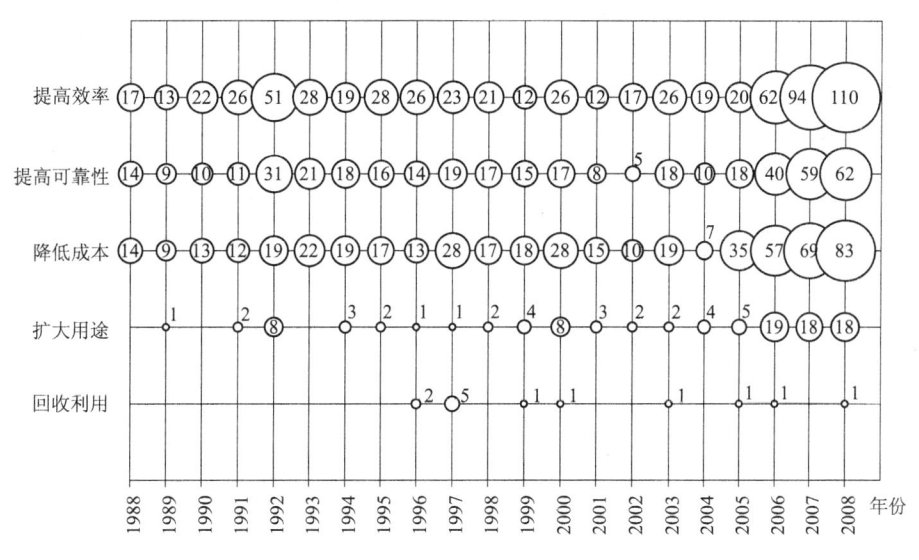

图 2-4-7 Ⅱ-Ⅵ族化合物薄膜太阳能电池各技术功效历年专利申请分布

实际应用有关,在一定程度上反映了产业开始逐步增加对扩大薄膜太阳能电池的用途方面的需求。而在回收利用方面,仅有13件相关申请,且年度分布较为分散,反映了该领域目前还不是业界关注的重点,这有可能是由于Ⅱ-Ⅵ族化合物薄膜太阳能电池的产业起步较晚,各申请人更重视薄膜太阳能电池的效率、可靠性的改进与成本的降低。

2.4.4 技术——功效矩阵分析

图 2-4-8 是 Ⅱ-Ⅵ 族薄膜太阳能电池的专利技术——功效矩阵图,横坐标为技术功效(代表相应的技术需求),纵坐标为各技术分支(代表相应的技术手段),该图中圆形面积的大小表示申请量的多少,即表明针对纵坐标所代表的技术分支的改进是解决相应的技术需求的主要技术手段;反之,图中圆形面积小或者空白的点分别代表专利申请量很少或者无专利申请。

由图 2-4-8 可知,提高效率主要通过电池结构、电极、吸收层、组件等方面的改进来实现;提高可靠性主要通过封装、电极、组件等方面的改进来实现;降低成本主要通过吸收层、组件、电池结构、电极等方面的改进来实现;扩大用途主要通过封装、电池结构、衬底和组件来实现;而回收利用则主要涉及薄膜太阳能电池的整体回收处理,少量涉及衬底、电极、封装等可回收性和/或可重复性来实现薄膜太阳能电池的再利用。

2.4.5 各主要国家/地区申请人历年专利申请分布

图 2-4-9 显示了 Ⅱ-Ⅵ 族化合物薄膜太阳能电池领域主要国家和地区申请人历年的专利申请分布,可以看出,在 2000 年前,来自日本的专利申请占这一领域申请的绝大多数,可见日本申请人在这段时期内对 Ⅱ-Ⅵ 族化合物薄膜太阳能电池投入了较

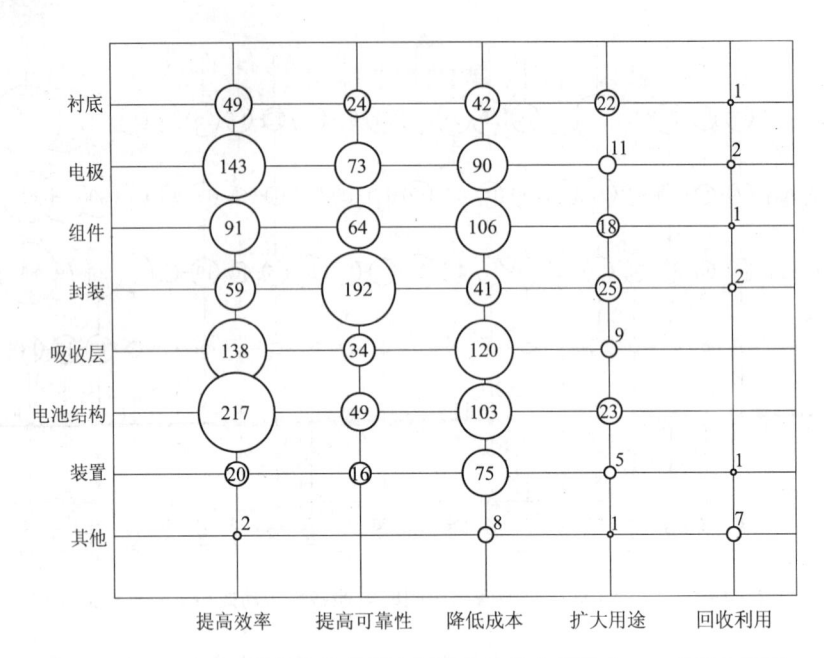

图 2-4-8 Ⅱ-Ⅵ族化合物薄膜太阳能电池的专利技术——功效矩阵图

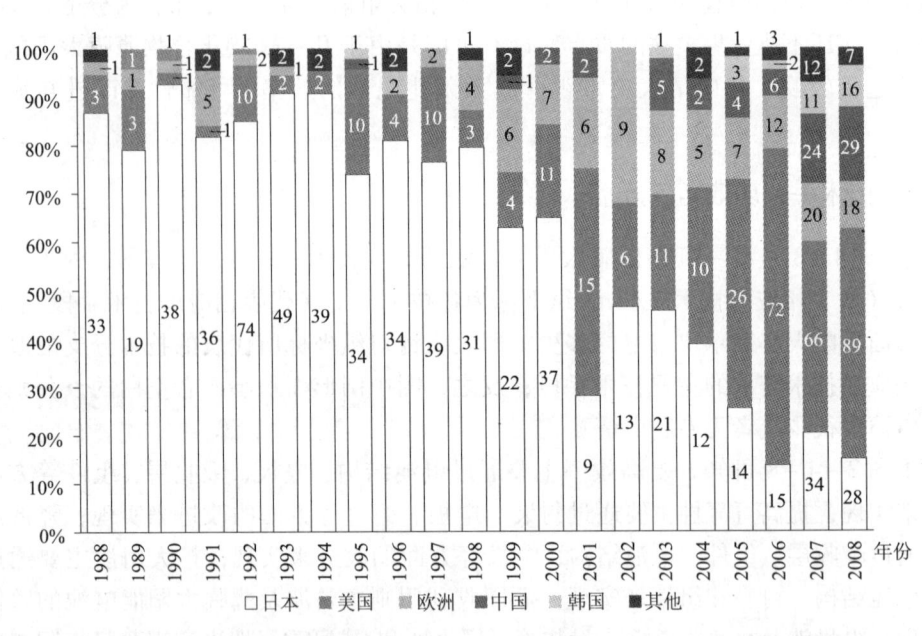

图 2-4-9 Ⅱ-Ⅵ族化合物薄膜太阳能电池各主要国家/地区申请人历年专利申请分布

大的研发力度。但从 2001 年起，日本申请人的申请量逐年下降，至 2008 年专利申请比例已降至接近 10%，这主要是由于 CdTe 薄膜太阳能电池的生产会带来重金属镉的污染问题，日本目前在这一领域的研发力度明显放缓。美国成为 Ⅱ-Ⅵ 族化合物薄膜太阳能电池的专利申请主力，且这些年的申请量呈增长趋势，这与美国在 Ⅱ-Ⅵ 族化合物薄膜太阳能电池生产方面的领先地位相符。欧洲的申请人从 1988 年起在该领域就有相关申请，但申请量一直不大，基本在 10 件以下徘徊，直到 2006 年才达到 12 件，并在 2007 年和 2008 年有进一步的增加，这有可能由于欧盟非常注重太阳能电池的环保规范，在一定程度上影响了 II - VI 族化合物薄膜太阳能电池（如碲化镉）的研发投入与市场开发。在 2003 年以前，中国申请人鲜有专利申请，从 2003 年起在这一领域的专利申请比例也呈现升高的趋势，在 2007 年和 2008 年中国申请人的申请量已与日本申请人的申请量相当，并高于欧洲申请人的申请量，这也表明我国在 II - VI 族化合物薄膜太阳能电池方面研发工作有一定进展。近些年来，韩国的申请人在该领域的申请量也呈现出增长的趋势，但由于与中国一样，在该领域的起步较晚，申请量不大。

2.4.6 各主要专利申请地历年专利申请分布

图 2 - 4 - 10 反映了 II - VI 族化合物薄膜太阳能电池领域在 1988～2008 年期间的专利申请地历年申请量（按件计算）的分布情况。可以看出，在 2000 年以前，专利申请地以日本、美国、欧洲为主，而 2000 年之后，以日本、美国、欧洲和中国为受理局的专利申请所占的比例相当，但在 1988～2008 年期间，以日本为受理局的专利申请的比例呈明显较少的趋势。同时以韩国为受理局的专利申请也占有较为稳定的一个比例。这表明，除了传统的欧美市场外，几年来在 II - VI 族化合物薄膜太阳能电池领域，中国和韩国市场日益受到重视。此外，除了日本、美国、欧洲、中国和韩国外，该领域的专利申请地以澳大利亚为代表，同时近些年来以印度、墨西哥和加拿大等国家为专利申请地的申请也占有较大的比例。

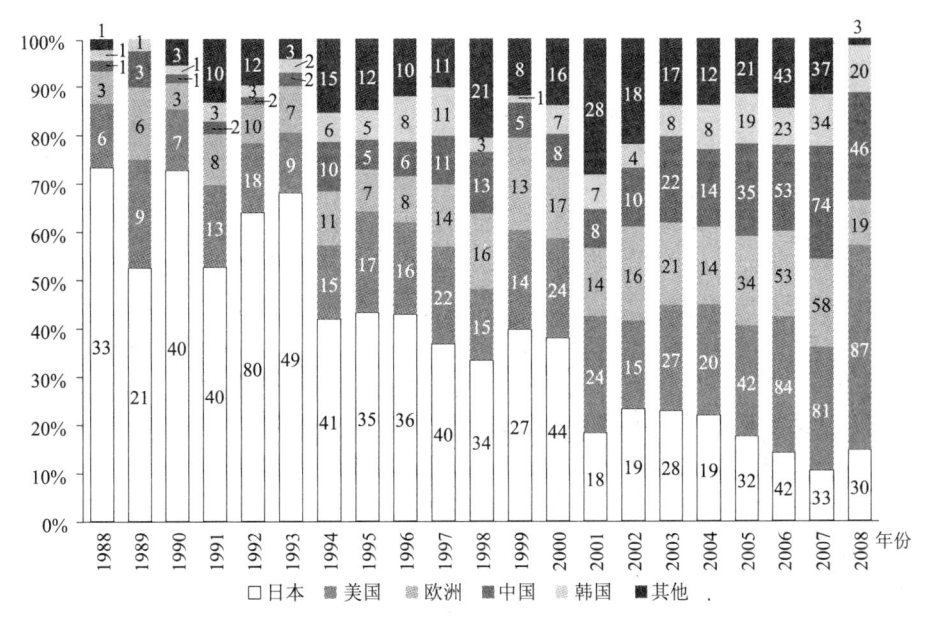

图 2 - 4 - 10 II - VI 族化合物薄膜太阳能电池各主要专利申请地历年申请分布

（注：由于 PCT 国际申请进入指定国时间较长，2008 年的申请量数据较实际数据偏少）

2.5 染料敏化薄膜太阳能电池

2.5.1 技术生命周期分析

以年申请人数量为横坐标、以年专利申请量为纵坐标绘制了染料敏化薄膜太阳能电池的技术生命周期图（参见图2-5-1），通过专利申请的数量和申请人数量之间的变化趋势对染料敏化薄膜太阳能电池的技术生命周期进行分析，以了解其技术发展所处的阶段。

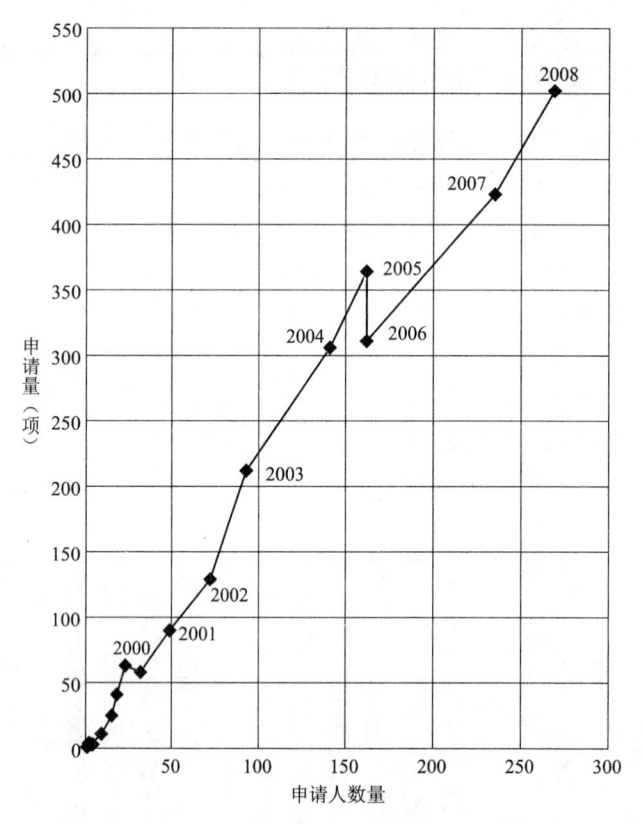

图2-5-1 染料敏化薄膜太阳能电池技术生命周期

图2-5-1为染料敏化薄膜太阳能电池的技术生命周期分析。由图2-5-1可以看出，染料敏化薄膜太阳能电池基本上始终处于高速发展的阶段，申请人数量和申请量均持续增长，但是在2005~2006年间申请人数量几乎无变化，而申请量下降，经过分析发现，申请量下降的原因主要是由于来自日本的专利申请减少。但是总体来看，染料敏化薄膜太阳能电池处在产业成长期，申请人与申请的数量都快速增长，并未表现出放缓的趋势。

2.5.2 技术构成分析

图2-5-2反映了染料敏化薄膜太阳能电池各技术分支在1989~2008年期间历年

来专利申请的分布情况。由图 2-5-1 可以看出，各技术分支中，电池结构与制备工艺、光阳极、染料和电解质的申请量最高。除去电池结构与制备工艺外，染料敏化薄膜太阳能电池的三大核心技术的申请量依次为染料、光阳极和电解质，其申请量明显大于其余几个分支。在封装方面，一直到 2003 年申请量均不足 10 项，自 2004 年起开始增加，2008 年则剧增到 56 项，这可能是因为近年来在固态电解质方面的研究尚未能解决转换效率低的问题，而染料敏化薄膜太阳能电池的产业化和实用化进展又相当迅速，因此相关企业和研发机构仍优先考虑在电池产品中选用液态电解质，而加大了对电池封装方面的研究以求减少电解质泄漏的问题。

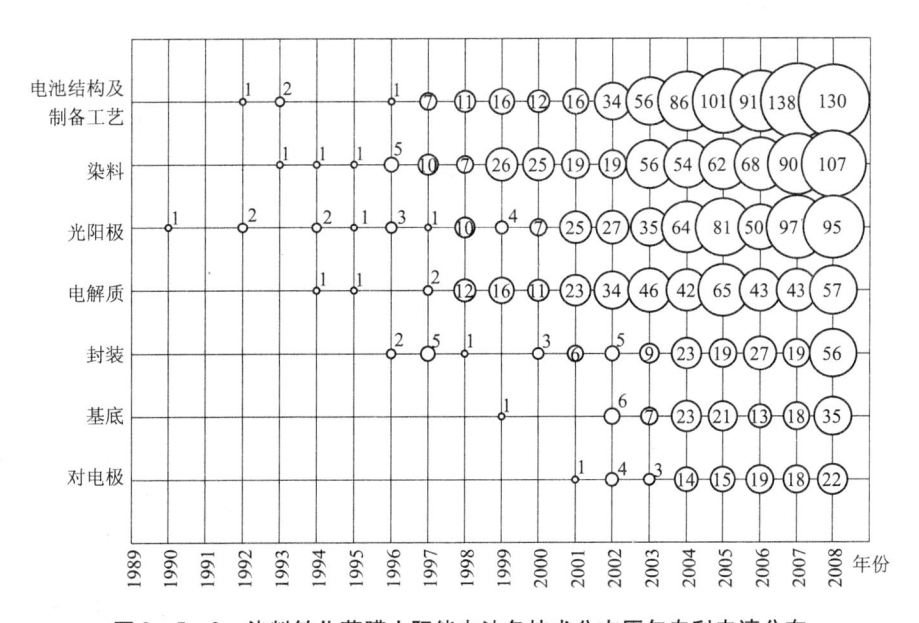

图 2-5-2 染料敏化薄膜太阳能电池各技术分支历年专利申请分布

为了进一步明确重点技术分支的专利申请分布情况，下面对光阳极、染料和电解质三个技术分支进行进一步分析。

2.5.2.1 光阳极

有关光阳极的专利申请共检索到 533 项，进一步细分为材料和制备工艺，其中，涉及光阳极制备工艺的专利有 169 项，涉及光阳极材料的有 364 项，可见，材料仍然是光阳极研究工作中的重点。其中，对光阳极材料进一步细分为纳米 TiO_2 多孔薄膜、纳米 ZnO 多孔薄膜、复合多孔薄膜和其他氧化物薄膜四类。

图 2-5-3 显示了四类多孔薄膜材料在光阳极材料中所占的比例。可以看出，纳米 TiO_2 多孔薄膜占据绝对优势，仍然是光阳极材料研究中的主角。在 TiO_2 纳米晶光阳极

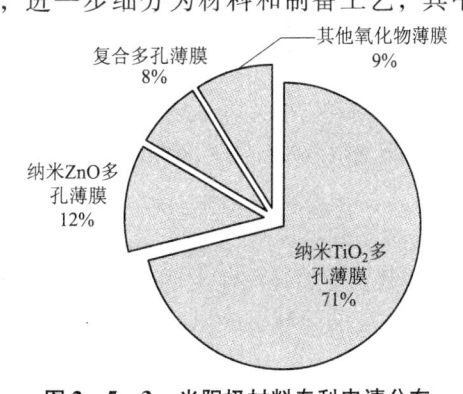

图 2-5-3 光阳极材料专利申请分布

方面，早期专利申请多涉及简单的多孔薄膜，制备方法以溶胶凝胶法为主，近年来则更多地将注意力集中于纳米晶形貌设计方面，例如制备二氧化钛纳米管、纳米棒或纳米线之类一维纳米材料，或者在衬底上形成规则的阵列，制备工艺也变得更为多样，例如水热法、溅射法等都有所采用。此外，在钛氧化物表面涂敷或在钛氧化物内掺杂其他物质也是目前较为常见的技术手段。

2.5.2.2 染 料

有关染料的专利申请共检索到564项，进一步细分为金属络合物染料、纯有机染料、无机半导体敏化染料和染料共吸附剂四种。图2-5-4显示了四类染料所占比例，可以看出，金属络合物染料和纯有机染料占据绝对优势。在金属络合物染料中，钌—多吡啶络合物是研究的主体，大部分专利涉及此类金属络合物染料。在有机染料方面，有机染料因其设计灵活，成本低廉并可以节约昂贵钌资源等优势，其申请量始终呈上升态势，并且申请量近几年来一直高于金属络合物染料，是染料研究中的热点。

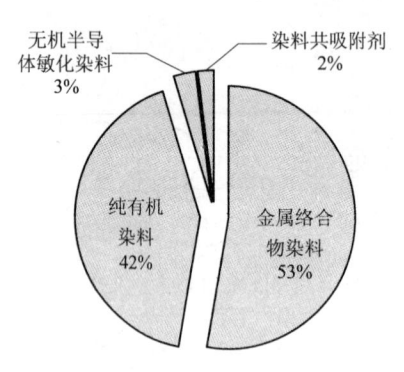

图2-5-4　染料专利申请分布

2.5.2.3 电解质

在电解质方面，共检索到411项专利申请。根据电解质的形态，划分为液态电解质、准固态电解质和固态电解质，其中，液态电解质可进一步细分为有机溶剂液态电解质和离子液体液态电解质。

由图2-5-5可以看出，液态电解质虽然存在容易泄漏等缺点，但是因其高电荷迁移能力和高效率，仍然是电解质方面研究的主要方向；其次为固态电解质，固态电解质虽然电荷迁移能力不佳，导致电池效率低下，但是固态电解质的优点在于不会泄漏，并可以简化电池

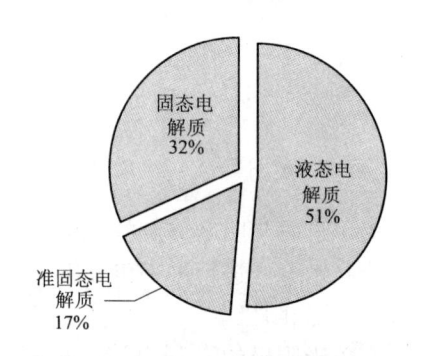

图2-5-5　电解质专利申请分布

的制备方法，从而降低电池成本，并对于制备柔性器件有重要意义，因此，固态电解质是电解质研究中另一个重要的方向。

在液态电解质中，根据溶剂的种类，可以进一步细分为有机溶剂液态电解质和离子液体液态电解质，其中有机溶剂液态电解质出现最早，离子液体液态电解质因其几乎不会挥发和高导电性等优点近年来进展较快。研究中发现，离子液体液态电解质自2002年起，申请量逐年上升，至2008年已经与有机溶剂液态电解质申请量接近持平，是值得关注的领域。

2.5.3 技术需求分析

图 2-5-6 显示了染料敏化薄膜太阳能电池的技术功效在 1989～2008 年之间的专利申请分布情况。由此图可以了解该技术领域的技术需求发展趋势。不难看出，提高效率始终是染料敏化薄膜太阳能电池技术领域最为关注的方向，与之相关的申请量远高于在其他技术需求方向上的申请，并且保持递增趋势。其次是对可靠性和降低成本的需求，此外，在资源替代方面的技术需求也是业内关注的焦点，主要来自于减少使用钌络合物染料和昂贵的铂基对电极。此外，由于业界对轻量化、大面积及柔性电池的需求增加，在这方面的专利申请量也不断增长。

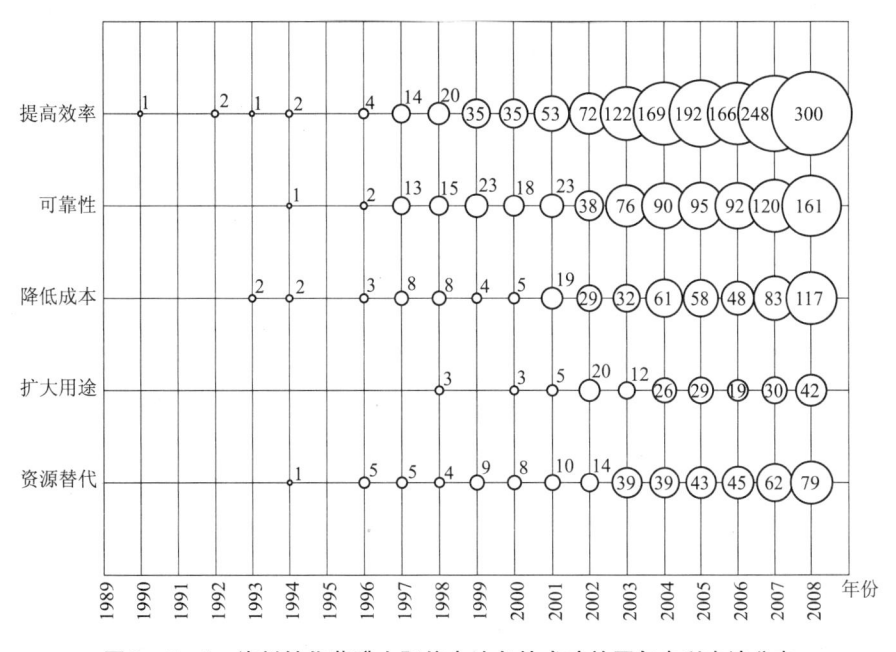

图 2-5-6 染料敏化薄膜太阳能电池各技术功效历年专利申请分布

2.5.4 技术——功效矩阵分析

图 2-5-7 是染料敏化薄膜太阳能电池的专利技术——功效矩阵图，横坐标为技术功效（相应于技术需求），纵坐标为各技术分支（代表相应的技术手段）。该气泡图中气泡面积代表申请量，气泡面积越大，表明申请量越大，也表明该点纵坐标所代表的技术分支是解决该点横坐标相应的技术需求的主要技术手段。相反，图中面积小的气泡或空白的点表示专利申请量较小或没有提出专利申请，在这些点处有可能存在着本领域技术人员尚未发现的技术空白，但也有可能是通过所述技术手段对解决该技术需求并无效果。

由图 2-5-7 可以看出，解决业界最主要技术需求，即提高效率的技术手段主要集中在电池结构及制备工艺、染料、光阳极和电解质这几个技术分支；在提高可靠性方面主要依靠染料、电解质和封装技术分支上的改进，在光阳极技术分支上的探索不

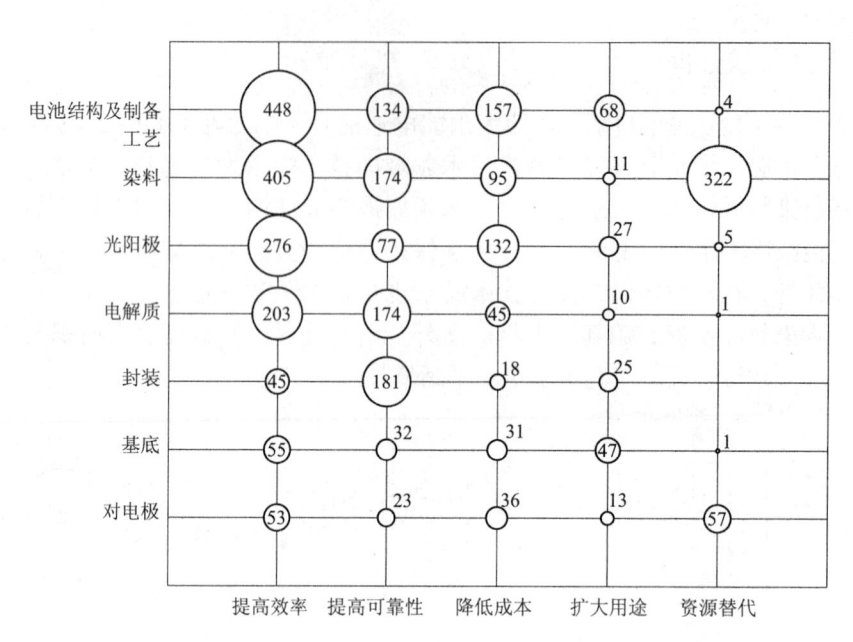

	提高效率	提高可靠性	降低成本	扩大用途	资源替代
电池结构及制备工艺	448	134	157	68	4
染料	405	174	95	11	322
光阳极	276	77	132	27	5
电解质	203	174	45	10	1
封装	45	181	18	25	
基底	55	32	31	47	1
对电极	53	23	36	13	57

图2-5-7 染料敏化薄膜太阳能电池的专利技术——功效矩阵图

多,这一部分有可能是本领域的技术空白,即通过对光阳极的材料选择、形貌设计乃至改性等技术手段,提高染料对光阳极的吸附,防止长时间运行后电池性能的降低等等,从而提高染料敏化太阳能电池的稳定性和持久性;在降低成本方面,主要涉及电池结构与制备工艺、染料和光阳极技术分支;在扩大用途方面,电池结构及制备工艺与基底方面的改进是主要的技术手段,这主要是来自于染料敏化薄膜太阳能电池大面积化和柔性化的需求;另外,在资源替代方面主要集中在染料与对电极方面,其他几个分支基本没有涉及。

2.5.5 各主要国家/地区申请人历年专利申请分布

图2-5-8显示了染料敏化薄膜太阳能电池领域主要国家和地区申请人历年的专利申请分布,可以看出,在1997年前,这一领域的专利申请被欧洲和日本的申请人垄断,在染料敏化薄膜太阳能电池领域,日本始终保持较高的申请比例,至2008年,其申请比例均超过50%,但是从2003年起,日本在本领域的申请比例呈下降趋势,这与富士胶片株式会社逐步退出这一领域有一定关系。在染料敏化薄膜太阳能电池领域,来自中国和韩国的专利申请所占比例近年来呈明显的上升趋势,尤其是韩国三星集团,近年来在染料敏化薄膜太阳能电池方面申请了大量专利,已经是这一领域最为重要的申请人之一。美国在2002年出现了一个专利申请的高峰,2002年后申请比例则较为稳定,这主要是由于美国申请人科纳卡公司在2002年集中申请了一批专利。

2.5.6 各主要专利申请地历年专利申请分布

图2-5-9显示了染料敏化薄膜太阳能电池领域各主要专利申请地历年来的专利申请分布情况,可以看出,在大多数年份,日本受理的专利申请量都比较高,而在欧

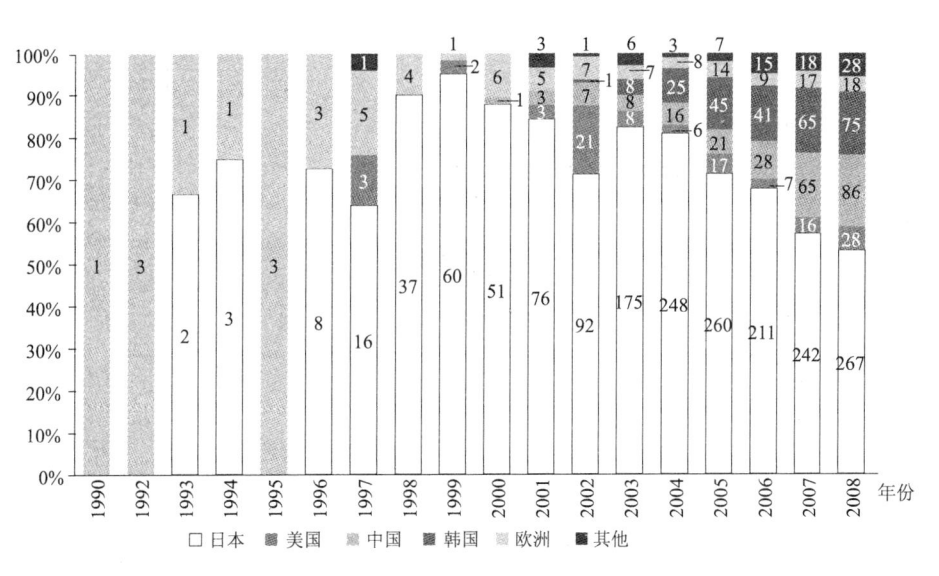

图 2-5-8 染料敏化薄膜太阳能电池各主要国家/地区申请人历年申请分布

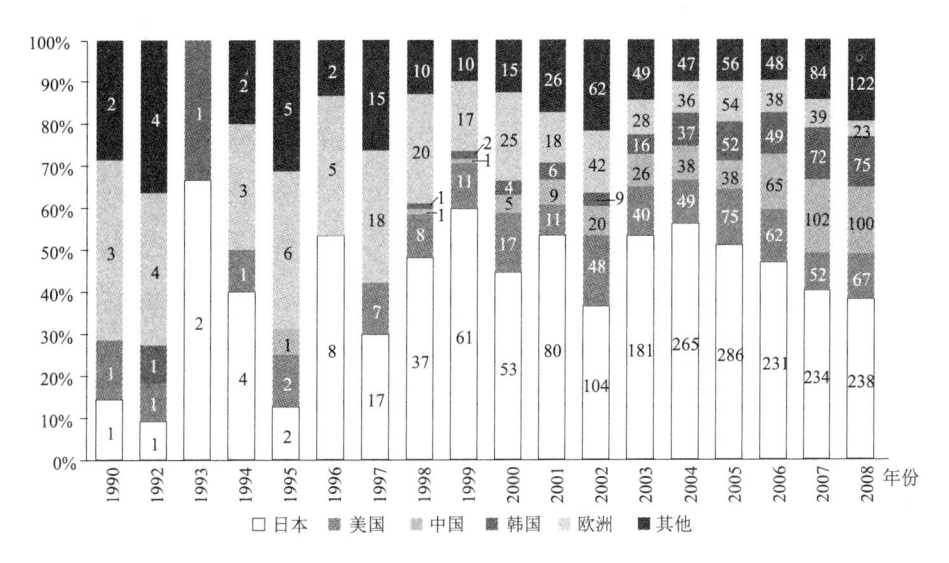

图 2-5-9 染料敏化薄膜太阳能电池各主要专利申请地历年申请分布

洲受理的专利申请量近年来显示出下降的趋势，在美国，受理的专利申请比例一直保持较为稳定，而自 2000 年左右起，中国和韩国受理的专利申请量呈上升趋势，这表明，染料敏化薄膜太阳能电池在日、美、欧、中、韩的专利申请正在越来越平均化。

2.6 有机聚合物薄膜太阳能电池

2.6.1 技术生命周期分析

我们以年申请人数量为横坐标、以年专利申请量为纵坐标绘制了有机聚合物薄膜太阳能电池的技术生命周期图（参见图2-6-1），通过专利申请的数量和申请人数量之间的变化趋势对有机聚合物薄膜太阳能电池的技术生命周期进行分析，以了解其技术发展所处的阶段。

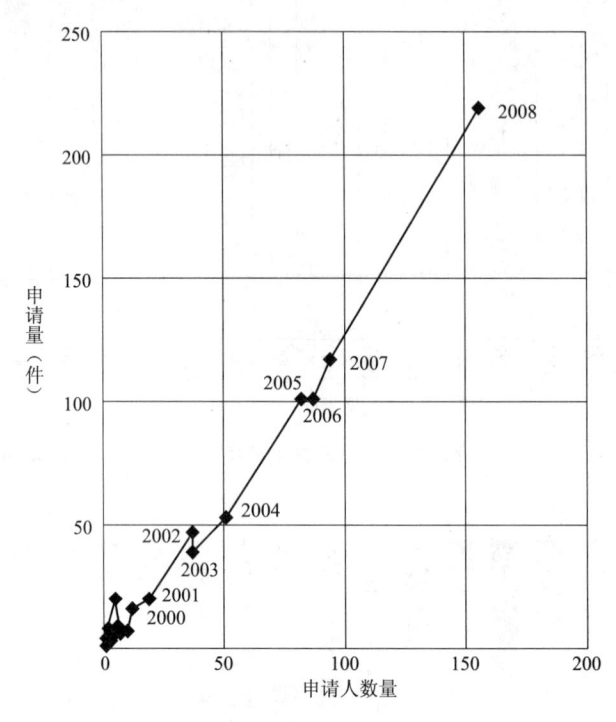

图2-6-1　有机聚合物薄膜太阳能电池技术生命周期

由图2-6-1可以看出，有机薄膜太阳能电池明显处于产业成长期，申请人数量与申请数量均快速增长。而在早期则有过短暂的申请高峰，这基本上来自于1992年理光公司和Mita Ind Co. Ltd的大量申请。此外，2002~2003年出现过申请量的微小下滑，2005~2006年出现过申请量基本持平而申请人数量少量增加的情况，但是总体而言，有机薄膜太阳能电池呈现快速增长的趋势，显示其日益受到业界的重视。

2.6.2　技术构成分析

图2-6-2反映了有机聚合物薄膜太阳能电池各技术分支在1988~2008年期间历年来专利申请的分布情况。由图2-6-2可以看出，有机聚合物薄膜太阳能电池在1995年之前曾经出现小的申请高峰，大部分申请属于结构简单的有机光电池，效率极低，实用价值不大，此后在2000年后有机聚合物薄膜太阳能电池再次开始引起关注，其申请量开始快速增加。应该注意的是，有机聚合物薄膜太阳能电池在各技术分支上的专利申请量分布非常平均，在各技术分支中，除电极部分的申请量偏低，给体材料的申请量略高之外，其余几个技术分支的申请量相当接近，造成这一现象的原因可能是影响有机聚合物薄膜太阳能电池效率的因素较多，除材料外，吸收层结构、电池制备方法等都会对电池性能产生影响，因此业界对有机薄膜的研究也较为分散。

为了进一步明确重点技术分支的专利申请分布情况，下面对吸收层结构、给体材

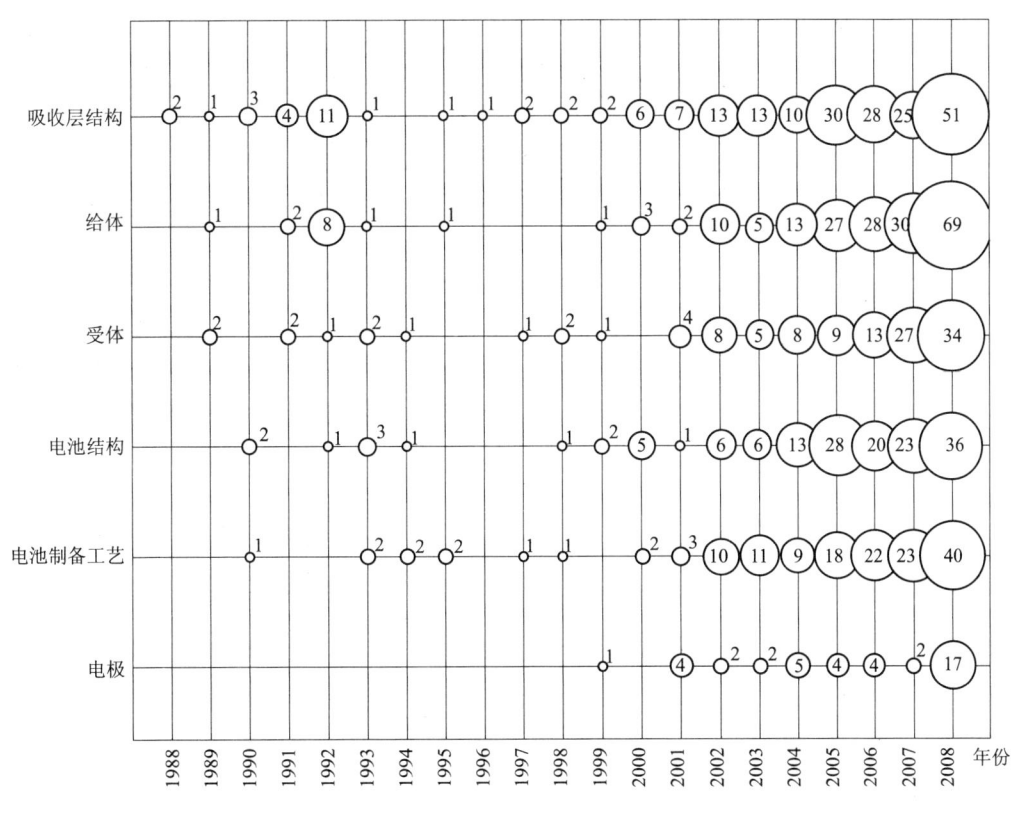

图 2-6-2　有机聚合物薄膜太阳能电池各技术分支历年专利申请分布

料和受体材料三个技术分支进行进一步分析。

2.6.2.1 吸收层结构

在吸收层结构方面，共检索到相关专利 223 项，吸收层结构进一步细分为单层结构、双层结构、多层结构和本体异质结结构。

由图 2-6-3 可以看出，在吸收层结构中，关于本体异质结的专利数量最大，占到了全部申请的 46%，表明本体异质结结构是最为重要的吸收层结构，其申请量保持持续增长的态势。在分析中发现，双层结构与多层结构的申请量不仅少于本体异质结结构，而且近年来申请量也并未体现出持续增长的态势，似乎表明本体异质结结构已经成为有机聚合物薄膜太阳能电池的主流吸收层结构。

2.6.2.2 给体材料

在给体材料方面，共检索到相关专利 210 项，给体材料可进一步细分为 P 型共轭聚合物给体、可溶液加工的有机分子给体、窄带隙 D-A 共聚物给体和 D-A 双缆型聚合物给体。

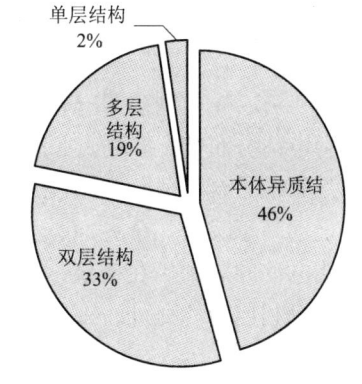

图 2-6-3　吸收层结构专利申请分布

图 2-6-4 显示了各类给体材料的专利申请分布情况。由图 2-6-4 可以看出，P 型共轭聚合物给体和可溶液加工有机分子给体材料是目前给体材料研究中的主流，申请量接近且数量最大，窄带隙 D-A 共轭聚合物给体材料的申请量虽然不及这两类给体材料，但是近年来申请量呈上升趋势，值得今后关注。D-A 双缆型聚合物在聚合物给体主链的支链上连接了受体分子，希望能够解决聚合物给体和受体在吸收层中的相分离问题，是由于这类材料的电荷传输效率低、导致光伏效率较低，所以目前申请量比较低。

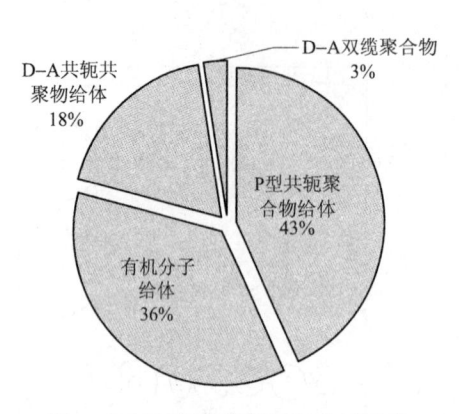

图 2-6-4 给体材料专利申请分布

2.6.2.3 受体材料

在受体材料方面，共检索到相关专利 125 项，受体材料可进一步细分为富勒烯受体材料、无机纳米晶受体材料、n 型共聚物受体材料和 D-A 双缆型聚合物受体材料。

图 2-6-5 显示了各类受体材料的专利申请分布情况。可以看出，富勒烯衍生物受体材料与无机纳米晶受体材料是目前给体材料研究中的主流，申请量接近且数量最大，n 型共轭聚合物受体材料申请量较少，但近年来一直有专利申请，且数量上有增加的趋势。D-A 双缆型聚合物在聚合物给体主链的支链上连接了受体分子，希望能够解决聚合物给体和受体在吸收层中的相分离问题，由于这类材料的电荷传输效率低、导致光伏效率较低，所以目前申请量比较低。

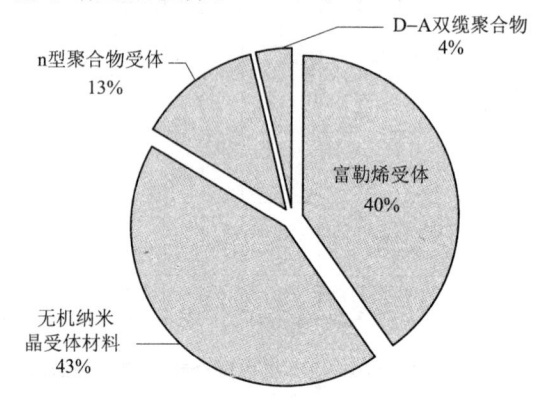

图 2-6-5 受体材料专利申请分布

2.6.3 技术需求分析

图 2-6-6 中列出了有机聚合物薄膜太阳能电池的技术功效在 1988~2008 年之间的专利申请分布情况。由此图可以了解该技术领域的技术需求发展趋势。目前，提高效率是有机聚合物薄膜太阳能电池技术领域关注的焦点，在该技术需求方面的专利申请量远远高于其余几个方面，且保持高速增长的趋势，表明目前制约有机聚合物薄膜太阳能电池的瓶颈仍在于效率较低。其次的技术需求是降低成本，在扩大用途方面也有部分专利申请。另外，在目前的专利申请中尚未发现资源替代或资源回收技术需求方面的专利。

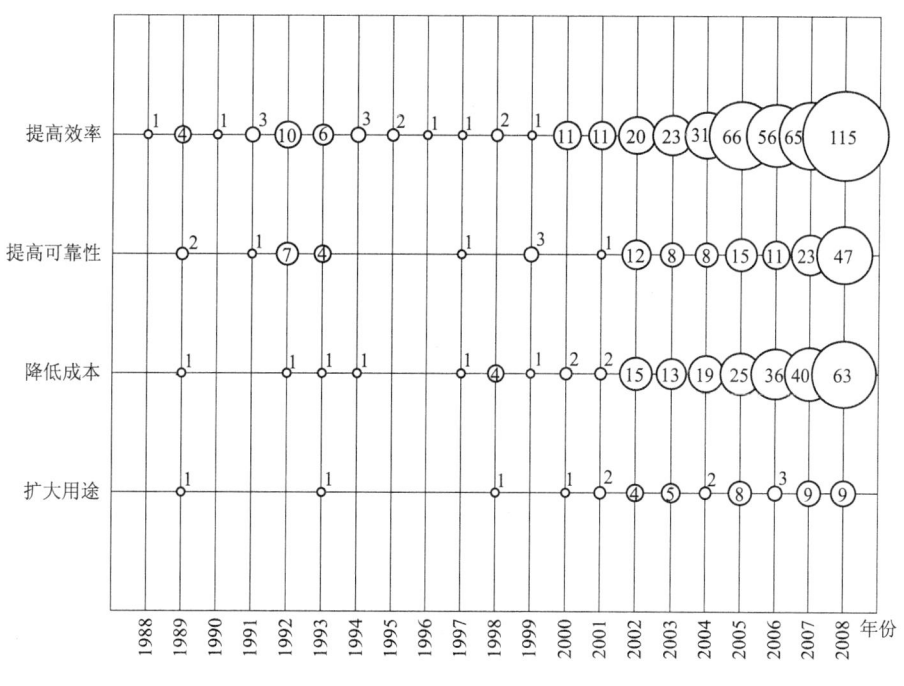

图 2-6-6 有机聚合物薄膜太阳能电池各技术功效历年专利申请分布

2.6.4 技术——功效矩阵分析

图 2-6-7 是有机聚合物薄膜太阳能电池的专利技术——功效矩阵图，横坐标为技术功效（相应于技术需求），纵坐标为各技术分支（代表相应的技术手段）。该气泡图中气泡面积代表申请量，气泡面积越大，表明申请量越大，也表明该点纵坐标所代表的技术分支是解决该点横坐标相应的技术需求的主要技术手段。相反，图中面积小的气泡或空白的点表示专利申请量较小或没有提出专利申请，在这些点处有可能存在着本领域技术人员尚未发现的技术空白，但也有可能是通过所述技术手段对解决该技术需求并无效果。

由图 2-6-7 可以看出，在解决"提高效率"这一主要技术需求方面，可以采取的技术手段非常丰富，基本上涵盖了有机聚合物薄膜太阳能电池的各个分支，而其中为了提高效率最常采用的技术手段是吸收层结构或电池结构方面的改进，此外，电池制备工艺在有机聚合物薄膜太阳能电池领域也有着重要的意义，通过改进电池制备工艺，可以有效地改善吸收层形貌等方面，从而提高有机聚合物薄膜太阳能电池的效率。在"提高可靠性"方面，吸收层结构与给体材料的技术分支的专利申请量较高，显示这两个技术分支方面的改进是解决该技术需求的主流技术手段，同样在这里可以看出，通过制备工艺解决"可靠性"的专利申请量较低。另外，在通过制备工艺解决"扩大用途"方面的专利申请量也很低，本领域技术人员可以重点考虑例如通过开发非真空技术、低温技术等制备工艺，达到器件大面积化或柔性化的目的，扩大产品的用途。

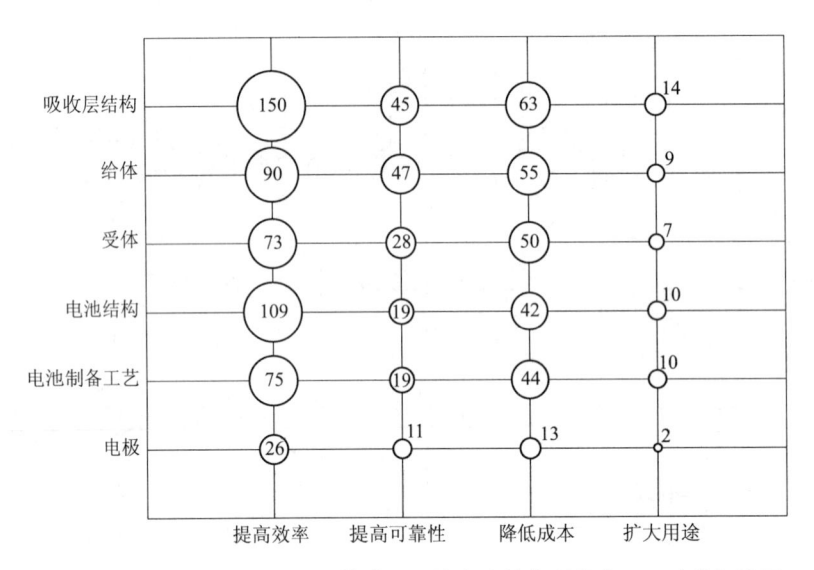

图 2-6-7　有机聚合物薄膜太阳能电池的专利技术——功效矩阵图

2.6.5　各主要国家/地区申请人历年专利申请分布

图 2-6-8 显示了有机聚合物薄膜太阳能电池领域各主要国家/地区申请人历年的专利申请分布，可以看出，在 1996 年前，日本申请人几乎占据了所有有机薄膜太阳能电池的专利申请，自 2000 年起，日本在这一领域的专利申请量虽有所波动，但整体呈下滑趋势。而美国在这一领域始中保持较为稳定的申请比例，这与美国在有机薄膜太阳能电池领域的高度重视有关，目前美国在这一领域的产业化方面处于领先地位。此外，来自中国和韩国的专利申请近年来也呈上升趋势。

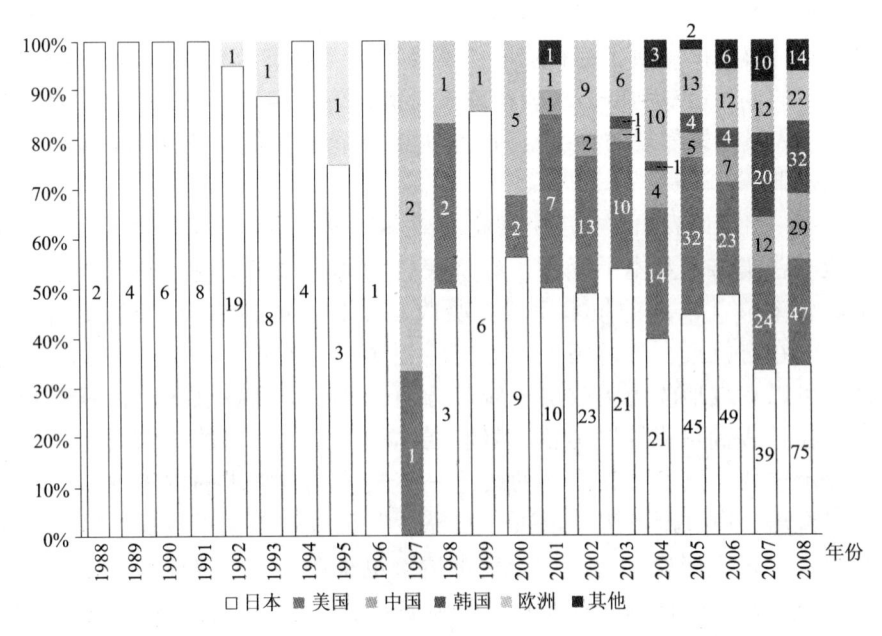

图 2-6-8　有机聚合物薄膜太阳能电池各主要国家/地区申请人历年申请分布

2.6.6 各主要专利申请地历年专利申请分布

图 2-6-9 显示了有机薄膜太阳能电池领域历年来的专利申请区域分布,可以看出,在 1996 年之前的大多数年份,日本受理的专利申请量都是最高的,而美国受理的专利申请所占比例则一直保持较为稳定的水平,1997 年之后,中国和韩国受理的专利申请比例开始呈上升趋势。此外,在其他地区的专利申请量在有机薄膜太阳能电池专利申请中也始终保持较高水平。这表明,有机薄膜太阳能电池领域在日、美、欧、中、韩的专利申请正在越来越平均化。

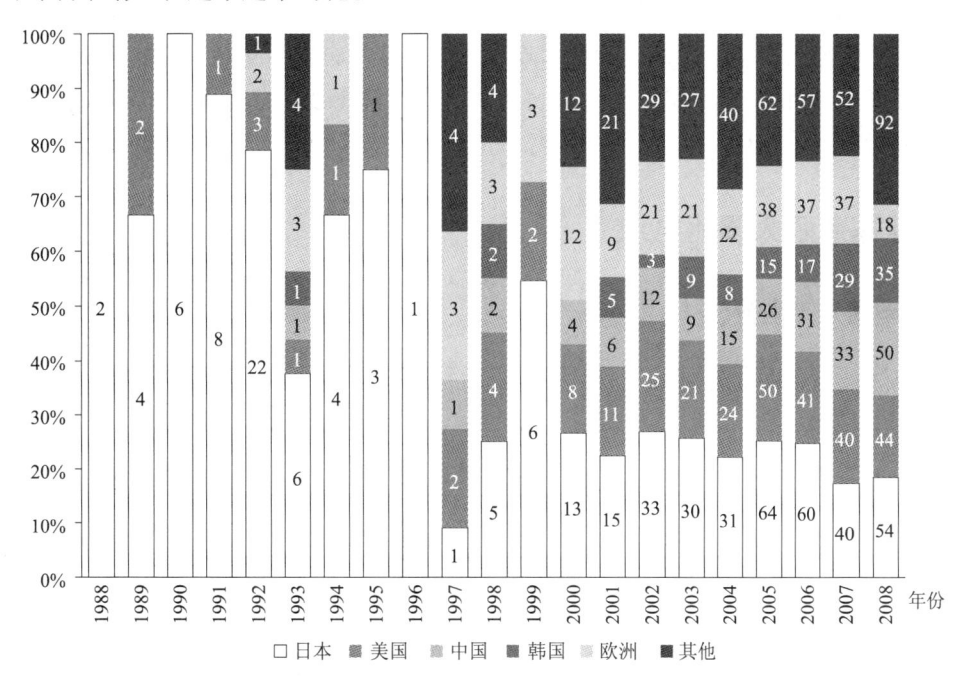

图 2-6-9 有机聚合物薄膜太阳能电池各主要专利申请地历年申请分布

第3章 主要申请人分析

本章针对薄膜太阳能电池领域各个分支的申请人进行分析，研究了硅基薄膜太阳能电池、Ⅰ-Ⅲ-Ⅵ族化合物薄膜太阳能电池等五个技术分支的申请人类型、主要申请人专利申请量排名、主要申请人的技术规划策略及专利布局，并对Ⅰ-Ⅲ-Ⅵ族化合物薄膜太阳能电池和Ⅱ-Ⅵ族化合物薄膜太阳能电池两个技术分支主要申请人的研发团队进行分析。

3.1 硅基薄膜太阳能电池

3.1.1 申请人类型分析

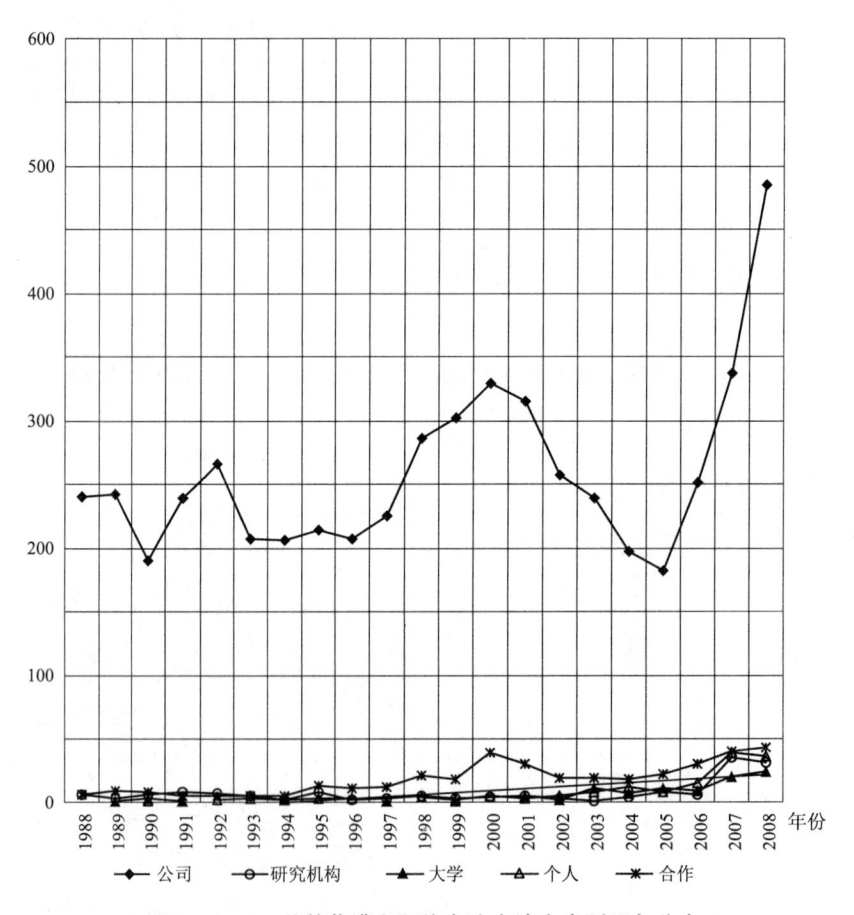

图3-1-1 硅基薄膜太阳能电池申请人类型历年分布

由图 3-1-1 和图 3-1-2 可以看出，在所分析的时间范围内，硅基薄膜太阳能电池领域的申请人始终以企业占据主导地位，其申请量的总比例达到了 87%，而研究机构和大学合计 4%，个人占 3%，合作申请占到了 6%（其中公司和公司之间的合作所占的比例最高，超过了 50%），并且从 2006 开始硅基薄膜太阳能电池的总申请量出现大幅增长的时期内，各类申请人的申请量均同步呈现出增长趋势，其中增长最快的依然为企业，这表明企业始终为该领域的创新主体，是该领域的主导者。

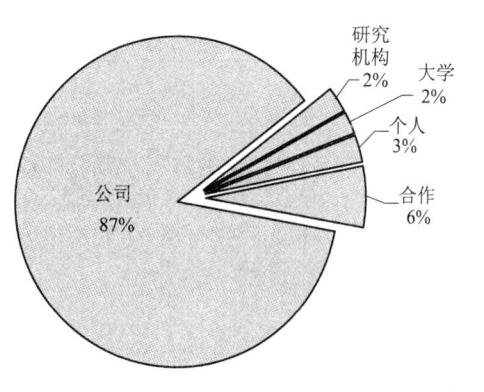

图 3-1-2 硅基薄膜太阳能电池各申请人类型相对于总量的比例分布

3.1.2 专利申请量排名

硅基薄膜太阳能电池前 20 位的申请人的排名情况如表 3-1-1 所示。

表 3-1-1 硅基薄膜太阳能电池申请人申请量排名

排名	申请人	申请量（项）	国籍	生产情况
1	佳能株式会社（CANON）	1 059	日本（JP）	已退出
2	三洋电机株式会社（SANYO）	668	日本（JP）	已投产
3	三菱集团（MITSUBISHI）	466	日本（JP）	已投产
4	株式会社钟化（KANEKA）	380	日本（JP）	已投产
5	富士电机株式会社（FUJI ELECTRIC）	318	日本（JP）	已投产
6	夏普株式会社（SHARP）	277	日本（JP）	已投产
7	京瓷株式会社（KYOCERA）	172	日本（JP）	无生产线
8	株式会社半导体能源研究所（SEMICONDUCTOR ENERGY LAB）	95	日本（JP）	无生产线
9	应用材料（APPLIED MATERIALS）	85	美国（US）	提供设备
10	日立集团（HITACHI）	84	日本（JP）	无生产线
11	三井化学株式会社（MITSUI CHEM）	82	日本（JP）	供应封装材料
12	东燃（TONEN CORP）	79	日本（JP）	无生产线
13	松下电器（MATSUSHITA）	71	日本（JP）	无生产线
14	住友集团（SUMITOMO）	67	日本（JP）	供应导电玻璃
15	索尼公司（SONY）	59	日本（JP）	无生产线

续表

排名	申请人	申请量（项）	国籍	生产情况
16	TDK 公司（TDK）	54	日本（JP）	已投产
17	南开大学	51	中国（CN）	中试
18	西铁城（CITIZEN WATCH）	43	日本（JP）	生产光动能手表
19	大日本印刷株式会社（DAINIPPON PRINTING）	42	日本（JP）	供应封装材料
20	北京行者多媒体科技有限公司	41	中国（CN）	已退出
20	凸版印刷株式会社（TOPPAN PRINTING）	41	日本（JP）	供应封装材料

此外，通常价值高的专利，申请人倾向于向更多的市场进行布局，因此表 3－1－2 中还列出了硅基薄膜太阳能电池向中、美、欧、日、韩五局中两局以上提出专利申请的前 10 位申请人的排名情况。

表 3－1－2　硅基薄膜太阳能电池申请人的多边专利申请量排名

排名	申请人	申请量（项）	国籍	生产情况
1	佳能株式会社（CANON KK）	368	日本（JP）	已退出
2	三洋电机株式会社（SANYO）	92	日本（JP）	已投产
3	株式会社钟化（KANEKA）	62	日本（JP）	已投产
4	株式会社半导体能源研究所（SEMICONDUCTOR ENERGY LAB）	56	日本（JP）	无生产线
5	应用材料（APPLIED MATERIALS）	54	美国（US）	提供设备
6	三菱集团（MITSUBISHI）	53	日本（JP）	已投产
7	夏普株式会社（SHARP）	52	日本（JP）	已投产
8	肖特公司（SCHOTT）	24	德国（DE）	已投产
9	能源转换装置公司（ECD）	23	美国（US）	已投产
10	乐金集团（LG）	22	韩国（KR）	已投产
10	TDK 公司（TDK）	22	日本（JP）	已投产

表 3－1－1 和表 3－1－2 中"三菱集团"的申请量包括了三菱重工、三菱电机、三菱材料以及旭硝子等同属三菱集团的公司的申请。"住友集团"的申请量包括了住友金属矿山株式会社、住友化学以及板硝子等同属住友集团的公司的申请。"日立集团"和"乐金集团"的申请量也同样分别包括了其集团旗下各公司的申请。"能源转换装置公司"的申请量包括了其子公司"联合太阳能"的申请。

在生产情况中，标示为"无生产线"的是指通过公开信息没有发现相关申请人进行硅基薄膜太阳能电池生产或即将投产的确切信息，其中值得一提的是株式会社半导体能源研究所，该研究所在薄膜太阳能电池领域具有较高的知名度，在20世纪80年代早期已进行过大量的硅基薄膜太阳能电池研究，并多次在转换效率上刷新世界纪录，但未发现其进行生产或即将投产的确切信息，而与该申请人在硅基薄膜太阳能电池领域有着大量合作申请的TDK公司已经进行硅基薄膜太阳能电池的生产；对于佳能株式会社，虽然同样没有发现其进行硅基薄膜太阳能电池生产或即将投产的确切信息，但有资料指出其已经退出该领域，因此将佳能株式会社的生产情况标示为"已退出"。

从表3-1-1中可以看出，日本申请人在总申请量排名的前20位的申请人中占据了绝大多数，为17席，其余的为美国的应用材料排在第9位，以及中国的南开大学和北京行者多媒体科技有限公司分别排在第17位和并列第20位。日本申请人大量进入前20位的排名，与日本较早在国内出台了光伏产业的激励政策以及日本申请人自身对专利申请以及专利布局的重视有着极大的关系。并且，排名前20位的申请人中多数已经投产硅薄膜太阳能电池或者提供硅薄膜太阳能电池的相关配套产品，为业内知名企业，例如，美国应用材料公司是专业的设备供应商。

从表3-1-2可以看出，在对多边专利申请量进行排名后，在表3-1-1分别位居第5位的富士电机株式会社、第7位的京瓷株式会社和第10位的日立集团未出现在表3-1-2的排名前10位的申请人名单中，而在表3-1-1的申请人名单中未出现的德国的肖特公司、美国的能源转换装置公司以及韩国的乐金集团则均进入了表3-1-2的排名前10位的申请人名单中，值得注意的是，这几家企业在向五局中两局及以上提出专利申请的量与其整体申请量相差并不大（其中，肖特公司的整体申请量为28项、能源转换装置公司为35项、乐金集团为36项）。对比表3-1-1和表3-1-2，可以看出来，在表3-1-1中生产情况列为"无生产线"的申请人均未出现在表3-1-2的申请人名单中，表3-1-2的申请人中，除了"已退出"的佳能株式会社，和以研究为主的株式会社半导体能源研究所外，其他均是在该领域有着实际生产的企业。这表明，一方面，有着实际生产的企业相比于其他申请人更加重视在全球的专利布局；另一方面，由于各种类型太阳能电池自身分别存在着优势和劣势，在整个光伏产业中存在着不同类型的太阳能电池共存和竞争的情况，在一些主要精力放在其他类型太阳能电池领域的企业，例如京瓷、日立和索尼等公司，也同样对硅基薄膜太阳能电池进行适当的关注和本国专利布局。

通过表3-1-1和表3-1-2的比较，可以看出日本申请人虽然大量出现在总申请量排名的前20位名单中，但其多边专利申请量明显减少，而非日本的业内知名的肖特公司、能源转换装置公司等未出现这种情况，而且很多无生产线的日本申请人的申请主要限于日本国内，鉴于以上情况以及一般情况下企业向更多的市场进行布局的专利申请往往是其认为价值较高的专利申请，因此，这里主要依据表3-1-2和表3-1-1的排名情况选择主要申请人，并针对主要申请人的多边专利申请情况进行技术规划策略分析，按照总申请量进行专利布局分析。

结合在表3-1-1和表3-1-2的排名，以及业内的知名度，选择以下申请人进行重点分析：（1）佳能株式会社，虽然据报道其已经退出该领域，但因为在表3-1-1和表3-1-2的申请量排名中均位居第1位并且其申请量远高于其他申请人，该企业在硅基薄膜太阳能电池领域的技术实力和专利实力均不容忽略；（2）三洋电机株式会社、株式会社钟化和夏普株式会社，这三家均是业内知名的生产企业，并且在表3-1-1和表3-1-2的排名中均位列前10；（3）应用材料，业内知名的设备供应商，也是唯一进入表3-1-1和表3-1-2的设备供应商，并且在表3-1-1和表3-1-2的排名中均位列前10；（4）株式会社半导体能源研究所，较早在硅基薄膜太阳能电池领域开展大量研究的研究机构，和业内知名的生产企业有合作关系，并且在表3-1-1和表3-1-2的排名中均位列前10；（5）能源转换装置公司，较早开始硅基薄膜太阳能电池的研究和生产，其全资子公司联合太阳能是业内知名的生产企业。此外，由于三菱集团是三菱重工、三菱电机以及旭硝子等公司的联合体，各公司具有不同的专注方向，例如旭硝子主要提供玻璃衬底，这些公司之间合作关系较为复杂，不适宜整体分析，因而虽然其在表3-1-1和表3-1-2中的申请量均居前列，在此未选为分析对象。

3.1.3 技术规划策略及专利布局分析

在下面的图表中，技术规划策略分析即各技术分支和各技术需求的年度申请量分布所用的数据是各主要申请人向五局中两局及以上提出的专利申请，专利布局分析按照各主要申请人的总申请量进行。

3.1.3.1 佳能株式会社

图3-1-3显示了佳能株式会社在各技术分支上历年专利申请的分布情况。虽然佳能株式会社已退出硅基薄膜太阳能电池领域，但从图3-1-3可以看到，该公

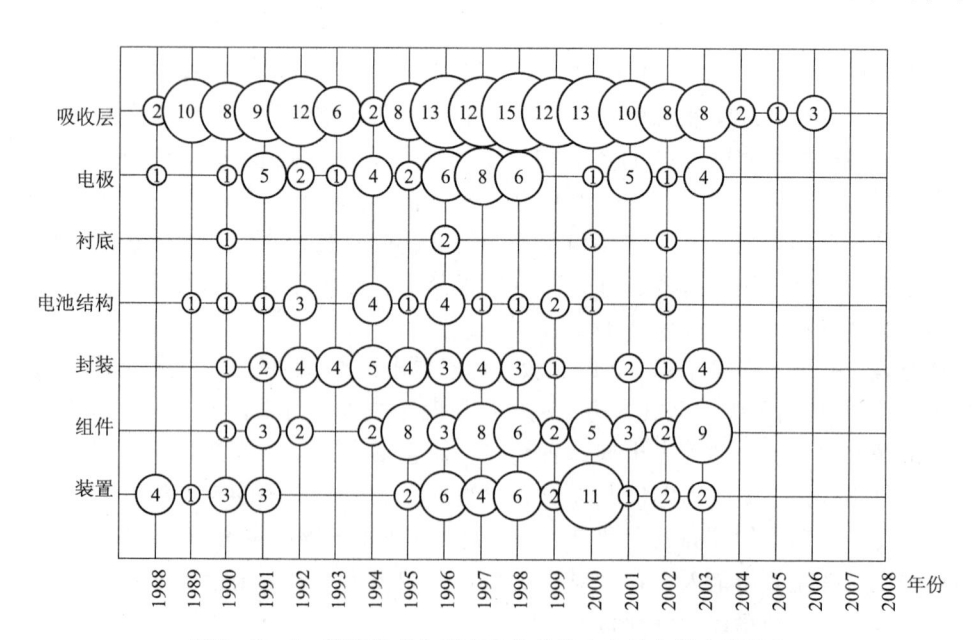

图3-1-3 佳能株式会社在各技术分支上的专利申请分布

司在该领域的技术分布比较全面，其专利申请涉及了所有技术分支，并重点集中在吸收层、电极、组件和制造装置上，尤其是对吸收层最为关注。此外，对封装和电池结构也有关注，在衬底方面涉及较少。由此可以看出，佳能株式会社在硅基薄膜太阳能电池领域具有较强并且全面的技术积累。佳能株式会社的申请主要集中在2004年之前，其在20世纪80年代已经针对吸收层提出了大量的申请，在1994年日本出台光伏产业的激励政策后，更是在吸收层、电极、组件和制造装置四个分支上进行大量的专利布局。

图3-1-4反映了佳能株式会社在各技术需求方面的专利申请分布状况。佳能株式会社在解决技术问题方面最关注的是提高电池的转化效率、提高电池使用过程中的稳定可靠性以及降低生产成本，在扩大用途方面也保持着持续的关注，此外，还在资源回收及利用方面有所涉及。

图3-1-4 佳能株式会社在各技术需求方面的专利申请分布

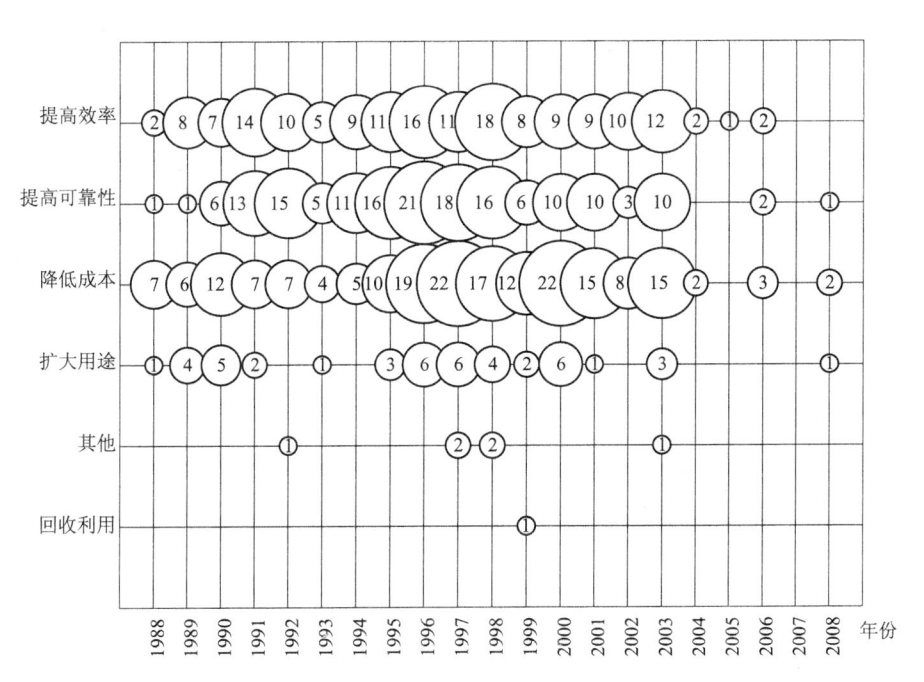

图3-1-5反映了佳能株式会社在欧洲、日本、美国等主要市场以及在中国的专利申请分布状况。佳能株式会社的专利布局以日本国内为主，在本土外的专利布局力度弱于本国。其中，在本土外的专利布局中，佳能株式会社最为重视的是美国市场，而对中国和欧洲的关注程度相当，略弱于美国。佳能株式会社早在20世纪80年代就开始了在美国、中国和欧洲的专利布局，并基本上一直持续到2003~2004年，而且佳能株式会社在美国、欧洲和中国的专利申请趋势和本土基本保持着一致，表明其对本土外的各主要市场均始终保持着持续的关注。

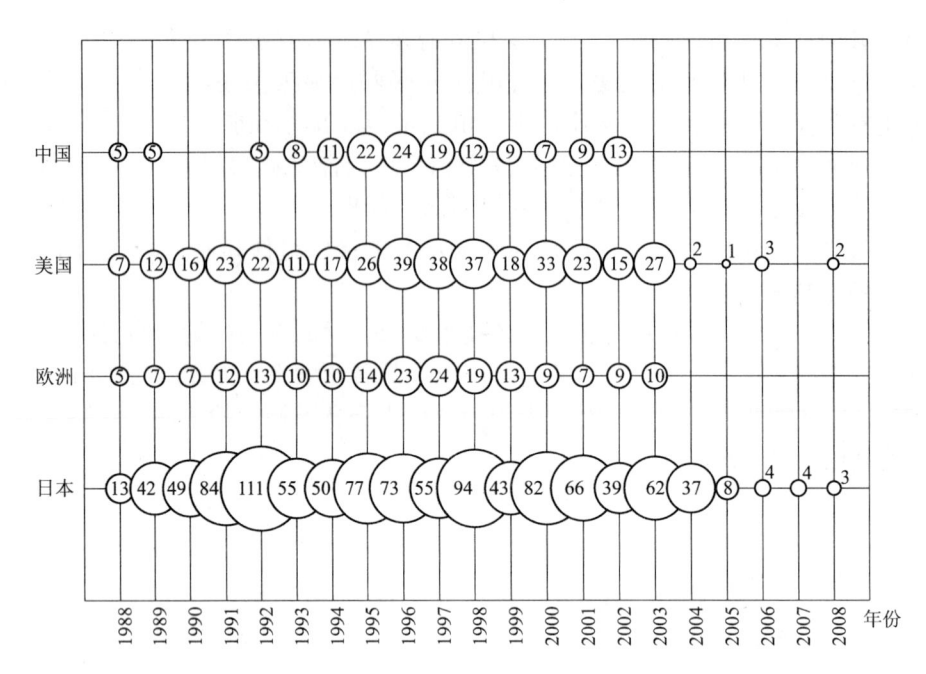

图 3-1-5　佳能株式会社在各主要市场的专利申请分布

3.1.3.2　三洋电机

图 3-1-6 显示了三洋电机在各技术分支上历年专利申请的分布情况。从图中可以看到，三洋电机的专利申请涉及除制造装置和衬底以外的技术分支，重点集中在吸收层和组件上，对电极、封装和电池结构也有所关注。三洋电机从 20 世纪 80 年代就已经开始针对吸收层和组件持续进行专利布局。

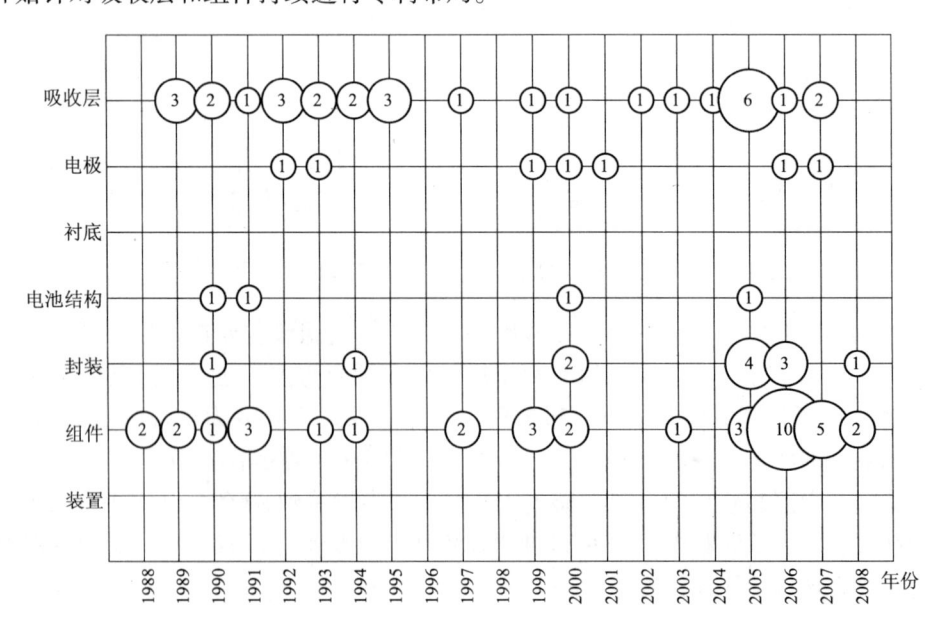

图 3-1-6　三洋电机在各技术分支上的专利申请分布

图 3-1-7 反映了三洋电机在各技术需求方面的专利申请分布状况。从图中可以看出，三洋电机在解决技术问题方面最关注的是提高电池的转化效率和提高电池使用过程中的可靠性，并在降低成本方面也保持着持续的关注，而在扩大用途方面也有少量涉及。

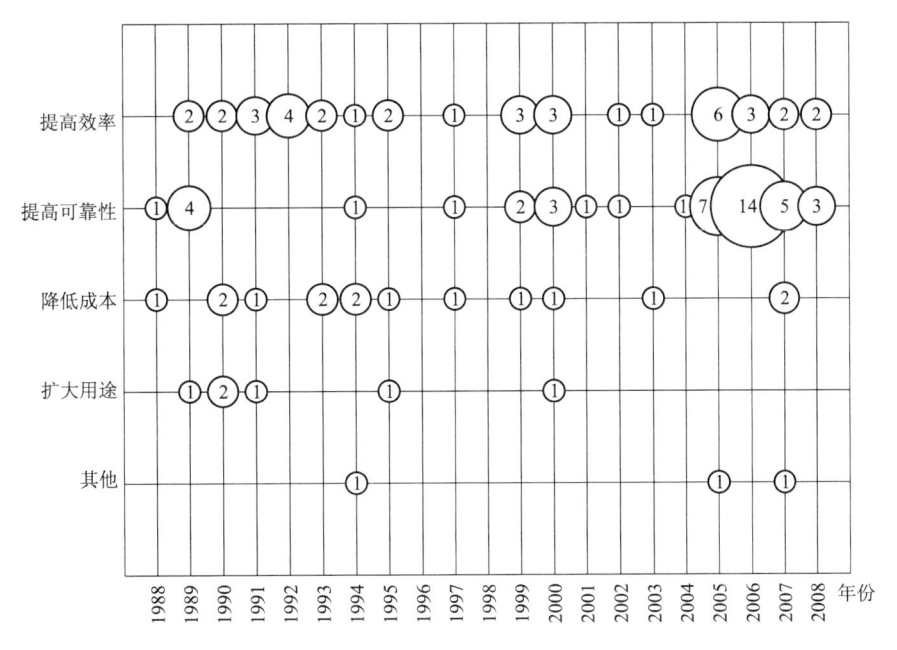

图 3-1-7 三洋电机在各技术需求方面的专利申请分布

图 3-1-8 反映了三洋电机在欧洲、日本、美国等主要市场以及在中国的专利申请分布状况。三洋电机的专利布局以日本国内为主，在本土外的专利布局力度弱于本国。在本土外的专利布局中，三洋电机最为重视的是美国市场，并持续进行专利布局，而对中国和欧洲的关注程度相当，弱于美国。三洋电机在 1988 年已经在中国提出了硅基薄膜太阳能电池的专利申请，但之后的十多年内未在中国继续提出新的专利申请，直到 2000 年后才开始重新关注中国市场，这之后在中国保持着和本土基本一致的申请趋势，尤其是在 2005~2006 年期间进行大量的专利布局，这表明在 2000 年以后三洋电机开始把中国市场作为重点关注对象之一。

3.1.3.3 应用材料

图 3-1-9 显示了应用材料在各技术分支上历年专利申请的分布情况。从图中可以看到，应用材料的专利申请涉及除衬底和封装以外的所有技术分支，其关注点主要集中在制造装置上，此外，应用材料对吸收层也有一定程度的关注，而对组件、电极和电池结构关注较少。从年代上来看，应用材料进入硅基薄膜太阳能电池领域的时间较晚，其在 2001 年开始在有关制造装置的申请中提到硅基薄膜太阳能电池，并在 2004 年后持续加强了在该技术分支的专利布局；在吸收层方面，应用材料在 1998 年就多晶硅膜的制备方法提出了一件专利申请，但在其后的近十年间在该技术分支没有提出申请，2006 年开始重新关注硅基薄膜太阳能电池吸收层的制备，主要涉及微晶硅膜的制备以及界面的调制；

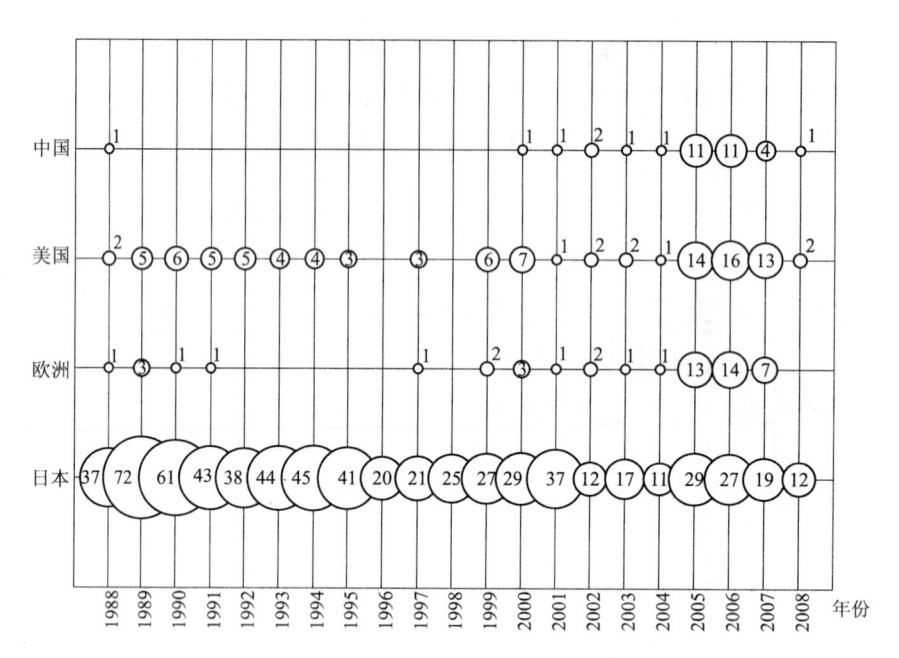

图 3-1-8　三洋电机在各主要市场的专利申请分布

在其他几个技术分支上，应用材料也主要是在 2005 年后才有所涉及，但关注度不高。总体而言，应用材料是在薄膜光伏市场快速增长时进入硅基薄膜太阳能电池领域，并依靠在半导体设备方面的技术积累，迅速成为硅基薄膜太阳能电池的主要设备供应商。

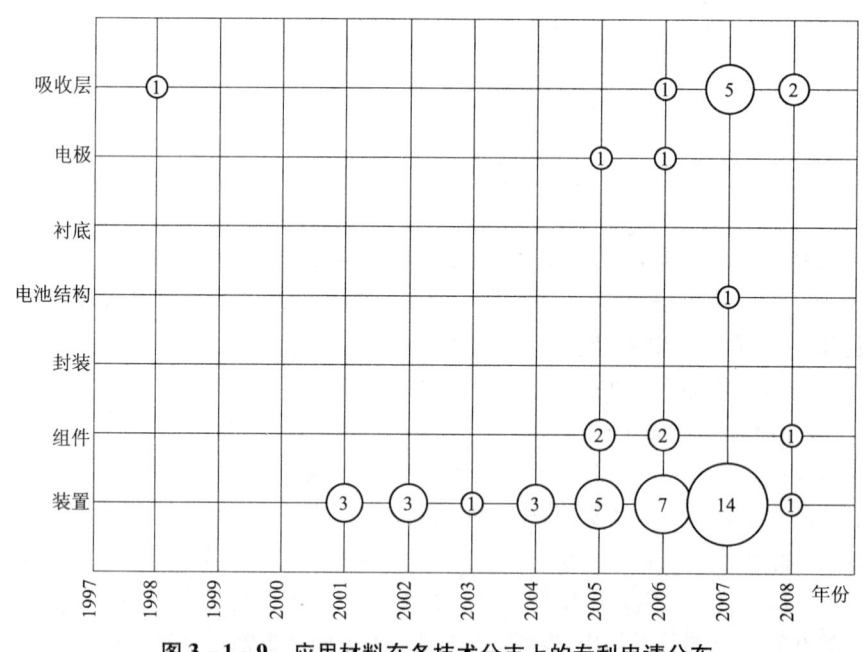

图 3-1-9　应用材料在各技术分支上的专利申请分布

图 3-1-10 反映了应用材料在各技术需求方面的专利申请分布状况。从图中可以看出，应用材料在解决技术问题方面最关注的是降低成本，这与其在技术分支上重点

关注制造装置是相对应的，此外，其在提高效率和扩大用途方面也有所关注。

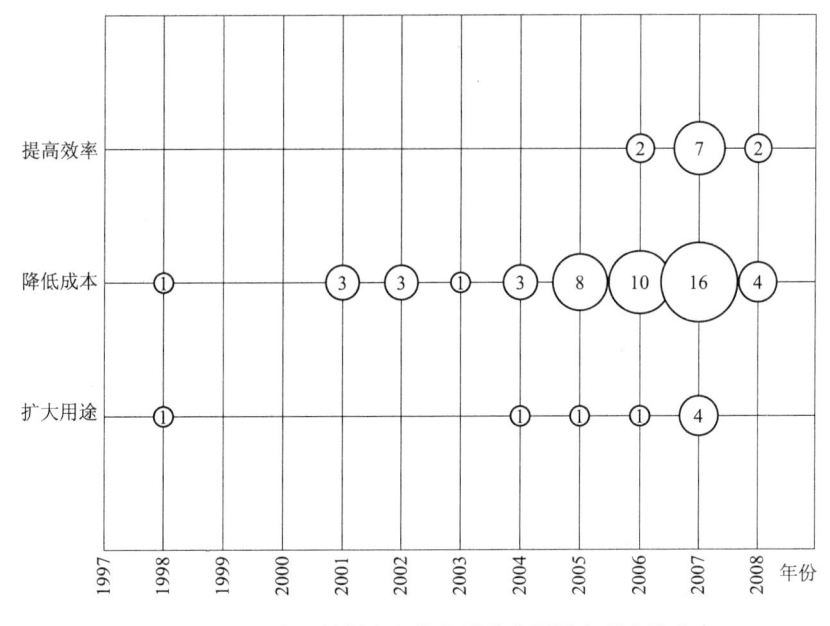

图3-1-10 应用材料在各技术需求方面的专利申请分布

图3-1-11反映了应用材料在欧洲、日本、美国等主要市场以及在中国的专利申请分布状况。应用材料在本土（美国）的专利申请最多，但其在欧洲、日本和中国的专利申请量与美国本土的相差不大，进行专利布局的年代和申请趋势也基本一致，这表明应用材料对全球各主要市场都保持着极大的兴趣和关注。其中，在本土外的专利布局中，应用材料对中国和欧洲的关注程度相当，略高于对日本的关注。

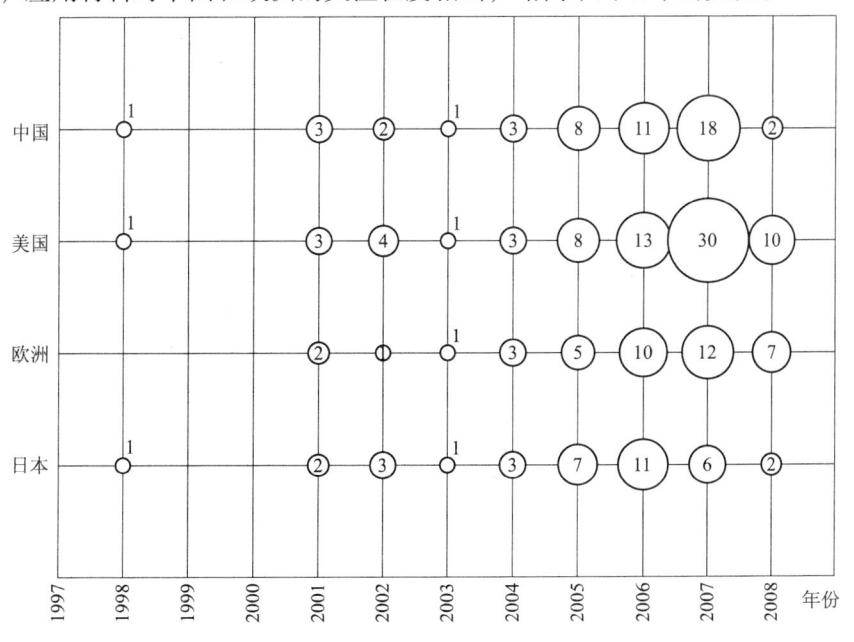

图3-1-11 应用材料在各主要市场的专利申请分布

3.1.3.4 株式会社钟化

图 3-1-12 显示了株式会社钟化在各技术分支上历年专利申请的分布情况。从图中可以看出，株式会社钟化的专利申请涉及了除制造装置和以外的技术分支，并重点集中在吸收层、组件和电极上，尤其是对于吸收层最为关注。此外，其对衬底、封装和电池结构也有少量关注。从年代上看，株式会社钟化在 20 世纪 80 年代即已经针对吸收层、组件和电极进行专利布局，但一直申请量不大，直到 1998 年后，多边专利申请量总体上才有大幅增加。

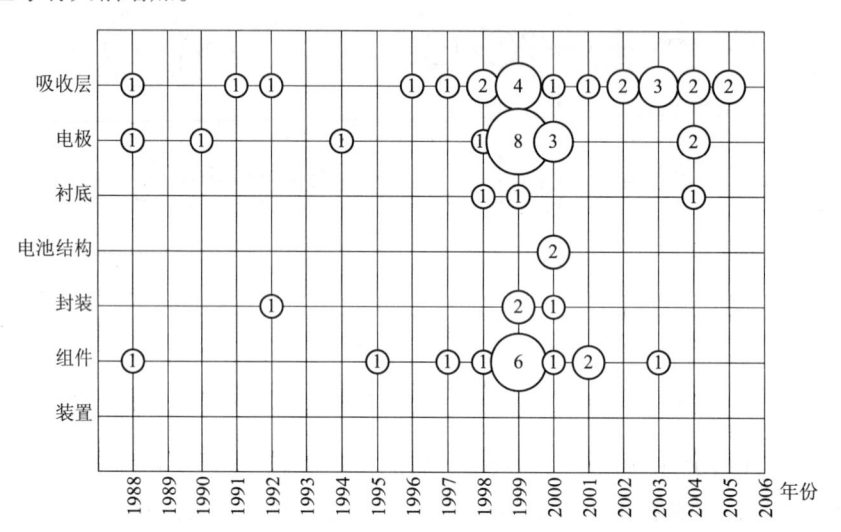

图 3-1-12 株式会社钟化在各技术分支上的专利申请分布

图 3-1-13 反映了株式会社钟化在各技术需求方面的专利申请分布状况。从图中可以看出，株式会社钟化在解决技术问题方面最关注的是提高电池的转化效率、提高电池使用过程中可靠性和降低成本，此外，在扩大用途方面也有所涉及。

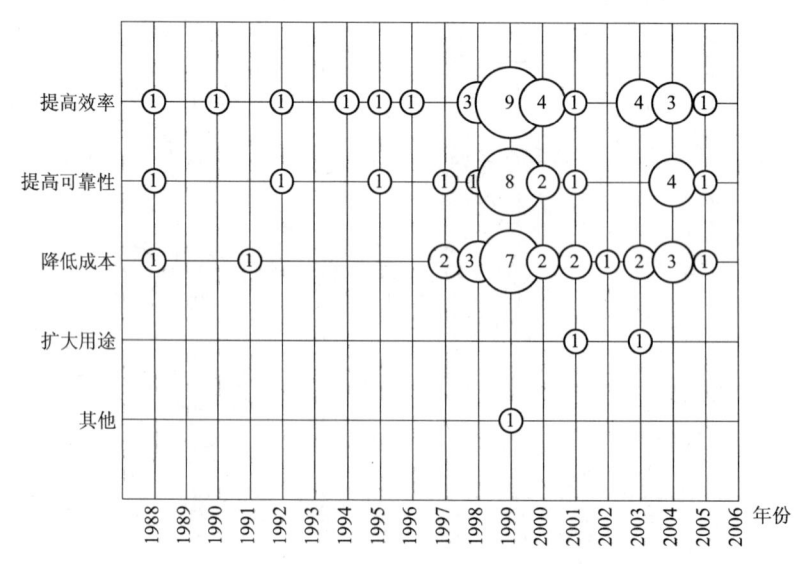

图 3-1-13 株式会社钟化在各技术需求方面的专利申请分布

图3-1-14反映了株式会社钟化在欧洲、日本、美国等主要市场以及在中国的专利申请分布状况。作为一家日本企业，株式会社钟化的专利布局仍以日本国内为主，在本土外的专利布局力度弱于本国。其中，在本土外的专利布局中，株式会社钟化最为重视的是美国和欧洲市场，持续进行专利布局，并且在美国和欧洲专利申请趋势和本土基本保持着一致，而对中国的关注程度则较低。另外值得注意的是，株式会社钟化在2004年后，减缓了对日本本土外市场的专利布局。

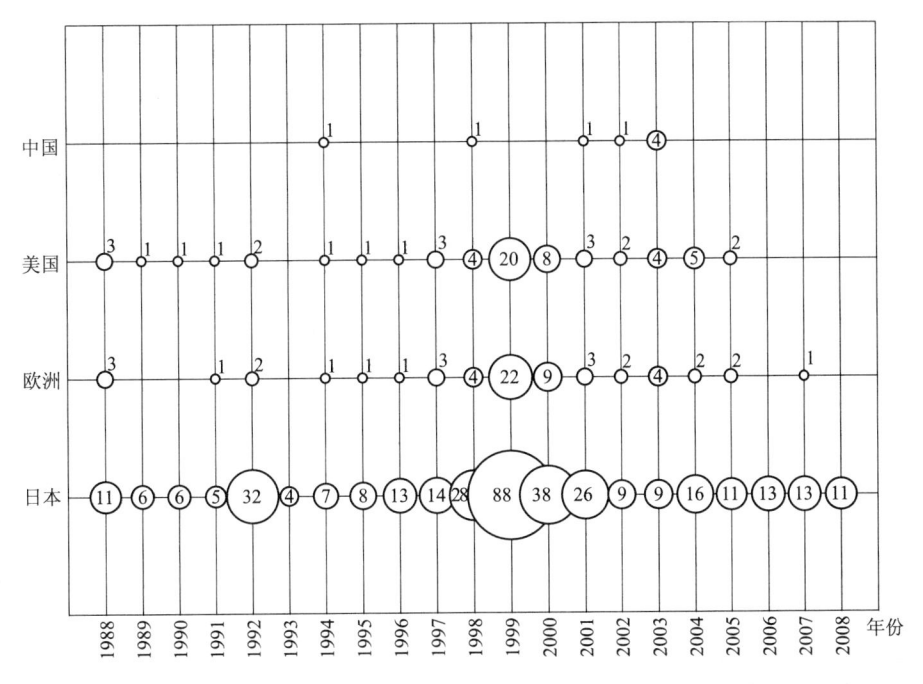

图3-1-14　株式会社钟化在各主要市场的专利申请分布

3.1.3.5　夏普株式会社

图3-1-15显示了夏普株式会社在各技术分支上历年专利申请的分布情况。从图中可以看出，夏普株式会社在硅基薄膜太阳能电池领域的技术分布比较全面，其专利申请涉及所有的技术分支，重点集中在吸收层、组件和制造装置上，尤其是对于吸收层最为关注。此外，其对衬底、电极、封装和电池结构也有少量关注。从年代上看，夏普株式会社在1990年开始就已经对硅基薄膜太阳能电池有所关注，而在1995年后对吸收层、组件基本保持着持续的专利申请，加强了这两个方向上的布局，并在1999年后对制造装置进行持续的专利布局。

图3-1-16反映了夏普株式会社在各技术需求方面的专利申请分布状况。从图中可以看出，夏普株式会社在解决技术问题方面最关注的是提高电池的转化效率和降低成本，其次对提高电池使用过程中的可靠性也保持了持续的关注，在扩大用途方面有所涉及。

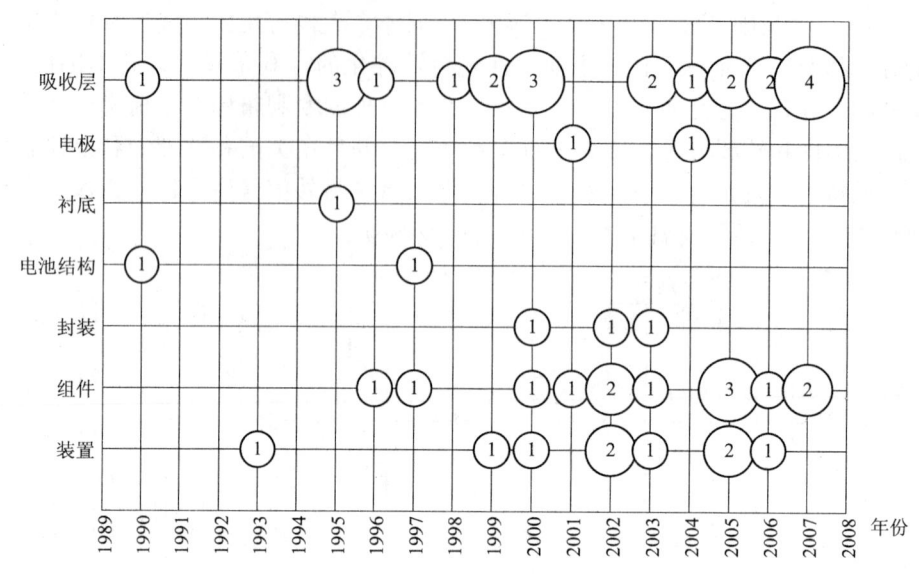

图 3-1-15 夏普株式会社在各技术分支上的专利申请分布

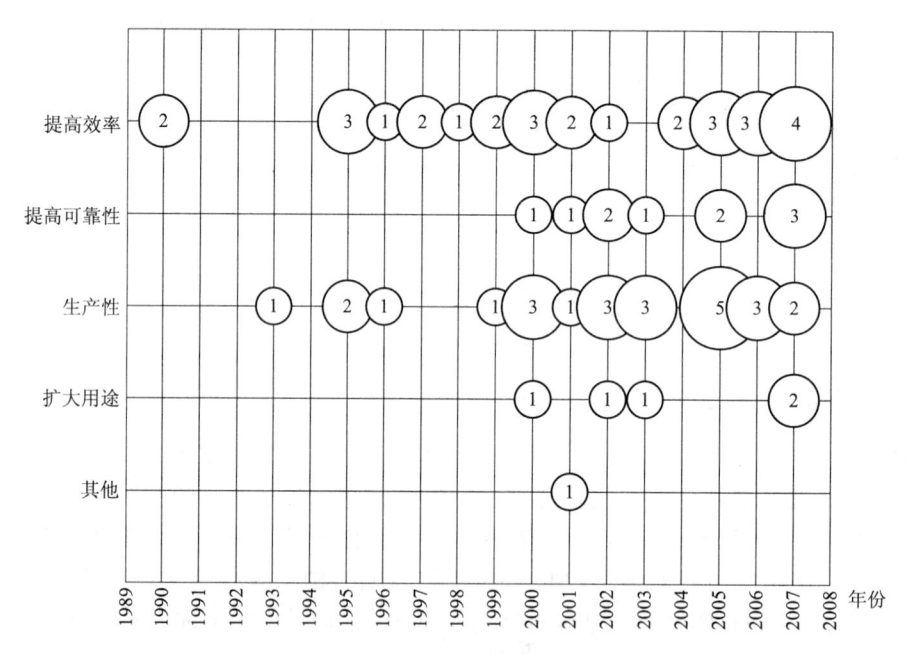

图 3-1-16 夏普株式会社在各技术需求方面的专利申请分布

图 3-1-17 反映了夏普株式会社在欧洲、日本、美国等主要市场以及在中国的专利申请分布状况。作为一家日本企业，夏普株式会社的专利布局仍以日本国内为主，在本土外的专利布局力度弱于本国。其中，在本土外的专利布局中，夏普株式会社最为重视的是美国，其次为欧洲，自 1990 年开始即在美国和欧洲持续进行专利布局；到 2002 年才开始关注中国市场，在中国进行专利布局。

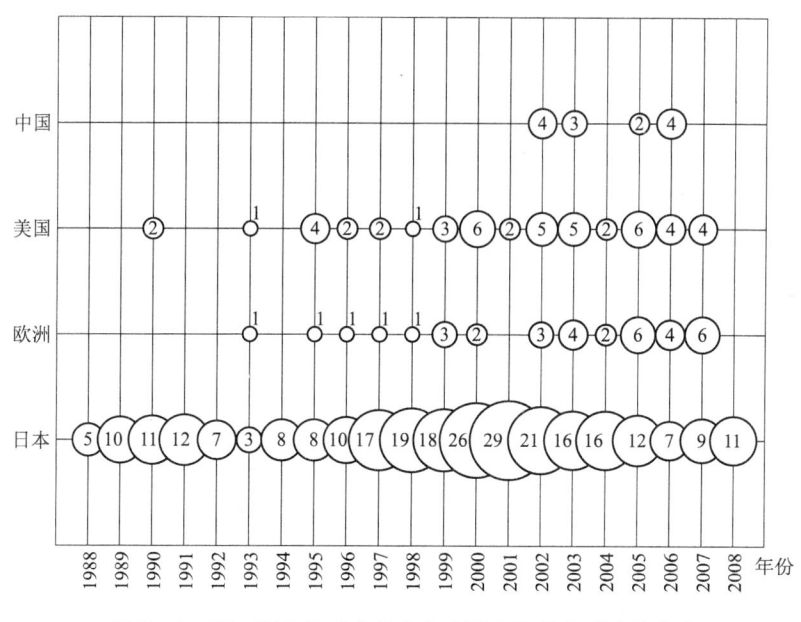

图 3-1-17 夏普株式会社在各主要市场的专利申请分布

3.1.3.6 株式会社半导体能源研究所

图 3-1-18 显示了株式会社半导体能源研究所在各技术分支上历年专利申请的分布情况。从图中可以看到,株式会社半导体能源研究所在硅基薄膜太阳能电池领域的技术分布比较全面,其专利申请涉及了所有的技术分支,并重点集中在吸收层、组件上,尤其是对于吸收层最为关注。此外,其对衬底、电极、封装和电池结构也有少量关注。从年代上看,株式会社半导体能源研究所在 1988~1994 年期间并未对吸收层进行全球的专利布局,而是对组件保持着持续的申请;但在 1995 年后则重新加强了对吸

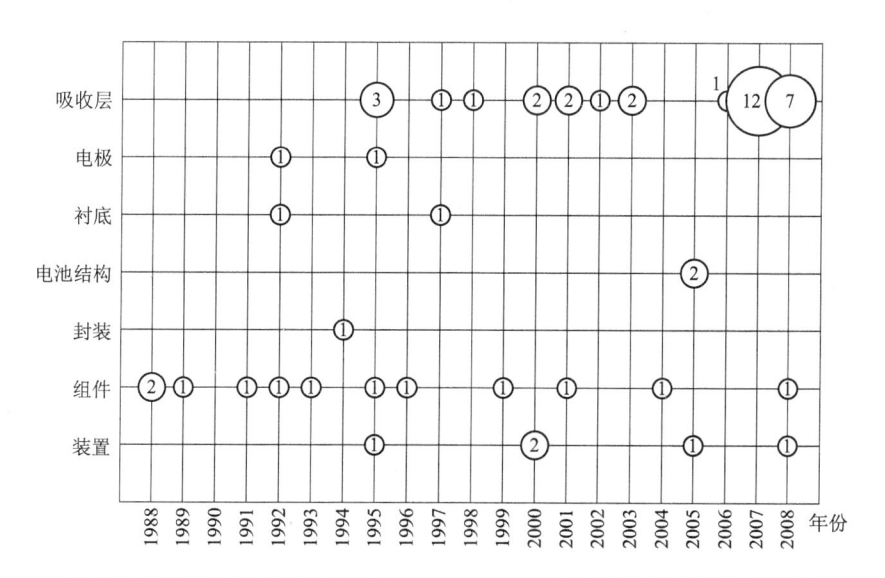

图 3-1-18 株式会社半导体能源研究所在各技术分支上的专利申请分布

收层的关注，同期对组件的申请则有所减少。

图 3-1-19 反映了株式会社半导体能源研究所在各技术需求方面的专利申请分布状况。从图中可以看出，株式会社半导体能源研究所在解决技术问题方面最关注的是提高电池的转化效率和降低成本。此外，在提高电池使用过程中的可靠性和扩大用途方面也保持着持续的关注。

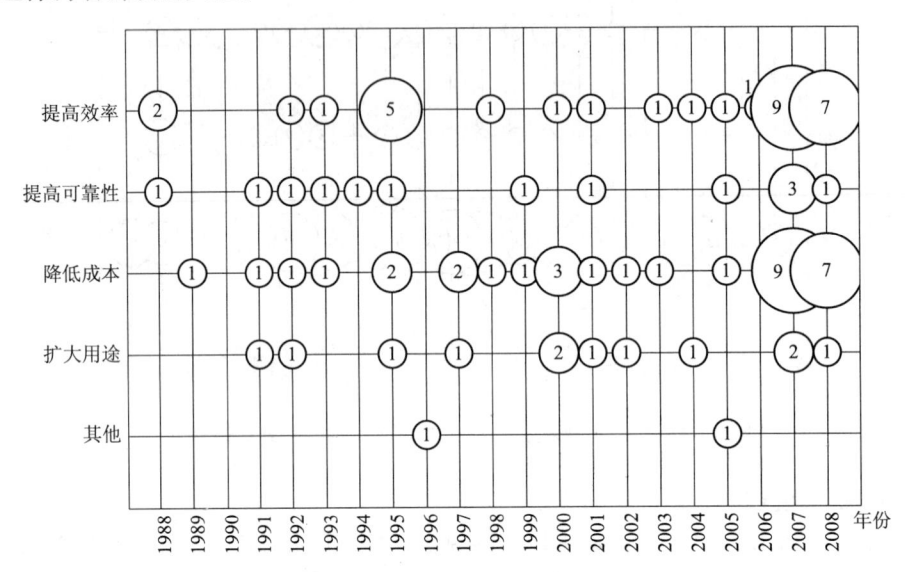

图 3-1-19　株式会社半导体能源研究所在各技术需求方面的专利申请分布图

图 3-1-20 反映了株式会社半导体能源研究所在欧洲、日本、美国等主要市场以及在中国的专利申请分布状况。株式会社半导体能源研究所的在日本本土的专利布局

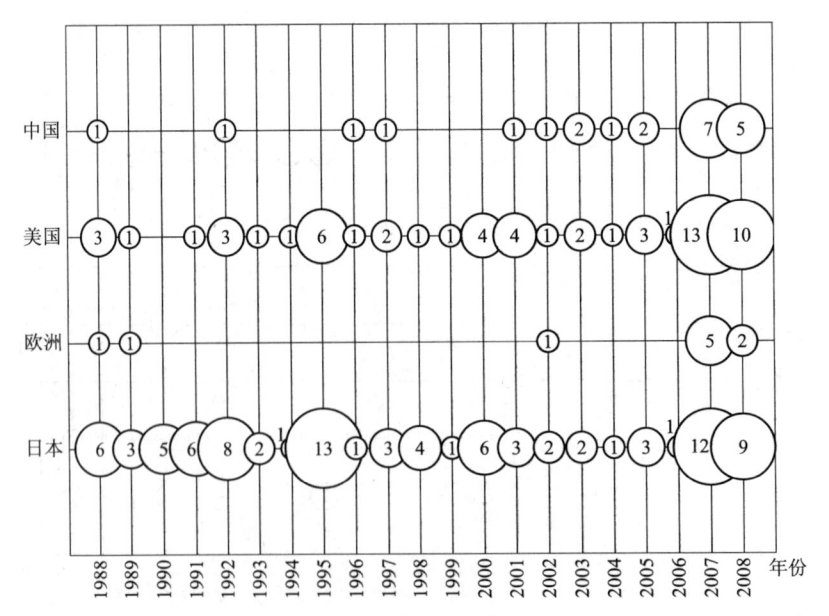

图 3-1-20　株式会社半导体能源研究所在各主要市场的专利申请分布

最多，但其在美国的专利申请量与本土的相差并不大，并且在美国的专利申请趋势和本土基本保持着一致。此外，株式会社半导体能源研究所对中国的重视程度要高于欧洲，并从1988年即已经在中国进行专利布局，但在1988~2000年期间在中国的申请量并不多，与其在本土的申请趋势未保持一致，直到2001年后，加强了在中国的专利布局，并保持着和其本土基本一致的申请趋势，这表明2001年后，株式会社半导体能源研究所提高了对中国市场的关注度。

3.1.3.7 能源转换装置公司

图3-1-21显示了能源转换装置公司在各技术分支上历年专利申请的分布情况。从图3-1-21中可以看到，能源转换装置公司在硅基薄膜太阳能电池领域的专利申请涉及除衬底以外的技术分支，并重点集中在吸收层和制造装置上，尤其是对于吸收层最为关注。此外，其对电极、封装、组件和电池结构也有少量关注。

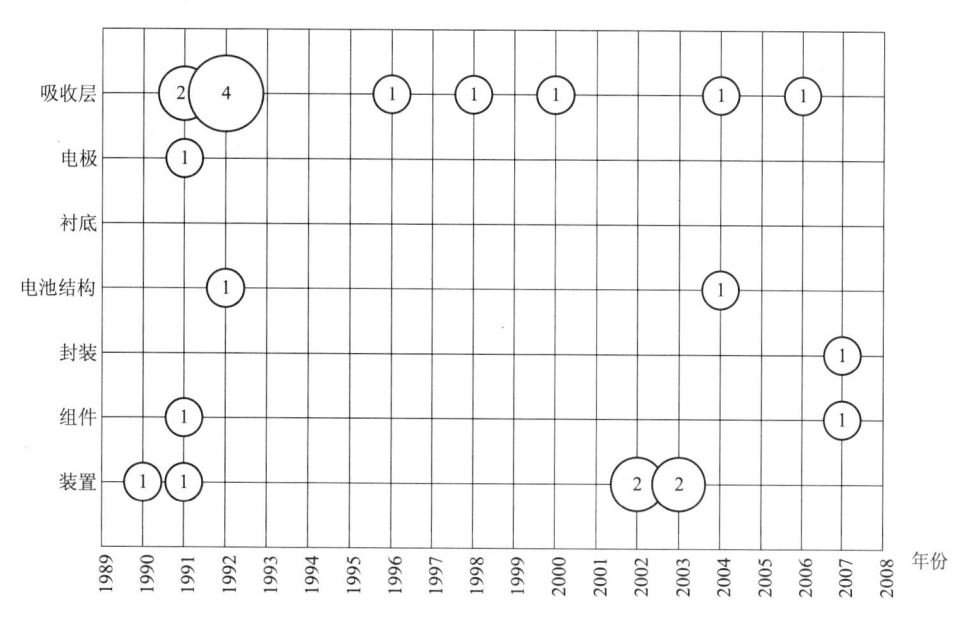

图3-1-21 能源转换装置公司在各技术分支上的专利申请分布

图3-1-22反映了能源转换装置公司在各技术需求方面的专利申请分布状况。从图中可以看出，能源转换装置公司在解决技术问题方面最关注的是提高转换效率，其次为降低成本和提高电池使用中的可靠性，而在扩大用途方面涉及较少。

图3-1-23反映了能源转换装置公司在欧洲、日本、美国等主要市场以及在中国的专利申请分布状况。能源转换装置公司在美国本土的专利布局最多，但其在欧洲专利申请量与美国本土相差不大，并且在欧洲也保持着和本土基本一致的申请趋势，这表明其最为关注的是欧洲市场。能源转换装置公司在1988年和2001年期间未在中国进行专利申请，而自2002年后开始关注中国市场并在中国进行专利布局。此外，虽然能源转换装置公司于20世纪90年代早期在日本提出了专利申请，但2003年后，并未在日本进行专利布局，这表明相对于日本市场，能源转换装置公司

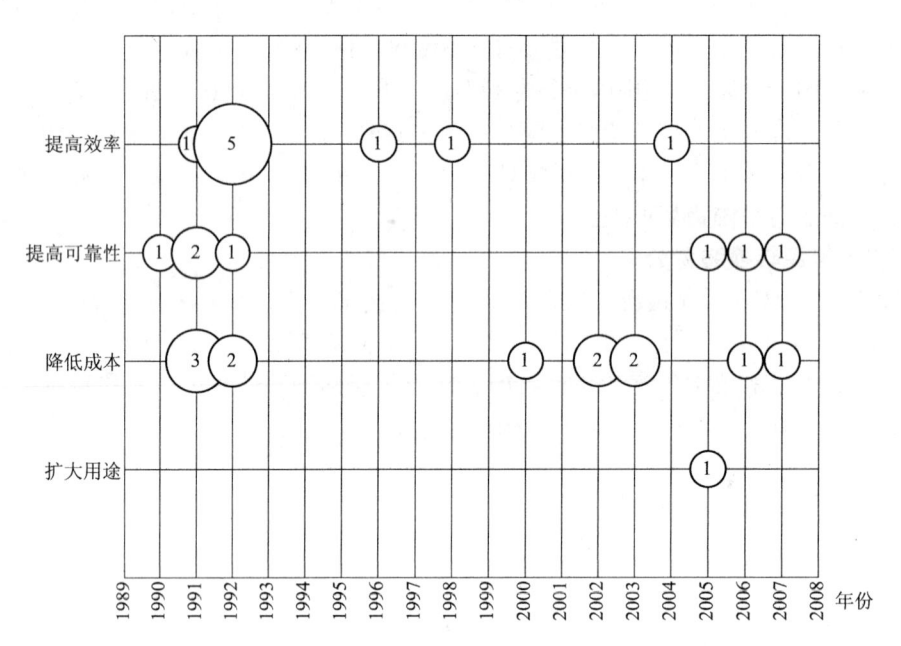

图 3-1-22 能源转换装置公司在各技术需求方面的专利申请分布

近年来更为关注中国市场。

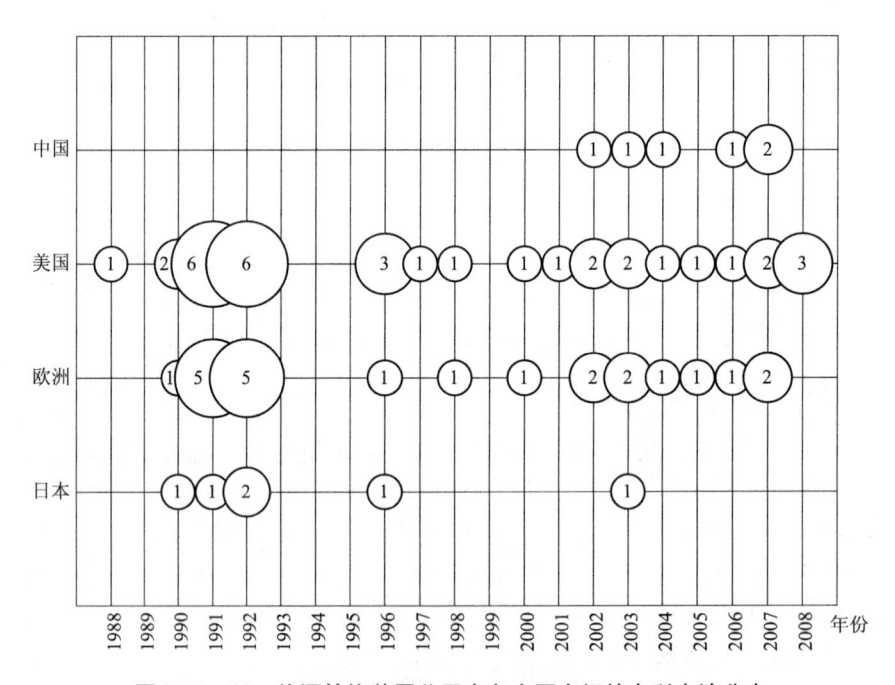

图 3-1-23 能源转换装置公司在各主要市场的专利申请分布

3.2　I-III-VI族化合物薄膜太阳能电池

3.2.1　申请人类型分析

由图3-2-1和图3-2-2可以看出，在I-III-VI族化合物薄膜太阳能电池领域申请人以企业为主，所占比例为75%，研究机构和大学合计13%，个人占5%，合作申请占7%（其中公司和公司之间的合作以及研究机构与公司之间的合作所占的比例最高），表明该领域的创新主体为企业，但研究机构和大学的研发能力不容忽视。

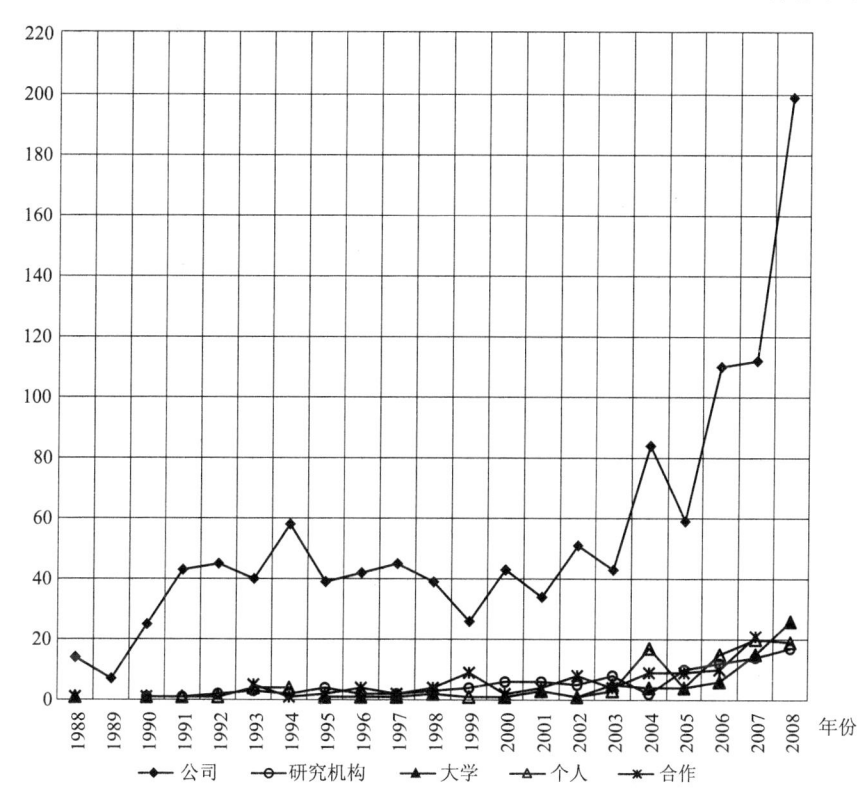

图3-2-1　I-III-VI族化合物薄膜太阳能电池申请人类型历年分布

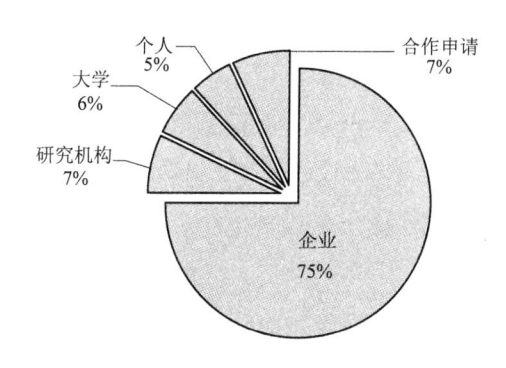

图3-2-2　I-III-VI族化合物薄膜太阳能电池各申请人类型相对于总量的比例分布

3.2.2 专利申请量排名

Ⅰ-Ⅲ-Ⅵ族化合物薄膜太阳能电池前20位的申请人的排名情况如表3-2-1所示。

表3-2-1 Ⅰ-Ⅲ-Ⅵ族化合物薄膜太阳能电池领域申请人申请量排名

排名	申请人	申请量（项）	国籍	生产情况
1	松下电机株式会社（MATSUSHITA）	196	日本（JP）	无生产线
2	佳能株式会社（CANON KK）	107	日本（JP）	无生产线
3	本田技研株式会社（HONDA）	58	日本（JP）	已投产
4	纳米太阳能公司（NANOSOLAR INC）	52	美国（US）	已投产
5	昭和壳牌石油株式会社（SHOWA SHELL SEKIYU KK）	50	日本（JP）	已投产
6	矢崎公司（YAZAKI CORP）	48	日本（JP）	无生产线
7	富士电机株式会社（FUJI）	45	日本（JP）	无生产线
8	索罗动力公司（SOLOPOWER INC）	40	美国（US）	已投产
9	索林塔公司（SOLYNDRA INC）	38	美国（US）	已投产
10	西门子公司（SIEMENS）	26	欧洲（EP）	已投产
10	旭化成株式会社（ASAHI KASEI KOGYO KK）	26	日本（JP）	无生产线
12	LG集团（LG）	22	韩国（KR）	无生产线
13	德国氢能和太阳能研究中心（ZENT SONNENENERGIE & WASSERSTOFF-FORSCH）	19	欧洲（EP）	无生产线
13	京瓷公司（KYOCERA CORP）	19	日本（JP）	无生产线
15	米亚索尔公司（MIASOLE）	18	美国（US）	已投产
16	B.M.巴索尔（BASOL B.M.，个人）	17	美国（US）	
17	独立行政法人产业技术研究所（DOKURITSU GYOSEI HOJIN SANGYO GIJUTSU SO）	16	日本（JP）	无生产线
18	环球太阳能公司（GLOBAL SOLAR ENERGY INC）	15	美国（US）	已投产
19	哈恩-迈特纳研究所柏林有限公司（HAHN-MEITNERINST BERLIN GMBH）	15	欧洲（EP）	无生产线
19	德斯塔尔科技公司（DAYSTAR TECHNOLOGIES INC）	12	美国（US）	即将投产

从表3-2-1可以看出,全球申请量排名前10位的主要申请人中按国籍分布为日本(7家,含并列第10名)、美国(3家)和欧洲(德国,1家),前20位中按国籍分布为日本(9家)、美国(7家,含6家公司和1位个人)、欧洲(德国,3家)和韩国(1家)。上述申请人的排名地区分布在一定程度上表明日本、美国和欧洲是在Ⅰ-Ⅲ-Ⅵ族化合物薄膜太阳能电池的研发和生产方面处于世界领先水平的国家和地区。

在总申请量排前10名的7家日本申请人中,松下和佳能株式会社分别以196件和107件申请名列全球申请人的第一位和第二位,但是,松下和佳能株式会社都没有Ⅰ-Ⅲ-Ⅵ族化合物薄膜太阳能电池生产线,近期也没有投资建设Ⅰ-Ⅲ-Ⅵ族化合物薄膜太阳能电池生产线的计划。佳能株式会社的107件申请中有106件是在1988~2005年之间申请,并且这些申请涉及组件、封装等方面,主要针对硅基薄膜太阳能电池开发,只是这些申请所涉及的技术具有通用性,同样适用于Ⅰ-Ⅲ-Ⅵ族化合物薄膜太阳能电池,可以确定佳能株式会社实际上并未涉足Ⅰ-Ⅲ-Ⅵ族化合物薄膜太阳能电池的研发和生产。此外,矢崎公司的申请集中在20世纪90年代,自1999年以后没有与Ⅰ-Ⅲ-Ⅵ族化合物薄膜太阳能电池有关的专利申请;富士电机株式会社的申请基本集中在1995年之前;旭化成株式会社的26件申请全部是在20世纪90年代申请。根据上述申请情况并结合市场调研的情况判断,上述3家日本公司实际上已经退出了研发Ⅰ-Ⅲ-Ⅵ族化合物薄膜太阳能电池领域。

前10位的3家美国申请人中纳米太阳能公司的申请始于2002年,索罗动力公司和索林塔公司的申请分别始于2004年和2005年,在几年的时间内密集申请了一批专利,并且从市场调研的情况来看,3家公司都已经投产,表明这几家公司是行业的后进入者。

前10位中仅有1家德国公司——西门子公司,从申请的年代分布来看,西门子公司很早就有相关的专利申请,分别以SIEMENS & SHELL SOLAR GMBH,SIEMENS SOLAR GMBH、SHELL SOLAR GMBH等名称先后申请或合作申请了相关的专利,由于这些公司都是西门子旗下的子公司,因此这些公司的申请均算作西门子公司的申请。

通常价值高的专利,申请人倾向于向更多的市场进行布局,表3-2-2列出了Ⅰ-Ⅲ-Ⅵ族化合物薄膜太阳能电池领域申请人向中、美、欧、日、韩五局中两局或两局以上提出专利申请的申请量排名。

表3-2-2 Ⅰ-Ⅲ-Ⅵ族化合物薄膜太阳能电池领域申请人的多边专利申请量排名

排名	申 请 人	申请量(项)	国籍	生产情况
1	佳能(CANON KK)	46	日本(JP)	无生产线
2	松下(MATSUSHITA)	38	日本(JP)	无生产线
3	昭和壳牌石油(SHOWA SHELL SEKIYU KK)	33	日本(JP)	已投产
4	本田(HONDA)	29	日本(JP)	已投产
5	纳米太阳能公司(NANOSOLAR INC)	20	美国(US)	已投产

续表

排名	申 请 人	申请量（项）	国籍	生产情况
6	索罗动力公司（SOLOPOWER INC）	19	美国（US）	已投产
6	西门子公司（SIEMENS）	19	欧洲（EP）	已投产
8	索林塔公司（SOLYNDRA INC）	10	美国（US）	已投产
9	矢崎公司（YAZAKI CORP）	9	日本（JP）	无生产线
9	德斯塔尔科技公司（DAYSTAR TECHNOLOGIES INC）	9	美国（US）	已投产

从表3-2-2可以看出，总申请量排名前10位的富士电机株式会社（第7位）和旭化成株式会社（并列第10位）在多边专利申请量排名中退出了前10位，矢崎公司的排名也从总申请量第6位下降到并列第9位，这一方面表明这几家公司更注重在本国（日本）进行专利布局，另一方面也在一定程度上表明它们的专利申请的重要性相对较低。

根据专利申请及公开信息收集整理的部分CIGS企业的工艺路线分别参见表3-2-3和表3-2-4。

表3-2-3 采用真空法的企业

公司	国籍	吸收层	衬底	制备工艺
Würth	欧洲（德）	$Cu(InGa)Se_2$	玻璃	多源共蒸发(直列式)
Q-cell（Solibro）	欧洲（德）	$CuInSe_2$	玻璃	多源共蒸发(直列式)
Solarion	欧洲（德）	$Cu(InGa)Se_2$	聚酰亚胺	多源共蒸发(卷对卷)
Avancis	欧洲（德）	$Cu(InGa)(SSe)_2$	玻璃	溅射后硒化硫化(直列式)
Bosch Solar CIS Tech	欧洲（德）	$Cu(InGa)(SSe)_2$	玻璃	溅射后硒化硫化(直列式)
Sulfurcell	欧洲（德）	$CuInS_2$	玻璃	溅射后硫化(直列式)
Scheuten	欧洲（荷）	$CuInS_2$	玻璃	溅射后硫化(直列式)
Filsom	欧洲（瑞士）	$Cu(InGa)Se_2$	聚酰亚胺	多源共蒸发(卷对卷)
Globle Solar Energy	美国	$Cu(InGa)Se_2$	不锈钢箔	多源共蒸发(卷对卷)
Ascent	美国	$Cu(InGa)Se_2$	聚酰亚胺	多源共蒸发(卷对卷)
DayStar	美国	$Cu(InGa)Se_2$	玻璃/不锈钢箔	溅射后硒化(直列式)
Miasolé	美国	$Cu(InGa)Se_2$	不锈钢箔	溅射(卷对卷)
Solyndra	美国	$Cu(InGa)Se_2$	玻璃管	多源共蒸发
Showa Shell	日本	$Cu(InGa)(SSe)_2$	玻璃	溅射后硒化硫化(直列式)
Honda Soltec	日本	$Cu(InGa)Se_2$	玻璃	溅射后硒化(直列式)

表 3-2-4 采用非真空法的企业

公司	国籍	吸收层	衬底	制备工艺
Odersun	欧洲(德)	$CuInS_2$	铜箔	电镀 + 热处理(卷对卷)
CIS Solartechnik	欧洲(德)	$CuInSe_2$	铜箔	电镀 + 热处理(卷对卷)
PVflex	欧洲(德)	$Cu(InGa)Se_2$	不锈钢箔	电镀 + 蒸发硒 + RTP(卷对卷)
Solopower	美国	$Cu(InGa)Se_2$	不锈钢箔	电镀 + 热处理(卷对卷)
Helio Volt	美国	$Cu(InGa)Se_2$	玻璃/柔性	场辅助合成及转移技术
Nanosolar	美国	$Cu(InGa)Se_2$	铝箔	溶液涂覆 + 后硒化(卷对卷)
ISET	美国	$Cu(InGa)Se_2$	玻璃/铝箔	溶液涂覆 + 后硒化
IBM	美国	$Cu(InGa)Se_2$	玻璃	溶液涂覆 + 热处理
LG	韩国	$Cu(InGa)Se_2$	玻璃	溶液涂覆 + 热处理

从表 3-2-3 和表 3-2-4 可以看出，上述 CIGS 企业的生产工艺各具特色，尚未形成标准化的工艺流程，业界仍然在不断改进其制备工艺，这进一步证明了该领域仍处于技术发展期。从各厂商所用的衬底来看，玻璃衬底开发最早，使用也较为普遍，但柔性衬底发展很快，目前已经占据了相当大的比重。此外，绝大多数厂商是在平面衬底上制备太阳能电池，但也有部分厂商开发了非平面的太阳能电池，最具代表性的是美国的 Solyndra 公司，该公司开发了管状的太阳能电池，并围绕在非平面衬底上的沉积技术申请了大量专利，另外，荷兰的 Scheuten 公司正在研发球形或颗粒状的 CIGS 半导体材料。

此外，在研究中发现，行业中一些知名企业的专利申请量少，并且侧重于在本国或本地区进行专利布局，例如表 3-2-3 中列出的欧洲（德国）公司 Würth，其知识产权保护策略值得关注。

综合考虑总申请量、多边专利申请量和市场情况，选取本田技研株式会社、纳米太阳能公司、昭和砚壳石油株式会社和索罗动力公司作为 I-III-VI 族化合物薄膜太阳能电池的主要申请人进行进一步的分析。

3.2.3 技术规划策略及专利布局分析

3.2.3.1 本田技研株式会社

图 3-2-3 显示了本田技研株式会社在各技术分支上历年专利申请的分布情况。本田技研株式会社的相关申请始于 1995 年，涉及除封装外的所有技术分支，研发重点集中在吸收层和电池结构方面，对缓冲层、电极和装置也比较重视。从吸收层的制备工艺来看，以溅射形成预置层然后进行硒化为主。在电池结构方面主要涉及层结构的改进。

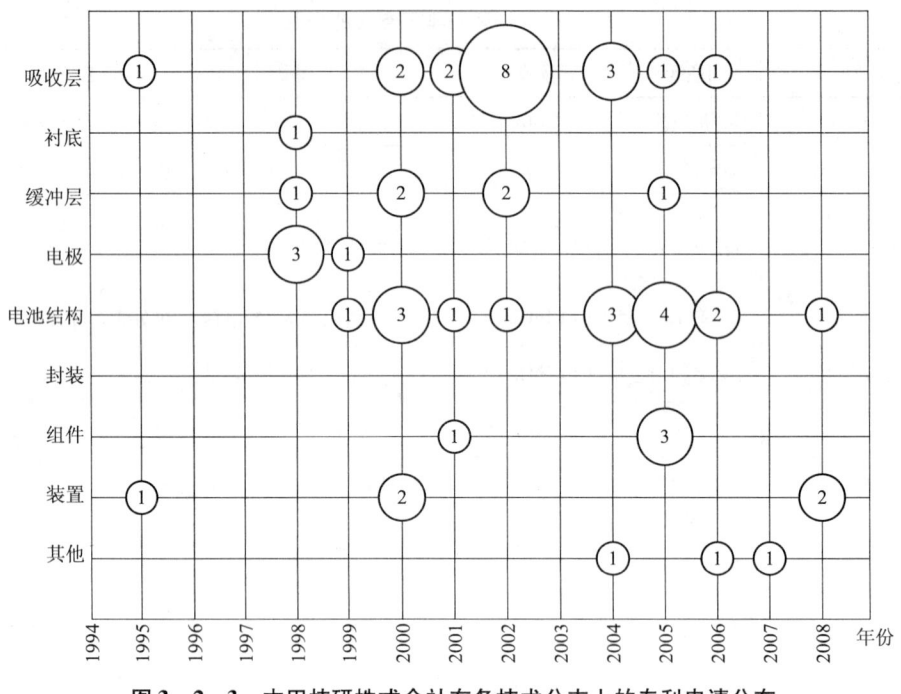

图 3-2-3　本田技研株式会社在各技术分支上的专利申请分布

图3-2-4反映了本田技研株式会社在各技术需求方面的专利申请分布状况。本田技研株式会社在解决技术问题方面最关注的是提高效率，在降低成本、提高可靠性方面和扩大用途方面的关注度也比较高；在资源替代及利用方面关注度不高，对于缓冲层的无镉化采用的是硫化铟替代硫化镉；在提高可靠性方面的关注度呈下降趋势。

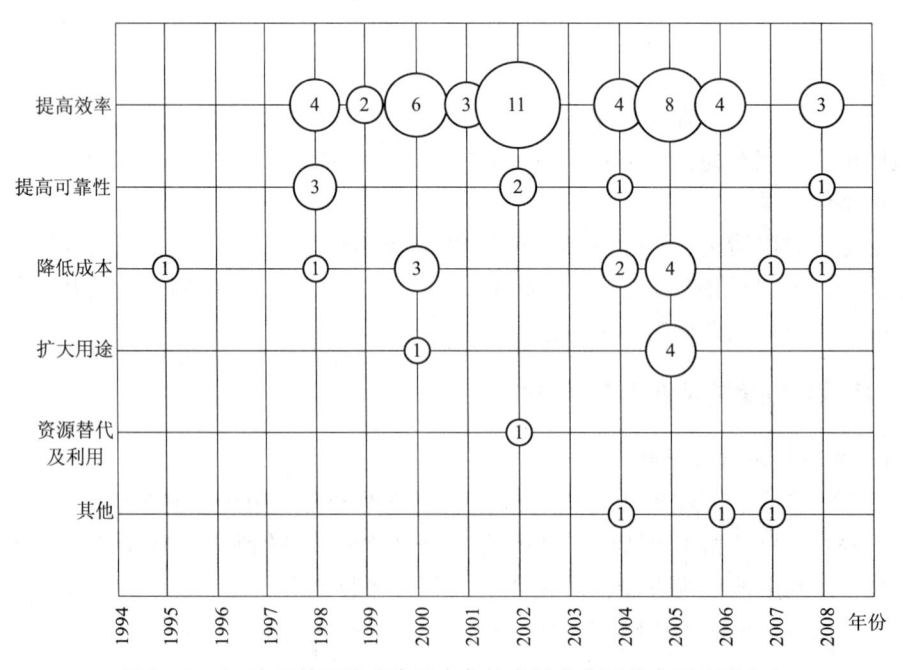

图 3-2-4　本田技研株式会社在各技术需求方面的专利申请分布

图 3-2-5 反映了本田技研株式会社在欧洲、日本、美国等主要市场以及在中国的专利申请分布状况。本田技研株式会社的专利布局以日本国内为主，在海外的专利布局力度明显弱于本国。1998 年到 2002 年在欧洲和美国市场有零星布局，2004 年到 2006 年主要针对美国和中国市场进行专利布局，但数量不多；从 2005 年到 2008 年基本停止了在欧洲市场的专利布局。

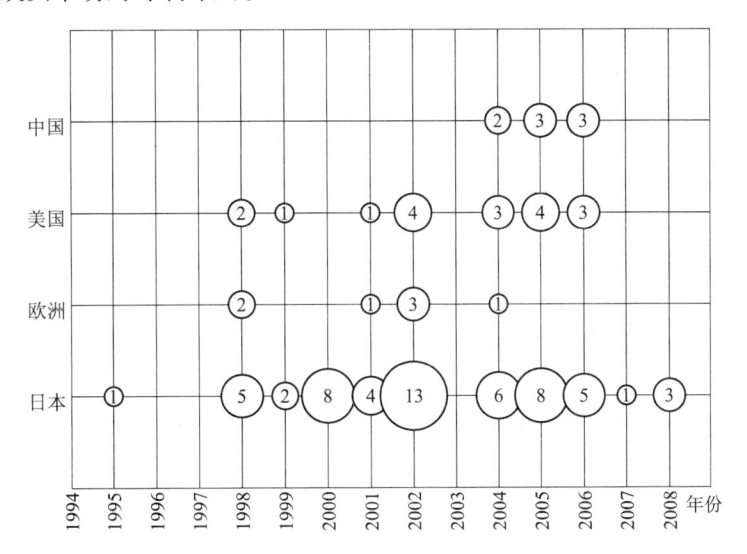

图 3-2-5 本田技研株式会社在各主要市场的专利申请分布

3.2.3.2 纳米太阳能公司

图 3-2-6 显示了纳米太阳能公司在各技术分支上历年专利申请的分布情况。纳米太阳能公司的申请大部分集中在吸收层，主要围绕吸收层的原料、制备工艺等进行

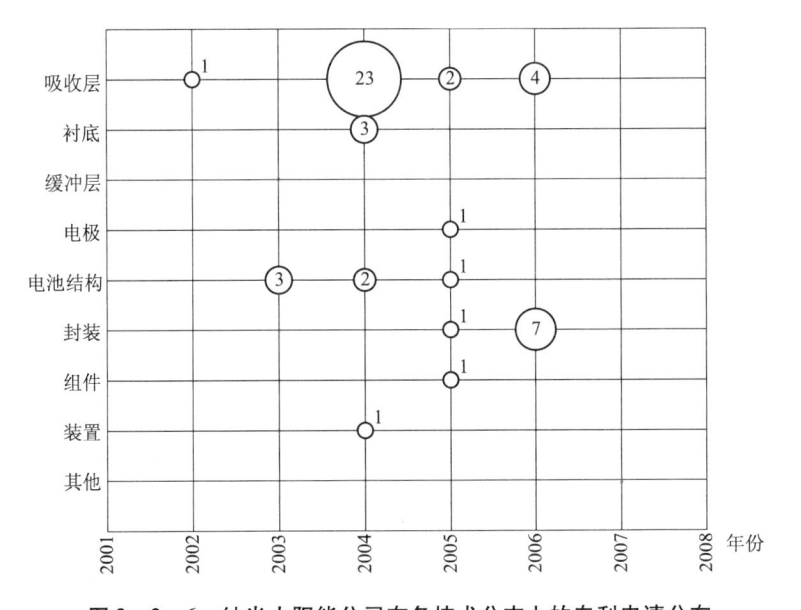

图 3-2-6 纳米太阳能公司在各技术分支上的专利申请分布

研发，所用的工艺为采用纳米颗粒原料制成墨水，通过丝网印刷或者其他溶液涂覆工艺进行涂覆，然后热处理形成 CIGS 薄膜。此外，纳米太阳能公司对电池结构和封装的研发也较为重视。

图 3-2-7 反映了纳米太阳能公司在各技术需求方面的专利申请分布状况。纳米太阳能公司在解决技术问题方面最关注的是降低成本和提高效率，这与该公司采用的非真空工艺路线（微粒沉积工艺）相对应。此外，纳米太阳能公司在提高可靠性和扩大用途方面的关注度也比较高，其中在扩大用途方面主要围绕柔性电池（如以铝箔为衬底）的生产进行研发。

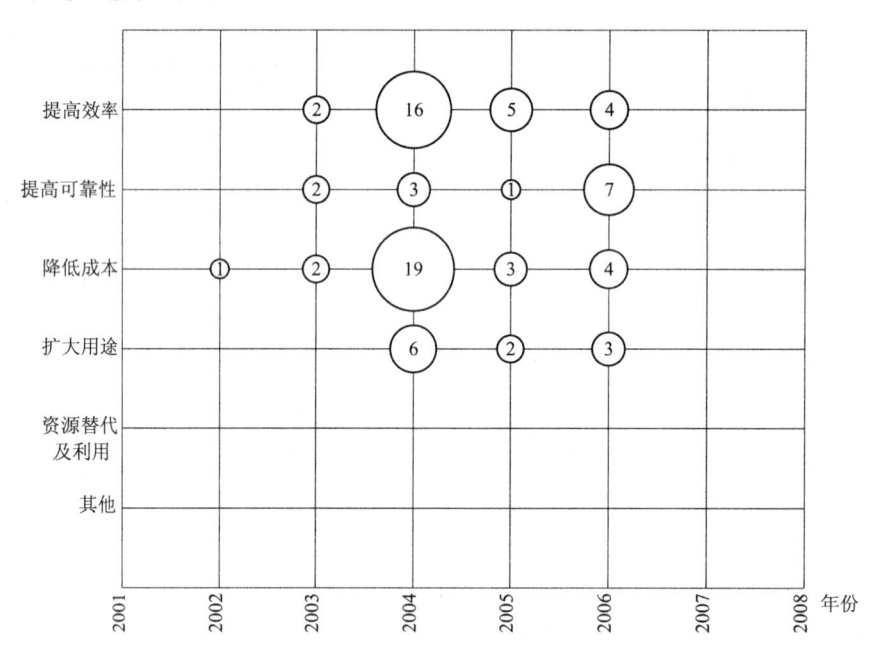

图 3-2-7 纳米太阳能公司在各技术需求方面的专利申请分布

图 3-2-8 反映了纳米太阳能公司在欧洲、日本、美国等主要市场以及在中国的专利申请分布状况。纳米太阳能公司从 2002 年开始在美国市场进行专利布局，2003 年开始在欧洲、日本和中国市场进行专利布局，但申请量都很少，布局力度小；2004 年在本国（美国）市场的专利布局力度显著加强，在欧洲、日本和中国市场的专利布局力度小幅增长；2005 年和 2006 年在美国、欧洲、日本和中国市场的专利布局基本保持齐头并进。

3.2.3.3 昭和砚壳石油株式会社

图 3-2-9 显示了昭和砚壳石油株式会社在各技术分支上历年专利申请的分布情况。昭和砚壳石油株式会社的申请涉及各技术分支，主要的研发方向是吸收层、电池结构、封装、组件和缓冲层，此外，一些申请涉及电池组件使用后的回收利用，从时间分布上看，2004 年以后保持了对封装的持续关注，2006 年以后对组件的研发明显加强。从吸收层的制备工艺来看，以溅射+后硒化工艺为主。缓冲层采用无镉的化合物，例如 Zn(O, OH, S)。

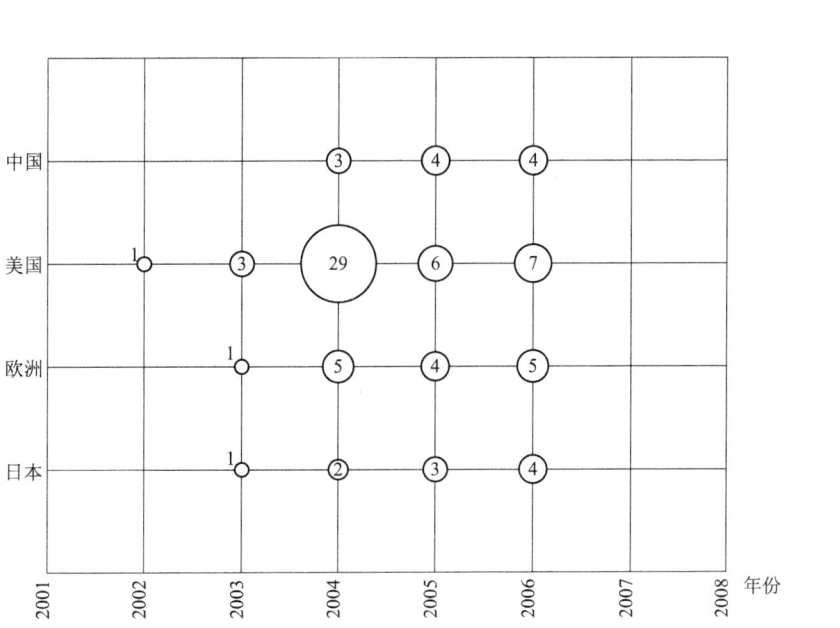

图 3-2-8 纳米太阳能公司在各主要市场的专利申请分布

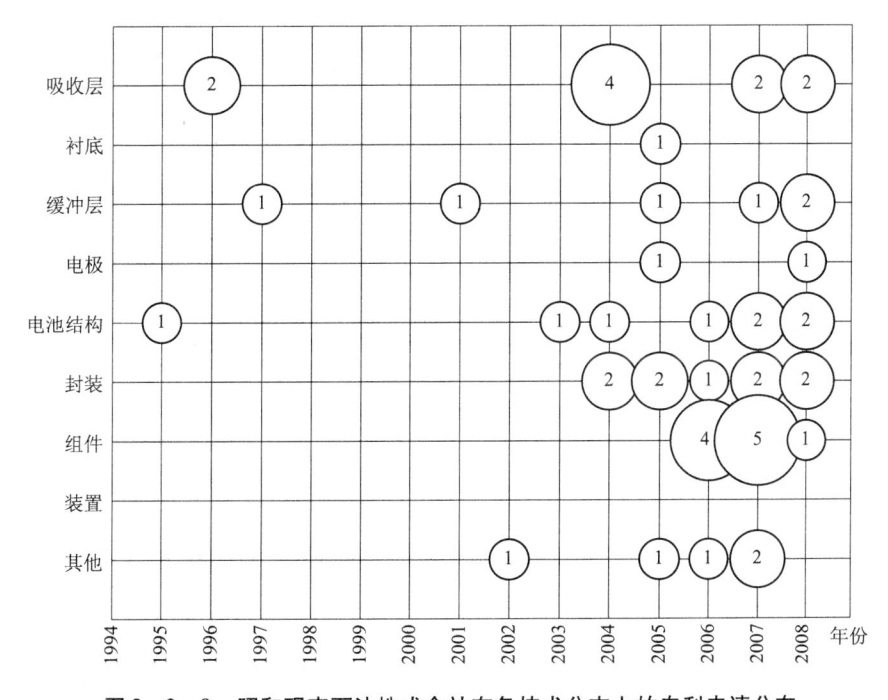

图 3-2-9 昭和砚壳石油株式会社在各技术分支上的专利申请分布

图 3-2-10 反映了昭和砚壳石油株式会社在各技术需求方面的专利申请分布状况。昭和砚壳石油株式会社在解决技术问题方面最关注的是提高效率和降低成本，近年来在提高可靠性方面的关注度明显加强。此外，与其他主要申请人相比，昭和砚壳石油株式会社在资源回收及利用方面的关注度明显较高，主要关注缓冲层的无镉化和

废旧电池组件的回收利用。

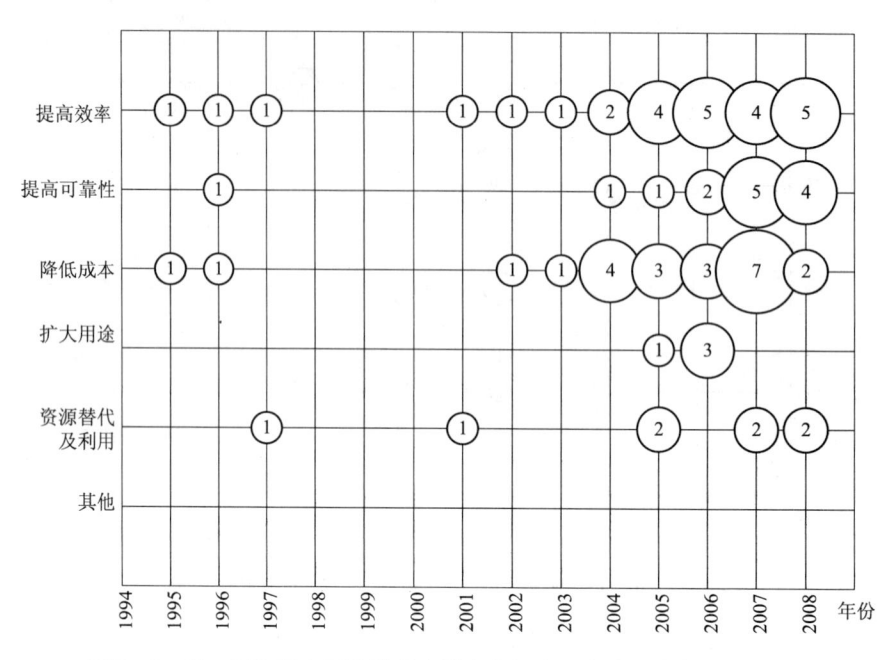

图 3-2-10　昭和砚壳石油株式会社在各技术需求方面的专利申请分布

图 3-2-11 反映了昭和砚壳石油株式会社在欧洲、日本、美国等主要市场以及在中国的专利申请分布状况。昭和砚壳石油株式会社从 1995 年开始在本国（日本）市场

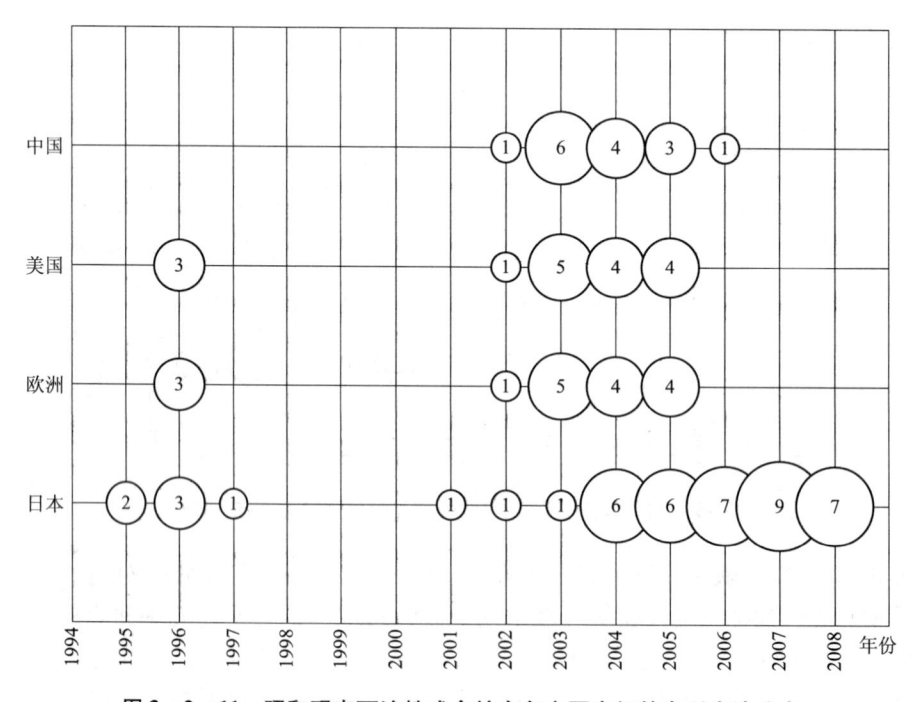

图 3-2-11　昭和砚壳石油株式会社在各主要市场的专利申请分布

进行专利布局，1996年开始同时在日本、美国和欧洲市场进行专利布局，但在1997年到2002年期间，除了1997年、2001年和2002年在日本市场有极少的专利申请外，其他年份没有申请，在1997年到2002年期间在美国、欧洲和中国市场都没有布局；2003年以后同时在中国、日本、美国和欧洲市场进行专利布局，并且从2004年开始布局力度明显加强，在日本市场的布局力度呈增长趋势。

3.2.3.4 索罗动力公司

图3-2-12显示了索罗动力公司在各技术分支上历年专利申请的分布情况。索罗动力公司的研发重点首先在于吸收层，其次是装置。关于吸收层的申请主要涉及制备工艺，大部分针对电镀接合热处理的工艺进行改进。装置方面主要围绕卷对卷连续制造装置进行研发，采用的沉积工艺以电镀为主，部分涉及溅射以及电镀-溅射混合工艺。2006年以后提高了对组件的关注度。

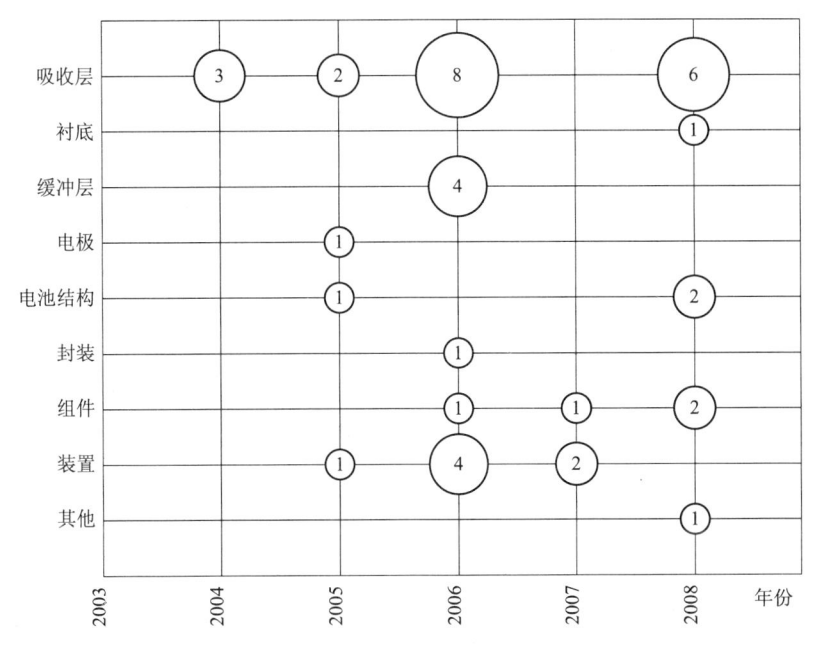

图3-2-12 索罗动力公司在各技术分支上的专利申请分布

图3-2-13反映了索罗动力公司在各技术需求方面的专利申请分布状况。索罗动力公司在解决技术问题方面最关注的是降低成本和提高效率，这与该公司采用非真空工艺路线（电镀结合热处理工艺）相对应。索罗动力公司在扩大用途方面的关注度也比较高，主要围绕卷对卷连续工艺制备柔性电池进行研发。

图3-2-14反映了索罗动力公司在欧洲、日本、美国等主要市场以及在中国的专利申请分布状况。索罗动力公司从2004年开始同时在中国、美国、欧洲和日本市场进行专利布局，2004和2005年在各市场的布局力度基本持平，2006年以后加强了在本国（美国）市场的专利布局，在中国、欧洲和日本市场的布局力度基本一致。

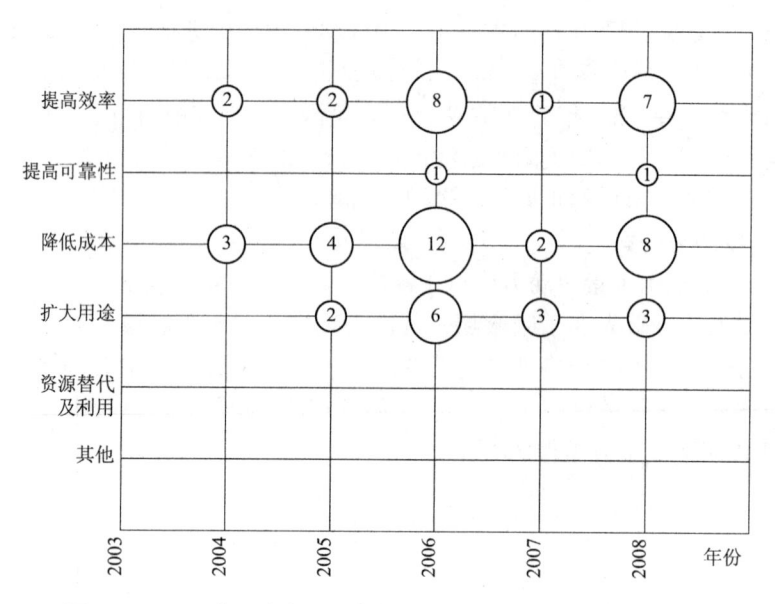

图 3-2-13 索罗动力公司在各技术需求方面的专利申请分布

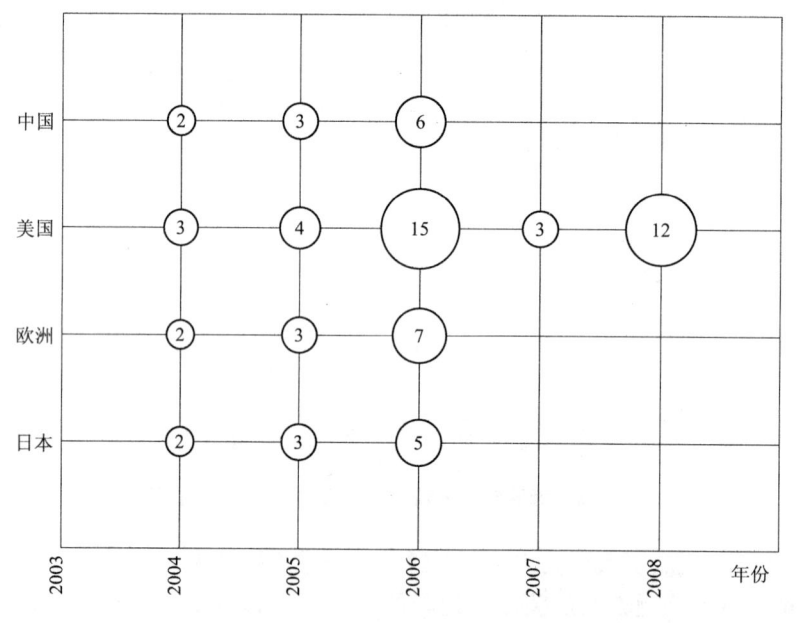

图 3-2-14 索罗动力公司在各主要市场的专利申请分布

3.2.4 研发团队分析

图 3-2-15 是各主要申请人的发明人总数及五项以上申请的发明人数量情况,图中右侧的柱表示发明人总数,左侧的柱表示五项以上申请的发明人数量。从图中可以看出本田技研株式会社的发明人总数达到 41 人,五项以上申请的发明人为 6 人,所占比例为 14.6%;纳米太阳能公司的发明人总数为 22 人,五项以上申请的发明人数量为

10人，所占比例为44.5%；昭和砚壳株式会社的发明人总数为37人，五项以上申请的发明人数量为8人，所占比例为21.6%；索罗动力公司的发明人总数为23人，五项以上申请的发明人数量为4人，所占比例为17.3%。上述数据表明，四个主要申请人中，本田技研株式会社和昭和砚壳株式会社作为先进入该领域的公司，前后参与的研发人员数量较多，但申请较为分散；纳米太阳能公司和索罗动力公司作为后进入的公司，研发团队规模稍小，其中纳米太阳能公司的申请较为集中，多个发明人的合作申请较多。

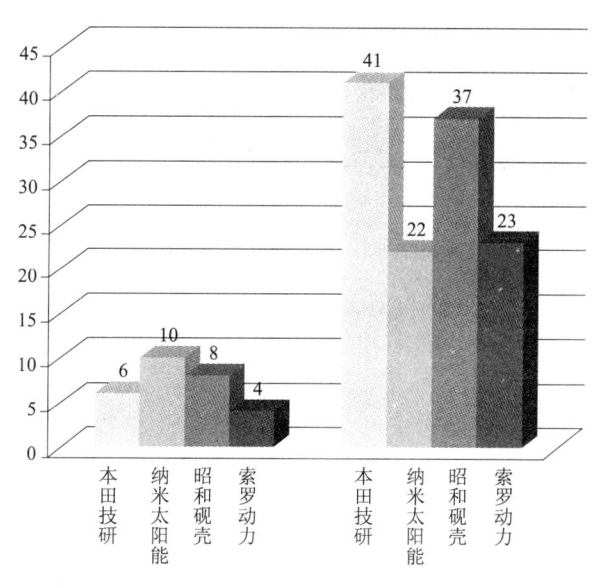

图3-2-15　各主要申请人的发明人总数及五项以上申请的发明人数量

表3-2-5　各主要申请人申请量在10项以上的发明人

本田技研株式会社		纳米太阳能公司		昭和砚壳株式会社		索罗动力公司	
申请人	申请量（项）	申请人	申请量（项）	申请人	申请量（项）	申请人	申请量（项）
米泽谕	19	ROBINSON M R	23	栉屋胜己	30	BASOL B M	36
青木诚志	14	ROSCHEISEN M R	22	田中艮明	10	BASOL B	18
久米志之	10	VAN DUREN J K J	21				
		SAGER B M	20				
		LEIDHOLM C R	19				

表3-2-5列出了各主要申请人申请量在10项以上的发明人，这些发明人是各主要申请人的主要研发人员，其中纳米太阳能公司的ROBINSON M R、ROSCHEISEN M R、VAN DUREN J K J和LEIDHOLM C R等人围绕Ⅰ-Ⅲ-Ⅵ族化合物薄膜太阳能电池还有部分个人申请；索罗动力公司的BASOL B M是该公司的研发核心人员，在加入该

公司之前曾在多家太阳能电池公司工作或进行合作研发，在I-III-VI族化合物薄膜太阳能电池方面拥有大量共同申请或个人申请的专利，值得重点关注。

3.3 II-VI族化合物薄膜太阳能电池

3.3.1 专利申请量排名

表3-3-1是1988~2008年期间的专利总量对申请人进行排名。表3-3-2是按向五局中两局以上申请专利的申请量对申请人进行的排名。

表3-3-1 II-VI族化合物薄膜太阳能电池总申请量排名

排名	申请人	国籍	数量（项）
1	松下电器（MATSUSHITA）	日本（JP）	202
2	佳能株式会社（CANON）	日本（JP）	171
3	第一太阳能（FIRST SOLAR）	美国（US）	47
4	MIDWEST RES INST	美国（US）	24
5	杜邦（DU PONT）	日本（JP）	23
6	三菱集团（MITSUBISHI）	日本（JP）	20
7	钟渊（KANEKA）	日本（JP）	18
8	住友集团（SUMITOMO）	美国（US）	17
8	应用材料（APPLIED MATERIALS）	美国（US）	17
10	三洋电机株式会社（SANYO）	日本（JP）	15

表3-3-2 II-VI族化合物薄膜太阳能电池的多边专利申请量排名

排名	申请人	国籍	数量（项）
1	佳能株式会社（CANON）	日本（JP）	85
2	第一太阳能（FIRST SOLAR）	美国（US）	24
3	松下电器（MATSUSHITA）	日本（JP）	12
4	应用材料（APPLIED MATERIALS）	美国（US）	11
5	英国石油（BRITISH PETROLEUM）	英国（UK）	9

由表3-3-1可以看出，申请量排名前十的主要申请人中，仅有MIDWEST RES INST为美国的科研机构，其他均为公司申请人，其中，日本和美国公司各占6家和3家。这说明美国和日本是II-VI薄膜化合物电池研发的先进国家和地区。虽然欧洲是

全球最大光伏市场，但目前并无欧洲的申请人的申请量排名进入前十。

在申请量方面，松下和佳能分别以202项和171项申请排名第一和第二，但是松下和佳能并没有Ⅱ–Ⅵ族化合物薄膜太阳能电池的生产线，近期也没有投资建设生产线的计划。其中，佳能的171项申请均是1988~2005年之间申请的，且申请主要集中在封装、组件等方面，主要涉及硅基薄膜太阳能电池，这些申请涉及的技术与Ⅱ–Ⅵ族薄膜太阳能电池在技术上具有通用性，但可以确定佳能并未涉及Ⅱ–Ⅵ族化合物薄膜太阳能电池的研发与生产。松下的申请主要集中在1988~2000年之间，虽然松下也没有Ⅱ–Ⅵ族化合物薄膜太阳能电池的生产线，但其就Ⅱ–Ⅵ族化合物薄膜太阳能电池的吸收层和电池结构等方面进行较多针对性的申请；该公司2000年之后仅有10项申请，主要涉及具有通用性的组件方面。

在申请量前十中仅有第一太阳能（成立于1999年，其前身为Solar Cells）目前拥有Ⅱ–Ⅵ族化合物薄膜太阳能电池（CdTe电池）的生产线，以47项申请排名第三，其申请集中在近十年，主要涉及吸收层、设备及电池结构等方面，属于Ⅱ–Ⅵ族（CdTe）化合物薄膜太阳能电池的后起之秀。作为申请量进入前十的唯一科研机构，MIDWEST RES INST（NERL以该申请人为名进行申请）以24项申请排名第四，其申请主要集中在电极、吸收层和电池结构等方面，并在2001年报道了目前全球最高效率为16.5%的CdTe薄膜太阳能电池。此外，总申请量排名第五的杜邦，其专利申请主要涉及封装方面，尤其是封装材料，具有通用性。而其他申请量排名前十的公司申请人，如三菱、钟渊、住友、应用材料、三洋，主要涉及电极、组件等具有通用性的方面的申请，且均无生产线。

此外，同样已拥有CdTe薄膜太阳能电池生产线的ANTEC公司（德国籍，Q-Cells子公司）仅以8件申请排名总申请量的第25位。国内无申请人进入前十。

从代表专利价值的多边专利申请量来看，佳能、第一太阳能和松下排名前三，其中松下的申请量仅占其总申请的1/10不到，说明松下更关注国内的专利申请与布局，在总申请量上以"数量"取胜，而佳能和第一太阳能有一半左右的申请为多边专利申请，由此可见佳能和第一太阳能更重视专利的"质量"。此外，英国石油在20世纪90年代初有涉及Ⅱ–Ⅵ族化合物薄膜太阳能电池吸收层的申请，但在关闭了其生产线之后，其后的申请（2000年及以后）主要集中在组件及封装方面。

综合考虑申请总量、市场优势及技术优势，选择第一太阳能、松下和MIDWEST RES INST作为Ⅱ–Ⅵ族化合物薄膜太阳能电池的主要申请人进行进一步的分析。

3.3.2　技术规划策略及专利布局分析

3.3.2.1　第一太阳能

图3-3-1为第一太阳能在各技术分支上历年专利申请的分布情况。第一太阳能的相关申请始于1992年，由第一太阳能的前身Solar Cells公司申请，涉及吸收层CdTe的气相沉积及沉积系统；之后的申请除涉及衬底、电极、组件和封装外，主要集中在吸收层、电池结构和设备方面。其中，吸收层的制备工艺以气相沉积为主（近空间升华法）。在电池结构方面主要涉及层结构的改进以提高电池效率。在设备方面，主要涉

及气相沉积装置以及衬底处理装置等方面。

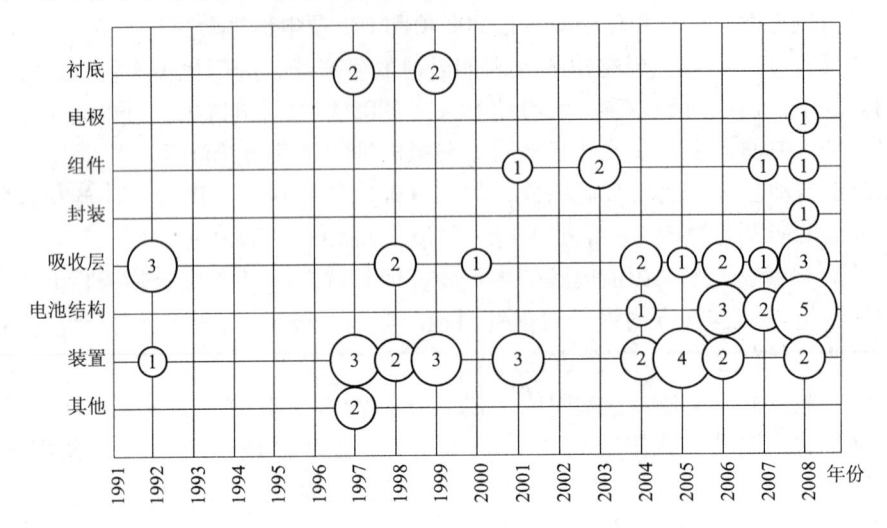

图 3-3-1　第一太阳能在各技术分支上的专利申请分布

图 3-3-2 反映了第一太阳能在各技术需求方面的专利申请分布状况。第一太阳能在解决技术问题上主要集中在降低成本和提高效率上，尤其是近些年对提高效率的关注度的提高，这也与该公司的实际生产经营情况吻合（根据第一太阳能的年报，其生产的组件成本逐年下降，效率逐渐提高）。此外，2006～2008 年之间，第一太阳能对提高效率方面的关注度呈上升趋势，主要涉及从电池结构、吸收层等方面提高效率。而在资源回收利用方面，仅在 1997 年有两件专利申请。

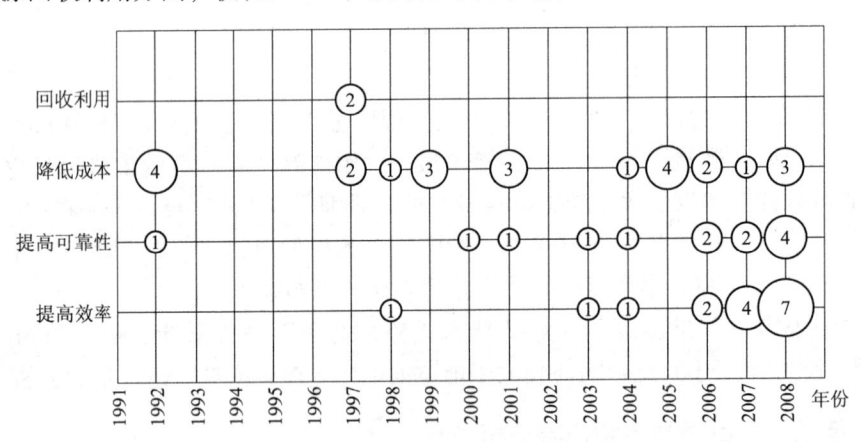

图 3-3-2　第一太阳能在各技术需求方面的专利申请分布

图 3-3-3 是第一太阳能在美国、欧洲等主要市场以及在中国、日本的专利申请分布情况，其中 1992 年的申请是第一太阳能的前身 Solar Cells 申请的。第一太阳能的申请以美国为主，47 件申请中有 46 件进行美国国内申请，有 23 件进行欧洲申请，而在中国和日本的申请量较少。在美国和欧洲的专利申请量明显多于在其他国家和地区的数量，但在 2007 年以后在中国的申请量明显增加。

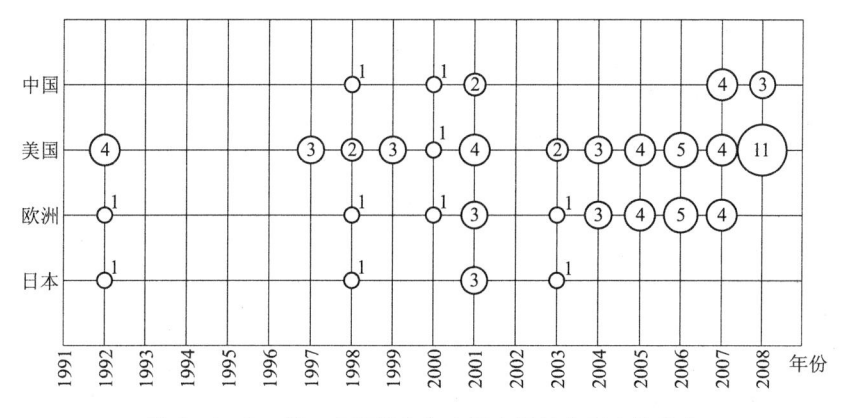

图 3-3-3 第一太阳能在各主要市场的专利申请分布

3.3.2.2 松　下

图 3-3-4 为松下在各技术分支上历年专利申请的分布情况。松下的专利申请时间主要集中在 1990~2000 年，2000 年后的申请只占其总申请量的 10.4%，可见松下在 2000 年之后对 Ⅱ-Ⅵ 族化合物薄膜太阳能电池的关注程度呈下降趋势。松下的申请主要集中电池结构、吸收层和组件三大技术分支，三者的申请量占其总申请量的 3/4 以上，在衬底、电极、封装和设备方面则有零星分布。其中，电池结构方面的申请量占了其总申请量的 2/5 以上，主要涉及窗口层材料与制备，以及电池层结构的改进。

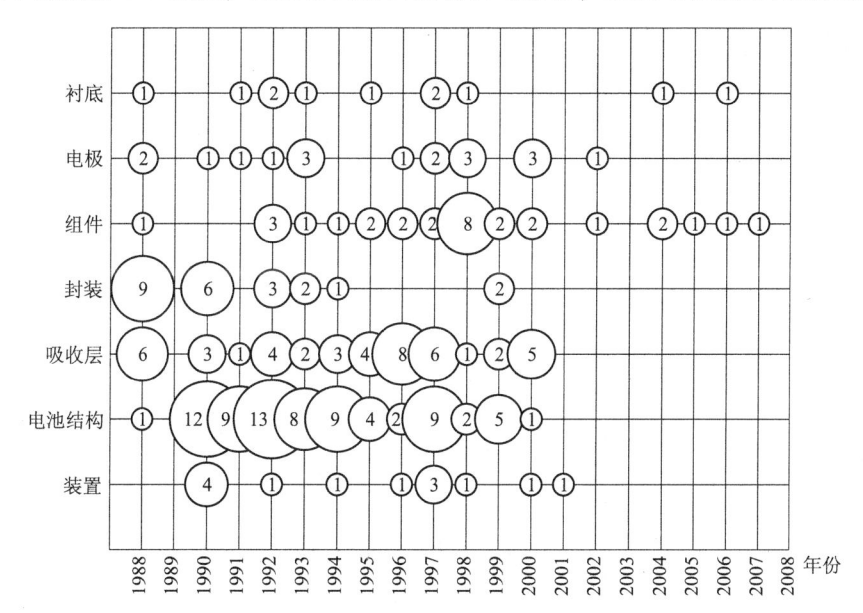

图 3-3-4 松下在各技术分支上的专利申请分布

图 3-3-5 反映了松下在各技术需求方面的专利申请分布情况。在 1988~2000 年期间，松下在解决技术问题上最关注的是提高效率，尤其是通过改进电池结构和吸收层等方面来提高效率，同时在降低成本与提高可靠性方面也给予相当高的关注度，但在 2000 年以后在三大技术需求上的关注程度均有所下降。

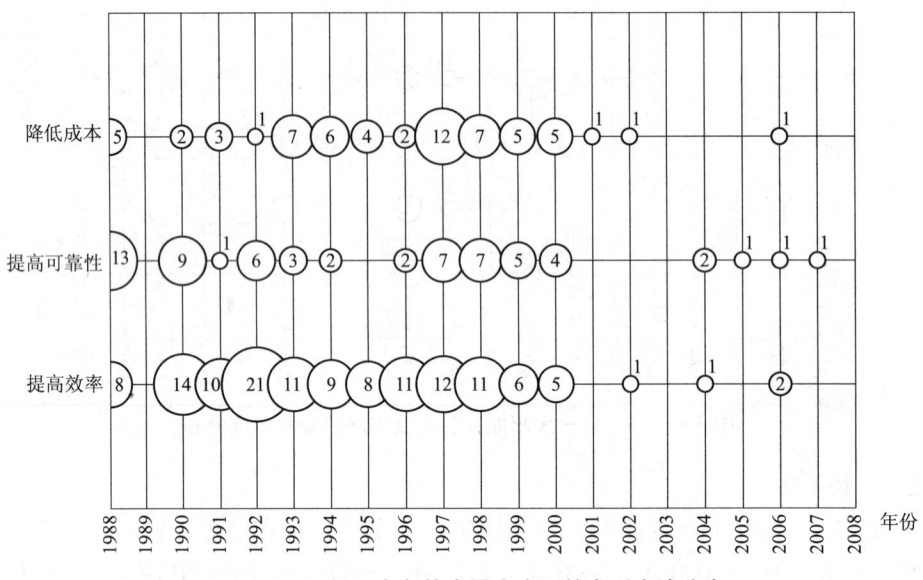

图 3-3-5 松下在各技术需求方面的专利申请分布

图 3-3-6 是松下在各主要市场的专利申请分布情况。由图可知，1988~2000 年之间松下的专利申请主要集中在日本，在美国、欧洲和韩国，只有零星分布，在中国无专利申请，这表明松下非常重视本国市场的专利布局，不重视其他光伏市场的专利布局。2000 年之后，松下在各个主要市场的专利申请均明显减少。

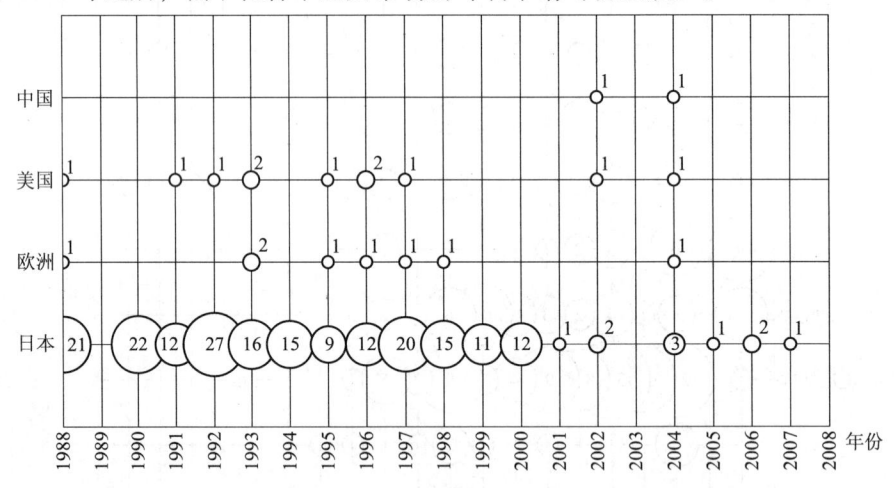

图 3-3-6 松下在各主要市场的专利申请分布

3.3.2.3 MIDWEST RES INST

图 3-3-7 是 MIDWEST RES INST 在各技术分支上历年专利申请的分布情况。可以看出，MIDWEST RES INST 的专利申请总量并不多，在 2001 年前，其专利申请主要涉及电极、吸收层和电池结构方面；在 2001 年获得效率最高的 CdTe 电池（通过改进电极获得的电池效率为 16.5%）后，仅有 5 项申请，以电极方面为主。在封装方面有零星分布。

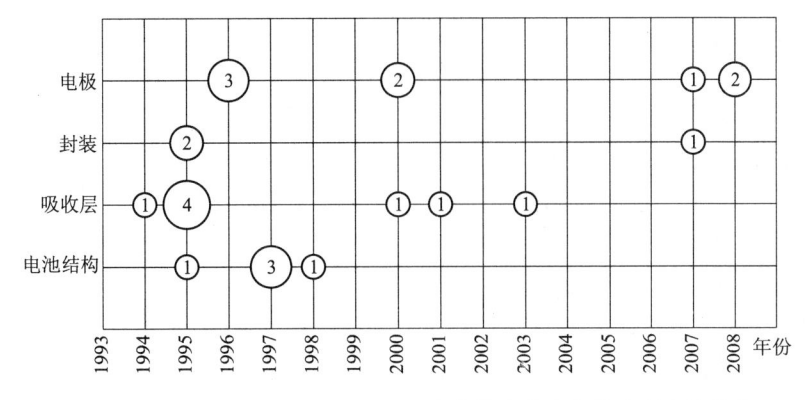

图 3-3-7　MIDWEST RES INST 在各技术分支上的专利申请分布

图 3-3-8 反映了 MIDWEST RES INST 在各技术需求方面的专利申请分布情况。MIDWEST RES INST 在解决技术问题上最关注的是提高效率,尤其是通过改进电极来提高电池的效率,同时在降低成本与提高可靠性方面也比较关注。

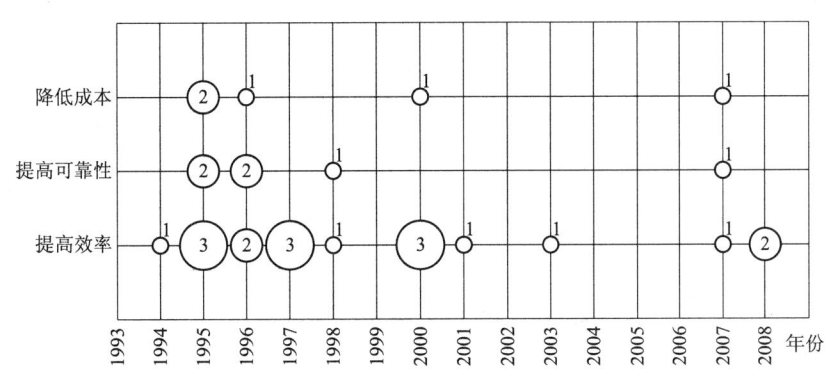

图 3-3-8　MIDWEST RES INST 在各技术需求方面的专利申请分布

图 3-3-9 是 MIDWEST RES INST 在各主要市场的专利申请分布情况。可以看出,MIDWEST RES INST 主要关注本国市场的专利布局,不重视其他光伏市场的专利布局,仅在日本和欧洲有少量申请分布,在中国没有专利申请分布,这有可能与其科研机构的性质有关,对产业化的关注度不高。

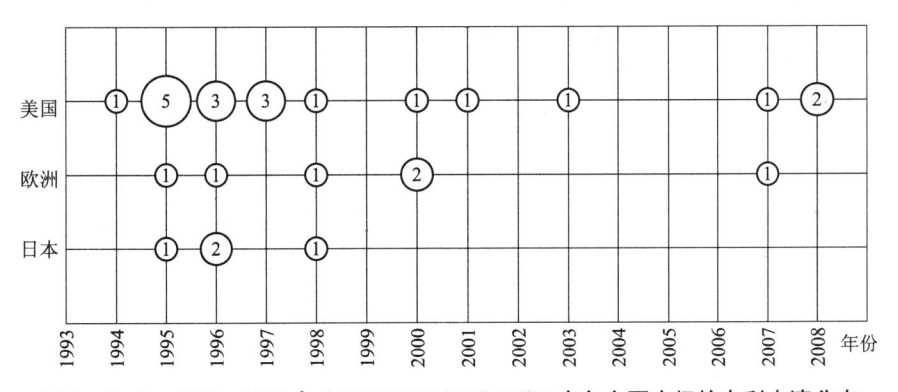

图 3-3-9　1993~2008 年 MIDWEST RES INST 在各主要市场的专利申请分布

3.3.3 研发团队分析

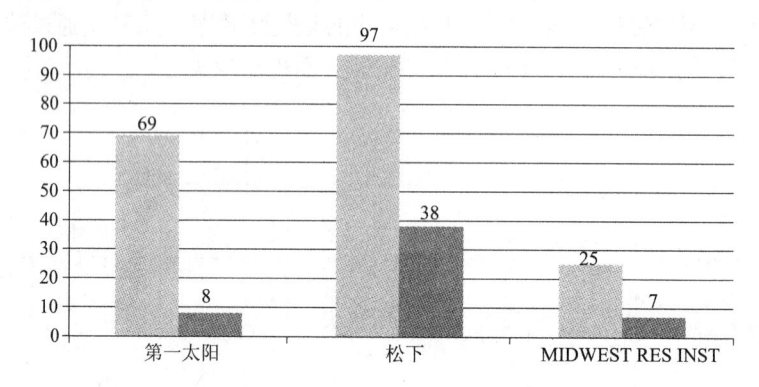

图3-3-10是各主要申请人的发明人总数及四项以上申请的发明人数量情况，图中左侧柱表示发明人总数，左侧柱表示四项以上申请的发明人数量。从图中可以看出，第一太阳能的发明人总数为69人，四项以上申请的发明人为8人，所占比例为11.6%；松下的发明人总数为97人，四项以上申请的发明人为38人，所占比例为39.2%；MIDWEST RESINST的发明人总数达到25人，四项以上申请的发明人为7人，所占比例为28%。上述数据表明，三个主要申请人中，松下作为该领域研发历史最悠久的公司，参与的研发人员数量较多，且多个发明人的合作申请较多；虽然第一太阳能是后进入的公司，但其研发团队规模也不小，但申请较为分散；而MIDWEST RES INST在该领域中的研发团队规模较小。

图3-3-10　各主要申请人的发明人总数及四项以上申请的发明人数量

3.4　染料敏化薄膜太阳能电池

3.4.1　申请人类型分析

图3-4-1是染料敏化薄膜太阳能电池各申请人类型相对于总量的比例分布。由图3-4-1可以看出，在染料敏化薄膜太阳能电池领域，公司是专利申请的主体，占全部专利申请的近75%，接下来依次为合作申请、大学和研究机构，个人仅占极低的申请比例。

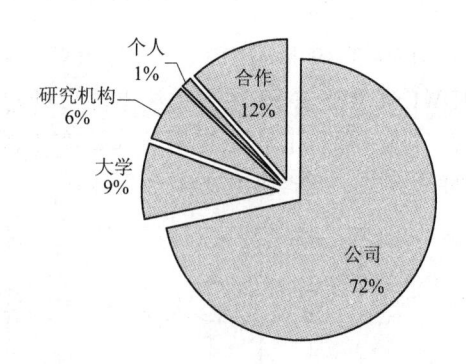

图3-4-1　染料敏化薄膜太阳能电池各申请人类型相对于总量的比例分布

3.4.2　专利申请量排名

表3-4-1中列出了染料敏化薄膜太阳能电池申请量排名前10位的主要申请人。

表 3－4－1　染料敏化薄膜太阳能电池申请量排名

排名	申请人	国籍	申请量
1	富士胶片株式会社（FUJI）	日本（JP）	105
2	三菱集团（MITSUBISHI）	日本（JP）	91
3	科尼卡公司（KONICA）	日本（JP）	89
4	株式会社藤仓（FUJIKURA）	日本（JP）	88
5	三星集团（SAMSUNG）	韩国（KR）	76
6	夏普株式会社（SHARP）	日本（JP）	69
7	索尼公司（SONY）	日本（JP）	58
8	Dokuritsu 公司	日本（JP）	54
9	电子通信技术研究院	韩国（KR）	49
10	大日本印刷株式会社（DaiNippon）	日本（JP）	47

由表 3－4－1 可见，在染料敏化薄膜太阳能电池领域专利申请方面，日本占据绝对优势，申请量排名的前十位中日本企业占据了 8 席。出现这种情况的原因，一方面是日本国内能源资源匮乏，对可再生能源存在巨大需求，国家也出台激励政策鼓励开发太阳能；另一方面与日本企业在知识产权保护方面采取的手段有关。此外，日本企业在电子领域的技术领先优势也为其在薄膜太阳能电池方面的研发提供了巨大的帮助。

根据申请量的排名状况，选定富士胶片株式会社、株式会社藤仓、三星集团和夏普株式会社作为重点申请人进行分析，需要注意的是，株式会社藤仓、三星集团和夏普株式会社在申请量排名上仅为第四至第六，但排名第二和第三的三菱集团与柯尼卡公司的几乎所有专利都是日本国内申请，考虑到对于价值较高的申请一般会在多个地区进行申请，因此并未将这两家公司列为主要申请人。另外，根据企业在业界内的地位和专家的推荐，还选择了美国的科纳卡（Konarka）公司作为重点申请人进行分析。

3.4.3　技术规划策略及专利布局分析

3.4.3.1　富士胶片株式会社

由图 3－4－2 可以看出，富士胶片株式会社的专利申请绝大部分在 2002 年之前，2003 年至今的专利申请数量极低，意味着富士胶片会社在染料敏化薄膜太阳能电池领域的研发工作目前已近乎终止。在目前已经申请的专利中，富士胶片株式会社的专利申请涵盖范围较为广泛，除封装技术分支没有涉及外，其专利覆盖了染料敏化薄膜太阳能电池的各个技术分支，并主要集中于电解质、染料和光阳极技术分支，其中尤其在染料技术分支的专利申请量最大，这显然与富士胶片株式会社在感光材料领域的雄厚研发基础有关。

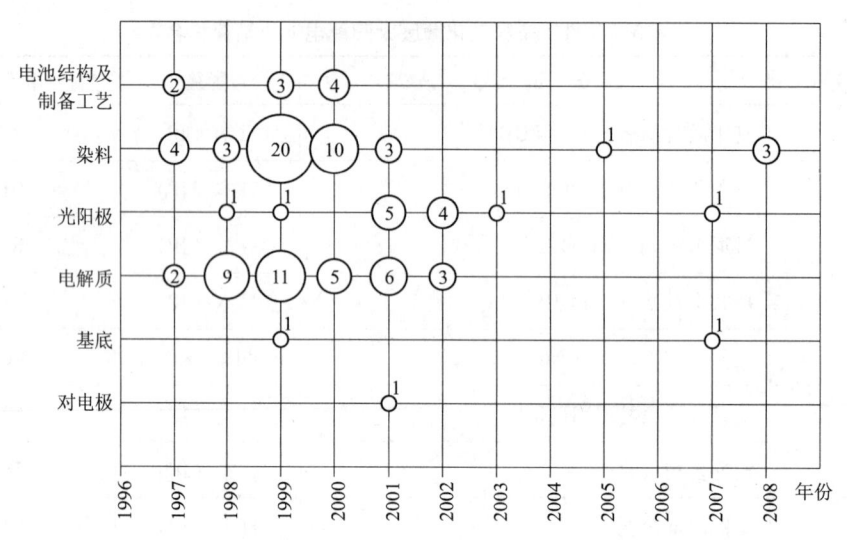

图 3-4-2 富士胶片株式会社在各技术分支上的专利申请分布

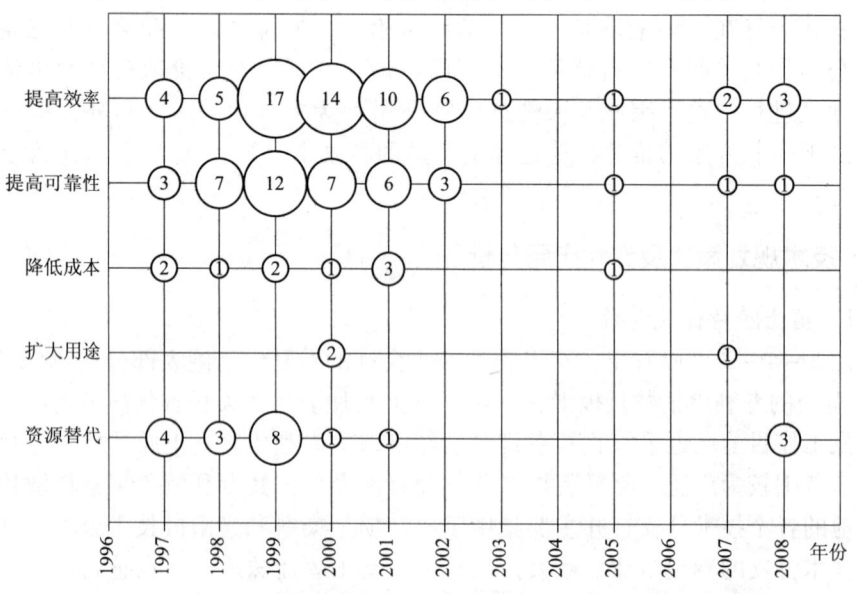

图 3-4-3 反映了富士胶片株式会社在各技术需求方面的专利申请分布情况，由此图可以看出，在技术功效方面，富士胶片株式会社的研发人员着重于提高效率和可靠性两个方面，在资源替代方面也有适度关注，但在降低成本和扩大用途方面富士胶片株式会社的研发关注程度相当低。考虑到富士胶片株式会社在降低成本和扩大用途两方面的关注程度较低，而这两方面的技术要求与薄膜太阳能电池的产业化和实用化息息相关，同时，结合前文中对富士胶片株式会社在各技术分支的专利申请分布的分析，富士胶片株式会社在电池制备工艺和电池结构以及封装方面的专利申请数量偏低，将这两方面的分析结果结合考虑，可以认为，富士胶片株式会社并未致力于染料敏化薄膜太阳能电池的产业化和实用化，近年来的研发工作也已不再活跃。

图 3-4-3 富士胶片株式会社在各技术需求方面的专利申请分布

图3-4-4显示了富士胶片株式会社在欧洲、日本、美国等主要市场的专利申请分布情况。值得注意的是，富士胶片株式会社的专利布局以国内为主，绝大部分专利均在日本国内申请，在欧洲的申请量次之，在美国的申请量最低，而富士胶片株式会社在中国和韩国均没有染料敏化薄膜太阳能电池领域的专利申请，这也从另一个侧面印证了上文中关于富士胶片株式会社并未致力于染料敏化薄膜太阳能电池产业化的观点。

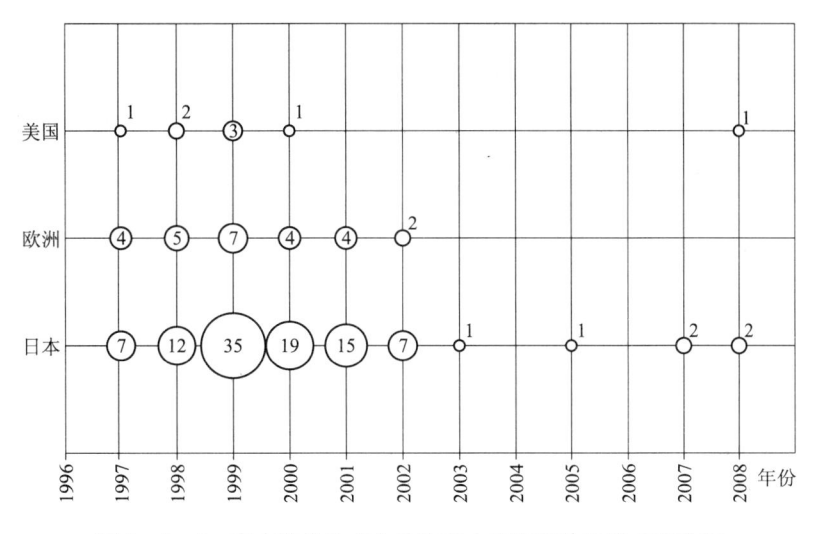

图3-4-4 富士胶片株式会社在各主要市场的专利申请分布

3.4.3.2 株式会社藤仓

图3-4-5显示了株式会社藤仓在各个技术分支上的历年专利申请的分布情况。可以看出，株式会社藤仓的专利申请由2001年开始，并持续至今，在染料敏化薄膜太阳能电池各个技术分支中，株式会社藤仓在染料这一核心技术分支没有专利申请，在光阳极和电解质技术分支的申请量也相对较小，相反，株式会社藤仓的专利申请最为

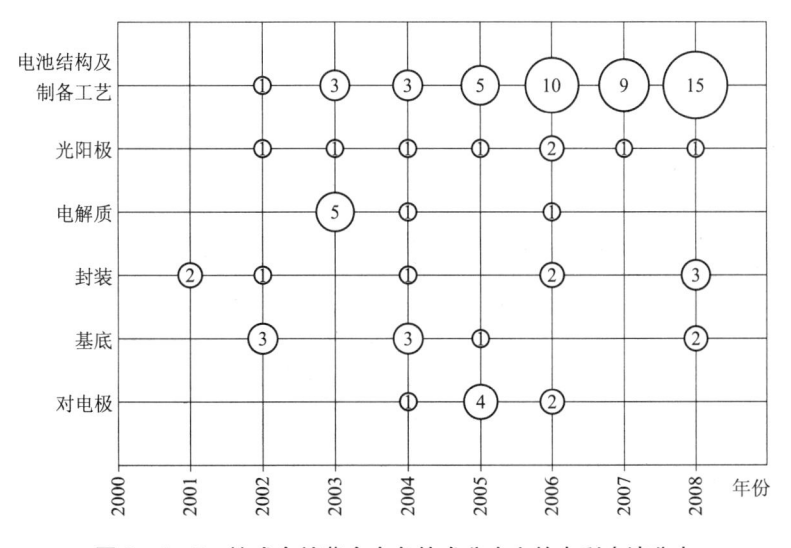

图3-4-5 株式会社藤仓在各技术分支上的专利申请分布

集中的领域是电池结构及制备工艺领域。据此可以看出，株式会社藤仓的研发工作偏重于染料敏化薄膜太阳能电池的实际生产和应用方面。

图3-4-6显示了株式会社藤仓在各技术需求方面的专利申请分布情况。可以看出，提高效率与提高可靠性仍然是株式会社藤仓研发工作的主要目标，此外，在降低成本、扩大用途和资源替代方面也有所涉及。

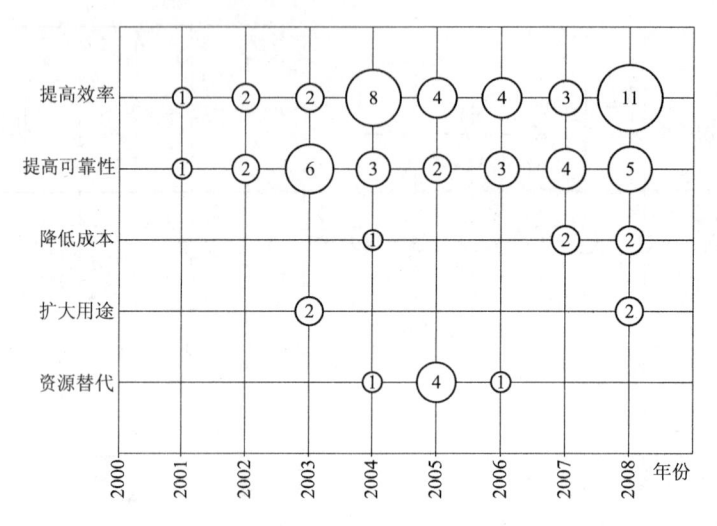

图3-4-6　株式会社藤仓在各技术需求方面的专利申请分布

图3-4-7显示了株式会社藤仓在欧洲、日本、美国等主要市场和中国、韩国的专利分布情况。可以看出，株式会社藤仓的专利布局遍及世界主要市场，在美、欧、韩和中国均申请了一定数量的专利。其专利布局仍以国内为主，国外专利布局力度较国内专利布局力度小。而在国外专利布局方面，株式会社藤仓在美、欧、韩和中国的专利申请情况相差无几，分布非常平均，这说明株式会社藤仓对本土之外的各个主要国际市场都存在着持续的关注。

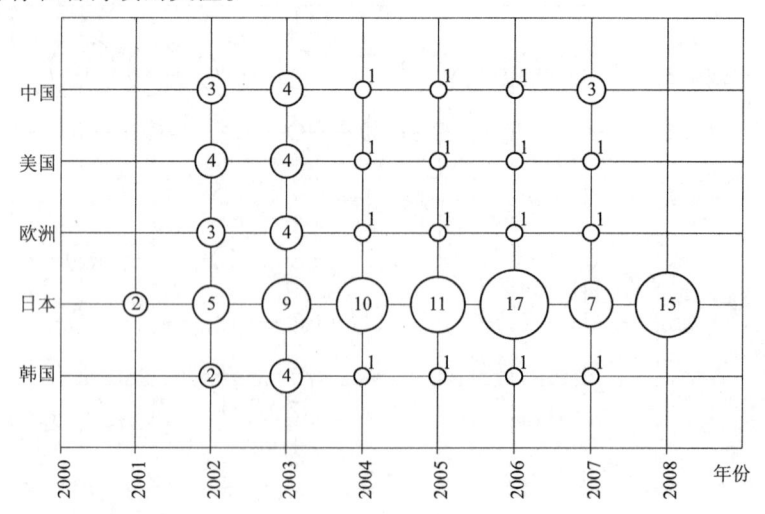

图3-4-7　株式会社藤仓在各主要市场的专利申请分布

3.4.3.3 夏普株式会社

图 3-4-8 显示了夏普株式会社在各个技术分支上的历年专利申请的分布情况。可以看出,夏普株式会社在染料敏化薄膜太阳能电池领域的专利申请由 1997 年开始,并持续至今,在染料敏化薄膜太阳能电池各个技术分支中,夏普株式会社并未涉及基底和对电极两个领域,在光阳极和封装两个领域也涉猎极少,其专利申请主要集中于电池结构与制备工艺、染料和电解质领域,特别是在电池结构与制备工艺领域,夏普株式会社保持了持续的关注和连续的申请。

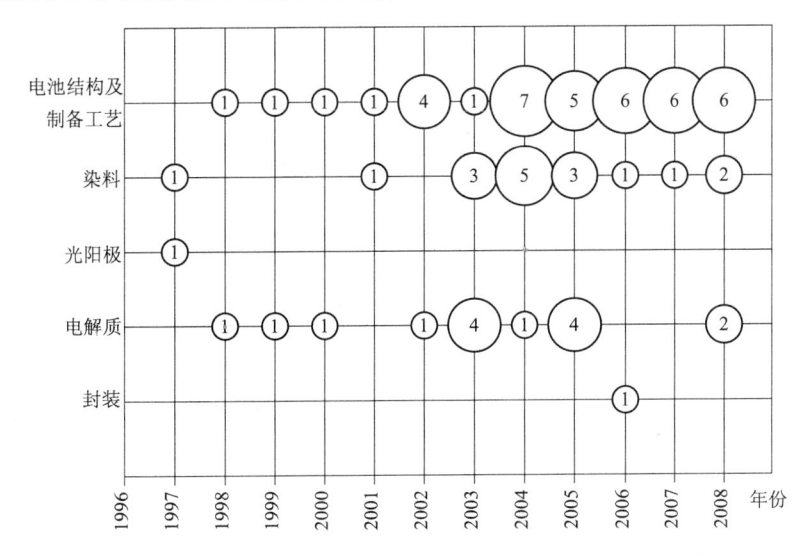

图 3-4-8 夏普株式会社在各技术分支上的专利申请分布

图 3-4-9 显示了夏普株式会社在各技术需求方面的专利申请分布状况。由此可见,夏普株式会社最关注的同样在于提高效率,其次关注的是可靠性的提高,再次在

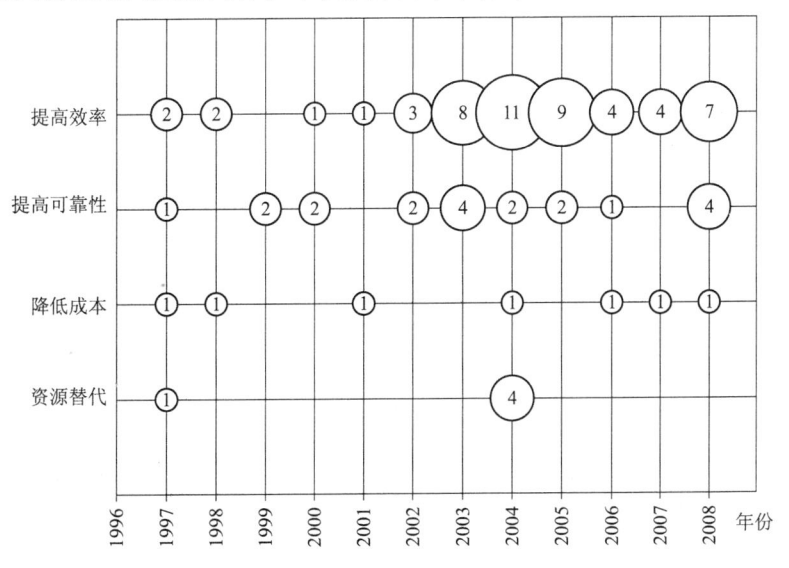

图 3-4-9 夏普株式会社在各技术需求方面的专利申请分布

降低成本方面也颇为关注，可以反应夏普株式会社在推动染料敏化电池产业化方面有所动作。另外，夏普株式会社对于资源替代方面也有所涉及。

图 3-4-10 显示了夏普株式会社在各主要市场的专利申请分布。可以看出，夏普株式会社的专利布局以日本本国申请为主，在韩国夏普株式会社没有申请专利，在中国的申请量也很低，其在国外的专利布局以美国和欧洲为主，其中美国的申请量又大大高于在欧洲的申请量，因此，除日本国内外，夏普株式会社最重视其在美国的专利布局。

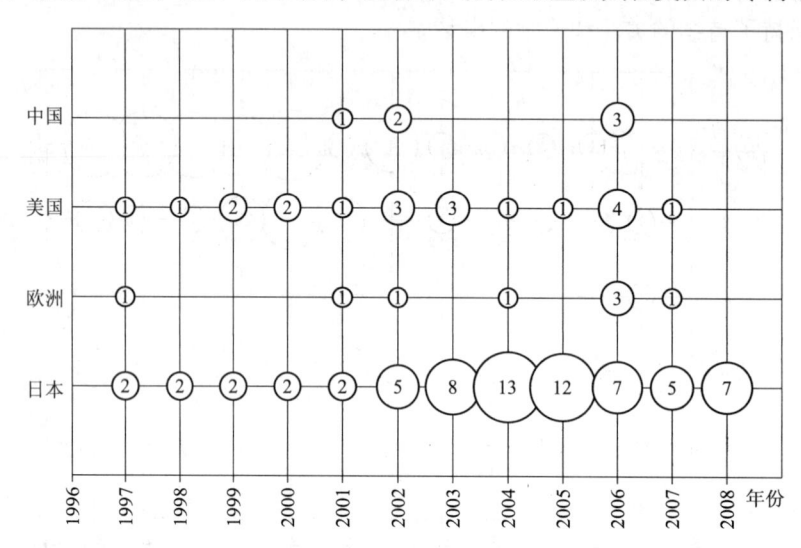

图 3-4-10　夏普株式会社在各主要市场的专利申请分布

3.4.3.4　科纳卡（Konarka）公司

图 3-4-11 显示了科纳卡（Konarka）公司在染料敏化薄膜太阳能电池各技术分支上的专利申请分布情况。可以看出，科纳卡公司的专利申请在 2002 年集中出现，并从 2002 年开始持续进行申请。

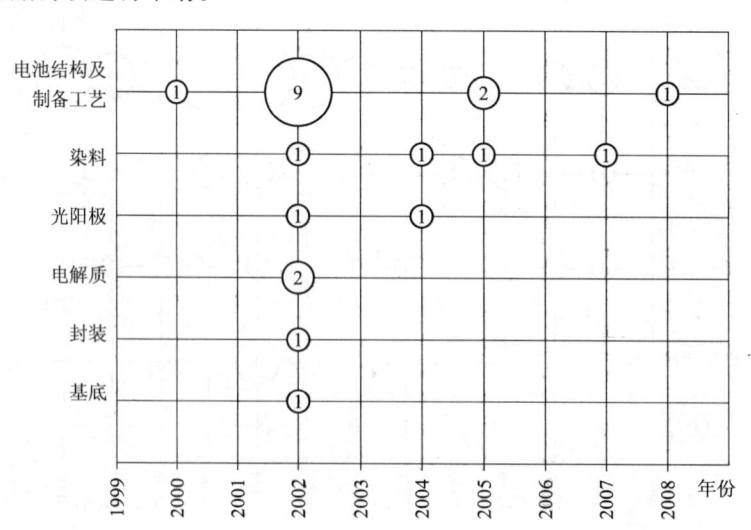

图 3-4-11　科纳卡公司在各技术分支上的专利申请分布

图 3-4-12 显示了科纳卡公司在各技术需求方面的专利申请分布情况,可以看出,提高效率和扩大用途是科纳卡公司关注的焦点。此外,在降低成本和提高可靠性方面也有涉及。

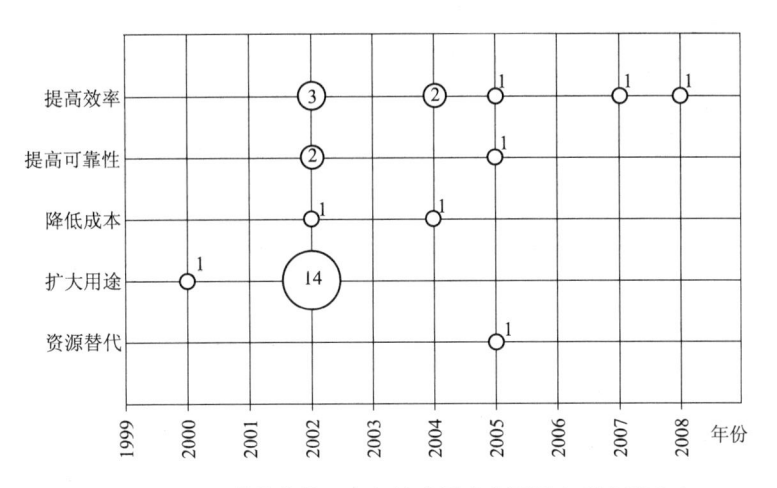

图 3-4-12　科纳卡公司在各技术需求方面的专利申请分布

图 3-4-13 显示了科纳卡公司在美、日、韩等主要市场和中国的专利申请布局情况。总体而言,科纳卡公司在上述五个国家或地区均有专利申请。其专利布局中,以美国国内为主,其次是欧洲与日本,在中国和韩国的申请量相对偏低。

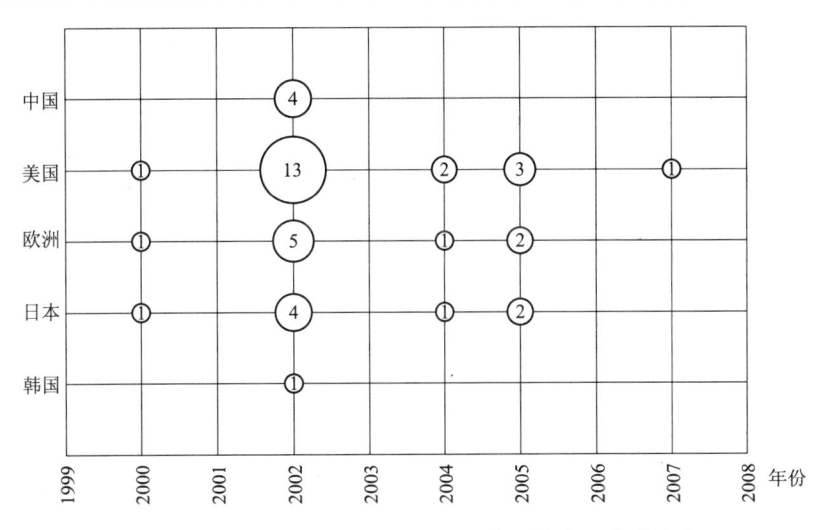

图 3-4-13　科纳卡公司在各主要市场的专利申请分布

3.4.3.5　三星集团

由图 3-4-14 可以看出,三星集团的专利申请由 2003 年开始,并持续至今,2005 年是三星集团申请专利的高峰。在各个技术分支中,三星集团在除封装之外的其余技术分支均申请了专利,其中,在电池结构及制备工艺方面的专利申请量最大,其次为光阳极与染料。在电解质与对电极方面,三星集团也有持续的申请。从专利申请的情况来看，三星集团具备独立全线生产染料敏化薄膜太阳能电池的能力，并且其在制备工艺方面付出很大努力，表明三星集团在染料敏化薄膜太阳能电池产业化方面具有一定的实力。

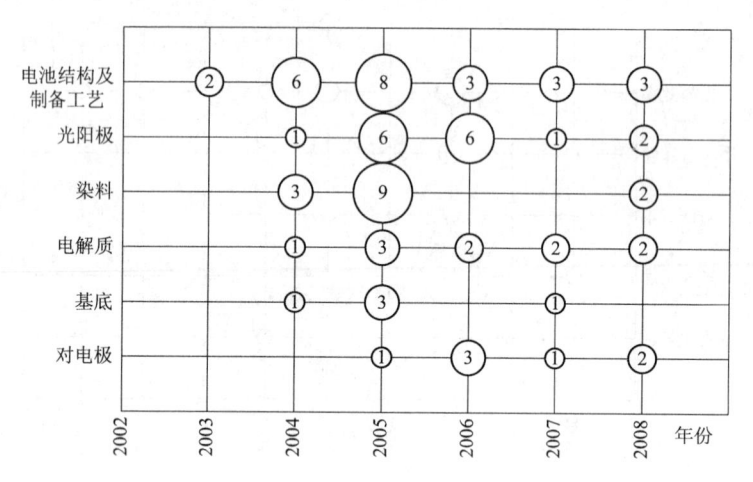

图3-4-14 三星集团在各技术分支上的专利申请分布

图3-4-15显示了三星集团在各技术需求方面的专利申请分布情况，可以看出，三星集团最为关注的技术需求是提高效率，在可靠性、降低成本等方面也有涉及，且关注程度彼此比较接近。

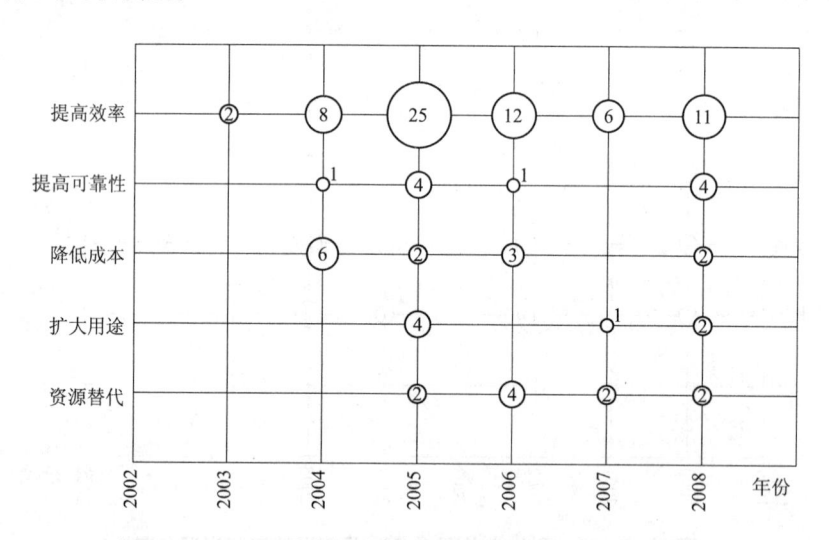

图3-4-15 三星集团在各技术需求方面的专利申请分布

图3-4-16显示了三星集团在本国及美、日、欧和中国的专利申请布局情况。总体而言，三星集团的专利申请布局情况在分析的几家主要申请人中是分布最为平均的一家，显示了三星集团对全球各主要市场均非常重视，其中，三星集团在韩国与美国的申请量最高，在日本也有相当大的申请量，在欧洲与中国的申请量较为接近，申请量相对偏低。

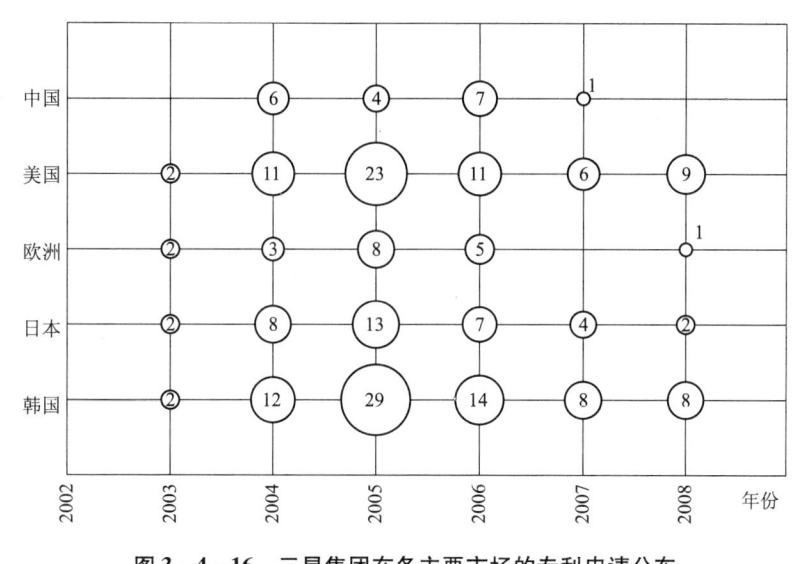

图 3-4-16 三星集团在各主要市场的专利申请分布

3.5 有机聚合物薄膜太阳能电池

3.5.1 申请人类型分析

图 3-5-1 是有机薄膜太阳能电池的各申请人类型相对于问题的比例分布，可以看出，在有机薄膜太阳能电池领域，公司同样是专利申请的主体，但公司申请占全部专利申请的比例低于染料敏化薄膜太阳能电池，其次为合作申请、大学和研究机构，个人申请比例极低。这表明，与染料敏化薄膜太阳能电池相比，有机薄膜太阳能电池的产业化程度更低，其研发尚多集中于基础研究，因此大学与研究机构在专利申请中所占的比重较染料敏化薄膜太阳能电池更多。

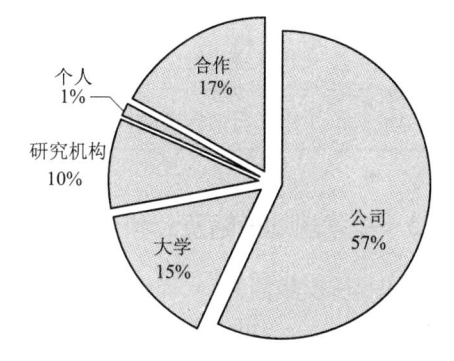

图 3-5-1 有机薄膜太阳能电池各申请人类型相对于总量的比例分布

3.5.2 专利申请量排名

表 3-5-1 列出了有机聚合物薄膜太阳能电池申请量排名前 10 位的主要申请人。

由表 3-5-1 可见，在有机聚合物薄膜太阳能电池领域专利申请方面，日本仍占据巨大优势，在申请量排名的前十位中共有六家日本企业。但是，在排名前十位的申请人中，来自美国的申请人占据了另外三席，由 A. J. Heeger 教授领军的科纳卡公司申请量更是高居第二，显示了美国在有机聚合物薄膜太阳能电池领域具有一定的优势地位。此外，中国科学院长春应用化学研究所也排入了前十。

根据申请量的排名状况，选择排名前两位的住友集团、科纳卡公司和排名第四位的大日本印刷株式会社作为主要申请人进行分析，需要指出的是，排名第三的理光集团大部分申请在20世纪90年代初提出,近年来的申请量并不大,因此用排名第四的大日本株式会社顶替理光集团作为主要申请人。

表3-5-1 有机聚合物薄膜太阳能电池申请量排名

排名	申 请 人	国籍	申请量
1	住友集团(SUMITOMO)	日本(JP)	48
2	科纳卡公司(KONARKA)	美国(US)	46
3	理光公司(RICOH KK)	日本(JP)	30
4	大日本印刷株式会社(DAINIPPON)	日本(JP)	24
5	科尼卡公司(KONICA)	日本(JP)	24
6	加利福尼亚大学	美国(US)	22
7	松下公司(MATSUSHITA)	日本(JP)	21
8	普林斯顿大学	美国(US)	21
9	长春应化所	中国(CN)	15
10	出光石油株式会社(IDEMITSU KOSAN)	日本(JP)	13

3.5.3 技术规划策略及专利布局分析

3.5.3.1 住友集团

由图3-5-2可以看出,住友集团的专利申请均在2002年提交,并持续申请至今。住友集团的专利申请涵盖范围较为广泛,除电极技术分支并未涉及外,其专利覆盖了有机聚合物薄膜太阳能电池的各个技术分支。从图可见,给体材料是住友集团最为关

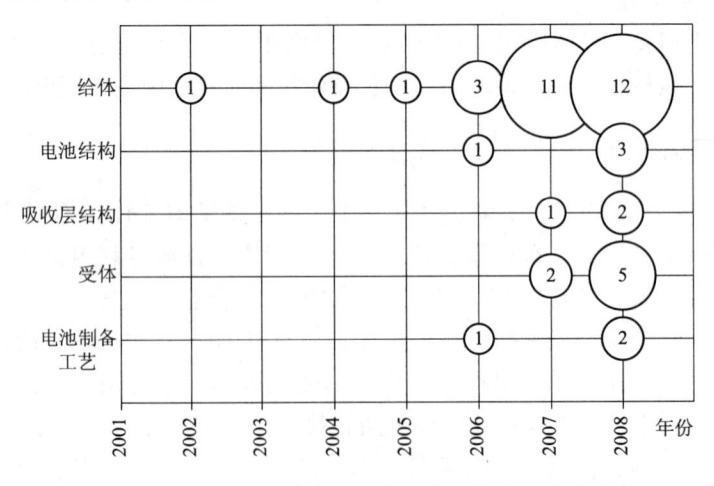

图3-5-2 住友集团在各技术分支上的专利申请分布

注的领域,在这部分的申请量明显大于其余分支。此外,住友集团在吸收层材料方面的专利申请数量高于其在电池结构与制备工艺方面的专利申请数量,表明住友集团的优势在于材料。

图3-5-3显示了住友集团在各技术需求方面的专利申请情况。可以看出,住友集团在有机聚合物薄膜太阳能电池方面的主要工作集中于提高有机聚合物薄膜太阳能电池的效率,此外,在提高可靠性、降低成本和扩大用途方面也有一定程度的涉及。

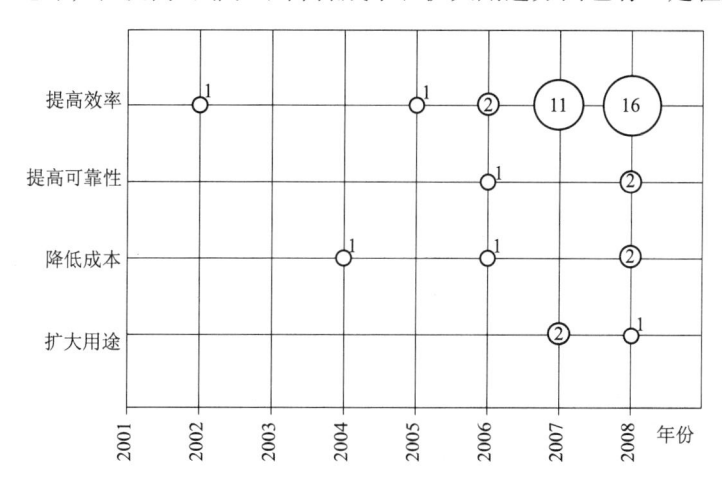

图3-5-3 住友集团在各技术需求方面的专利申请分布

图3-5-4显示了住友集团在全球各主要市场及中国和韩国的专利申请布局情况。由上图可以看出,住友集团的专利布局较为广泛,除本国外,在中国、美国、欧洲和韩国也有程度不同的申请。表明住友集团的目标不仅仅是国内,还包括广阔的全球市场。其中,在本国的申请量最大,在其余四个国家或地区的申请量较为接近。

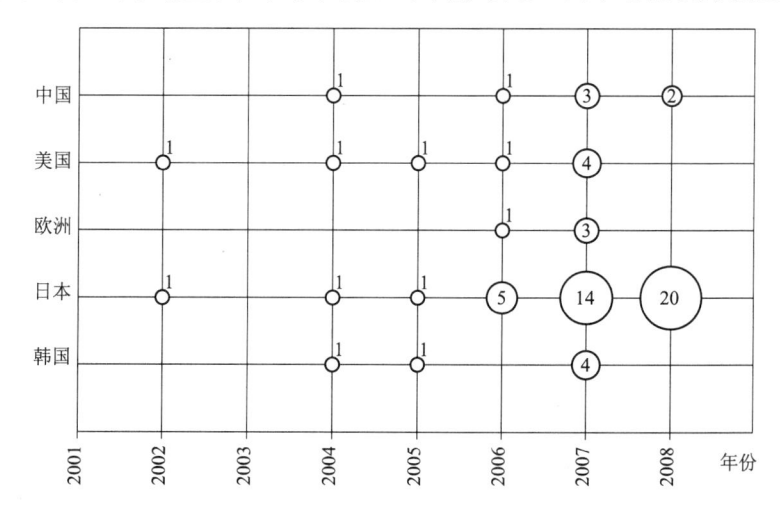

图3-5-4 住友集团在各主要市场的专利申请分布

3.5.3.2 科纳卡公司

图3-5-5显示了科纳卡公司在有机聚合物薄膜太阳能电池各技术分支上的专

利申请情况。可以看出，科纳卡公司的专利申请涵盖了有机聚合物薄膜太阳能电池的全部技术分支，显示了科纳卡公司有独立完成有机聚合物薄膜太阳能电池全线生产的技术能力。在各技术分支中，科纳卡公司在电池结构方面的申请量最大，在吸收层结构、给体材料等其余几个技术分支的申请量则比较接近，显示公司的研发水准较为均衡。

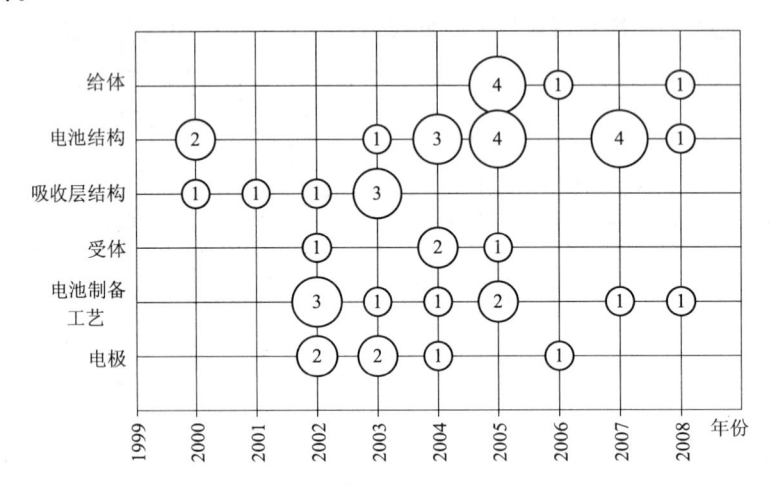

图 3-5-5 科纳卡公司在各技术分支上的专利申请分布

图 3-5-6 显示了科纳卡公司在各技术需求方面的专利申请情况。可以看出，科纳卡公司主要关注的技术需求是提高有机聚合物薄膜太阳能电池的效率，另外，科纳卡公司在提高可靠性与降低成本两个方面一直在进行持续申请，表明科纳卡公司在有机聚合物薄膜太阳能电池的实用化与产业化方面保持高度关注，并一直致力于这两个方面。

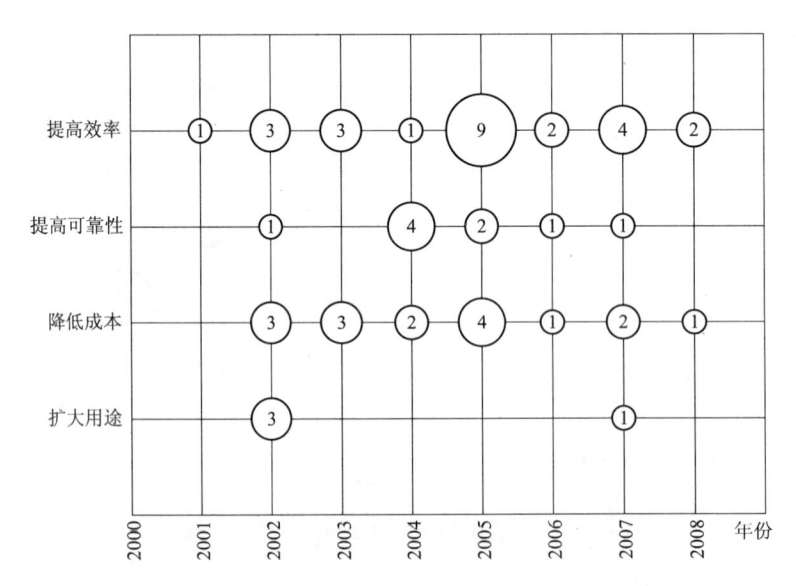

图 3-5-6 科纳卡公司在各技术需求方面的专利申请分布

图 3-5-7 显示了科纳卡公司在全球各主要市场和中国、韩国的专利申请布局情况。由上图可以看出，科纳卡公司的专利布局同样非常广泛，除在美国本土拥有数量最多的专利申请外，在中国、日本、欧洲和韩国也有程度不同的申请。这同样表明科纳卡公司非常注重有机聚合物薄膜太阳能电池的全球市场，并已经开始在各国家或地区进行专利布局。

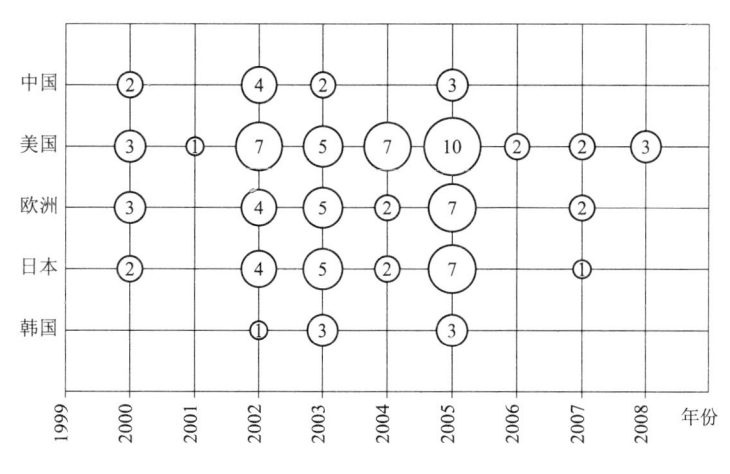

图 3-5-7 科纳卡公司在各主要市场的专利申请分布

3.5.3.3 大日本印刷株式会社

图 3-5-8 显示了大日本印刷株式会社在有机聚合物薄膜太阳能电池各技术分支上的专利申请情况。可以看出，大日本印刷株式会社的专利申请涵盖了有机聚合物薄膜太阳能电池的全部技术分支。但是在各技术分支中，大日本印刷株式会社重点关注的是电池制备工艺技术分支，其次为吸收层结构和受体材料，而在给体材料、电极和电池结构方面的关注程度很低。

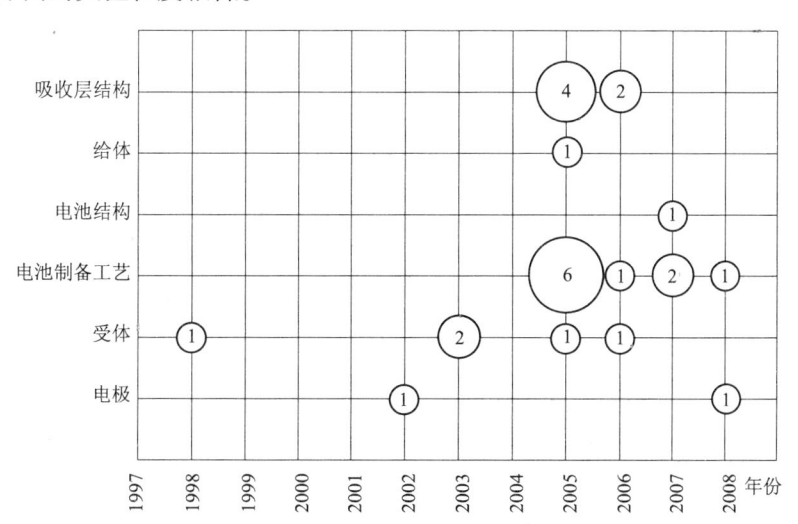

图 3-5-8 大日本印刷株式会社在各技术分支上的专利申请分布

图 3-5-9 显示了大日本印刷株式会社在各技术需求方面的专利申请情况。可以看出，与目前有机聚合物薄膜太阳能电池发展阶段相适应，大日本印刷株式会社主要关注的技术需求方向同样是提高效率。由对另两家主要申请人的分析也可以看出，在提高效率方面的工作远远多于其他方面。另外，大日本印刷株式会社在提高可靠性与降低成本两个方面也有一定程度的关注，表明大日本印刷株式会社也在尝试有机聚合物薄膜太阳能电池的实用化与产业化。

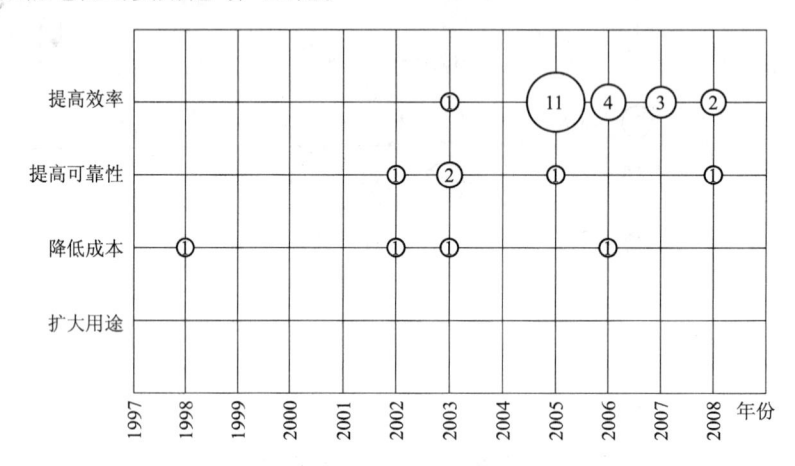

图 3-5-9 大日本印刷株式会社在各技术需求方面的专利申请分布

图 3-5-10 显示了大日本印刷株式会社在全球各主要市场和中国、韩国的专利申请布局情况。可以看出，与另外两家主要申请人的全球型布局截然相反，大日本印刷株式会社几乎所有的专利申请都集中在本国国内，这表明大日本印刷株式会社尚未考虑占据国际市场，而是立足于稳固国内市场。从一个侧面也反映了大日本印刷株式会社在有机聚合物薄膜太阳能电池领域有可能尚未取得重大突破，因此并未将有机聚合物薄膜太阳能电池作为公司拓展业务领域的重点。

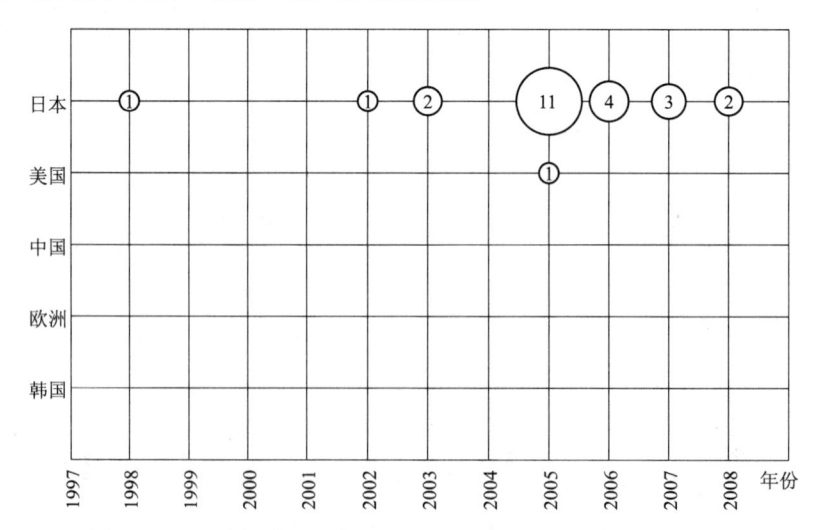

图 3-5-10 大日本印刷株式会社在各主要市场的专利申请分布

第4章 在华专利申请[1]分析

4.1 各国在华专利申请情况分析

4.1.1 各国在华历年专利申请分布分析

在薄膜太阳能电池领域，1988～2008年期间总共有1 831件中国专利申请（以实际申请日为准），图4-1-1给出了在此期间各国在华专利申请历年分布情况。从图中可以看出，2000年以前，除日本的申请量较多外，各国在华的申请呈零星分布；从2000年开始，各国的在华申请量均呈现总体上升的趋势（由于PCT申请进入指定国的时间较长，因此2008年的申请量数据较实际数据偏少），这体现了各国日益重视其在中国薄膜太阳能电池市场的布局；此外，中国申请人的申请增长明显，尤以2006～2008年之间最为迅速。

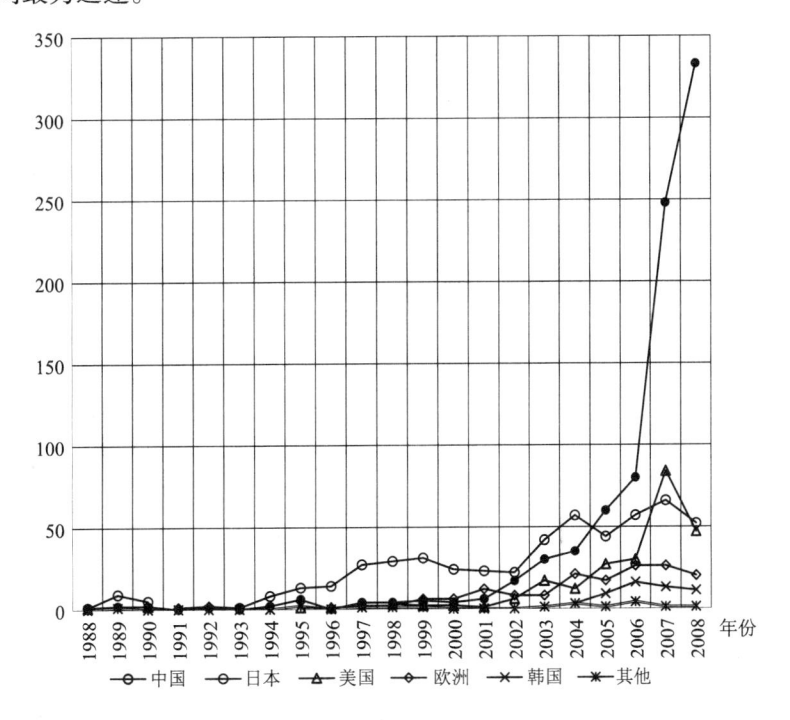

图4-1-1 各国在华专利申请历年分布情况

---

[1] 本报告中的"在华专利申请"仅涉及向中国国家知识产权局提交的专利申请，未包含在台湾、香港、澳门等其他中国所属地区提出的专利申请。

图 4-1-2 显示了不同国家/地区的申请量占总申请量的比例。国内申请人的专利申请总量为 840 件，占总申请量的 45.9%，这表明国内发明人对薄膜太阳能电池的领域的专利重视程度很高。但是，国内申请人对外的专利申请很少，这显示国内申请人在薄膜太阳能电池领域的专利布局仍以国内为主。

国外申请人在华申请总量为 991 件，专利申请量区域分布如图 4-1-3 所示。可以看出，日本与美国是国外来华申请量居前两位的国家，分别以 525 件和 236 件占总申请量的 28.7% 和 12.9%（占国外来华申请量的 53% 和 23.8%），排名第三的欧洲各国在华专利申请总量为 160 件。国外来华申请，除美国有极少量的实用新型外，其他均为发明专利申请。

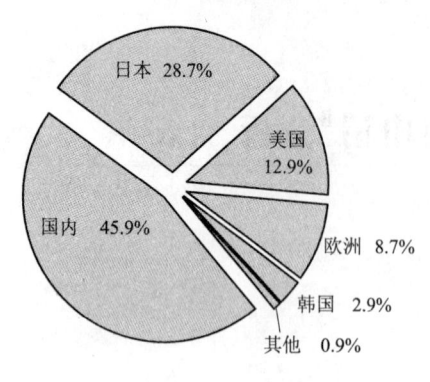

图 4-1-2　各主要国家/地区申请人在华申请比例分布

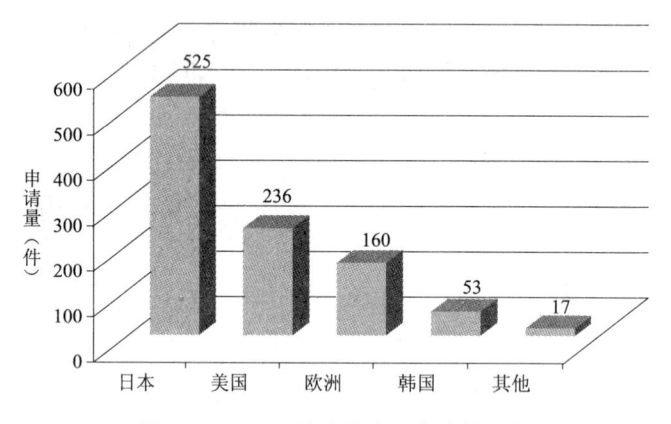

图 4-1-3　国外在华专利申请量分布

图 4-1-4 至图 4-1-8 分别显示了各国家/地区在各技术分支的申请比例。可以看出，在硅基薄膜、I-III-VI族化合物薄膜和II-VI族化合物薄膜太阳能电池三大技术分支上，国外申请人的申请量均处于明显的领先地位。在有机聚合物薄膜太阳能电池领域，国内申请人的申请量与国外申请人在华申请的数量不相上下，而在染料敏化薄膜太阳能电池领域国内申请人的申请量更高达 69.3%，表明我国在这两个领域的研发工作处于较为活跃的地位。

日本在II-VI族化合物薄膜太阳能电池的申请量排名第一，在硅基薄膜、I-III-VI族化合物薄膜和染料敏化薄膜太阳能电池的申请量排名第二，这四块领域的申请明显高于美国和欧洲，虽然在有机聚合物薄膜太阳能电池的申请量排在美欧之后，但这仍说明日本的技术发展比较全面。

美国在硅基薄膜、I-III-VI族化合物薄膜和II-VI族化合物薄膜太阳能电池领域的申请量均排名第三，在有机聚合物薄膜太阳能电池领域排名则超过欧洲和日本居第二，但美国在染料敏化薄膜太阳能电池领域的申请量偏低，落后于日韩和欧洲，仅居第五。

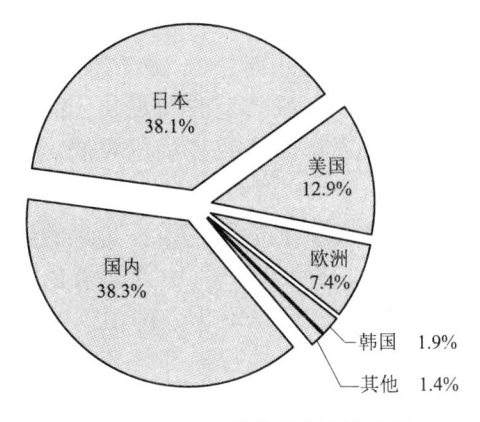

图 4-1-4 硅基薄膜太阳能电池在华申请的国家/地区分布

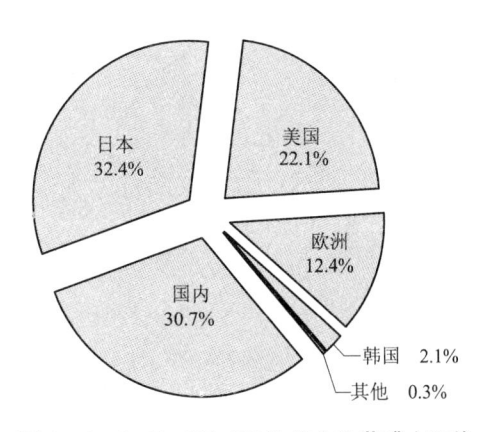

图 4-1-5 Ⅰ-Ⅲ-Ⅵ族化合物薄膜太阳能电池在华申请的国家/地区分布

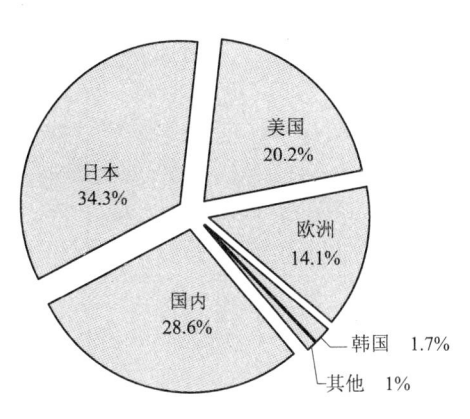

图 4-1-6 Ⅱ-Ⅵ族化合物薄膜太阳能电池在华申请的国家/地区分布

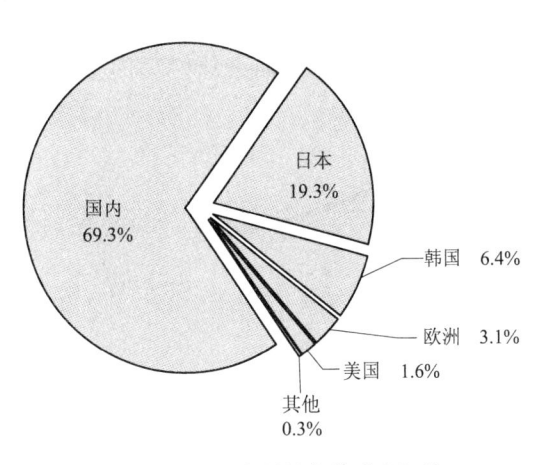

图 4-1-7 染料敏化薄膜太阳能电池在华申请的国家/地区分布

图 4-1-8 有机聚合物薄膜太阳能电池在华申请的国家/地区分布

欧洲的专利申请偏重有机聚合物薄膜、Ⅰ-Ⅲ-Ⅵ族薄膜和Ⅱ-Ⅵ族薄膜太阳能电池，在这三个领域欧洲的专利申请比例均超过10%，而在硅基薄膜和染料敏化薄膜太阳能电池方面的申请量则偏低。韩国仅在染料敏化薄膜太阳能电池方面的申请量超过5%，排名第三，其他领域的申请量均在中、美、日欧之后排名第五。

4.1.2 在华申请的申请人类型分析

图 4-1-9 显示了在华申请的申请人类型分布。由图 4-1-9 可以看出，在薄膜太阳能电池领域中，公司是申请的主体，申请量超过60%，

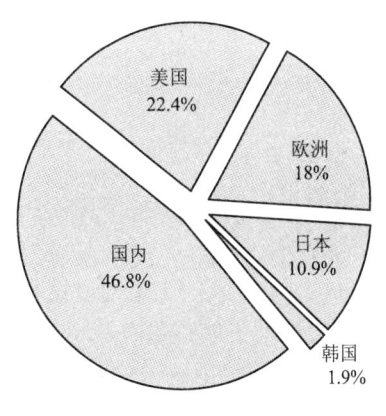

大学与研究机构的申请量也比较大，这反映了薄膜太阳能电池一方面已经产业化，一方面仍属于高科技范畴的现状。该领域个人申请和合作申请的数量比较低，均占5%左右。

图4-1-10显示了各国家/地区的申请人类型分布。由图4-1-10可以看出，无论日本、美国，还是欧洲、韩国，申请人类型中占绝对优势地位的都是公司，尤其是日本，公司申请人的申请更是超过了90%；在中国申请人中，公司与大学的申请量相当，均占据了三分之一左右，研究机构的申请也接近20%，这一方面表明国内大学和研究机构对知识产权保护工作日益重视，开始越来越多地借助专利申请对科研成果进行保护，另一方面也表明国内企业在薄膜太阳能电池领域还没有成为发明创造的主体。

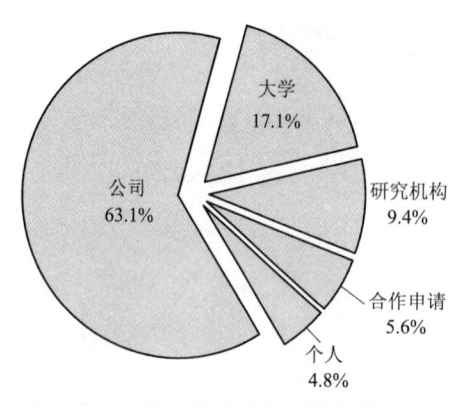

图4-1-9 在华申请的申请人类型分布

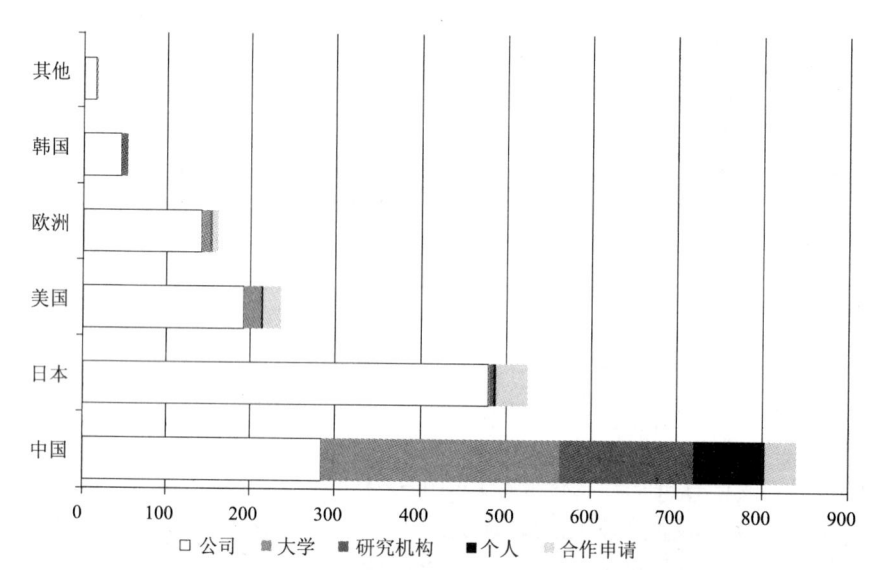

图4-1-10 在华申请中各国家/地区的申请人类型分布

下面将对各技术分支的国内申请人的类型进行分析。

图4-1-11至4-1-15分别显示了各技术分支的国内申请人类型分布。可以看出，硅基、I-III-VI族化合物和II-VI族化合物薄膜太阳能电池技术领域中，公司均是绝对的申请主体，这是由于：1）硅基薄膜太阳能电池已具有较高的产业化程度；2）化合物薄膜太阳能电池已有部分企业建立了生产线，并且已经有一些企业已做好了产业化的准备。

染料敏化和有机聚合物薄膜太阳能电池领域中，除了公司占据有较大申请比例外，大学和研究机构的申请也占据相当高的比例，明显高于硅基、I-III-VI族化合物和

Ⅱ-Ⅵ族化合物薄膜太阳能电池，这是由于这些领域还未能全面产业化，各个企业在研发方面投入相对不足，相关领域的基础研究工作主要由大学和研究机构开展。

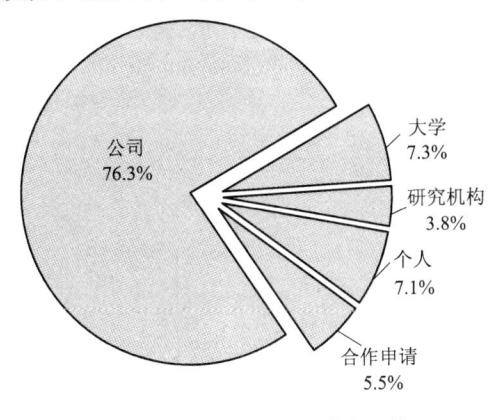

图4-1-11　硅基薄膜太阳能电池国内申请人类型分析

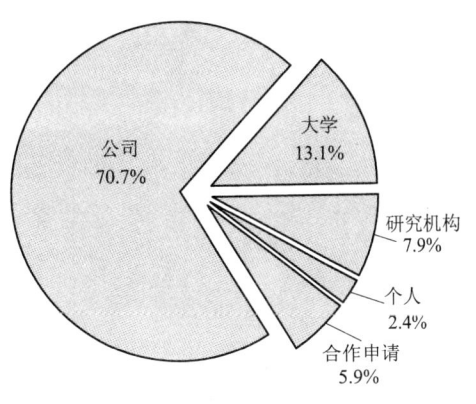

图4-1-12　Ⅰ-Ⅲ-Ⅵ族化合物薄膜太阳能电池国内申请人类型分析

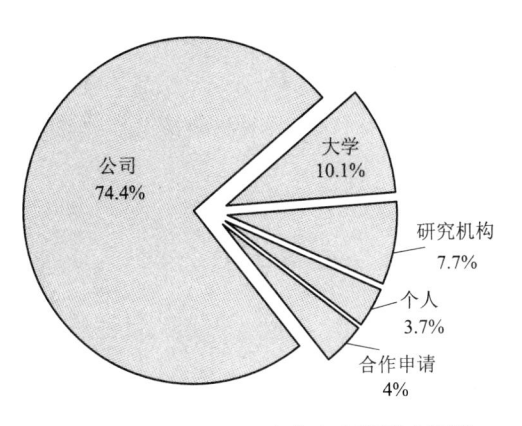

图4-1-13　Ⅱ-Ⅵ族化合物薄膜太阳能电池国内申请人类型分析

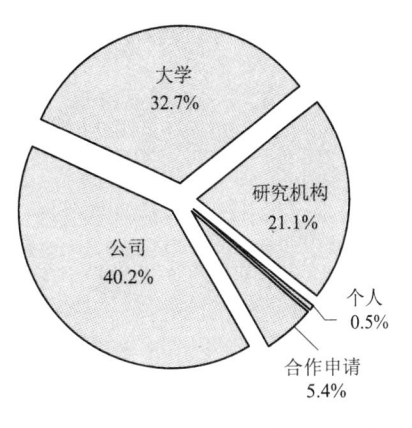

图4-1-14　染料敏化薄膜太阳能电池国内申请人类型分布

此外，在各个技术分支中，个人申请的比重均不高，申请量的比重均不超过10%，尤其在染料敏化和有机聚合物薄膜太阳能电池方面，个人申请的比例仅为1%左右。

4.1.3　在华申请中国外申请人授权情况分析

图4-1-16显示了国外申请人在华申请的授权专利数量与未授权/待审专利数量。可以看出，日本在专利申请总量和授权专利总量两方面均显著领先于其他国家，而美国在专利

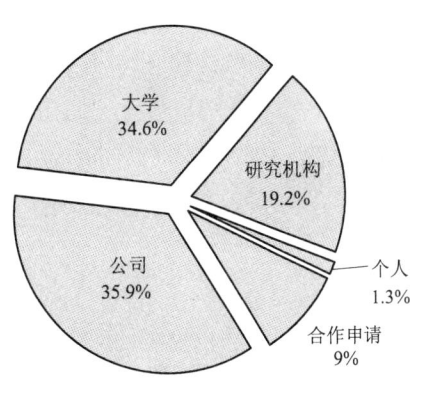

图4-1-15　有机聚合物薄膜太阳能电池国内申请人类型分布

申请总量上虽然高于欧洲的在华专利申请总量,但其授权专利件数却低于欧洲。就授权率❶而言,日本在华申请的授权率最高,达到57.3%,而欧洲在华申请授权率仅次于日本,达到40%,美国在华申请的授权率仅为19.9%。但是,美国申请人在华申请在2007年存在一个申请高峰,该年的专利申请量达到了84件,远高于2006年的30件,仅2007年的申请量就占其在华专利申请总量的35%左右。

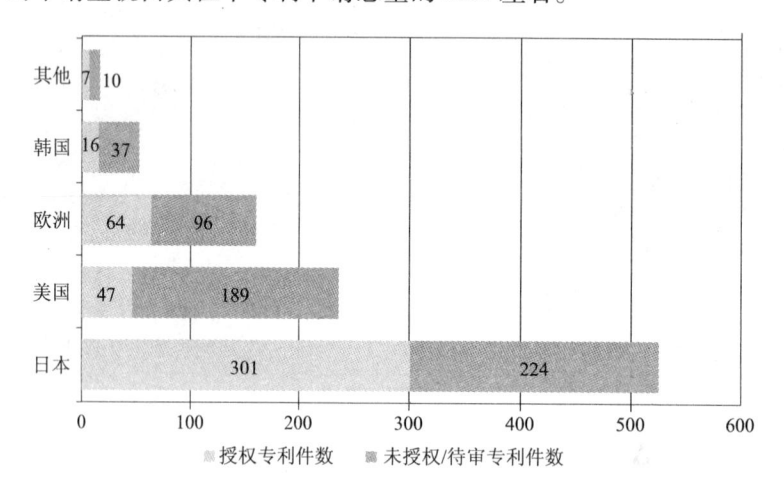

图 4-1-16 国外申请人在华申请的授权量与未授权/待审专利量

4.1.4 在华专利申请的专利类型分析

图4-1-17显示了在华专利申请中国内和国外申请的专利类型分布情况。从图中可以看出,国外申请人的专利类型基本上是发明专利,实用新型专利仅占0.2%,并且超过半数的专利以PCT申请的形式进入中国;国内申请人的专利类型以发明为主,占总数的85%,实用新型专利占总数的15%。由于发明专利要经过实质审查,因此通常认为发明专利的技术含量较高、权利较稳定。

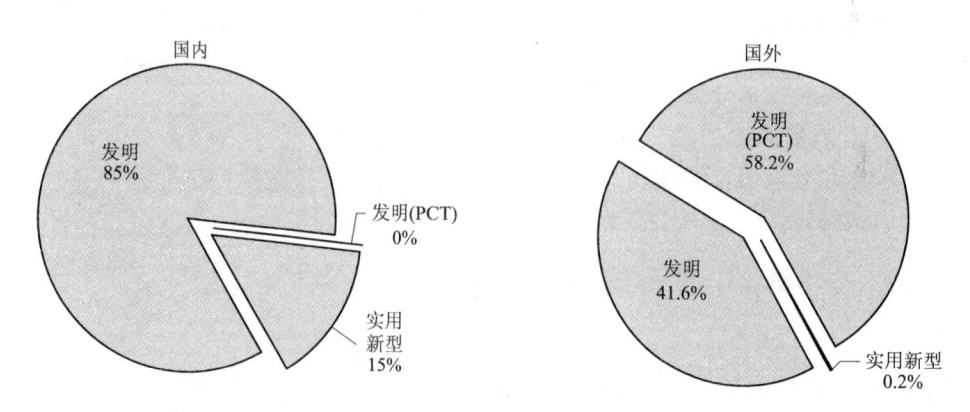

图 4-1-17 在华专利申请国内和国外申请的专利类型分布

---

❶ 申请人的授权量与申请量之比。

4.2 硅基薄膜太阳能电池在华专利申请技术分析

在本节中，将特别针对硅基薄膜太阳能电池的在华专利申请进行分析，这主要是出自两方面的考虑：首先，国内申请人相对更为重视国内专利申请的情况；其次，硅基薄膜太阳能电池在薄膜太阳能电池领域中工艺最为成熟，市场化程度最高，也最受业界关注。因此，选取硅基薄膜太阳能电池的在华专利申请作为样本进行进一步分析。此外，在硅基薄膜太阳能电池的各个技术分支中，制造装置占有重要地位，制造装置，尤其是沉积装置的水平决定产品的质量，制约工艺的发展，在实际生产中起着举足轻重的作用，而这一分支也恰恰是目前国内工业生产中的薄弱环节，因此，在华专利申请技术分析特别针对制备硅基吸收层的主流设备——等离子增强化学气相沉积（PECVD）装置进行深入的分析。

4.2.1 整体态势分析

图 4-2-1 显示了 1988 年至 2008 年间硅基薄膜太阳能电池领域的在华专利申请量走势，从图 4-2-1 可以看出，2006 年之前，硅基薄膜太阳能电池的专利申请量虽然逐年间存在小的波动，但总体上呈现稳步增长的发展态势，自 2006 年起，专利申请量呈现爆发性的增长趋势，2006～2008 年仅三年的申请量已经超过了此前 18 年的申请总量，出现专利申请量"井喷"的原因主要有以下两点：第一，我国在 2005 年颁布了《中华人民共和国可再生能源法》，并于 2006 年起实施，政策上的利好消息，使国内和国外的申请人看好国内的太阳能市场，促进了在这一领域的投入；第二，多晶硅原料价格在 2004 年后快速上涨，越来越多的企业将目光转向成本相对低廉的硅基薄膜太阳能电池。

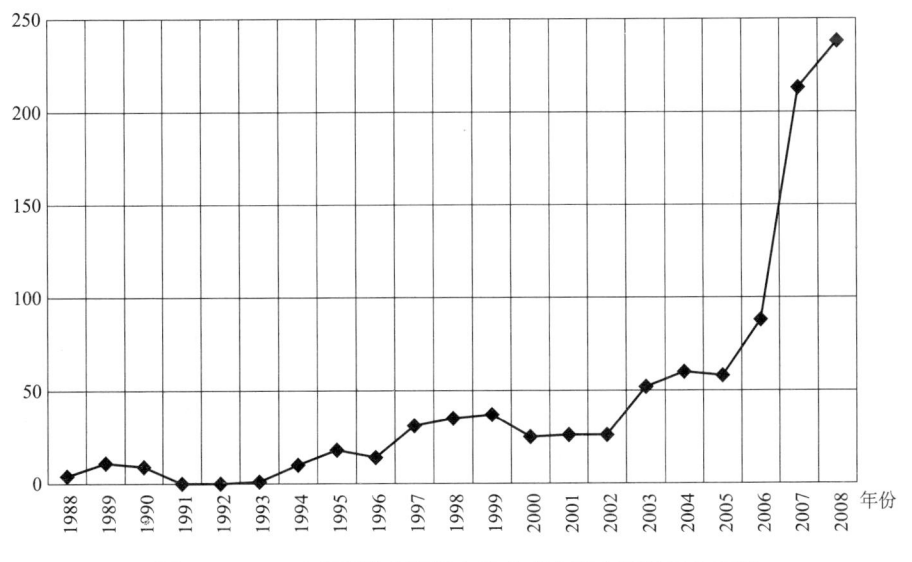

图 4-2-1 硅基薄膜太阳能电池在华专利申请量历年走势

4.2.2 国内外在华专利申请历年分布分析

图 4-2-2 显示了来自国内和国外申请人的硅基薄膜太阳能电池在华专利申请量随年代的变化，可以清楚地看出，近年来，在硅基薄膜太阳能电池的在华专利申请中，来自国内申请人的专利申请在绝对数量和相对比例两方面均不断增长，而来自国外申请人的专利申请虽然在数量上也有所增加，但所占有的相对比例不断下降，自 2007 年起，在这一领域的在华专利申请已经由前些年的国外申请人在华申请占多数转化为以国内申请人在华申请占多数，显示了国内在硅基薄膜太阳能电池领域的飞速进步。此外，1991 年和 1992 年未检索到硅基薄膜太阳能电池领域的在华专利申请，具体原因不详。

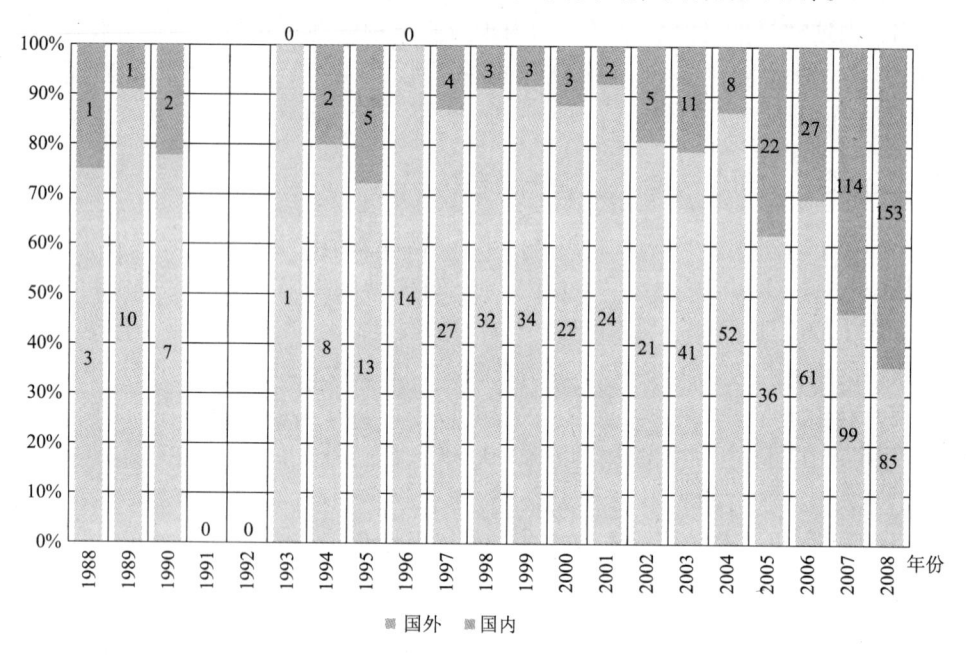

图 4-2-2　国内与国外申请人在华专利申请量历年分布

4.2.3 技术构成分析

图 4-2-3 显示了在硅基薄膜太阳能电池领域在华专利申请中各技术分支所占的比例，可以看出，各技术分支在该技术领域在华专利申请中的权重与外国专利申请中的情况较为类似，吸收层、制造装置和组件同样分居申请量排名的前三名，但是，在华专利申请中电极技术分支的权重略有降低，制造装置技术分支的权重则有所增加，电极技术分支在在华专利申请中所占地位下降不少，吸收层、制造装置和组件"三足鼎立"的态

图 4-2-3　各技术分支在华专利申请量比例

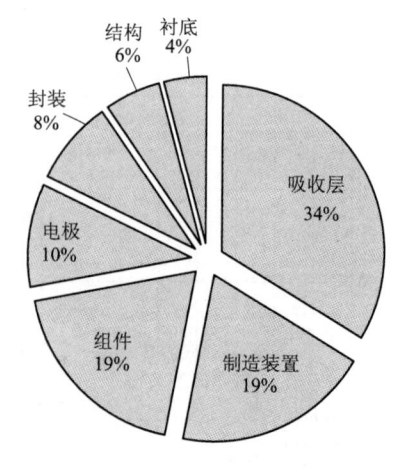

势更为明显,重要性大大超过其他技术分支。

图4-2-4显示了硅基薄膜太阳能电池领域各技术分支的申请发展状况,可以看出,各技术分支的在华专利申请量都呈现出增长的趋势,其中,电极、封装、结构与衬底这四个技术分支的申请量较低,增长数量较为有限;组件方面在2006年之前的年度申请量均未超过10件,自2006年起开始增加,其中,2006年申请量超过20件,2007年和2008年则保持了增长的势头,这表明硅基薄膜太阳能电池的大规模应用技术开始成为热点;而吸收层分支和制造装置分支都在2006年至2007年之间呈现快速增长,增长幅度接近甚至超过200%,反映了这两个分支在硅基薄膜太阳能电池产业中的重要地位。

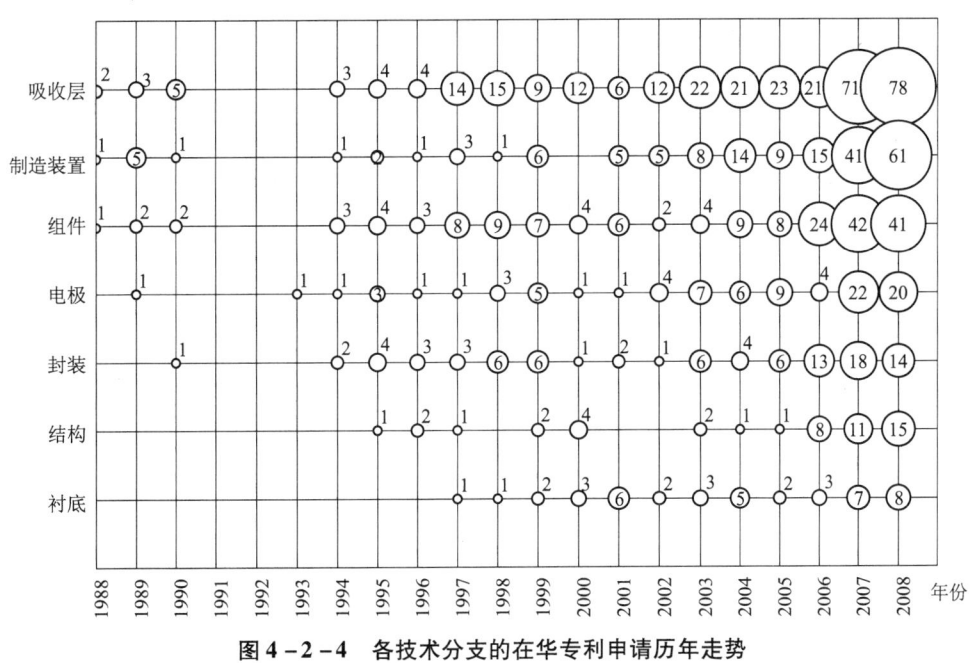

图4-2-4 各技术分支的在华专利申请历年走势

考虑到组件、吸收层和制造装置这三个分支的重要地位,下面对这三个分支的在华专利申请进行进一步研究。

图4-2-5显示了在吸收层、制造装置和组件这三个技术分支中国内和国外申请

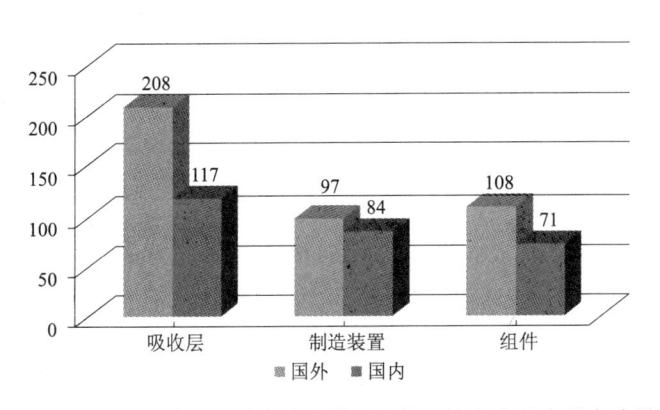

图4-2-5 三个重要技术分支的国内外申请人在华专利申请量

人的在华专利申请量。可以看出，国内申请人在这三个最重要的技术分支中的申请总量均低于国外申请人的申请总量，其中吸收层方面，国外申请人的申请量优势较为明显，几乎达到国内申请人申请总量的1倍，在制造装置方面，国内申请人与国外申请人的申请量几乎持平。

4.3 各技术分支国内外申请人的申请状况分析

4.3.1 硅基薄膜太阳能电池

图4-3-1分别反映了硅基薄膜太阳能电池领域中国专利申请的申请人排名情况以及各申请人的授权率情况。可以看出，在硅基薄膜太阳能电池领域，来自佳能的申请在数量和授权率方面均居于领先地位，但是，佳能在硅基薄膜太阳能电池的市场份额非常低，这种现象可能与日本的知识产权战略有一定关系。此外，如此高的专利申请量和授权率，显示了佳能在硅基薄膜太阳能电池领域的研发能力相当强。申请人李毅有较高授权量，部分原因在于其有16件实用新型申请。南开大学的申请以发明为主，并且授权率高，充分体现出其在硅基薄膜太阳能电池领域具有较强的技术实力。

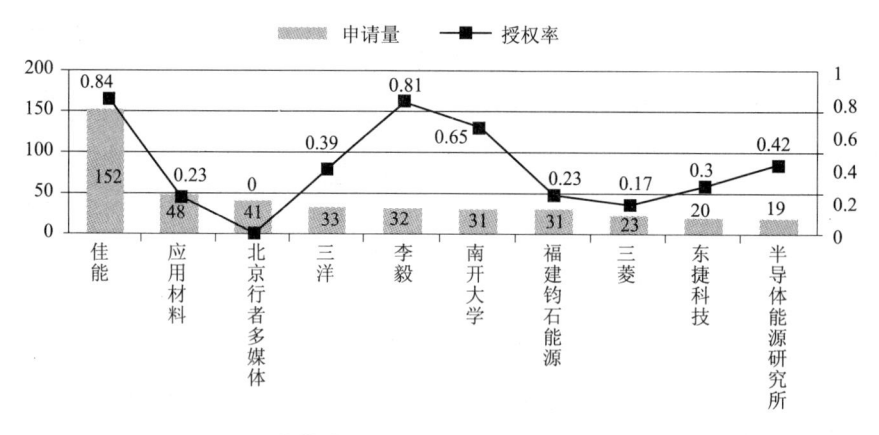

图4-3-1 硅基薄膜太阳能电池的申请人排名及其授权率情况

图4-3-2和图4-3-3分别显示了硅基薄膜太阳能电池领域国内和国外主要申请人的申请状况。可以看出，在硅基薄膜太阳能电池领域的国内申请人中，企业占五家，另外申请人中的李毅是深圳市创益科技有限公司的创立者，因此，硅基薄膜太阳能电池领域申请的主体是企业。其中申请量排名最高的是北京行者多媒体科技有限公司，通过对其专利申请的法律状态的查询发现，其专利申请尚未进入实审程序。南开大学掌握着非晶硅/微晶硅叠层太阳能电池的关键技术，在该领域也有较大的申请量，1988~2008年期间的总申请排名第三；如计入2009年的专利申请，南开大学的申请量将跃居第一。福建钧石能源在该领域也有较大的申请量，但31件均在2008年提出。

在国外申请人中，日本企业占绝对优势，这一方面显示了日本企业在硅基薄膜太阳能电池领域的研发能力很强，另一方面也体现了日本企业对中国市场及专利布局的重视。此外，硅基薄膜太阳能电池领域的主要设备供应商应用材料与欧瑞康的申请量

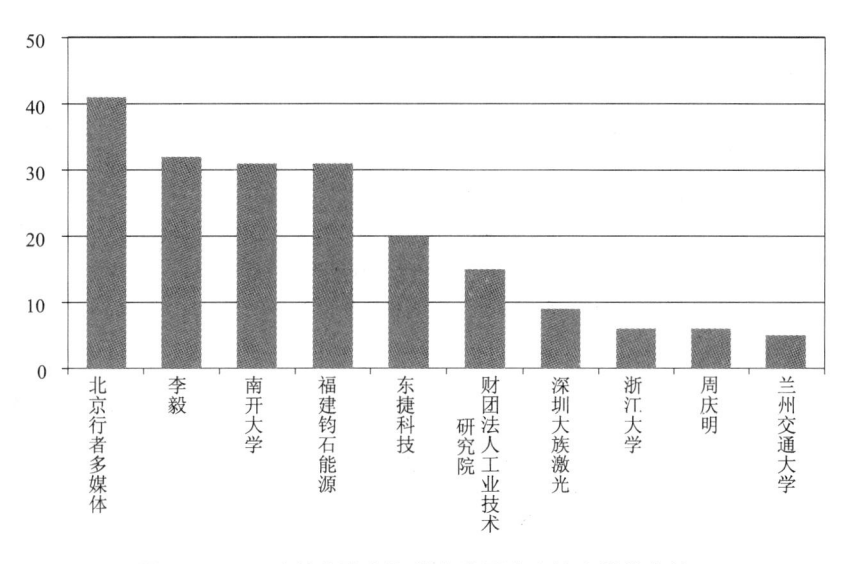

图 4-3-2　硅基薄膜太阳能电池国内申请人的排名情况

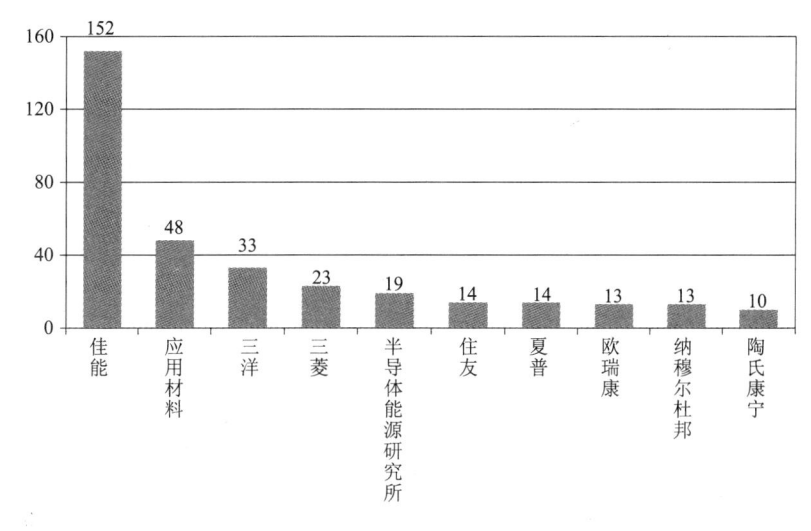

图 4-3-3　硅基薄膜太阳能电池国外申请人的排名情况

均进入前十,说明这两家设备供应商非常重视在中国市场的专利布局。

4.3.2　Ⅰ-Ⅲ-Ⅵ族化合物薄膜太阳能电池

图 4-3-4 显示了Ⅰ-Ⅲ-Ⅵ族化合物薄膜太阳能电池领域的申请人排名情况和授权率状况。由图 4-3-4 可以看出,在Ⅰ-Ⅲ-Ⅵ族薄膜领域,来自国外的申请占据优势地位,国内只有南开大学和第十八研究所的申请量较大。在授权率方面,佳能、松下、本田和南开大学的授权率均超过 60%,表明这四个申请人具有较高的研发水平。

图 4-3-5 和图 4-3-6 分别显示了Ⅰ-Ⅲ-Ⅵ族化合物薄膜太阳能电池领域国内和国外主要申请人的申请状况。可以看出,在国内申请人中,大学和研究机构是专利申请的主力,但申请量均没有超过 10 件;而国外申请人均为企业申请,佳能株式会社

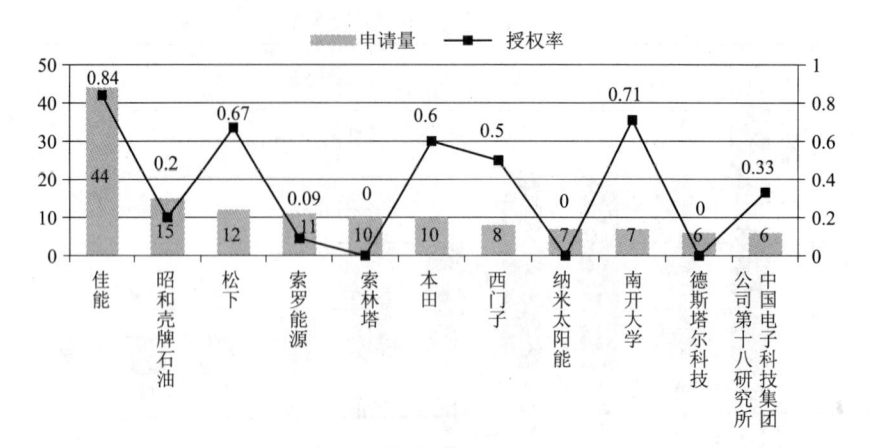

图 4-3-4　I-III-VI族化合物薄膜太阳能电池的申请人排名及授权率

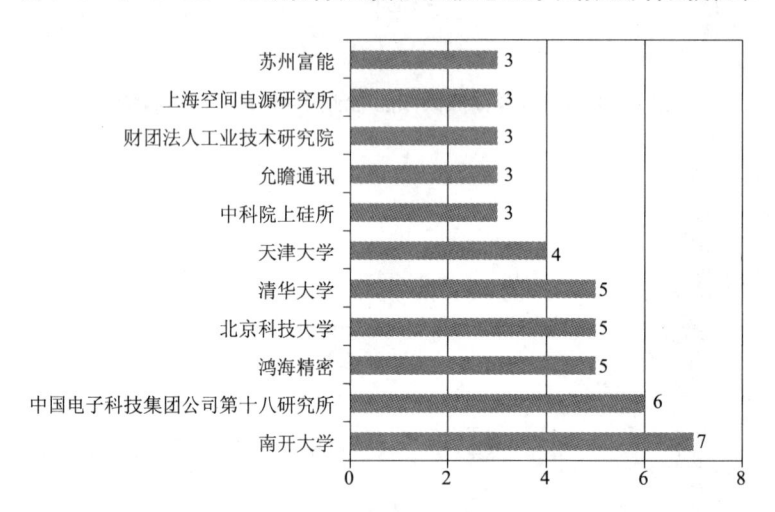

图 4-3-5　I-III-VI族化合物薄膜太阳能电池国内申请人的排名情况

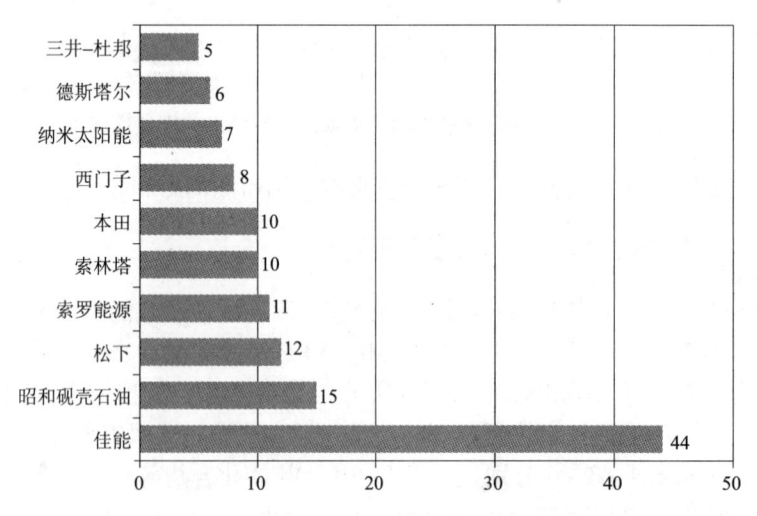

图 4-3-6　I-III-VI族化合物薄膜太阳能电池国外申请人的排名情况

的申请量仍居榜首,超过 40 件,除佳能外,其余国外申请人的申请量均比较接近。

4.3.3 II-VI 族化合物薄膜太阳能电池

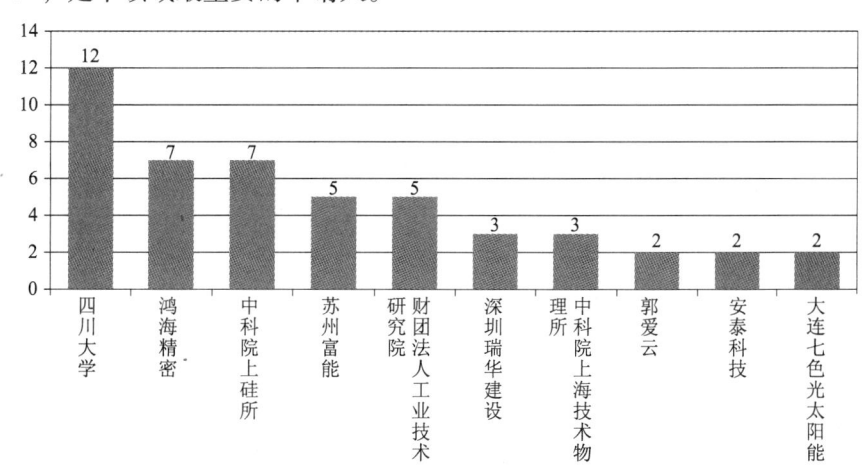

图 4-3-7 显示了 II-VI 族化合物薄膜太阳能电池领域中国专利申请人的排名情况和授权率状况。可以看出,在 II-VI 族化合物薄膜太阳能电池领域,来自国外的申请仍占据优势地位,其中佳能以绝对优势的申请量排名第一,四川大学申请量排名第二位,但申请量明显低于佳能,其余排名前列的申请人的申请量均较低。在授权率方面,佳能在授权率方面也远高于平均水准,显示了佳能在 II-VI 族化合物薄膜太阳能电池领域的优势地位,国内申请人中,上海硅酸盐研究所的授权率也超过了平均水平,显示了较高的研发水准。

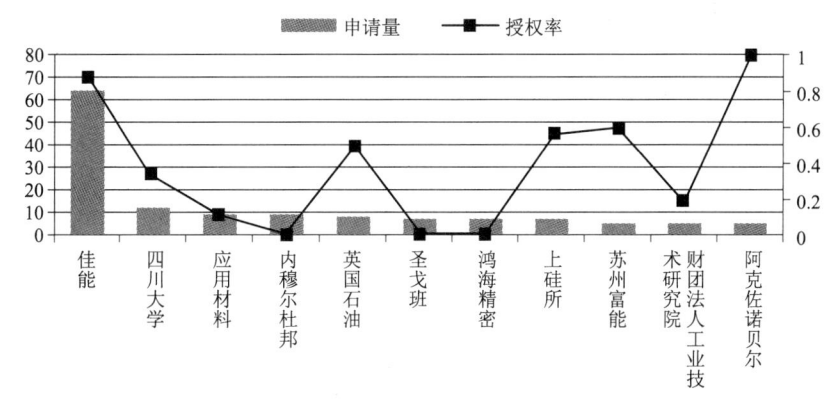

图 4-3-7 II-VI 族化合物薄膜太阳能电池的申请人排名及授权率

图 4-3-8 和图 4-3-9 分别显示了 II-VI 族化合物薄膜太阳能电池领域国内和国外主要申请人的申请状况。可以看出,在国内申请人中,四川大学、鸿富锦精密工业有限公司和上海硅酸盐研究所的申请数量较大,授权率较高,属于本领域的重点申请人。国外申请人中,佳能的申请量极高,远远超过其他申请人,而且其授权率甚至接近 80%,是本领域最重要的申请人。

图 4-3-8 II-VI 族化合物薄膜太阳能电池国内申请人的排名情况

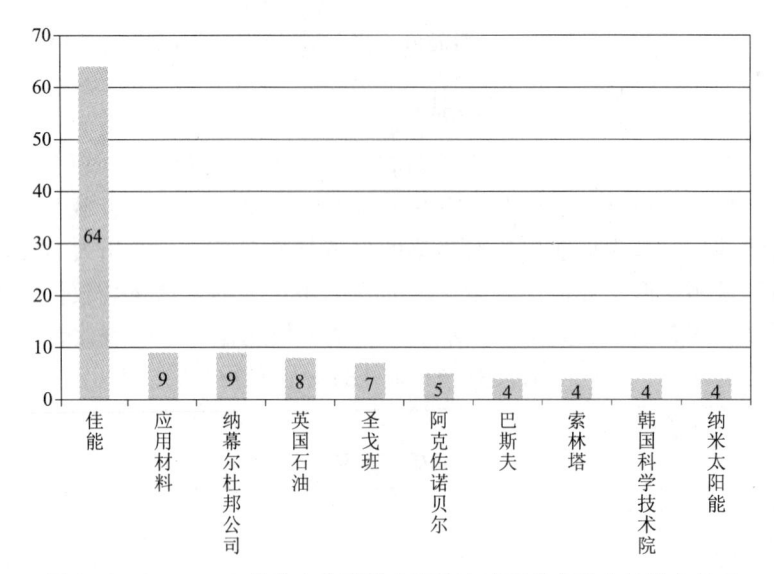

图 4-3-9 Ⅱ-Ⅵ族化合物薄膜太阳能电池国外申请人的排名情况

4.3.4 染料敏化薄膜太阳能电池

图 4-3-10 显示了染料敏化薄膜太阳能电池领域中国专利申请人的排名情况和授权率状况。可以看出，在染料敏化太阳能电池薄膜领域中，国内申请人占据了主导地位，国外申请人则仅有三星、索尼和株式会社藤仓可以排入前十，显示了国内申请人在染料敏化领域的研发活动相当活跃。国内申请人中，申请量最高的是中科院化学研究所，但要注意的是，本数据仅统计申请日在 2008 年之前（含 2008 年）的专利申请，而 2009 年彩虹集团在染料敏化薄膜太阳能电池领域申请量很大，如统计 2009 年申请数据的话，彩虹集团的排名甚至可以超过中科院化学研究所，排名国内申请量第一。从授权率来看，在国内学术界占主导地位的中科院化学所、物理所和等离子体所的授权

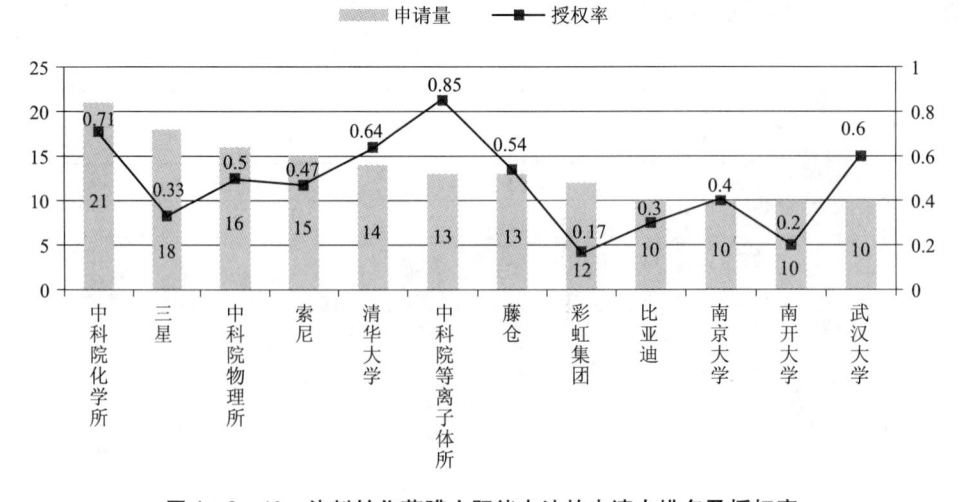

图 4-3-10 染料敏化薄膜太阳能电池的申请人排名及授权率

率均相当高,显示出我国在染料敏化领域的研究水平已经接近或达到国际先进水平。此外,彩虹集团的授权率偏低,这主要是由于其申请均在2007年后提交,由于审查周期的因素,大多数专利申请尚处于审查阶段造成的。

图4-3-11和图4-3-12分别显示了染料敏化薄膜太阳能电池领域国内和国外主要申请人的申请状况。可以看出,在染料敏化太阳能电池领域,研发工作主要由大学和研究机构进行,这与国外申请人基本由企业构成的情况显然不同。另外,在国外申请人中,来自韩国的三星公司排名第一,但排名前列的申请人中仍以日本申请人为主,表明日本和韩国在该技术领域的研发实力很强。

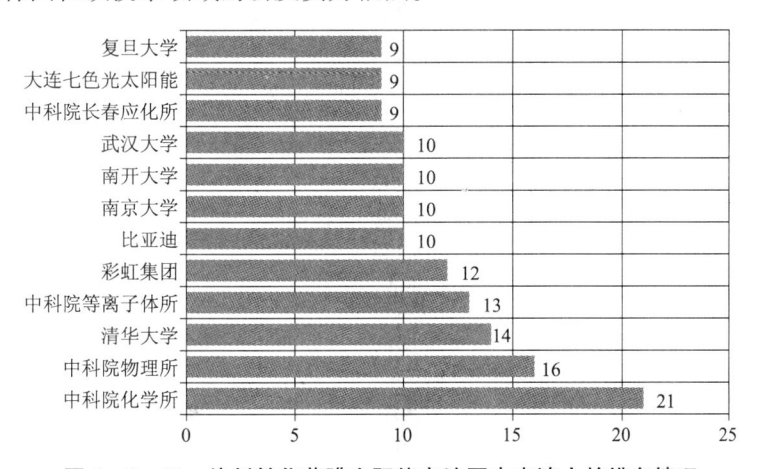

图4-3-11　染料敏化薄膜太阳能电池国内申请人的排名情况

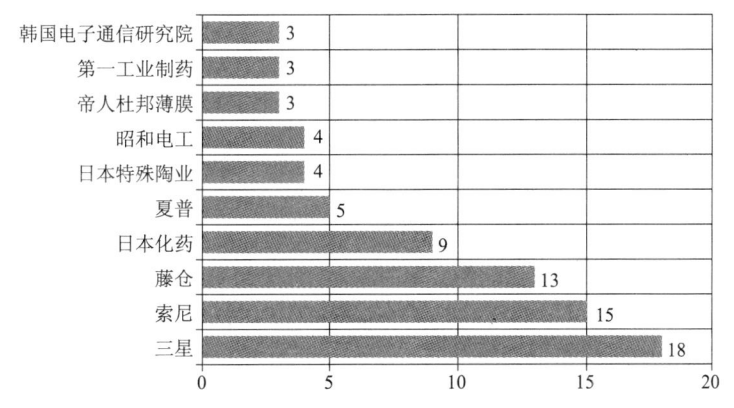

申请人	数量
复旦大学	9
大连七色光太阳能	9
中科院长春应化所	9
武汉大学	10
南开大学	10
南京大学	10
比亚迪	10
彩虹集团	12
中科院等离子体所	13
清华大学	14
中科院物理所	16
中科院化学所	21

图4-3-12　染料敏化薄膜太阳能电池国外申请人的排名情况

申请人	数量
韩国电子通信研究院	3
第一工业制药	3
帝人杜邦薄膜	3
昭和电工	4
日本特殊陶业	4
夏普	5
日本化药	9
藤仓	13
索尼	15
三星	18

4.3.5　有机聚合物薄膜太阳能电池

图4-3-13显示了有机聚合物薄膜太阳能电池领域中国专利申请人的排名情况和授权率状况。可以看出,在有机聚合物薄膜太阳能电池领域中,国内申请人同样占据了领先地位,长春应化所、中科院化学所和普林斯顿大学理事会在申请量和授权率两个方面均位居前三,是本领域最主要的申请人,但A. J. Heeger教授创立的科纳卡技术股份有限公司是本领域的主要申请人,应予以关注。从申请量和授权率两方面看,国

内在有机聚合物薄膜太阳能电池领域的研发水平同样相当高。

图4-3-14和图4-3-15分别显示了有机聚合物薄膜领域国内和国外主要申请人的

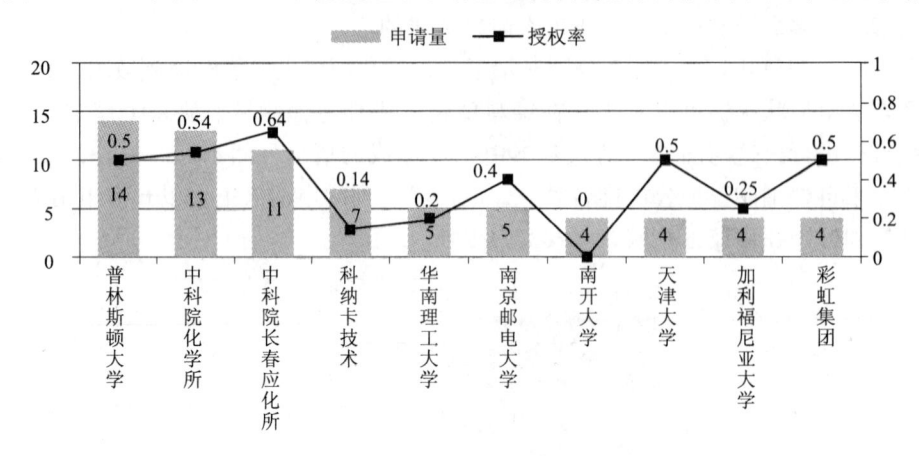

图4-3-13 有机聚合物薄膜太阳能电池的申请人排名及授权率

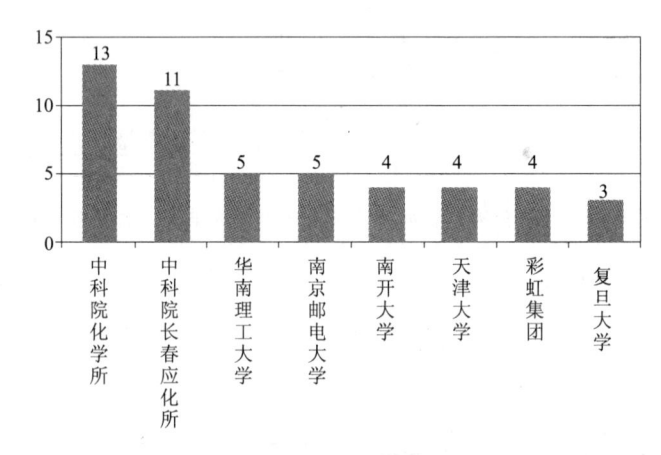

图4-3-14 有机聚合物薄膜太阳能电池国内申请人的排名情况

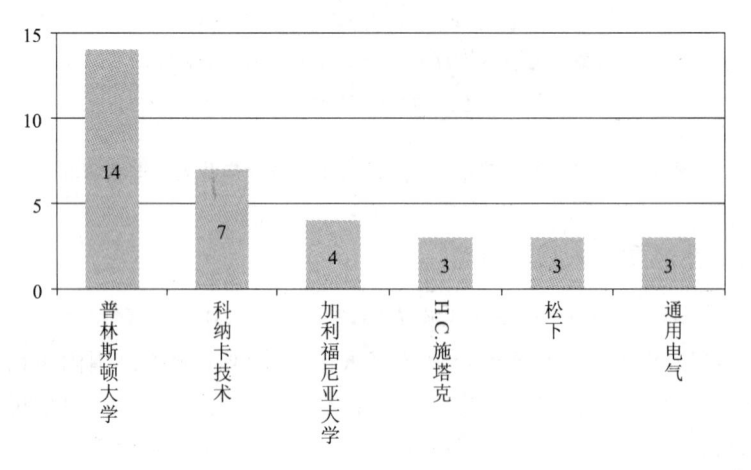

图4-3-15 有机聚合物薄膜太阳能电池国外申请人的排名情况

申请状况。可以看出，在国内申请人中，长春应化所和中科院化学所是最重要的申请人，这与二者在学术界的地位相符。在国外申请人中，来自美国的申请人占据绝对优势，这与其他领域由日本申请人占优势不同，表明美国在有机聚合物薄膜领域的研发水平最高。

4.4 国内重点申请人的技术侧重点分析

在对薄膜太阳能电池的专利研究分析中，我们发现，在国外申请人中，企业是技术研发与专利申请的主力，申请量远远高于大学与研究机构，并且有相当数量的企业与大学或研究机构的合作申请，而在国内，硅基薄膜太阳能电池因技术相对成熟，产业化程度高，来自企业的专利申请所占比例最高；与其相比，其他几个技术分支中，I–III–VI族化合物薄膜太阳能电池和II–VI族化合物薄膜太阳能电池均处于产业化的起步阶段，大学和研究机构的申请量大于企业的申请量，而在尚未产业化的有机薄膜太阳能电池和染料敏化薄膜太阳能电池领域，则鲜见企业申请的身影，大学和研究机构的申请量占据了绝对优势。

为此，我们分析了薄膜太阳能电池领域中国内主要申请人在各技术分支上的技术侧重点，供企业、高校和研究机构参考，希望能够对推动产学研的合作起到积极的作用。

4.4.1 硅基薄膜太阳能电池

南开大学在硅基薄膜太阳能电池领域共有31件专利，其中5件为实用新型专利，涉及硅基薄膜太阳能电池除封装外的所有技术分支，其中14件涉及吸收层方面，7件涉及制造装置，在组件、电极和单电池结构方面各有3件专利申请，另外还有1件专利申请涉及衬底方面。可以看出，南开大学在硅基薄膜太阳能电池领域主要研究方向在吸收层方面，而7件制造装置方面的专利申请表明南开大学在硅基薄膜太阳能电池产业化方面的工作卓有成效。

福建钧石能源有限公司是国内著名的硅基太阳能电池生产厂家，是硅基薄膜太阳能电池领域重要的国内申请人，其共有31件专利申请，其中3件为实用新型专利，全部于2008年申请。在31件专利申请中，有14件涉及吸收层，8件涉及电极，4件涉及制造装置，2件涉及结构，此外，在组件、电池结构和封装方面各有1件专利申请。显然，钧石能源的主要研究方向在吸收层和电极方面。

在硅基薄膜太阳能电池领域的国内申请人中，李毅申请专利32件，其中16件为实用新型专利。在这32件专利申请中，15件涉及组件，12件涉及制造装置，在结构和封装方面各有2件，仅有1件涉及吸收层。可以看出，李毅的专利申请大多与实际生产有密切的关系。

4.4.2 I–III–VI族化合物薄膜太阳能电池

在I–III–VI族化合物薄膜太阳能电池领域，南开大学共有7件申请，有4件申请涉及吸收层方面，2件涉及电池结构，1件涉及缓冲层，这些申请中的2件申请还同时涉及吸收层制备时所用的硒源产生装置和缓冲层的制备装置。

中国电子科技集团公司第十八研究所是 I–III–VI 族化合物薄膜太阳能电池领域另一家重要的国内申请人，共有6件专利申请，其中4件涉及吸收层的制备，可以看出其研究重点在于吸收层的制备，但第十八研究所的工作仍主要停留在科研阶段，未进行产业化的探索。

此外，上海空间电源研究所和中国科学院上海硅酸盐研究所在 I–III–VI 族化合物薄膜太阳能电池方面也有着较强的研发能力，如果将2009年和2010年的申请统计在内，上海硅酸盐研究所的申请量将排在国内申请人的前两位，其申请主要涉及吸收层的制备以及电极的改进。上述两家研究机构的主要工作以科研创新为主，尚未在产业化方面进行尝试。鸿海精密工业股份有限公司是国内在该领域专利申请较大的一家公司申请人，但其申请均涉及具有通用性的太阳能电池或组件，目前从其他公开信息尚未了解到该公司已经投入 CIGS 薄膜太阳能电池的研发和生产。

4.4.3　II–VI 族化合物薄膜太阳能电池

在 II–VI 族化合物薄膜太阳能电池方面，四川大学具有较为领先的科研和技术优势，在专利申请方面，四川大学共有12件申请，在国内申请人中排名第一，其中有4件申请涉及电极的制备方法，3件申请涉及电池结构的改进，2件申请涉及吸收层的制备及处理，另外分别有2件和1件申请涉及设备和衬底方面。可以看出，四川大学的申请涉及 II–VI 族化合物薄膜太阳能电池的几乎所有技术分支，其申请趋势偏重于实际生产。

4.4.4　染料敏化薄膜太阳能电池

国内申请量最大的申请人中科院化学所共有20件专利，涉及染料敏化太阳能电池的多个技术分支，其中9件涉及电解质方面，7件涉及光阳极方面，另有3件和1件专利分别涉及对电极和电池结构方面，总体而言，化学所的研发工作偏重技术开发。

此外，中科院等离子体物理研究所在染料敏化薄膜太阳能电池领域的研发工作卓有成效，并已建成500瓦染料敏化薄膜太阳能电池中试线，其共有13件专利（其中两件为实用新型专利）。在这13件专利中，有3件涉及电解质方面，2件涉及光阳极方面，1件涉及对电极方面，另外有5件（其中两件为实用新型专利）涉及大面积染料敏化薄膜太阳能电池的级联技术，还有2件涉及封装技术。其专利申请总体上实用性较强，偏重实际生产与产业化，这与等离子体所在染料敏化薄膜太阳能电池大规模发电方面的研究有密切关系。

彩虹集团是国内少有的涉足染料敏化薄膜太阳能电池领域的企业，其前身是陕西彩虹彩色显像管总厂，是中国第一只彩色显像管的诞生地，在光电子领域具有雄厚的实力，依托其技术背景，彩虹集团自2007年起在染料敏化薄膜太阳能领域申请了大量专利，并且申请量呈逐年上升的趋势，在2007年和2008年，彩虹集团申请了12件专利，涉及了染料敏化薄膜太阳能电池的几乎所有技术分支，其中2件涉及电池结构，1

件涉及制备工艺，2件涉及对电极，3件涉及封装，2件涉及光阳极，1件涉及衬底，1件涉及染料。

4.4.5 有机聚合物薄膜太阳能电池

中科院化学所与长春应化所是国内有机聚合物薄膜太阳能电池领域申请量最大的两位申请人，但其专利申请分布有所不同，中科院化学所的13件专利中，绝大部分涉及给体材料与受体材料，仅有两件涉及电池结构及制备工艺，表明中科院化学研究所的研究工作主要集中于材料方面；而长春应化所的11件专利申请中，4件涉及给体材料，2件涉及电池结构，2件涉及吸收层结构，2件涉及电池制备工艺，1件涉及受体材料。其专利申请分布较为平衡，涉及技术分支较多。有机聚合物薄膜太阳能电池仍处在集中研究阶段，因此尚未进入产业化阶段。

4.5 国内各省市申请情况分析

图4-5-1显示了国内主要省市的申请人在各技术分支的申请情况。❶ 从图中可以看出，薄膜太阳能电池领域中的各主要省市的申请均以硅基薄膜太阳能电池为主，申请量排名前六的省市的申请均涉及薄膜太阳能电池的五个技术分支。其中，北京的申请主要集中在硅基薄膜和染料敏化薄膜太阳能电池两方面，有机聚合物薄膜和I-III-VI族化合物薄膜太阳能电池也有涉及，II-VI族化合物薄膜太阳能电池方面的申请数量极少；广东的申请则以硅基薄膜太阳能电池为主，其次为染料敏化薄膜太阳能电池，在I-III-VI族化合物、II-VI族化合物和有机聚合物薄膜太阳能电池方面申请量均不

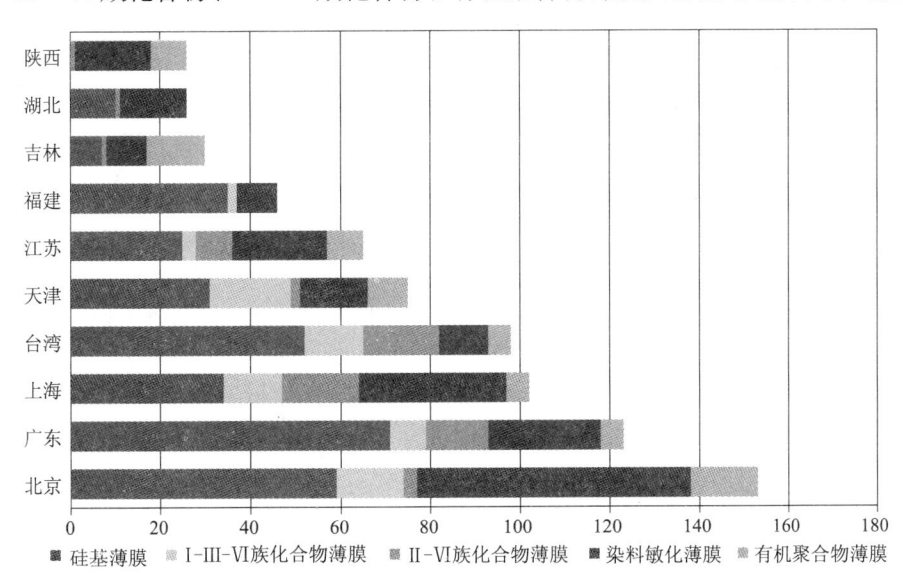

图4-5-1 国内主要省市的申请量及其在各技术分支的申请分布

---

❶ 其中，当一件申请涉及两个或两个以上的技术分支时，总申请量上未进行合并。

大；上海的申请也以硅基薄膜和染料敏化薄膜太阳能电池为主，在Ⅰ-Ⅲ-Ⅵ族化合物和Ⅱ-Ⅵ族化合物薄膜太阳能电池方面的申请数量高于北京，但在有机聚合物薄膜太阳能电池方面申请量很小。

在硅基薄膜太阳能电池领域，广东省的申请量排名第一，原因在于李毅、深圳大族激光为代表的申请人在2006~2008年期间进行大量的申请；北京的申请量排名第二，其中北京行者多媒体科技有限公司在2007年批量提出了41件专利申请；台湾的申请量排名第三，申请主要由财团法人工业技术研究院和东捷科技主导。

在Ⅰ-Ⅲ-Ⅵ族化合物薄膜太阳能电池领域，天津的申请量排名一，其中南开大学和第十八研究所分别有7件和6件申请；北京的申请量排名第二，主要由北京科技大学、清华大学等大学所申请；上海和台湾则并列第三，其中上海方面的申请人主要是上海空间电源研究所和中科院上硅所，台湾方面的申请人则是以公司申请人为主，如允瞻通讯等。

在Ⅱ-Ⅵ族化合物薄膜太阳能电池领域，上海、台湾和广东的申请量较高，其中上海方面的申请主要是中科院上硅所和中科院上海技术物理研究所，台湾方面的申请人以财团法人工业技术研究院为代表，广东方面的申请人以鸿海精密为代表；而图中未显示的四川在Ⅱ-Ⅵ族化合物薄膜太阳能电池方面的申请量仅次于广东，国内其他区域在该技术领域涉及不多。

在染料敏化薄膜太阳能电池领域，北京依托在京高校和研究机构，如中科院化学所、中科院物理所、清华大学和北京大学等，申请量在国内遥遥领先，上海申请量位居次席，申请人主要是复旦大学等高校，广东方面的申请人则主要是比亚迪和鸿海精密；值得注意的是，陕西因彩虹集团近年来大量申请专利（如2008年有11件申请），故其在染料敏化太阳能电池领域方面的专利申请量也排名前列。

在有机聚合物薄膜太阳能电池领域，总体的申请量不大，其中北京以15件申请排名第一，其中中科院化学所占据13件；吉林排名第二，共有13件申请，其中中科院长春应化所占据12件；排名第三的天津有9件申请，其中南开大学和天津大学各有4件。

图4-5-2显示了国内申请量排名前十的省市的申请/授权情况。可以看出，北京与广东的申请量和授权量均非常高，显示这两个地区在发明竞争力方面处于领先地位；上海的申请量虽然较高，但授权量低于北京与广东，这主要是上海的申请主要集中在2007年和2008年，因专利审查周期的影响所致。另外，值得注意的是，陕西的授权量偏低，这是由于陕西的申请量中彩虹集团占大部分，但该集团的申请均在2007年后提交，因此，考虑到专利审查周期的因素，陕西的授权率数据应低于实际水平；同样，福建的主要申请人福建钧石能源的申请时间均为2008年，这是福建的授权量偏低的原因之一。

图4-5-3显示了国内申请量排前十位的省市其申请中发明与实用新型的分布状况。可以看出，除广东的实用新型申请比例较高外，国内专利申请的类型均以发明为主，实用新型的比例很低。其中，广东的41件实用新型中，有16件由李毅申请。

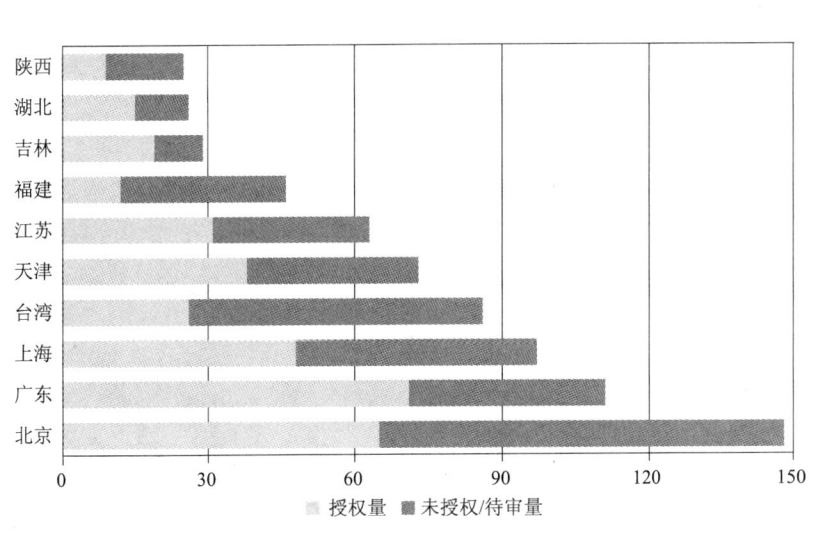

图 4-5-2 国内申请量排名前十的省市的申请/授权情况

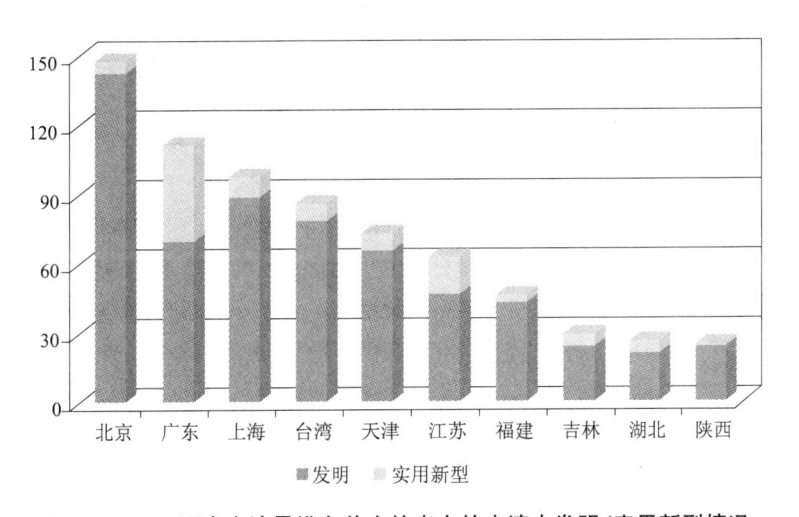

图 4-5-3 国内申请量排名前十的省市的申请中发明/实用新型情况

第5章 主要结论及建议

5.1 主要结论

5.1.1 薄膜太阳能电池技术发展及专利布局现状与趋势

5.1.1.1 发展动向

1. 薄膜太阳能电池处于技术发展期，硅基薄膜太阳能电池是主流，染料敏化薄膜太阳能电池和Ⅰ-Ⅲ-Ⅵ族化合物薄膜太阳能电池受关注度明显增加

近20年来，薄膜太阳能电池方面的年专利申请量与申请人数量总体上均呈现增长趋势，表明薄膜太阳能电池处于技术发展的上升期。在五类薄膜太阳能电池中，硅基薄膜太阳能电池出现最早，技术最为成熟，并且最早实现产业化和市场化，其专利申请总量几乎等于其余四类薄膜太阳能电池申请量的总和。但是近年来，随着其余四类薄膜太阳能电池的快速发展，硅基薄膜太阳能电池的申请量在总申请量中所占比重开始下降，染料敏化薄膜太阳能电池与Ⅰ-Ⅲ-Ⅵ族化合物薄膜太阳能电池的申请量近年来则迅速攀升，是当前薄膜太阳能电池研究领域的热点。

2. 主要国家和地区技术发展动向

（1）日本持续在硅薄膜太阳能电池领域进行大量研发和专利申请，近年来对染料敏化薄膜太阳能电池和有机聚合物薄膜太阳能电池的重视程度日渐增强

日本在硅基薄膜太阳能电池领域的历年申请量较为平稳，这体现了日本申请人在该领域进行大量的研发，并转化为持续的专利布局；在染料敏化薄膜太阳能电池方面，2000年之前的申请较少，2000年后则保持有较高的申请量，这也反映了日本申请人对该领域的研发及专利布局的重视程度；有机聚合物薄膜太阳能电池的申请量变化有一定的波动，在2000年前的各个年份几乎都有少量申请，2000年后的申请量呈上升趋势，这反映了日本申请人逐渐加大了对该领域的关注度；Ⅰ-Ⅲ-Ⅵ族化合物薄膜与Ⅱ-Ⅵ族化合物薄膜太阳能电池方面的申请量则没有太大的起伏。

（2）美国从2004年开始明显加大了在硅基薄膜太阳能电池、Ⅰ-Ⅲ-Ⅵ族化合物薄膜电池与Ⅱ-Ⅵ族化合物薄膜太阳能电池领域的研发和专利申请的力度

在2003年以前，美国申请人在硅基薄膜、Ⅰ-Ⅲ-Ⅵ族化合物薄膜与Ⅱ-Ⅵ族化合物薄膜太阳能电池方面历年的申请量均较少，从2004年开始，这三个领域的申请量均呈现高速增长的趋势，这表明美国申请人明显加大了在这些领域的研发和专利布局力度；美国申请人从1997年才进行染料敏化薄膜太阳能电池方面的申请，总体申请量不大；而在有机聚合物薄膜太阳能电池方面，2000年前有零星分布，2000年之后的申请量则明显增长，但总量不大。

（3）欧洲在各类薄膜太阳能电池方面的申请较为均衡

硅基薄膜太阳能电池方面的历年申请量均不大，仅有小幅的申请波动；而在Ⅰ-ⅢⅥ族化合物薄膜、Ⅱ-Ⅵ族化合物薄膜、染料敏化薄膜和有机聚合物薄膜太阳能电池方面的申请呈现稳中有升的趋势，但历年的申请量均不大。

（4）中国在各类薄膜太阳能电池方面的申请量均呈增长趋势，其中硅基薄膜太阳能电池和染料敏化薄膜太阳能电池的增长最为显著

2000年后，中国在各类薄膜太阳能电池的申请量均有一定程度的增长，其中，硅基薄膜太阳能电池在2006~2008年期间的申请呈放量增大，这体现了中国申请人对该领域的研发与专利申请的日益重视，与我国硅基太阳能电池的产业发展状况与趋势相一致，而染料敏化薄膜太阳能电池方面的申请量也呈现逐年增长的趋势。

（5）韩国在各类薄膜太阳能电池方面的申请量均呈增长趋势，其中在染料敏化薄膜太阳能电池领域增长最为突出

2001年后，各领域的申请量均有一定程度的增长，其中，染料敏化薄膜太阳能电池的增长最为明显，这体现了韩国申请人在该领域的研发最为活跃，并转化为持续增长的专利布局；硅基薄膜太阳能电池的申请量仅在2007年与2008年有着明显的增长。

3. 薄膜太阳能电池领域的技术集中程度不高，尚未出现被少数公司垄断的情况

与薄膜太阳能电池处于技术发展上升期、产业化程度不高相关，薄膜太阳能电池领域的专利技术相对分散，并未出现被少数公司或机构垄断大部分专利的情况，其中，全球申请量中排名前10位的申请人所占申请量份额尚不足35%，表明在这一领域的技术集中度不高。

5.1.1.2 市场布局

1. 专利申请地主要集中于日本，其次依次为美国、中国、欧洲和韩国，在其他国家和地区的申请量较少

在薄膜太阳能电池领域，专利申请地主要集中于日本，其次为美国、中国、欧洲和韩国，在其他国家和地区的申请量较少。其中，日本特许厅受理的薄膜太阳能电池专利申请数量超过8 000件，超过了其他四局受理的申请总量，但在日本专利厅受理的专利申请中来自日本本土的申请人达93%，在向其余四局的专利申请中，来自日本申请人的申请也占据了较高的比例，而且日本向其余四局的专利申请流出量也均高于其流入量，这表明日本是薄膜太阳能电池领域的主要专利申请输出国。在美国、欧洲和韩国三局中，本土申请人的申请比例均不超过50%，其专利申请流入量与流出量差距不大，表明这三国申请人同样非常注意专利申请的全球布局。而中国国内申请人的申请量占据主导地位，但专利输出量极低，属于专利净输入国。

2. 在硅基薄膜、Ⅰ-Ⅲ-Ⅵ族化合物薄膜和Ⅱ-Ⅵ族化合物薄膜太阳能电池领域，主要市场中日本所占比例呈下降趋势，美国、中国和韩国快速增长；染料敏化薄膜太阳能电池和有机聚合物薄膜太阳能电池领域专利布局日趋平均

在产业化程度较高的硅基薄膜太阳能电池、Ⅰ-Ⅲ-Ⅵ族化合物薄膜太阳能电池和Ⅱ-Ⅵ族化合物薄膜太阳能电池领域，日本、美国和欧洲是主要的专利申请受理局，其中日本近年来所占比例呈下降趋势，美国、中国和韩国快速增长，特别是在硅基薄

膜太阳能电池领域，中国作为新兴的市场，从 2002 开始受到极大的关注，其在 2007 年中所公开的专利申请的比例甚至超过了日本和美国而居第一位，在 2008 年也超过美国并和日本非常接近。

染料敏化薄膜太阳能电池和有机聚合物薄膜太阳能电池领域的专利申请人越来越重视在中国和韩国的专利布局，这两个领域在日、美、欧、中、韩的专利申请正越来越平均化。

5.1.1.3 技术研发重点

1. 硅基薄膜太阳能电池受关注较多的技术分支依次是吸收层、组件、制造装置与电极；I–III–VI 族化合物薄膜太阳能电池受关注较多的技术分支依次是吸收层、电池结构和组件；染料敏化薄膜太阳能电池领域电池结构与制备工艺、染料、光阳极和电解质是研究的重点；II–VI 族化合物薄膜太阳能电池和有机薄膜太阳能电池申请较为分散

在硅基薄膜太阳能电池领域，最受关注的技术分支是吸收层方面，其次为组件、制造装置与电极。在 I–III–VI 族化合物薄膜太阳能电池领域，吸收层、电池结构和组件三个技术分支的专利申请量最高，其中组件技术分支的专利申请量随着 I–III–VI 族化合物薄膜太阳能电池市场化与产业化的进程而明显增加。在 II–VI 族化合物薄膜太阳能电池领域，在吸收层、电池结构、电极、组件和封装等多个技术分支均有相当数量的申请，其申请较为分散。在染料敏化薄膜太阳能电池领域，电池结构与制备工艺、染料、光阳极和电解质是研究的重点。此外，随着染料敏化薄膜太阳能电池产业化的进展，封装方面的专利申请量上升很快。在有机薄膜太阳能电池领域，在吸收层结构、给体、受体和电池结构方面的专利申请较为集中，在电池制备工艺方面也有较大申请量，总体来看，申请较为分散。

2. 在薄膜太阳能电池技术功效方面，提高效率、降低成本和提高可靠性是关注的热点

在薄膜太阳能电池技术功效方面，在各类薄膜太阳能电池中均以提高效率、降低成本和提高可靠性为关注的热点，这显示了要与晶硅太阳能电池竞争，薄膜太阳能电池在技术上仍然存在巨大的提升空间。此外，薄膜太阳能电池在柔性、大面积化方面具有天然的技术优势，在扩大用途方面的技术需求已经变得越来越迫切。

5.1.1.4 潜在的技术发展点

在 I–III–VI 族化合物薄膜太阳能电池领域，对大规模整体装置的研发和改进以及吸收层材料的资源替代可能是值得关注的技术发展点。

在染料敏化薄膜太阳能电池领域，在光阳极方面进行研究以提高染料敏化薄膜太阳能电池可靠性可能是值得关注的技术发展点。

在有机聚合物薄膜太阳能电池领域，通过制备工艺提高可靠性和扩大用途可能是本领域值得关注的技术发展点。

5.1.1.5 被关注专利

硅基薄膜太阳能电池和 I–III–VI 族薄膜太阳能电池领域部分被关注专利已经成为可以公用的技术。

在涉及硅基薄膜太阳能电池的基本结构和工艺的专利中，美国的 RCA 和能源转换装置公司占据了大多数，而且无论是非晶硅薄膜电池，还是微晶硅薄膜电池，或是叠层电池，其基本结构的专利均已经失效，成为可以公用的技术。

在 I – III – VI 族化合物薄膜太阳能电池领域，吸收层及电池结构方面的被关注专利大部分由美国的专利权人/申请人掌握，少量由欧洲和日本的专利权人/申请人所掌握，其中部分涉及基本材料和基本结构的专利已经成为可以公用的技术。

5.1.1.6 主要申请人

1. 各领域值得关注的主要申请人

硅基薄膜太阳能电池领域值得关注的主要申请人有佳能株式会社、三洋电机、株式会社钟化、夏普株式会社、株式会社半导体能源研究所、应用材料公司、能源转换装置公司、三菱集团等。

I – III – VI 族化合物薄膜太阳能电池值得关注的主要申请人有松下电机株式会社、本田技研株式会社、纳米太阳能公司、昭和壳牌石油株式会社、索罗动力公司、索林塔公司等。

II – VI 族化合物薄膜太阳能电池领域值得关注的主要申请人有第一太阳能、松下和 MIDWEST RES INST。

染料敏化薄膜太阳能电池领域值得关注的主要申请人有富士胶片株式会社、株式会社藤仓、三星集团、夏普集团和科纳卡技术有限公司等。

有机聚合物薄膜太阳能电池领域值得关注的主要申请人有住友集团、科纳卡公司和大日本印刷株式会社等。

2. 部分知名企业的专利申请量少，主要在本国或本地区进行专利布局，其知识产权保护策略值得关注

在薄膜太阳能电池领域，以欧洲（德国）公司 Würth 为代表的部分知名企业专利申请量少，主要在本国或本地区进行专利布局，其知识产权保护策略值得关注。

5.1.2 在华专利申请状况

1. 各国日益重视在中国薄膜太阳能电池市场的布局；中国申请人近几年来明显加大了在薄膜太阳能电池领域的研发力度并将其转换为持续的在华专利布局

2000 年以前，除日本的申请量较多外，各国在华的申请呈零星分布；从 2000 年开始，各国的在华申请量均呈现总体上升的趋势，这体现了各国日益重视其在中国薄膜太阳能电池市场的布局。此外，中国申请人的申请量显著增长，尤以 2006~2008 年之间最为迅速，表明中国申请人加大了在薄膜太阳能电池领域的研发力度并将其转换为持续的专利布局。

2. 近年来，中国申请人高度重视硅基薄膜太阳能电池领域的技术研发和在华的专利布局

在硅基薄膜太阳能电池领域，国外申请人的在华申请所占比例最大，但是来自国内申请人的专利申请在绝对数量和相对比例两方面均不断增长，自 2007 年起，在这一领域的在华专利申请已经由前些年的国外申请人在华申请占多数转变为以国内申请人

在华申请占多数，表明国内申请人在该领域取得了显著进步，并且高度重视技术研发和在华的专利布局。

3. 硅基薄膜太阳能电池领域在华专利申请最重视的是吸收层、制造装置和组件三个技术分支，制造装置中最受重视的是PECVD设备

硅基薄膜太阳能电池领域在华专利申请中吸收层、制造装置和组件三个技术分支占申请量的比例分别为34%、19%和19%，明显高于其他技术分支，表明这三个技术分支最受重视。

PECVD方面的专利申请是制造装置方面的重点，其申请量占制造装置申请量的2/3，在专利申请方面的优势地位凸显了PECVD在硅基薄膜太阳能电池制造装置领域的核心地位。

4. 硅基薄膜太阳能电池领域的国内申请人以企业为主，其他几类薄膜太阳能电池的国内申请人以大学和研究机构为主

硅基薄膜太阳能电池领域技术相对成熟，产业化程度高，来自企业的专利申请所占比例最高；其他几个技术分支中，Ⅰ-Ⅲ-Ⅵ族化合物薄膜太阳能电池和Ⅱ-Ⅵ族化合物薄膜太阳能电池均处于产业化的起步阶段，大学和研究机构的申请量大于企业的申请量，而在尚未产业化的有机薄膜太阳能电池和染料敏化薄膜太阳能电池领域，则鲜见企业申请的身影，大学和研究机构的申请量占据了绝对优势。

5. 国内申请人的专利类型以发明专利为主，实用新型占相当比例；国外申请人的专利类型基本上为发明专利，并且超过一半的申请以PCT申请的形式进入中国

国内申请人的专利类型以发明为主，占总数的85%，实用新型专利占总数的15%；国外申请人的专利类型基本上是发明专利，实用新型专利仅占0.2%，并且超过半数的专利以PCT申请的形式进入中国。

5.2 建 议

综合本课题研究成果，按照薄膜太阳能电池领域全球专利技术分析、主要申请人分析和在华专利申请分析的实际情况，本报告主要针对创新的主体——企业、高校和研究机构提出以下建议。

1. 加强对潜在的技术发展点的资金投入和研发力度，寻求跨领域的合作

通过研究发现，整体装置的操控性和可靠性是实现精确可靠的大规模制备工艺的重要支撑，也是提高薄膜太阳能电池组件效率、降低薄膜太阳能电池整体成本的重要环节，对大规模整体装置的研发和改进是产业化程度较高的硅基薄膜太阳能电池、Ⅰ-Ⅲ-Ⅵ族化合物薄膜太阳能电池和Ⅱ-Ⅵ族化合物薄膜太阳能电池领域需要重点解决的薄弱环节，我国企业、高校和研究机构应特别注意加强对制造装置的资金投入和研究开发。在研发过程中可以考虑寻求与装置方面技术水平较高的半导体企业进行合作，从而加快研发进程，缩短研发周期，节省研发投入。

染料敏化薄膜太阳能电池如果解决电解质的储存、使用以及稳定性等问题，在小面积、日常生活用太阳能电池方面的应用前景广阔，并且此方面应用的政策依赖性较

低，因此具有较为突出的产业化前景，在研究中也发现国外申请人在封装方面的申请量逐年上升，国内企业应注意在这一领域的研发和专利申请工作。

2. 重视在新领域的技术研发，加强产学研的合作

我国在染料敏化薄膜太阳能电池领域的研发有独到之处，与国际先进水平相比也并不逊色，但研发工作大多由高校和研究机构进行，国内企业可以注意与之展开合作，既有助于企业在新技术领域的发展，也有助于高校和研究机构的研究成果向生产力转化。

3. 对于有价值的技术，加强对国外主要市场的专利申请，适当关注新兴市场

在对全球专利技术国家分布的分析中发现，美、日、欧在薄膜太阳能电池领域的技术实力占优，我国企业、高校及研究机构近年来也取得了显著的进步，但是，上述国家和地区在全球进行专利申请的情况存在很大的差异：日本、美国和欧洲除重视本土的申请外，还很重视对全球其他国家和地区进行专利申请，而中国申请人主要是在中国进行专利申请，对外的专利申请基本上可以忽略不计。考虑到我国在薄膜太阳能电池领域已经具备一定的技术水平，国内申请人在申请专利时应进行充分的评估，对于一些技术水准较高、商业价值较大的技术，应积极向国外提出申请。

研究发现日、美、欧是薄膜太阳能电池领域的主要专利申请受理局，也是太阳能电池的主要市场，专利布局较为密集，除此之外，澳大利亚、印度、南非、巴西等国家也比较重视利用太阳能，是潜在的新兴市场，但专利申请明显较少，国内的企业、高校及研究机构可以结合太阳能电池的产地设置情况，针对性地制定专利申请的策略，在重视主要市场的同时，可以考虑对新兴市场提前进行专利申请。

4. 密切关注主要竞争对手的专利布局，防范知识产权风险

通过对在华专利申请的分析可以看出，国外申请人尤其是薄膜太阳能电池领域的一些主要申请人十分重视在华的专利布局，在产业化程度较高的硅基薄膜太阳能电池、I-III-VI族化合物薄膜太阳能电池和II-VI族化合物薄膜太阳能电池领域，国外申请人的专利申请总量均远高于国内申请人，并且这些专利申请绝大部分是发明专利，申请质量相对较高，一些专利可能对我国薄膜太阳能电池的发展产生重大影响。

我国相关企业、高校及研究机构尤其是企业应当重视跟踪研究主要竞争对手的专利布局情况，密切关注可能影响、制约国内企业发展的在华专利申请，积极采取有效应对措施，将可能的知识产权风险降到最小：对于已授权且仍处于保护状态的专利或尚未授权的专利申请，应对其技术要点以及保护范围进行分析，在确定重点专利技术之后，可以通过转让、合作等方式获得专利的所有权或者使用权；对于尚未授权的专利予以积极关注，通过公众意见方式协助审查员对专利申请进行审查；提前进行相关的专利申请以实现交叉许可。

国内较有实力的企事业单位应重视知识产权工作，设立专门部门，培养专业人才，建立专题专利数据库，跟踪本领域最新技术发展动态，找准自主研发方向，避免侵权风险。

附 录

附件1：市场概况

一、全球光伏市场概况

最近几年，光伏产业已经成为新能源产业中发展最快的行业之一。图1反映了2000~2009年期间全球太阳能电池产量的增长情况。从图中可以看出，在此期间全球光伏电池的产量逐年快速增长，其复合增长率达到了47.8%。2008年，光伏电池的产量达到了99.4%的增幅。尽管2009年受到金融危机的影响，世界光伏电池的产量仍有36.4%的增幅，产量达到了9.34GW，且在2009年下半年有较为明显的增长。2010年光伏电池的出货目标为15GW以上。

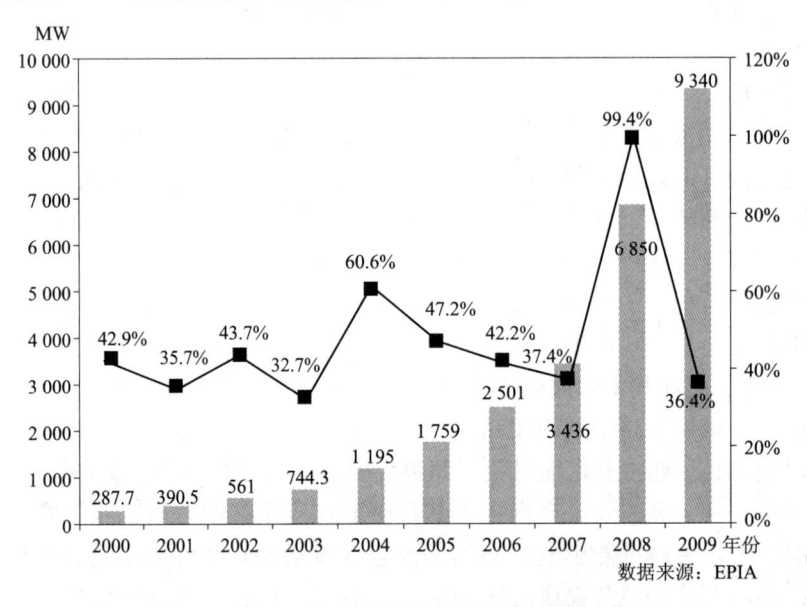

数据来源：EPIA

图1　2000~2009年世界光伏电池产量增长情况

图2反映了在2000~2009年期间全球年装机量和累计装机量（MW）及增速。在此期间，全球范围内光伏发电年装机容量的复合增长率为47%，而累计装机容量的复合增长率为35%。根据欧洲光伏产业协会（EPIA）的发布数据，尽管受到金融危机的影响，2009年全球光伏发电的年装机容量仍有18%的增幅，达到了7.2GW。同时，全球光伏发电累计装机容量的增幅为46%，达到了22.9GW。EPIA预计，2010年全球的装机容量有望在8.2GW~12.7GW，并且今后几年仍将会呈现快速增长的趋势。

虽然2010年将成为光伏产业有史以来业绩最好的一年，但可预见的市场需求量也使得光伏产业在2011年遇到更多的问题。例如，随着上网电价补贴下调政策的实施，德国等热点市场的新增光伏装机容量将很可能大幅下降，而诸如捷克等正在实施上网电价补贴的国家态度的不确定将进一步致

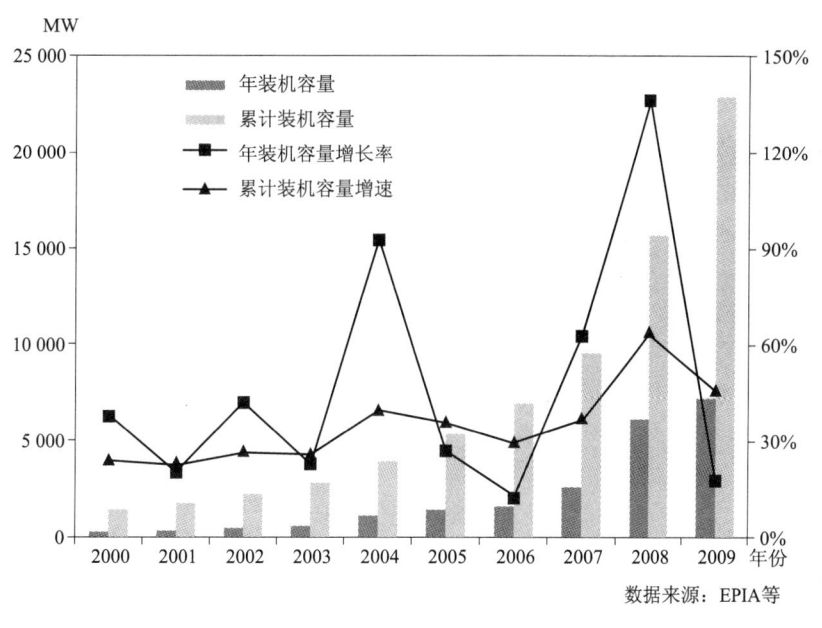

图 2 2001～2010 年全球年装机量和累计装机量（MW）及增速

使组件库存量增加，供过于求的差量将使未来的光伏市场充满挑战。

从 2003 年开始，晶体硅光伏电池的原材料多晶硅价格急速上涨，这使得在以晶硅电池为主流的全球光伏市场的需求与增长同步突飞猛进之时，薄膜太阳能电池也迎来了良好的发展机遇。薄膜太阳能电池虽然转换效率低，但由于其成本低廉，并具有更好的弱光性能，近年来也得到快速发展，市场需求日益旺盛，是晶硅电池的良好补充。2007 年薄膜太阳能电池产量为 400MW，2008 年薄膜太阳能电池产量为 892MW，增长了 123%，2009 年薄膜太阳能电池产量为 1.68GW，同比增长了 88%，占全球光伏总产量的 18%。EPIA 预计，2010 年薄膜太阳能电池的产量将达到 4GW，占光伏电池总量的 20%，到 2013 年，薄膜太阳能电池将占整个光伏电池产量的 25% 左右。

二、世界主要光伏市场发展状况

图 3 反映了 2009 年全球和欧盟的光伏市场分布情况。在 2009 年 7.2GW 的装机容量中，欧盟的装机容量达到了 5.6GW，占了世界光伏市场的 78%，是目前世界上最大的光伏发电市场。其中，德国于 2000 年颁布了"可再生能源法案"（EEG 法案），对光伏发电上网电价进行补贴；此后，德国一直是世界上最重要的光伏市场，其 2009 年的装机容量为 3.8GW，占了欧盟市场的 68%。同时，德国联邦环境部在 2009 年支持光伏科研经费 3.29 亿欧元中，薄膜技术占到 32%（硅基和 CIS 电池几乎相同）。然而，2009 年生效的 EEG 修正法案降低了光伏发电的补贴力度，并于 2010 年 1 月宣布下调 15% 的光伏上网补贴电价，并且在今后的一段时间内会继续下调补贴额度。这些政策的出台有可能会放缓德国光伏市场的进一步高速发展，从而影响全球光伏市场的发展和布局。但仍有许多公司，诸如 First Solar、SolarWorld、Avancis、Juwi 等宣布在德国将进行或完成新的光伏投资。

除了德国以外，意大利、捷克等国家也相继采取了固定上网电价的补贴政策（例如意大利的"Conto energia"项目），使这些国家的光伏市场迅速扩张。其中，2009 年意大利的装机容量为 711MW，使其成为全球 2009 年的第二大市场。捷克和比利时的市场也迅速增长，分别有 411MW 和 292MW 的装机容量。法国也有 185MW 的装机容量，并且在 2009 年 7 月，国民议会经济委员会公布了 9 条全国光伏发展的指导意见，并进一步加大了光伏 R&D 的投入。而由于财政危机和严厉的政策

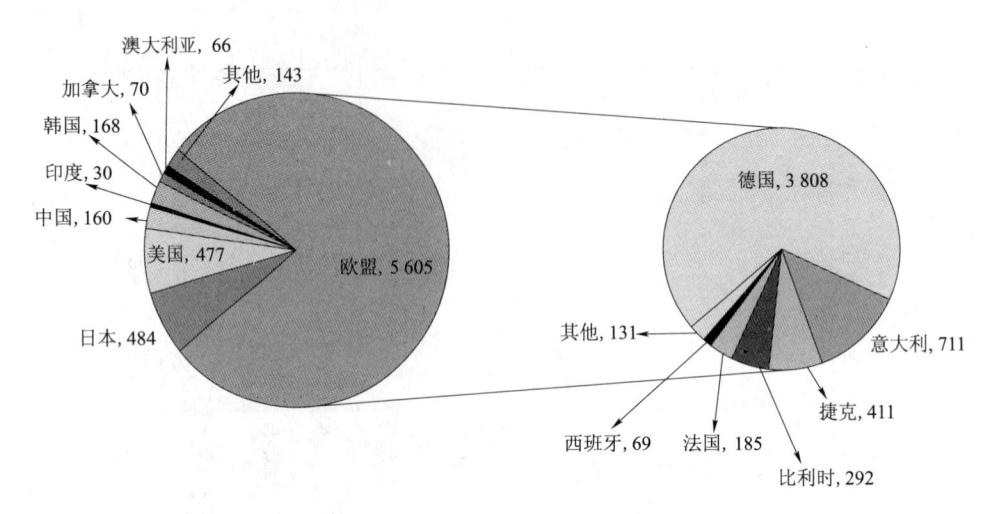

图3 2009年全球和欧盟的光伏市场（MW）

调控（Royal Decree 1578/2008），西班牙由2008年装机容量第一的2 600MW跌至2009年的仅有69MW。

除了欧盟市场，2009年，日本和美国的装机容量分别为484MW和477MW，成为欧盟以外最大的两个光伏市场，并且由于政府的支持具有巨大的发展潜力。其中，诸多日本企业，例如夏普、京瓷、三洋、松下等，都宣布扩建或新建光伏生产线；而日本政府也于2009年1月重启了对居民光伏发电系统的补贴，这也将在一定程度上刺激了日本的光伏市场。而美国2009年的出货量占了全球的6%（其中69%是薄膜太阳能电池组件），消费了全球8%的组件需求。同时，美国能源部加大了光伏电池技术的研发，尤其是在硅基薄膜、高效III-V族、CdTe、CIGS、染料敏化和有机聚合物电池的支持力度，2009年共投入4.45亿美元，而联邦政府和州政府出台了大量刺激政策，使美国有望在未来取代德国成为全球光伏市场的发动机。

韩国在2009年有169MW的装机容量，但其光伏电池产能则达到了1GW的规模。中国和印度在2009年也分别有180MW和30MW的装机容量，电池产能也逐步增加。而加拿大、澳大利亚、东南亚等国家和地区的光伏市场也正在起步。此外，新兴市场，诸如巴西、墨西哥、摩洛哥和南非等也准备在光伏市场上跃跃欲试，并被认为是很有潜力的国家。

而在光伏电池制造方面，从地域上看，太阳能电池生产制造仍保持着中国、日本、欧洲和美国四足鼎立之势。其中，中国内地的光伏电池产量仍保持世界第一的位置，产量达到3 460MW（主要是晶硅光伏电池），占全球总量的37%，欧洲约为19%，美国为17%，日本为11%，其他国家约为18%。

其中，在薄膜光伏市场方面，2009年欧盟占有薄膜太阳能电池约30%的市场份额，同时中国、日本、美国以及其他亚洲国家（主要是马来西亚）各自占有10%~20%不等的市场份额。EPIA预计，到2015年，薄膜太阳能电池将占到欧盟市场的30%，其中硅基电池与CdTe和CIGS电池将平分秋色。

在各种类型薄膜太阳能电池的市场占有率方面，如表1所示，2007年硅基薄膜太阳能电池的市场占有率最高，CdTe薄膜太阳能电池排其次，CIGS薄膜太阳能电池排第三。但到2008年，CdTe薄膜太阳能电池的市场占有率超过硅基薄膜太阳能电池。此外，2009年薄膜太阳能电池的产量为1.68GW，其中First Solar公司2009年CdTe薄膜太阳能电池的产量为1.1GW，占了65%以上，但未获得其他几种薄膜太阳能电池的准确数据，因此在表1中未列出2009年的数据。

表1　2007~2008年各类薄膜太阳能电池市场份额

薄膜类型	市场份额 2007年	市场份额 2008年	组件转换效率	主 要 公 司
非晶/微晶	50%	37%	6%~9%	United Solar, Kaneka, Fuji, Mitsubishi, Sharp, Schott 等
碲化镉	45%	57%	9%~11%	First Solar, Antec Solar
铜铟镓硒	5%	6%	10%~12%	Würth, Global Solar, Showa Shell, Honda, Nanosolar 等
其他	<1%	<1%		
合计	100%	100%		

数据来源：EPIA。

目前，全球范围内已投产的硅基薄膜太阳能电池企业有 Kaneka、Sharp、Fuji Electronic、EPV、United Solar、Schott Solar 等128家，还有 Dupo、Sanyo 等9家企业即将投产；已投产的 I-III-VI 族化合物薄膜太阳能电池企业有 Q-cells（solibro）、Würth、Global Solar、Showa Shell、Honda 等30家，还有 Stion、EPV Solar 等19家企业即将投产；已投产的 II-VI 族化合物薄膜太阳能电池企业有 First Solar、Q-cells 等4家，还有 China Nuvo、Xunlight 等8家企业即将投产；已投产的染料敏化薄膜太阳能电池的企业有 G24i、Konarka、Acrosol 等3家，还有 Dyesol、Solaris、Peccell 等12家企业即将投产；有机聚合物太阳能电池由于其发展历程较晚，光电转换效率较低，目前仍主要停留在研发阶段，进入产业化阶段的仅有 Konarka 公司，而有计划进入产业化的公司有 Global Photonic、DaiNippon、Solar Press 等公司。

表2列出了全球主要国家和地区薄膜太阳能企业的分布情况。从表中可以看出，美国在硅基薄膜太阳能电池、I-III-VI 族化合物薄膜太阳能电池、II-VI 族化合物薄膜太阳能电池、染料敏化太阳能电池和有机聚合物太阳能电池方面均有企业进入产业化阶段；德国在硅基薄膜太阳能电池、I-III-VI 族化合物薄膜太阳能电池和 II-VI 族化合物薄膜太阳能电池方面已有企业进入产业化阶段，在有机聚合物薄膜太阳能电池方面有1家企业即将投产；日本在硅基薄膜太阳能电池和 I-III-VI 族化合物薄膜太阳能电池方面已有企业进入产业化阶段，在染料敏化太阳能电池和有机聚合物薄膜太阳能电池方面有企业即将投产，但由于环保方面的考虑，日本没有任何企业涉足 II-VI 族化合物薄膜太阳能电池的生产；中国在硅基薄膜太阳能电池和 I-III-VI 族化合物薄膜太阳能电池方面已有企业进入产业化阶段，其中硅基薄膜太阳能电池的生产企业数量众多，占据了全球总数的1/3以上，有2家企业有生产 II-VI 族化合物薄膜太阳能电池的计划。

表2　全球主要国家和地区薄膜太阳能企业分布

区域 \ 类型	中国内地	中国台湾	德国	美国	日本	加拿大	法国	韩国	印度	其他	合计
硅基	44(1)	10(2)	13	12(1)	7(1)	5(1)	4	4	4(1)	25(2)	128(9)
I-III-VI族	3(4)	4(3)	8(1)	7(8)	2	(1)	—	1(1)	2	3(1)	30(19)
II-VI族	(2)	—	1(1)	2(5)	—					1	4(8)

续表

区域\类型	中国内地	中国台湾	德国	美国	日本	加拿大	法国	韩国	印度	其他	合计
染料敏化	—	—	—	1(1)	(5)	—	—	1(1)	—	1(5)	3(12)
有机聚合物	—	—	(1)	1(3)	(1)	—	—	—	—	(1)	1(6)
合计	47(7)	14(5)	22(3)	23(18)	9(7)	5(2)	4	6(2)	6(1)	30(9)	166(54)

注：括号内为即将投产的企业数量。　　　　　　　　　　　　　数据来源：易恩孚

三、中国光伏市场发展状况

2009年上半年，中国光伏电池企业受到金融危机的影响，业务量严重下滑，2009年下半年开始复苏，太阳能电池组件订单逐渐增多，之后业务量一直保持着较高的增长态势。在全球光伏市场强劲需求的带动下，2009年中国光伏电池产量达到3 460MW（主要是晶硅光伏电池），为世界之最，占全球电池产量的37%左右。根据Solarbuzz的报告显示，2010年第二季度内，位居前十二名的电池制造商中有六家来自中国，其出货量占了全球总量的55%，同比上一年度上涨了43%。如果全球光伏行业保持目前的发展态势，中国的光伏电池产量在2010~2012年的复合增长率会在50%以上，到2012年，电池产量有望达到15GW。2000~2009年中国光伏电池产量和增长率如图4所示。

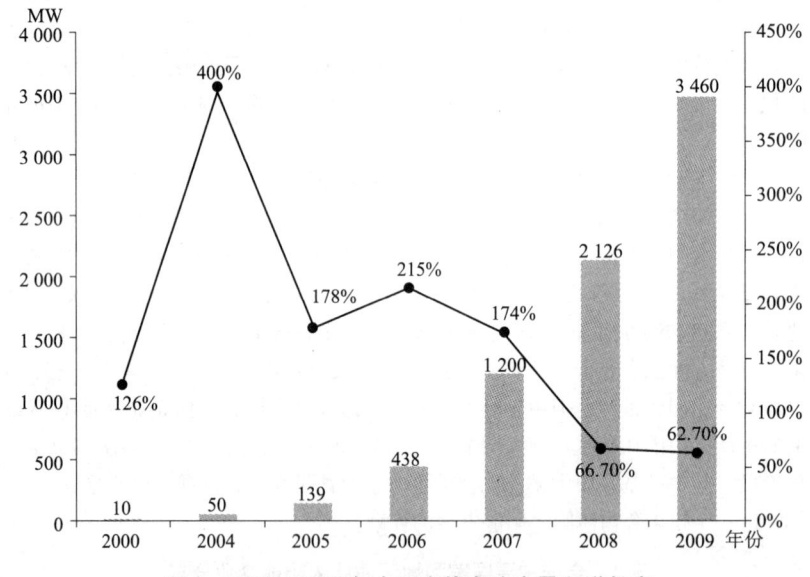

图4　2000~2009年中国光伏电池产量和增长率

虽然中国是光伏电池的生产大国，但光伏市场发展却极为缓慢，尤其在2009年以前，中国尚未出台专门支持光伏电站建设的政策，国内光伏装机容量一直没有大规模的增长。2009年可以认为是中国光伏市场的启动年。在这一年，国家有关部位出台了刺激光电建筑一体化项目和金太阳示范工程项目的政策，并且各地方省份，包括江苏、上海等，也陆续出台了一系列刺激和支持光伏产业发展的指导意见和实施方案等政策，极大地提高了光伏电站建设的信心。2009年，中国光伏装机容量呈现爆炸式增长，新增装机容量达到130MW，几乎等于2009年以前的光伏累计装机容量。根据中国电力科学研究院的预测，到2050年，中国的光伏发电专机将占全国电力装机量的5%。2005~2009年中

国光伏年装机容量和累计装机容量如图5所示。

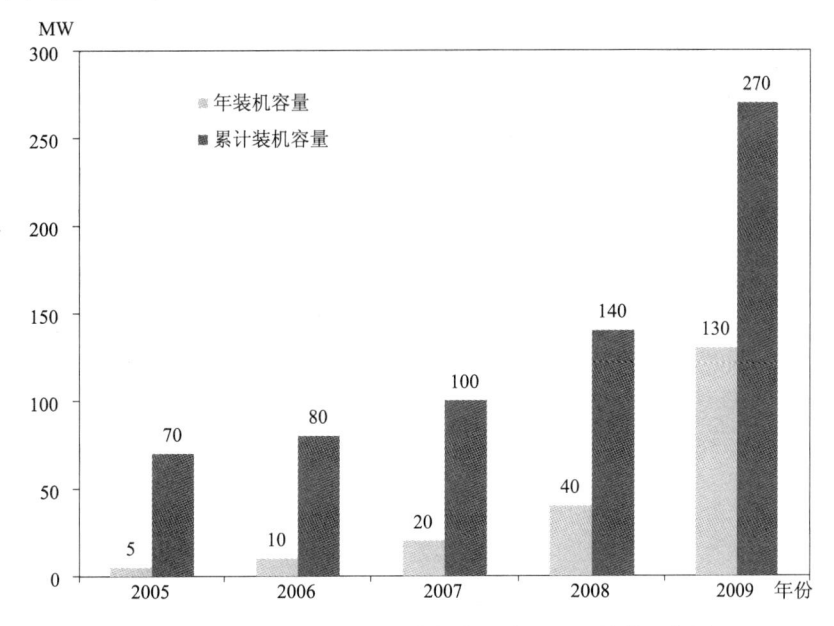

图5　2005～2009年中国光伏年装机容量和累计装机容量

中国从20世纪80年代中后期引进单结非晶硅电池后，非晶硅电池产业一直处于稳步发展的态势。近年来，由于多晶硅材料紧缺，促进了薄膜太阳能电池产业发展。2004年以前的薄膜太阳能电池产业以单结非晶硅电池为主，2004年天津津能引进了2.5MW双结非晶硅电池后，非晶硅双结电池发展迅速。我国非晶硅电池产业的高速发展也得益于世界光伏市场的拉动以及薄膜太阳能电池产业技术不断走向成熟等因素的推动。截至2009年，中国内地从事薄膜太阳能电池生产的企业有47家，如保定天威薄膜、新奥光伏、福建钧石、江苏综艺光伏等，主要集中在硅基薄膜太阳能电池，另有7家企业即将投产。而台湾地区也有13家薄膜生产企业，另有5家企业即将投产。

附件2：各主要国家和地区光伏产业政策

光伏技术的产生和发展已有几十年之久，由于成本仍然较高，光伏行业的发展离不开政府强有力的政策支持，光伏行业在近几年的大幅发展与近年来各国对新能源的关注和强力支持密切相关。

一、欧　洲

欧洲是目前世界上最大的光伏发电市场，1997年，欧洲宣布了百万屋顶计划。欧盟委员提出"欧洲可再生能源技术战略计划"，太阳能在该计划中占有重要地位，到2020年，太阳能将占欧盟电力需求的15%，其中包括12%来自光伏发电，3%来自太阳热发电系统。

以德国为代表，西班牙、意大利等都采取了固定上网电价的补贴政策，本报告中主要对德国的政策进行介绍。

从历史变革来看德国推出的重要计划或法案如下。

1. 1991年，德国提出了"1000光伏屋顶"计划。
2. 1998年在欧洲百万屋顶的框架下提出了一个光伏工业20年来最庞大的计划即"10万光伏屋顶"计划，计划6年安装300MW～500MW光伏系统，政府为该计划提供10年无息信贷，提供

37.5% 的补贴。2003 年圆满完成该计划。

3. 2000 年在全球率先颁布了"可再生能源法"（EEG 法案）。该法案规定以对光伏发电上网电价进行补贴的方式支持光伏产业发展，其主要特点是"固定上网电价"（Feed-in-Tariff）政策。关于光伏发电的主要内容是：① 电网公司全额收购光伏发电上网电量，并以 50.6 欧分/kwh 支付给开发商上网电价；② 在固定的范围内，享受固定的上网电价（20 年）；③ 新建光伏发电的上网电价每年递减（PV：5%/a）；④ 成本均摊：高于常规电价的部分在全部消费者均摊，消费者平均每月需要多支付 20 欧分的电力支出。

4. 与"可再生能源法"相配套的银行贴息贷款政策。德国的政策性银行——德国复兴开发银行设立了可再生能源投资专项，为可再生能源项目融资提供方便。

5. 2004 年 EEG 修正法案。该法案计划可再生能源发电量占总体发电量的比例在 2010 年达到 12.5%。然而据德国联邦环境部数据显示，至 2007 年底，可再生能源发电量占总体发电量比例为 14.2%，超过了修正案中列出的比例，提前实现目标。

6. 2009 年 EEG 修正法案（2008 年 6 月通过，2009 年生效）。该修正法案对可再生能源发展目标、补贴力度等进行更改：① 可再生能源发电量到 2020 年的目标比重由 20% 修改为 30% 以上；② 对各种类型的可再生发电的补贴电价进行修改，较大限度地提高了风电的补贴力度；降低了太阳能发电补贴力度：光伏补贴电价的年下降率 2010 年为 8% 或 10%，2011 年以后为 9%，而 2008 年以前的补贴电价下降率为屋顶光伏 5%，地面电站 6.5%，下降率提高了 2.5 个百分点以上；③ 新能源发电厂商可以自主选择是否将发电出售给公共电网：在电力市场价格高于补贴价格的情况下，此修正条例可以让新能源发电厂商直接将新能源发电出售给市场而不卖给电网，有利于保证新能源发电厂商在市场电价高企状况下的利润。

7. 2010 年 1 月，德国宣布下调光伏上网电价，屋顶光伏系统上网电价从 2010 年 4 月起开始下调 15%，地面光伏系统上网电价从 2010 年 7 月开始下调 15%。2010 年 7 月，德国联邦参议院通过了可再生能源法光伏发电上网补贴修订案，从 2010 年 7 月 1 日开始，在德国境内建造的屋顶光伏发电系统补贴额减少 13%，转换地区（原来非电站用地后改作电站用地）补贴额减少 8%，其他地区补贴额减少 12%。从 2010 年 10 月 1 日开始，补贴额将在 7 月 1 日的基础上再减少 3%。

西班牙、意大利、法国等欧洲国家继德国之后相继采取了固定上网电价的补贴政策，并且补贴力度更大，促使其国内光伏发电市场在几年的时间内迅速扩张。但出于削减政府开支、抑制投机等方面的考虑，上述国家已经或者正在大幅降低补贴力度。

二、日本

日本由于国土狭小、资源匮乏，很早就开始重视新能源的发展，目前是世界第二大光伏发电市场。

日本政府早在 1974 年第一次石油危机期间就制订了"阳光计划"，作为延续，1993 年颁布了"新阳光计划"，该计划的基本目标是将新能源作为国家的重要能源供应方式加以支持。在该计划下，自 1994 年起居民安装光伏发电系统由政府提供补贴，补贴额度接近 50%（以后逐年递减直至零）；光伏系统所发电力由政府以电网售电价格收购。通过这些扶持政策以及其他方面的努力，2000 年的产量达到 1994 年的 7.5 倍，使光伏发电系统造价和发电成本均降到原来的 1/4 ~ 1/3。

在"新阳光计划"成功的基础上，2001 年日本政府制订了"先进的 PV 发电计划"。2003 年颁布了"可再生能源配额标准（Renewable Portfolio Standard）"，要求能源公司提供的能源总量中新能源和可再生能源要占有一定的份额，否则必须到市场上去购买绿色能源证书，以此促进光伏发电和风力发电等可再生能源和节能技术的发展。该法规规定到 2010 年的目标是电力部门可再生能源的供应必须达到 12.2TWh，约占全部电力供应的 1.35%，总装机量达到 4 820MW，而年装机量可达到

1 230MW；该标准也提出了日本在 2020、2030 年光伏能源的总装机和年装机量的目标。

2006 年日本政府制定了"新国家能源战略"，其主要意图是改变其严重依赖石油的传统能源结构，进而增强能源安全。其中以 2030 年为目标年份制定了四个方面的量化目标：① 大力发展节能技术，争取到 2030 年之前将全国的整体能源使用效率提高 30% 以上；② 减少依赖石油：当前石油依赖度为 50%，到 2030 年比例将低于 40%；③ 通过收购海外石油公司和参与海外石油开发等手段，培育日本自己的核心石油开发企业，将日本在海外开采石油的比例从当前占进口总量的 15% 提高到 40% 以上；④ 将核电的比例从当前占总发电量的 30% 提高到了 40% 以上。可再生能源被认为是建立现代化的能源供需结构的重要内容，就光伏系统而言，其目标是到 2030 年光伏发电的成本要具备与火电相竞争的能力。继续在供需两个方面实施补贴和减免税等措施促进光伏技术的应用。同时建立光伏产业集团。为了实现其战略目标，日本通产省在研发与推广方面采取降低成本、扩大生产和应用规模的措施。降低成本主要依靠技术进步，系统推广主要依靠应用示范，由此培育机构和私人用户的市场需求。日本环境省重点考虑的是通过支持示范项目，推动光伏系统的应用和推广，使之成为减少温室气体排放的有效途径。

2008 年 7 月 29 日，日本内阁会议通过了"低碳社会行动计划"，其中规定到 2020 年将太阳能发电量提高到 2005 年基础的 10 倍，2030 年时提高到 40 倍，即 2020 年装机容量要达到约 14GW，2030 年要达到约 50GW；利用 3～5 年时间将发电系统的价格降至目前的一半左右。

此外，日本的光伏补贴政策在 2005 年时曾一度取消，使此后几年发展速度明显放缓，落后于德国、西班牙等欧洲国家。日本于 2009 年 1 月开始恢复对居民光伏发电系统的补贴，即 70 000 日元/kW。预计补贴政策的恢复将有力推动日本光伏发电的增长。

三、美　国

美国于 1978 年通过公用事业管制政策法（Public Utilities Regulatory Policy Act），该法案促使美国在 1980 年代可再生能源发展达到 12GW。1992 年开始实施能源政策法（Energy Policy Act），关于可再生能源的主要规定是：① 对太阳能发电和地热发电项目减税 10%；② 对风力发电和生物质能发电减免 1.5 美分/度的税金，为期 10 年；③ 对于属于州政府或市政府所有或非营利机构的电力公司于 1993 年 10 月 1 日至 2003 年 12 月 30 日建造的可再生能源系统同样给予为期 10 年、1.5 美分/度的税金减免；④ 2004 年，抵税优惠额度提高到每度电 1.8 美分。

1996 年，在美国能源部的支持下，开始"光伏建筑物计划"，投资 20 亿美元。1997 年 6 月，美国总统克林顿宣布"百万太阳能屋顶计划（Million Solar Roofs Initiative）"，准备在 2010 年以前，在 100 万座建筑物上安装太阳能系统，主要是太阳能光伏发电系统和太阳能热利用系统。

2005 年 8 月，布什政府宣布能源政策法修正案，与光伏发电相关的主要是：① 再次授权再生能源设备奖励计划，提供太阳能、风能、地热、生物质能（含沼气）等可再生能源赋税减免；在光伏方面，对商用光伏系统，30% 税收抵扣 2 年，之后为 10%；而对居民用光伏系统，30% 税收抵扣 2 年，但 2 000 美元封顶；② 计划 2013 年可再生能源达到总能源的 7.5%；③ 新增可再生能源防护条款提供财政援助去修复更新一般住宅因年久风化的可再生能源设备。2005 年修订的能源政策法中的光伏投资税减免政策于 2008 年底到期，美国参议院于 2008 年 9 月通过了将该政策延期 2～6 年的决议，具体包括：① 商用光伏项目的投资税收减免延长 8 年，住宅光伏项目的投资税减免政策延长 2 年；② 取消每户居民光伏项目 2 000 美元的减税上限。

2007 年 12 月，布什总统签署了能源独立与安全法（Energy Independence and Security Act），旨在提高美国的能源独立性和安全程度，提高可再生燃料的产量，保护消费者、提高产品、建筑、汽车的效率，促进科研和应用碳捕获与埋存技术选项，提高美国联邦政府的能源绩效。

从各州的情况来看，美国有 30 多个州通过了净电量计量法（Net Metering），允许光伏发电系统上网和计量，电费按电表净读数计量，允许电表倒转，若用电量大于光伏发电量，用户按照用电量和光伏电量的差额付费。目前，对于光伏发电，美国有32个州实行配额制，26个州实施了税收优惠政策，21个州制定了优惠贷款政策。美国加州由于自然条件优越，对于光伏发电最为积极，其"购买降价（Buy Down）"政策直接对太阳能电池发电系统的初投资进行补贴，加州政府于2001年通过"加州太阳能计划"（California Solar Initiative）：总预算为32亿美元，计划10年内安装100万个太阳能发电系统，小于100KWp的系统，纳税机构与个人享受\$2.5/Wp的补贴，由联邦政府税收抵扣，政府和NGO组织享受\$3.5/Wp的补贴；大于100KWp的系统，纳税机构和个人享受\$0.39/Wp的补贴，政府和NGO组织享受\$0.5/Wp的补贴，这有力推动了加州光伏发电市场的发展。

2010年7月21日美国参议院能源委员会投票通过了"千万太阳能屋顶计划"，这将极大促进未来十年美国光伏市场的增长。从2012年开始，将投资2.5亿美元用于该项计划，从2013~2021年，每年将投资5亿美元用于太阳能屋顶计划。该项立法的补助资金可以补贴40GW的新安装容量，加上地面光伏电站、各州联邦政府补贴，美国光伏市场总量可能超过100GW，将取代德国成为未来光伏发电市场的发动机。

四、中　国

1. 中央政府

中国光伏产业发展最早主要是由为解决边远地区的用电问题开始的，主要采取项目补贴、用户补贴和工程补助等形式。1996~2000年，在西藏地区建立10多座光伏电站，为西藏无电县城解决照明等主要生活用电问题。1997年5月，国家确定的"中国光明工程"进入实施阶段，其目标是到2010年利用风电、光电等可再生能源技术为我国无电地区的2 300万人口供电，预计达到300MW，项目设备和服务的总投资据估算约100亿元。2002年，原国家计委启动了"西部省区无电乡通电计划"，即"送电到乡"工程，通过光伏和小型风力发电的方式，最终解决了西部七省区（西藏、新疆、青海、甘肃、内蒙古、陕西和四川）近800个无电乡的用电问题，光伏组件用量19.6MW。

《可再生能源法》：随着传统能源价格的上涨，以及环保的呼声越来越高，中国于2006年正式开始实施《可再生能源法》，该法第17条明确规定：鼓励单位和个人安装和使用太阳能热水系统、太阳能供热采暖和制冷系统、太阳能光伏发电系统等太阳能利用系统。国务院建设行政主管部门会同国务院有关部门制定太阳能利用系统与建筑结合的技术经济政策和技术规范。房地产开发企业应当根据前款规定的技术规范，在建筑物的设计和施工中，为太阳能利用提供必备条件。对已建成的建筑物，住户可以在不影响其质量与安全的前提下安装符合技术规范和产品标准的太阳能利用系统；但是，当事人另有约定的除外。鼓励可再生能源产业发展和技术开发，支持可再生能源并网，优惠上网电价和全社会分摊费用，设立可再生能源财政专项资金等。

可再生能源发展中长期规划：国家在"十一五"国民经济发展规划（2006~2010）和"可再生能源发展中长期规划"中首次包含了可再生能源发电的规划目标，国务院原则上通过了《国家可再生能源中长期发展规划》，明确规划2010年使可再生能源消费量达到能源消费总量的10%，到2020年达到15%。规划中对太阳能利用的目标到2010年达到300MW，主要包括并网光伏发电10万千瓦，边远地区独立发电15万千瓦和太阳能热发电5万千瓦，集中在太阳辐射强的地区。

太阳能屋顶计划：2009年3月26日，财政部住房城乡建设部《关于加快推进太阳能光电建筑应用的实施意见》中提出支持开展光电建筑应用示范，实施"太阳能屋顶计划"，加快光电在城乡建设领域的推广应用。一是推进光电建筑应用示范，启动国内市场。现阶段，在条件适宜的地区，组织支持开展一批光电建筑应用示范工程，实施"太阳能屋顶计划"。争取在示范工程的实践中突破与解决光电建筑一体化设计能力不足、光电产品与建筑结合程度不高、光电并网困难、市场认识低等问题，从而激活市场供求，启动国内应用市场。二是突出重点领域，确保示范工程效果。综合考虑经济性和社会效益等因素，现阶段在经济发达、产业基础较好的大中城市积极推进太阳能屋顶、光伏幕墙等光电建筑一体化示范；积极支持在农村与偏远地区发展离网式发电，实施送电下乡，落实国家惠民政策。三是放大示范效应，为大规模推广创造条件。通过示范工程调动社会各方发展积极性，促进落实国家相关政策。加强示范工程宣传，扩大影响，增强市场认知度，形成发展太阳能光电产品的良好社会氛围；促进落实上网分摊电价等政策，形成政策合力，放大政策效应；将光电建筑应用作为建筑节能的重要内容，在新建建筑、既有建筑节能改造、城市照明中积极推广使用。

金太阳工程：2009年7月21日，财政部、科技部、国家能源局联合印发《关于实施金太阳示范工程的通知》，对并网光伏发电项目，原则上按光伏发电系统及其配套输配电工程总投资的50%给予补助；其中偏远无电地区的独立光伏发电系统按总投资的70%给予补助；对于光伏发电关键技术产业化和基础能力建设项目，主要通过贴息和补助的方式给予支持。通过财政补助、科技支持和市场拉动方式，计划在2~3年内，采取财政补助方式支持不低于500兆瓦的光伏发电示范项目。

智能电网：国家电网在2009年5月公布了中国未来"智能电网"的发展规划，"智能电网"的表现之一是使更多能源能够便捷地并网，同时更加自由地控制电的使用量、使用时间等。智能电网的建设将提供便捷的光伏发电并网技术，对光伏发电的发展将起到促进作用。

需要注意的是，我国政府相关部门仍未制定统一的光伏发电上网电价，目前采取特许招标的形式建设光伏示范项目，国内光伏发电市场仍未全面启动。

2. 地方政府

2009年，为了配合"太阳能屋顶计划"和"金太阳工程"，国内多个省市区地方政府出台了相关的地方政策，现简要介绍如下。

(1) 江苏省：《江苏省光伏发电推进意见》

江苏首次宣布对光伏发电实施固定电价政策。根据该意见，江苏将政府扶持和市场调节有机结合，通过向省级电网企业服务范围内除居民生活和农业生产用电以外的电力用户征收一定比例的电价附加，建立江苏省光伏发电扶持专项资金，主要用于补贴光伏并网发电中光伏发电项目目标电价与脱硫燃煤机组标杆上网电价的差额。具体依据江苏省物价局核定的光伏发电上网电价目标，确定分年度补贴额度。2009年、2010年和2011年地面并网电站目标电价（含税）分别为2.15元/千瓦时、1.7元/千瓦时和1.4元/千瓦时。

(2) 江西省：《江西省光伏产业发展规划》（赣发改工业字〔2009〕94号）

到2012年，全省新能源发电装机容量力争达350兆瓦，其中光伏发电50兆瓦、风力发电300兆瓦，成为国内重要的光伏等新能源装备研发和制造基地。将光伏产业发展成为全省重要的支柱产业，在国内拥有一流的生产规模、一流的工艺技术、一流的劳动效率、一流的骨干企业，将江西打造成全球重要的光伏产业生产基地。省促进光伏产业发展工作领导小组加强对光伏产业的组织领导，协调解决重大问题，将重点项目纳入省重大项目调度范围、纳入省重点工程。领导小组办公室抓好日常调度，推进项目实施。项目所在市县区及时落实省里协调的重要事项，具体组织项目实施。与光伏产业配套建设30座变电站（含光伏产业自行建设变电站），最大用电负荷550万千伏安（50万伏变电站4座、22万伏变电站10座、11万伏变电站16座）。确保稳定充足供电。地方和电力部门积极支持高纯硅料、铸碇切片等项目建设供电专线和双回路，电力部门随着项目进度及时增加相应的输变电容量。启动照明示范工程，运用省财政节能奖励资金，引导和支持南昌、新余、上饶等地先行建设应用太阳能照明示范街、示范广场、示范住宅小区、示范大型建筑。建设太阳能电站，选择沙洲、非航线水域，积极开展太阳能电站建设前期工作。争取国家发改委支持，批准江西开展太阳能电站建设试点，实现并网发电。推广应用领域。推动太阳能发电系统在移动通讯基站、加油站、高速公路隧道等基础设施和基础产业领域的应用。

(3) 海南省:《海南省建设厅关于组织申报太阳能光电建筑应用财政补助资金项目的通知》(琼建设函【2009】64号)

海南省将对太阳能光电建筑实施财政补助,2009年补助标准原则上定为20元/Wp,具体标准将根据与建筑结合程度、光电产品技术先进程度等因素分类确定。以后年度补助标准将根据产业发展状况予以调整。

(4) 浙江省:《浙江省关于加快光伏等新能源推广应用与产业发展的意见》(浙政办发〔2009〕55号)

力争到2012年,全省新能源发电装机容量达350兆瓦,其中光伏发电50兆瓦,风力发电300兆瓦;实现光伏等新能源消费量占全省能源消费总量的1%以上。将用3年左右的时间,实施百万屋顶发电计划、百条道路太阳能照明计划等"六个一百加一个基地"计划,使得应用光伏发电的公共建筑、企业厂房、住宅小区等屋顶面积达100万平方米,在全省范围内建设100条太阳能照明示范道路,省光伏新能源推广应用与产业发展协调小组由省级有关部门和单位组成,协调小组办公室设在省经信委。同时,组织成立专家组,为光伏等新能源推广应用与产业发展提供决策咨询,加快编制发展规划。要按照国家《可再生能源中长期规划》《可再生能源发展"十一五"规划》的精神,抓紧编制光伏推广应用与产业发展等相关专项规划,科学谋划发展空间与布局,明确近中远期发展目标与重点,分步骤、分阶段推动光伏等新能源推广应用与产业发展。对光伏发电上网电价,按照合理成本加合理利润的原则,由省物价局按规定积极向国家争取核准电价;在国家核准前,由省物价局采取临时电价等措施,予以扶持,省建设厅、省财政厅要帮助企业积极向国家争取对太阳能光电建筑应用的补助。实施百万屋顶发电计划,应用光伏发电的公共建筑、企业厂房、住宅小区等屋顶面积达100万平方米,形成50兆瓦以上的发电能力。由省经信委牵头,省发改委、省建设厅、省电力公司等单位配合。实施百条道路太阳能照明计划,在全省范围内建设100条太阳能照明示范道路。由省建设厅牵头,省经信委、省电力公司等单位配合。

(5) 青海省:《青海省太阳能产业发展及推广应用规划》(2009~2015年)

从2009年起,青海省将实施太阳能产业发展13项重大项目,争取到2015年底,太阳能产业实现年销售收入860亿元,预计就业人数达到两万人。应用推广类重大项目:省农牧厅等部门实施的农牧区生产、生活太阳能利用项目,投资估算11亿元;省建设厅等部门实施的阳光计划项目,包括太阳能光伏建筑一体化、太阳能绿色照明工程等,投资估算30亿元;中国科技发展集团等企业的大型太阳能光伏并网电站(1个,晶硅、非晶硅混合组件)项目,投资估算10亿元,建成后年销售收入约2亿;福建钧石能源等企业的大型太阳能光伏并网电站(1个,非晶硅组件)项目,投资估算3亿元;在西宁地区、三江源地区等地建设大型太阳能光伏并网电站(2个),投资估算12亿元;在柴达木地区等地建设大型太阳能光伏并网荒漠电站(3~4个),投资估算约285亿元。省科技厅等部门的青藏高原太阳能光伏技术研发中心,投资估算7 000万元;太阳能建筑研究中心,投资估算3 000万元;太阳能光伏试验检测中心,投资估算6 500万元。

(6) 上海市:《上海推进新能源高新技术产业化行动方案》(2009~2012年)

上海将力争到2012年,新能源产业重点领域总产值达到1 100亿元,占全市工业总产值的比重从目前的不到1%提高到3%,其中核电、风电和IGCC 500亿元,新能源汽车300亿元,太阳能300亿元;新能源汽车产业初具规模,技术水平国内领先;核电加快提高成套能力,市场占有率达到国内第一;太阳能产业在薄膜太阳能电池、核心装备研制造等方面达到国内领先、国际先进水平。

设立本市支持新能源高新技术产业化专项资金,主要用于研制补贴,技术改造项目贴息,示范工程以及引进重点项目支持;对纳入国家重点产业调整振兴规划以及重大技术改造和新能源研发支持范围的项目,由市、区政府给予资金配套支持;对新能源高新技术产业化项目的研发费用,按150%

税前加计扣除；对新引进的重点项目，其固定资产投资贷款由市、区政府给予相应的贷款贴息支持；对太阳能建筑一体化、太阳能发电新产品示范应用等项目，给予补贴支持。加强技术支撑体系建设，推动产业创新发展。

（7）陕西省：《陕西太阳能光伏和半导体照明产业发展振兴规划》

《规划》明确提出，陕西省到2012年要建设西安、咸阳、渭南、商洛和榆林五个光伏产业聚集区，建设西安高新技术产业开发区和西安国家民用航天产业基地两个半导体照明产业聚集区。届时，陕西省光伏产业要实现产值2 280亿元，进入全国光伏产业第一梯队，半导体照明产业规模达到557亿元，培育过百亿企业5~6家，过50亿企业4~5家。围绕"2012年一元一度"的目标及1 000兆瓦以上太阳能电池项目，实施产业重点扶持措施，在光伏发电低成本方面培育核心竞争力，使光伏产业成为陕西战略产业和主导产业。到2015年，这两大产业总规模预计将达到4 200亿元以上，陕西省重点发展半导体照明、太阳能电池产业，建设高纯硅材料加工等项目。

（8）宁夏回族自治区：《关于进一步加快新能源产业发展的若干意见》

对宁夏新能源按照近期到2010年、中期到2015年、远期到2020年进行规划，提出了阶段性目标任务。到2015年，宁夏将建成太阳能光伏并网发电项目60万千瓦，到2020年，将建成太阳能光伏并网发电项目200万千瓦。宁夏总投资30亿元的11个大型太阳能光伏并网发电项目集中开工，这是迄今全国一次性开工数量最多、规模最大的太阳能光伏并网发电项目。自治区政府以及各级各部门都要高度重视新能源产业发展，做好规划，对新能源产业发展给予最大程度的支持。

（9）山东省：《加快新能源产业发展的指导意见》

山东以建设新能源强省为目标，描绘"清洁山东"蓝图，为实践落实科学发展观注入全新动力。通过发展太阳能、风能、生物质能、地热能、海洋能等五大新能源产业，到2011年，三成以上的城市建筑普及应用新能源，新能源消费占比提高到3%。届时，太阳能组件产量达到500兆瓦，光伏销售达到350亿元。

（10）云南省：《云南太阳能光伏发电规模化仍须政府支持》《2009~2012年》

到"十一五"末，昆明市太阳能供热系统与建筑一体化应用占城市新建建筑比例达到90%以上，居民太阳能光热利用普及率达50%以上，太阳能光伏应用达5兆瓦以上，实现太阳能产业总产值30亿元以上，到2013年，太阳能产业产值在2010年基础上翻一番，达到60亿元以上，使昆明成为国内重要的太阳能产业基地。

附件3：技术分类及功效

根据产业标准，薄膜太阳能电池分为硅基薄膜太阳能电池、化合物薄膜太阳能电池、染料敏化薄膜太阳能电池和有机聚合物太阳能电池四大部分，其中化合物薄膜太阳能电池进一步分为Ⅱ-Ⅵ族化合物薄膜太阳能电池和Ⅰ-Ⅲ-Ⅵ族化合物薄膜太阳能电池。由于Ⅱ-Ⅵ族化合物薄膜太阳能电池和Ⅰ-Ⅲ-Ⅵ族化合物薄膜太阳能电池各有特点，为便于研究，本课题中将这两类太阳能电池与硅基薄膜太阳能电池、染料敏化薄膜太阳能电池和有机聚合物太阳能电池并列，将薄膜太阳能电池分为五大部分，各部分的技术分类如表1所示。

表1 薄膜太阳能电池技术分类

一级分类	二级分类	三级分类	四级分类
硅基薄膜太阳能电池	吸收层	材料及制备方法	
		层结构	
	衬底		
	电极		
	封装		
	单电池结构		
	组件		
	关键制造设备	PECVD	反应腔
			系统布局
			气体管路
			基片传送
			监测、控制及评价
			射频
			其他
		PVD、CVD等制膜设备	
		激光画线	
		层压设备	
		其他设备	
Ⅰ–Ⅲ–Ⅵ族化合物薄膜太阳能电池	吸收层	制备方法	真空法
			非真空法
			其他方法
		材料	
		结构	
	电极		
	衬底		
	缓冲层		
	电池结构	结	
		层结构	
		叠层	
		连接方式	
	封装		
	组件		
	设备		

续表

一级分类	二级分类	三级分类	四级分类
II-VI族化合物薄膜太阳能电池	吸收层	制备方法	
		材料	
		结构	
	电极	制备方法	
		结构	
		材料	
	衬底		
	电池结构	结	
		层结构	
		叠层	
		连接方式	
	封装		
	组件		
染料敏化薄膜太阳能电池	电池结构与制备工艺	电池结构	纳晶电极微结构
			小面积电池（<1cm²）结构
			器件模组（>1cm²）结构
		电池制备	
	光阳极	材料	纳米TiO₂多孔薄膜
			纳米ZnO多孔薄膜
			复合多孔薄膜
			其他氧化物薄膜
		制备工艺	
	敏化染料	金属有机配合物染料	
		无机染料	
		纯有机染料	
		染料共吸附剂	
	电解质	液态电解质	
		准固态电解质	
		固态电解质	

续表

一级分类	二级分类	三级分类	四级分类
染料敏化薄膜太阳能电池	对电极	Pt 基	
		碳基	
		导电聚合物	
	透明导电基体	刚性	
		柔性	
	封装		
有机聚合物薄膜太阳能电池	吸收层结构	单层结构	
		双层结构	
		多层结构	
		本体异质结结构	
	给体材料	P 型聚合物给体	
		有机分子给体	
		D-A 共聚物给体	
		D-A 双缆聚合物	
	受体材料	富勒烯受体	
		无机纳米晶受体	
		N 型聚合物受体	
		D-A 双缆聚合物	
	电极		
	电池结构		
	电池制备工艺		

薄膜太阳能电池的技术功效如表 2 所示。

表 2　薄膜太阳能电池技术功效

提高效率	
提高可靠性	提高耐湿性
	提高耐候性
	提高机械强度
	其他
降低成本	减少原料消耗
	提高产量
	简化制造工艺
	大面积

续表

提高效率	
扩大用途	柔性
	轻量化
	其他
资源替代及回收利用	资源替代
	回收利用
其他	

附件4：术语说明

术语说明表

项	在进行专利申请量统计时，对于数据库中以一族（这里的"族"是指同族专利中的"族"）数据的形式出现的一组专利文献，计为"1项"；本报告中"专利技术分析"和"主要申请人分析"中的各类趋势分析（除涉及国家或地区申请量分布的趋势分析之外）、主要申请人的申请量统计、发明人的申请量统计均以"项"计算
件	在进行专利申请量统计时，将同族的专利申请分开进行统计，得到的结果对应于申请的件数；本报告中的"在华专利分析"和涉及国家或地区申请量分布的各类分析均以"件"计算
技术—功效矩阵分析	以技术功效为横坐标、技术分类为纵坐标描绘的矩阵图，主要用于寻找潜在的技术空白点
多边专利申请	指一件申请同时向中国国家知识产权局、美国专利商标局、欧洲专利局、日本特许厅、韩国知识产权局中的两局以上提出专利申请
欧洲专利局或欧洲申请人	本报告中对欧洲的数据进行合并处理，凡提及欧洲专利局或欧洲申请人时，除欧洲专利局（EPO）受理的专利申请外，还包含德国、英国、法国、瑞士等所有欧盟成员国的专利管理部门受理的专利申请
被引频次	专利文献被在后申请的其他专利文献引用的次数
待审	指的是专利申请已经公开，但尚未或者正在进行实质审查，能否获得授权以及能够授权时最终授权的权利要求的保护范围还不确定
在华专利申请	向中国国家知识产权局提交的专利申请，未包含在台湾、香港、澳门等其他中国所属地区提出的专利申请
授权率	申请人的授权量与申请量之比

报告二

等离子体刻蚀机专利分析报告

课 题 名 称：等离子体刻蚀机专利分析
承 担 部 门：审查业务管理部、电学发明审查部
课 题 负 责 人：葛　树
课 题 组 长：房华龙
课题研究人员：房华龙　赵　星　闫　东　王　丹
主 要 执 笔 人：房华龙　赵　星　闫　东　王　丹
统 稿 人：葛　树　孙全亮　房华龙　王贞华
研 究 时 间：2010 年 7～12 月
课题研究合作单位：
　　　　　　　中微半导体设备（上海）有限公司
　　　　　　　北京北方微电子基地设备工艺研究中心有限责任公司

第1章 研究概况

1.1 技术概况

半导体集成电路芯片的制造通常需要几十甚至数百道工序,可能涉及数十种的工艺设备,其中最为关键的设备主要包括进行清洗、薄膜沉积、光刻、刻蚀、扩散、离子注入等工艺的加工设备以及相应的测量设备。图1-1表明了与刻蚀工艺相关的等离子体刻蚀机的技术概况。

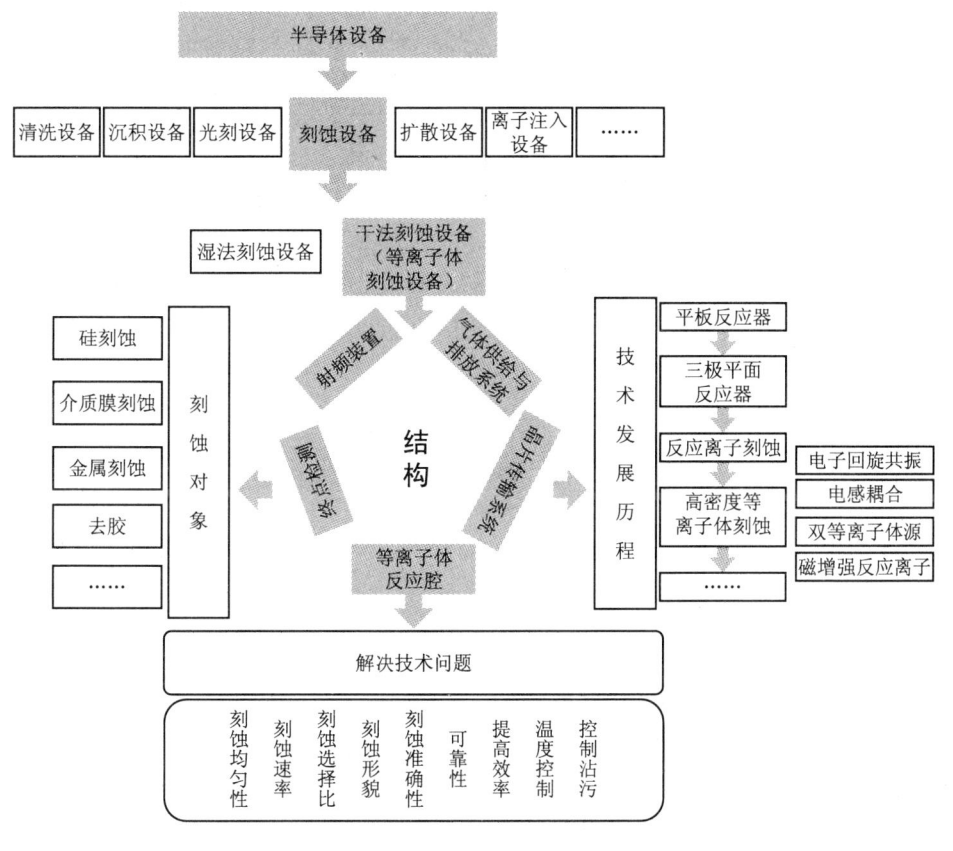

图1-1 等离子体刻蚀机技术概况图

在半导体集成电路芯片制造中,刻蚀工艺指的是利用化学或物理方法有选择性地从硅片表面去除不需要的材料,以形成特定的图案和形状。刻蚀分为湿法刻蚀(wet etching)和干法刻蚀(dry etching)两大类。湿法刻蚀是将硅片浸泡在可与被刻蚀薄膜进行反应的溶液中,用化学方法除去不需要部分的薄膜。干法刻蚀是用等离子体进行薄膜刻蚀的技术，因此又称等离子体刻蚀，其内部的高能电磁场区域能够将气体快速裂解成高能离子、光子、电子和高化学活性的反应粒子。在刻蚀过程中，将等离子体内的高能离子和反应粒子分离出来，然后直接轰击到硅片上，用以刻蚀晶圆上的（多晶）硅、硅化物、金属、氧化物、氮化物等材料。

最早报道等离子体刻蚀的技术文献于1973年在日本发表。在1974年提出了平行电极刻蚀反应室的设想，至今还在集成电路制造中广泛应用，这成为了通常由一对互相面对的平行板电极构成的电容耦合等离子体刻蚀（Capacitive Coupled Plasma，CCP）反应器的雏形。等离子刻蚀技术的发展随着线宽的发展在逐渐变化，同时线宽的缩小对等离子刻蚀也提出了更高的要求。之后又出现了在反应腔室周围加上磁场的磁增强反应离子刻蚀（Magnetic Enhanced RIE，MERIE）。当被刻蚀的线宽小于 $0.25\mu m$ 时，能够增强等离子密度的电感耦合等离子刻蚀（Inductive Coupled Plasma，ICP）便应运而生。ICP反应室是在RIE反应室的上方加置线圈状的电极，并通过电感耦合达到增强等离子密度的效果。目前在高端芯片生产中的导电体刻蚀基本上都采用ICP反应腔体技术，其优点是可以用上下两组电极分别控制离子的密度和能量以达到最优化的组合。随着工艺的发展，刻蚀腔射频系统由初期的电容式耦合单射频系统设计，发展到双射频设计，由于其能够更好地控制刻蚀速率、选择比、均匀性和特征尺寸等，因此当线宽降到65nm以下时，双射频设计已成为必然选择。线宽发展到45nm工艺时，需要缩短等离子体存活时间，控制好等离子体密度和能量的分布，同时要求可以灵活地控制工艺条件，通过在线检测技术试点对线宽的实时调整。等离子体刻蚀设备随着集成电路进入微米、亚微米、深亚微米特征线宽后，在设计工艺中发挥着越来越重要的作用，随之带来的研发、生产、制造难度也在逐步升级。

一般来说，等离子体刻蚀系统基本部件包括：发生刻蚀反应的反应腔、产生等离子体的射频电源、气体流量控制系统、去除刻蚀生成物和气体的真空系统、输送晶圆进出反应腔的晶片传输系统以及监控刻蚀停止点的终点检测系统等。典型的等离子体刻蚀机的具体结构如图1-2所示。

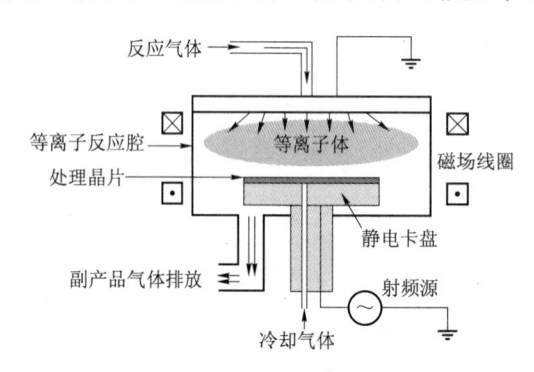

图1-2 典型的等离子体刻蚀机结构图

1.2 市场概况

从20世纪50年代以来，半导体装备业经过几十年的发展，整体规模越来越大，科技含量不断提高，作为尖端技术及高附加价值产业对其他产业的影响极大，是在整个国民经济中具有重大战略意义的关键性技术产业。

为了全面了解等离子体蚀刻机市场变化趋势及全球市场分布情况，我们首先对全球半导体装备市场数据进行分析。由于等离子体刻蚀机占半导体装备市场销售额的

14%，因此半导体装备市场状况能够间接反映等离子体刻蚀设备的市场状况。全球半导体装备市场销售额、增长率趋势如图1-3所示。

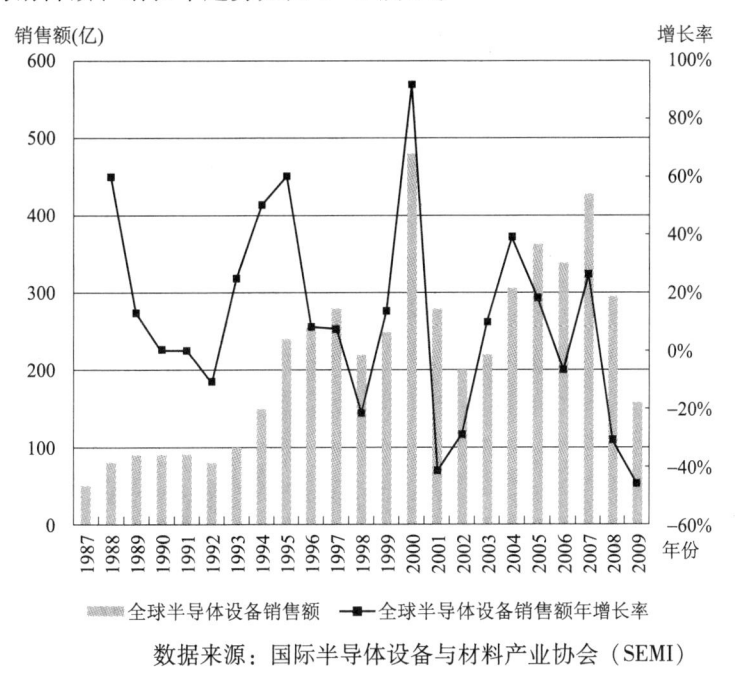

图1-3 全球半导体装备市场销售额、增长率趋势图

数据来源：国际半导体设备与材料产业协会（SEMI）

从图1-3可以看出，半导体装备市场从20世纪90年代初开始快速增长，呈周期性增长趋势。1989～1994年，许多大型IC制造以及IC设计公司相继成立，与此同时，晶圆代工产业也应IC设计的需求而迅速崛起，此阶段处于半导体装备产业的迅速成长期。1995～1999年，受半导体产业产能过剩和经济不景气的影响，半导体装备产业增长缓慢，平均增长率为13.7%。2000年，由于网络的兴起和晶圆制造商过于乐观的投资，半导体装备景气达到历史高峰，全球半导体装备市场规模达到475亿美元。随后半导体行业严重衰退，全球半导体装备市场规模2002年降到低点，仅为194亿美元。由于晶片功能的大幅提高以及通信和消费类电子产品的需求大量增加，产业复苏而出现一定的增长，2007年销售额再次达到427亿美元。由于金融危机的影响，2009年的销售额有较大幅度的下滑，但SEMI预计2010年全球半导体装备市场销售总额将大幅增长，预计达到325亿美元。

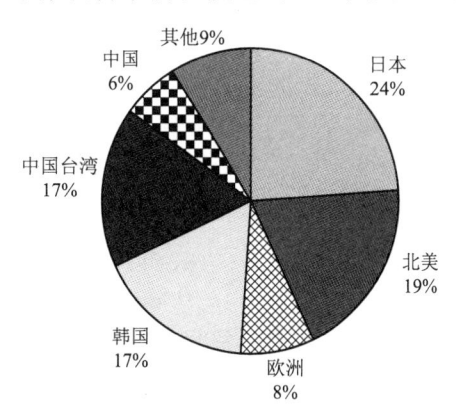

从图1-4可以看出，全球半导体装备市场重心正在明显向亚太地区转

图1-4 全球半导体装备市场分布图

数据来源：国际半导体装备与材料协会（SEMI）

移。美、日、欧的市场正在不断缩小，而亚太地区的市场正在不断壮大，预计至2010年将攀升至50%左右。2008年全球半导体装备的销售总额为295.2亿美元，其中中国以大约17.7亿美元的销售额占到了6%的市场份额。SEMI预计2010年中国内地的半导体装备市场的增长率将高达138%。据估算，2008年我国等离子体刻蚀机的销售额已达到大约2.5亿美元。

目前全球有百余家刻蚀设备供应商，美、日两国大公司（应用材料、拉姆研究、东京电子）占据着全球主流刻蚀机市场的绝大部分份额，其中，应用材料公司在金属刻蚀方面、拉姆研究公司在硅刻蚀方面、东京电子公司在介质刻蚀方面分别占据市场优势，并主导主流。

我国目前使用的等离子体刻蚀机基本都是从国外引进的。国内的等离子体刻蚀机装备供应商主要有北方微电子和中微半导体两家公司，并且都还处于技术研发和市场开拓阶段，尚不能完全满足国内市场需求。我国等离子体刻蚀机已成为半导体装备中的薄弱环节之一。庞大的市场需求与国内供应能力的滞后、日新月异的新技术与人才资源的匮乏、巨额的资金投入需要与本行业薄弱的财力、设备制造的难度与国内配套能力的低下，使国内等离子体刻蚀机的研究与发展迫在眉睫。

1.3　产业政策

世界各国政府都将半导体产业视为本国的骨干产业，并根据各自的国情、产业和技术发展现状制定了相应的产业政策。

一、美　国

美国为了保证其领先地位和继续发展，从法规、财税和贸易方面对半导体产业进行支持。

一是出台相关法规。1976年出台《国家科技政策、组织和优先法》，1985年出台《半导体芯片保护法》，同时通过军事和航天航空领域的政府采购政策，鼓励企业加大研发力度，占领技术制高点。

二是积极提供财税支持。1976～1995年，美国政府每年对计算机科学研究和技术开发的支持由1.8亿美元增加到9.6亿美元，其中相当一部分用于支持半导体企业开发新技术。1988年出台了半导体制造技术产业联盟计划，10年内由国防部每年出资1亿美元，研发先进的半导体制造技术和在生产线上测试所生产的设备的技术，发展一种可将新技术用来生产各种不同的微电子产品的新制造方法。企业投资于科学研究与开发的费用若超过前一年或前几年的平均值时，其超过部分可享受25%的所得税抵免。

三是积极采取贸易保护举措，保护国内市场，开拓海外市场，限制技术出口。1986年美国政府与日本签订了《半导体协定》，原因是美国宣称日本生产商以超低价格向美国倾销芯片并限制美商进入日本国内市场。该协定于1991年到期后，美国政府又就该协定在下一个五年中的实施问题与日本政府磋商，其重点是要求日本市场对美国半导体生产商敞开大门。另外，美国政府还严格控制核心技术及产品出口国外，借以保持领先地位。

二、日　本

日本从过去依赖欧美技术的半导体弱国,发展成为当今世界领先的半导体技术强国,在此发展过程中,主要是在半导体产业的起步和成长阶段,日本政府制定出台了一系列相关政策,以激励和保护本国半导体产业的发展。

一方面,日本政府积极制定产业振兴政策,鼓励发展本国的半导体产业。1957年制定了《电子工业振兴临时措施法》,1971年制定了《特定电子工业及特定机械工业振兴临时措施法》,1978年制定了《特定机械情报产业振兴临时措施法》。其目的是学习美国先进技术,帮助日本企业加强自身研发、生产能力,抵御欧美半导体厂商的冲击。上述三部专业法规在总体上加强了日本企业的竞争力,此后日本主要通过综合性法规在整体上推动包含半导体在内的高新技术的发展,其中较为重要的是1995年出台的《科学技术基本法》。

另一方面,在产业的起步和成长阶段,日本政府一直奉行严厉的产业保护政策,避免在技术上受到他国的控制和支配。一是严格的进口管制;二是外国企业在半导体领域的对日投资的严格审批制度,并附以禁止设立独资企业、外国企业的所有专利技术需向合资公司公开等苛刻条件;三是要求通过直接购买方式来获取技术。

此外,在融资上,日本政府主要通过国家开发银行为半导体企业提供借贷利率接近于零的低息贷款,从而使日本半导体企业在与美国同业的竞争中具有极大优势。

三、韩　国

从20世纪80年代开始,韩国政府就致力于半导体产业的发展。进入90年代中后期,随着半导体装备政策的出台,半导体装备产业进入高速发展期。

一是提供财税支持,刺激了韩国半导体产业的发展。1982年,"长期半导体产业促进计划"宣告启动,韩国政府为四大主要半导体企业提供了大量的财政税收优惠。1986年,韩国政府制订了半导体信息技术开发方向的投资计划,每年向半导体产业投资近亿美元。2001年,韩国政府在半导体装备和进口部件和原材料实行减免关税等方面予以支持。

二是大力推动半导体装备国产化,进而促进了90年代末期以来韩国半导体装备业的快速发展。1990~1995年,韩国实施半导体装备国产化5年计划。该计划提供总额达643亿韩元的资金支持,其中,政府支持474亿韩元,占73.7%,工业开发费135亿韩元,占21%,其他为政府机构资助34亿韩元,占5.3%。同时该计划把半导体设备分为三类并分别采用不同的政策:对于国内基础很薄弱的设备,与国外合资,来件组装,年内核心部件国产化;对简单的设备,组织公司与大学、研究所联合开发;对先进国家正在研发的下一代设备,利用国内专家在政府资助的实验室开发研究,鼓励企业加盟。2006年,韩国政府颁布"国家大型半导设备开发事业"(又名"2015项目")。该项目提出,2015年半导体装备国产化率达到50%,产生进入全球前十位的半导体装备企业,进一步强化韩国半导体产业的自主发展能力的目标;并计划于2007~2015年间以每三年为一阶段,分三期投入3 600亿韩元的研发经费,推动半导体装备国产化。

此外,韩国政府还重视建立产学研合作研究和开发体制,国家研究开发计划在评价选定课题项目时产学研合作研究项目优先入选政策；对产学研科技人才交流及培养的支援；国家科研院所的研究器材开发使用制度等。同时，应用进口保护促进出口政策，对其他行业产生积极的促进作用。

四、欧 洲

继美国和亚洲之后，第三大半导体生产基地当数欧洲。20 世纪 70 年代中期以前，欧洲各国政府对半导体产业发展的政府干预行为相当有限；此后，欧洲各国政府逐渐加大了对半导体产业的支持力度，政策重心更集中于信息技术包括微电子方面。

20 世纪 80 年代，欧洲各国政府积极推动半导体产业重点企业的合作与发展，例如 ESPRIT 和 JESSI 项目。其中，后者耗资 4 亿美元，主要致力于开发先进的微芯片技术。

进入 90 年代后，欧盟通过最低售价、反倾销措施和进口关税，加强了对欧盟企业的保护。1990 年，欧盟规定了日本生产标准存储器片在欧洲共同市场上的最低售价；1997 年，最低售价又被再次加到日本和韩国的 14 个半导体芯片制造商身上。2003 年欧盟在判定韩国政府不公平地向芯片厂商现代半导体公司提供补贴后，决定向现代半导体公司的内存芯片征收 34.8% 的进口关税。此外，欧盟委员会还向韩国半导体商采取了反倾销措施。

五、中 国

我国半导体产业经过三十多年的发展，已经形成了一定产业规模，并继续保持着快速发展的良好态势，逐渐从重点发展芯片制造转为芯片制造与半导体装备并重。这其中政府的政策扶持引导起到了决定性的作用。

首先，我国政府出台了鼓励集成电路产业发展的若干政策，促进芯片设计和制造业的发展，为半导体装备业培育了市场。2000 年国务院颁布和实施了《鼓励软件产业和集成电路产业发展的若干政策》。财政部、税务总局、海关总署和各地政府还分别制定了优惠政策的实施细则，如关于《鼓励软件产业和集成电路产业发展有关税收政策问题》的通知（财税［2000］25 号）、《财政部、国家税务总局关于进一步鼓励软件产业和集成电路产业发展税收政策的通知》（财税［2002］70 号）等。这些政策的颁布为半导体产业链上游的半导体设计、中游的晶圆生产、下游的封装测试环节给予了优惠，进一步推动了中国内地半导体产业的发展。

其次，2001 年 4 月，国务院批准科技部将"十五""863 计划"实施由重点跟踪转向突破跨越，把超大规模集成电路制造装备列为重点研究内容。2002 年成立北方微电子公司，承担离子刻蚀机的研发任务。

最后，我国在《国家科学技术中长期发展规划纲要（2006～2020）》中，明确将"极大规模集成电路制造装备及成套工艺"和"核心电子器件、高端通用芯片及基础软件产品"纳入十六个重大专项，将进一步促进半导体装备制造业的发展。同时，财政部等部门还出台了《科技重大专项进口税收政策》的配套政策。地方政府也对半导体装备制造业提供了政策和资金的支持，从 2010 年开始至 2014 年，北京在 5 年时间内共安排 100 亿元资金，用于对国家科技重大专项进行配套和重大科技成果产业化。

六、中国台湾地区

中国台湾地区早在 20 世纪 80 年代就高度重视半导体产业的发展，在税收、研发及培训、政府补助、融资等方面制定了相当优惠的政策，极大地推进了半导体集成电路产业的发展，目前已经在全球半导体产业中占据了重要地位。为了巩固台湾地区半导体产业的竞争优势，自90年代中期以来，台湾地区官方加大了对半导体装备制造业的支持力度。1995年提出"发展台湾成为亚太制造中心推动计划"，并在其"经济局"下设"精密机械工业发展推动小组"开始大力推动半导体装备业发展；到了90年代后半段，其对半导体装备产业的支持力度进一步扩大，半导体装备相继被列入1996年台湾地区的科技专案研发以及十大新兴工业之一，并制定出台《新型重要策略性产业奖励办法》，台湾地区半导体装备业进入快速发展阶段；根据台湾地区半导体装备业的发展目标：2012年半导体前段设备自制率由目前5%提升到20%，后段设备自制率由目前25%提升到60%，耗材零部件自制率由目前20%提升到80%。

第 2 章 专利技术分析

本章从等离子体刻蚀机领域历年申请量分布、技术广度、技术集中度、技术研发活跃度、各技术分支年申请量分布、技术功效矩阵、技术—区域分布、技术—申请人分布和重要技术发展路线等方面对等离子体刻蚀机进行专利技术层面的分析。

2.1 历年专利申请分布

等离子体蚀刻机领域的专利申请量总体呈增长态势，专利年申请量的变化与市场的波动关系密切，并且专利年申请量的变化趋势滞后于市场变化大约两年。

图 2-1 反映了全球范围内等离子体刻蚀机领域各年度专利申请量分布情况。1988~2008 年，等离子体刻蚀机领域的专利申请量整体呈增长态势，❶ 2002 年达到峰值，为 845 项，2003 年、2004 年两年申请量降幅较大，年申请量急剧减少，2004 年之后申请量再度增加。

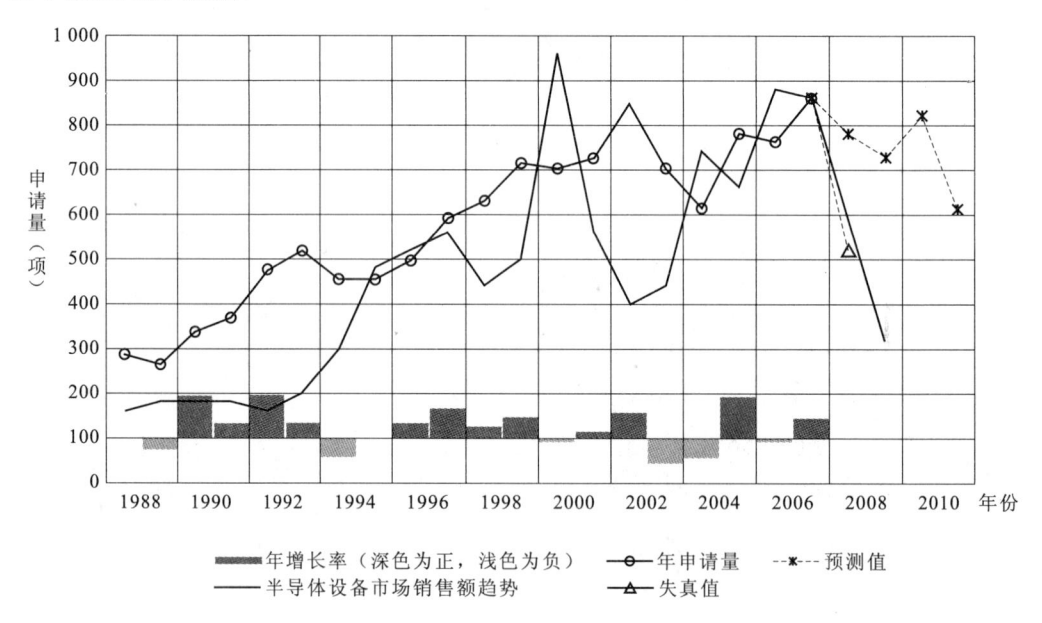

图 2-1 年专利申请分布

---

❶ 由于发明专利从申请到公开通常需要 18 个月的时间，因此 2008 年申请的发明专利到检索截止日之前并未完全公开，图中所统计的 2008 年的申请量具有一定程度的失真。

图 2-1 中细实线示出了半导体装备市场年销售额的变化情况。如图所示，半导体装备业市场年销售额呈周期性波动，分别在 1992 年、1998 年和 2002 年出现负增长，而专利年申请量则分别在 1994 年、2000 年和 2004 年出现负增长。可见，专利年申请量的变化趋势与市场波动关系密切，并且专利申请量的变化滞后于市场变化大约两年。其原因在于，半导体装备制造业是研发投入极高的行业，该行业对技术更新的依赖性非常高。半导体装备制造商每年都会将销售额的一部分作为资金投入设备的研发中，而研发资金的投入到技术的产出需要一定的时间周期，故导致专利年申请量的变化滞后于市场变化。

2000 年，由于网络的兴起和晶圆制造商过于乐观的投资，半导体装备景气达到历史高峰，全球半导体装备市场规模达到 475 亿美元，半导体制造商的资金充足，将大量资金投入到研发中，从而使 2002 年专利年申请量达到阶段最高值。2001～2002 年，半导体市场极为不景气，半导体装备制造商的盈利下滑，全球半导体装备市场规模在 2002 年降为最低点，仅为 194 亿美元，半导体制造商大幅缩减研发资金，从而导致 2003 年和 2004 年的专利申请量急剧下降。

通过采用人工神经网络算法并结合行业周期性变化的特点，本报告对 2008～2011 年的年申请量进行预测，2008～2010 年三年间的年申请量预计保持在 700～800 件之间，有小幅波动。由于 2008 年全球金融危机的影响，2008 年和 2009 年半导体装备市场销售额急剧下滑，预计将导致 2011 年的专利年申请量出现一定幅度的负增长。

2.2 技术广度分析

等离子体刻蚀机领域具有高技术密度、高技术含量、高技术附加值的特点，行业进入门槛较高；与半导体技术、材料处理技术、等离子体技术关联度较大。

技术广度通常反映某技术所涉及的技术门类及与各技术门类之间的关联程度。图 2-2 示出了等离子体刻蚀机技术所涉及的技术门类及关联程度。通过对等离子体刻蚀机领域专利申请所涉及国际专利分类号（即 IPC 分类号）进行统计，可以得知，等离子体刻蚀机涉及的技术门类较多，主要包括半导体技术、材料处理技术、等离子体技术、化学气体技术、精密机械技术和计算机控制技术这六大高科技技术门类，其中，与半导体技术、材料处理技术、等离子体技术关联度较大。因此，等离子体刻蚀机领域具有高技术密度、高技术含量、高技术附加值的特点，行业进入门槛较高。

其中，"半导体技术"包括半导体器件及其部件的制造工艺和专用

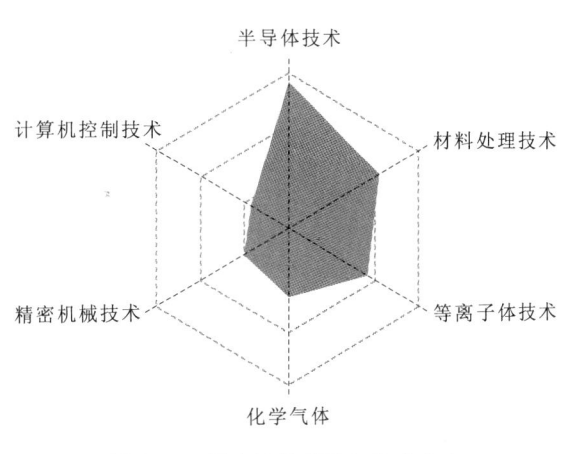

图 2-2 等离子体刻蚀机技术广度

设备等;"材料处理技术"包括材料的镀敷、切割、焊接、材料的检测与分析等;"等离子体技术"包括等离子体的产生、控制与处理等;"化学气体技术"包括气体的产生、供给和回收等;"精密机械技术"包括支撑、定位、进给、传动等的机械结构;"计算机控制技术"包括装置控制和调节系统、制程监控以及数据输入/输出和处理系统等。

2.3 专利技术集中度分析

等离子体刻蚀机领域技术集中度相对较高,前 10 位申请人拥有全球过半的专利技术。

技术垄断是指某经营者在某件产品或某类产品上拥有关键技术,其通过关键技术拥有权从而将其竞争对手排挤出局,从而达到生产此类产品的垄断权。这种垄断权受到国家法津的界定与保护,通常是以专利的形式得到各国专利法的保护。

由图 2-3 可以获悉,在等离子体刻蚀机领域,仅前 10 位申请人就拥有全球 54.37% 的专利申请量,前 50 位申请人的专利申请量已经占到全球的 73.28%,而其余申请人的专利申请量不足一半。另外在 3/5 局专利申请❶中,前 10 位至前 50 位的主要申请人的申请所占的比例更高。由此可见,等离子体刻蚀机领域的专利技术集中度较高。导致这一结果的主要原因是,半导体装备业是一个技术、人力、资金高度密集、且客户转换成本高的行业,其准入门槛较高,制造商如不具备一定的技术和经济实力则很难进入这个领域。

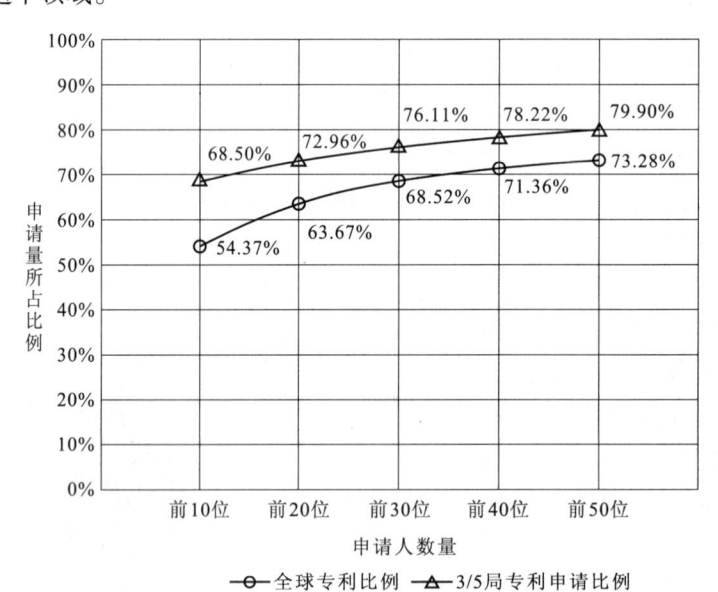

图 2-3 技术集中度分析

---

❶ 指同时在中、日、美、欧、韩五个专利局中的三局或三局以上申请的专利,又称多边专利申请。

2.4 技术构成分布分析

通过等离子体刻蚀机的一级技术分支和部分二级技术分支对应的专利申请量占总专利申请量的比率进行分析，可以了解等离子体刻蚀领域的技术分布情况以及重点研发对象情况。图2-4是根据各技术分支所对应的申请量而绘制的等离子体刻蚀机技术分布图。其中等离子体产生装置、电极组件以及射频源这三个二级技术分支的申请量远远超过其他技术分支，是等离子体刻蚀机的重点技术。

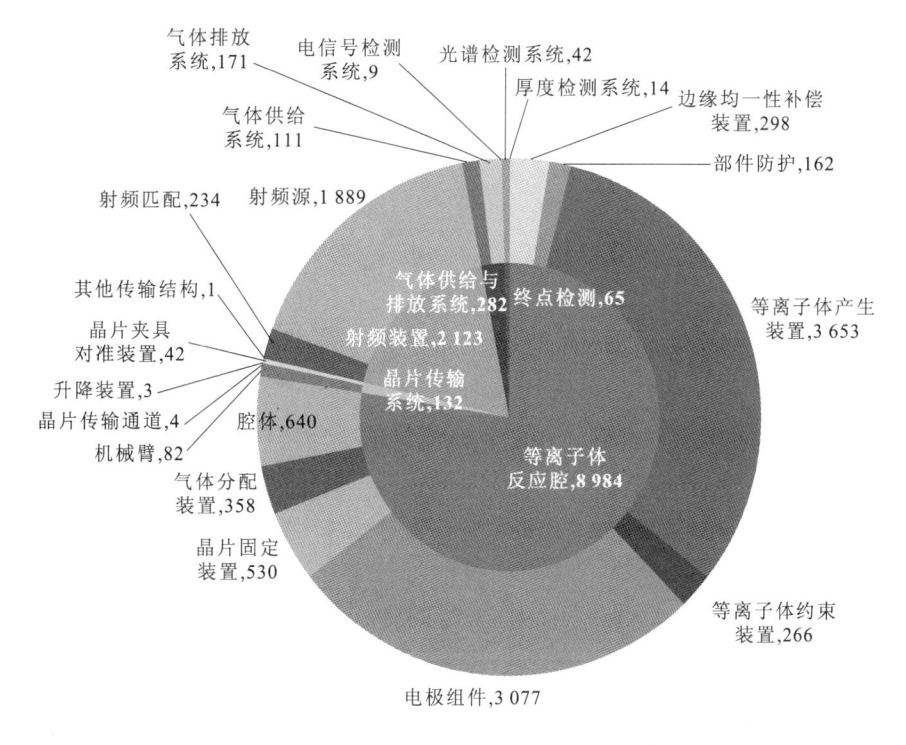

气体排放系统,171
电信号检测系统,9
光谱检测系统,42
厚度检测系统,14
边缘均一性补偿装置,298
气体供给系统,111
部件防护,162
射频匹配,234
射频源,1 889
其他传输结构,1
气体供给与排放系统,282
终点检测,65
等离子体产生装置,3 653
晶片夹具对准装置,42
射频装置,2 123
升降装置,3
晶片传输系统,132
晶片传输通道,4
机械臂,82
腔体,640
气体分配装置,358
等离子体反应腔,8 984
晶片固定装置,530
等离子体约束装置,266
电极组件,3 077

图2-4 技术分布

一般情况下，申请人的重点研发技术都会采用专利的形式进行保护，故通过分析对应于各技术的专利申请人和申请数量的变化情况，可了解该技术的研发活跃度情况。在下文中，主要针对等离子体刻蚀机、各一级技术分支和前述三个重点二级技术分支的专利技术研发活跃程度进行分析。

2.5 技术研发活跃度分析

通过专利申请的数量和申请人数量之间的变化趋势，对等离子体蚀刻机的技术研发活跃度进行分析，以了解其技术研发所处的各个阶段。一般而言，技术发展阶段主要包含四个阶段，分别是起步期、发展期、成熟期和衰退期。起步期在专利申请上表现为该技术领域的年专利申请量和申请人的数量均很少，发展期在专利申请上表现为该技术领域的年专利申请量和申请人的数量均快速增长，成熟期在专利申请上表现为该技术领域的年专利申请量和申请人的数量保持相对稳定，衰退期在专利申请上表现为该技术领域的年专利申请量和申请人的数量都快速减少。

图 2-5 反映了 1988~2007 年等离子刻蚀机领域专利申请量和申请人数量的关系。1988~1999 年间，申请人数量和申请技术申请数量不断增长，行业不断发展并处于技术发展期。从 1999 年之后，申请人数量和专利申请数量增加的趋势开始放缓，并且时常出现反复的现象，可以看出，此阶段处于相对稳定的状态，此时技术发展进入稳定期。

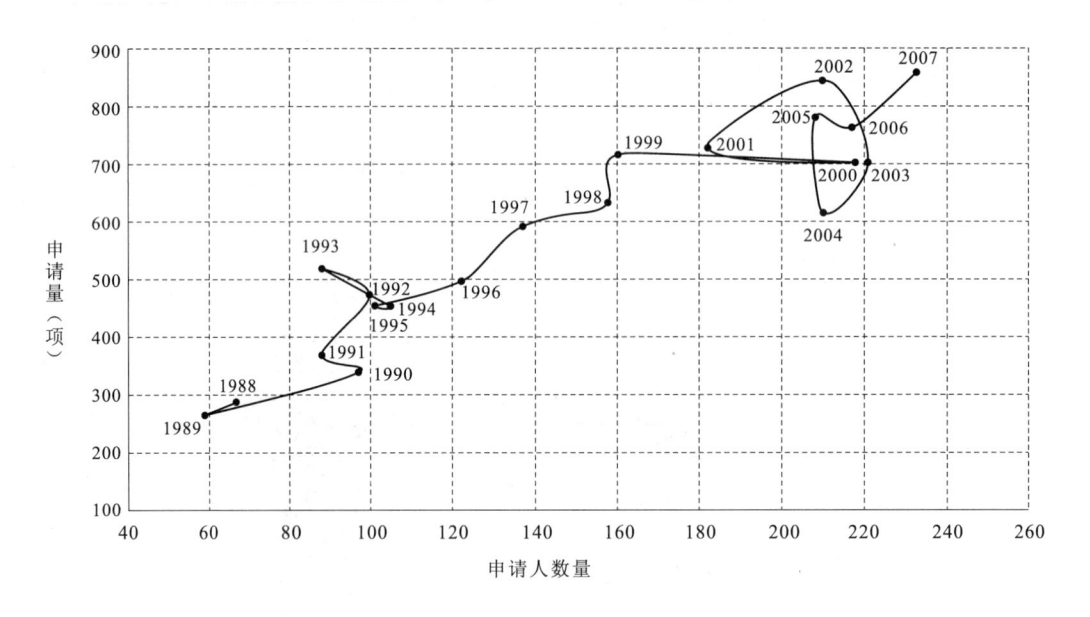

图 2-5 等离子体刻蚀机技术研发活跃度分析

2.5.1 一级技术分支技术研发活跃度分析

图 2-6 表明，在一级技术分支中，从 1988~2007 年，等离子体反应腔技术和射频装置技术，申请人数量和专利申请数量整体呈现快速增长趋势，处于技术发展期；对于终点检测、晶片传输系统和气体供给与排放系统，申请人数量和专利申请数量都比较少，技术研发并不活跃。

2.5.2 重点二级技术分支研发活跃度分析

图 2-7 表明，对于等离子体产生装置，从 1988 年到 1993 年，申请人数量和专利申请数量整体呈现增长趋势，研发处于发展期；自 1993 年以来，专利申请量和申请人数量总体进入相对稳定的状态，研发处于稳定期。对于电极组件，从 1988 年到 2007 年，申请人数量和专利申请数量整体呈现快速增长的趋势，表明其研发处于发展期。

对于射频源，从1988年到2007年，除个别年份出现小幅波动外，申请人数量和专利申请数量整体呈现快速增长的趋势，研发处于发展期。

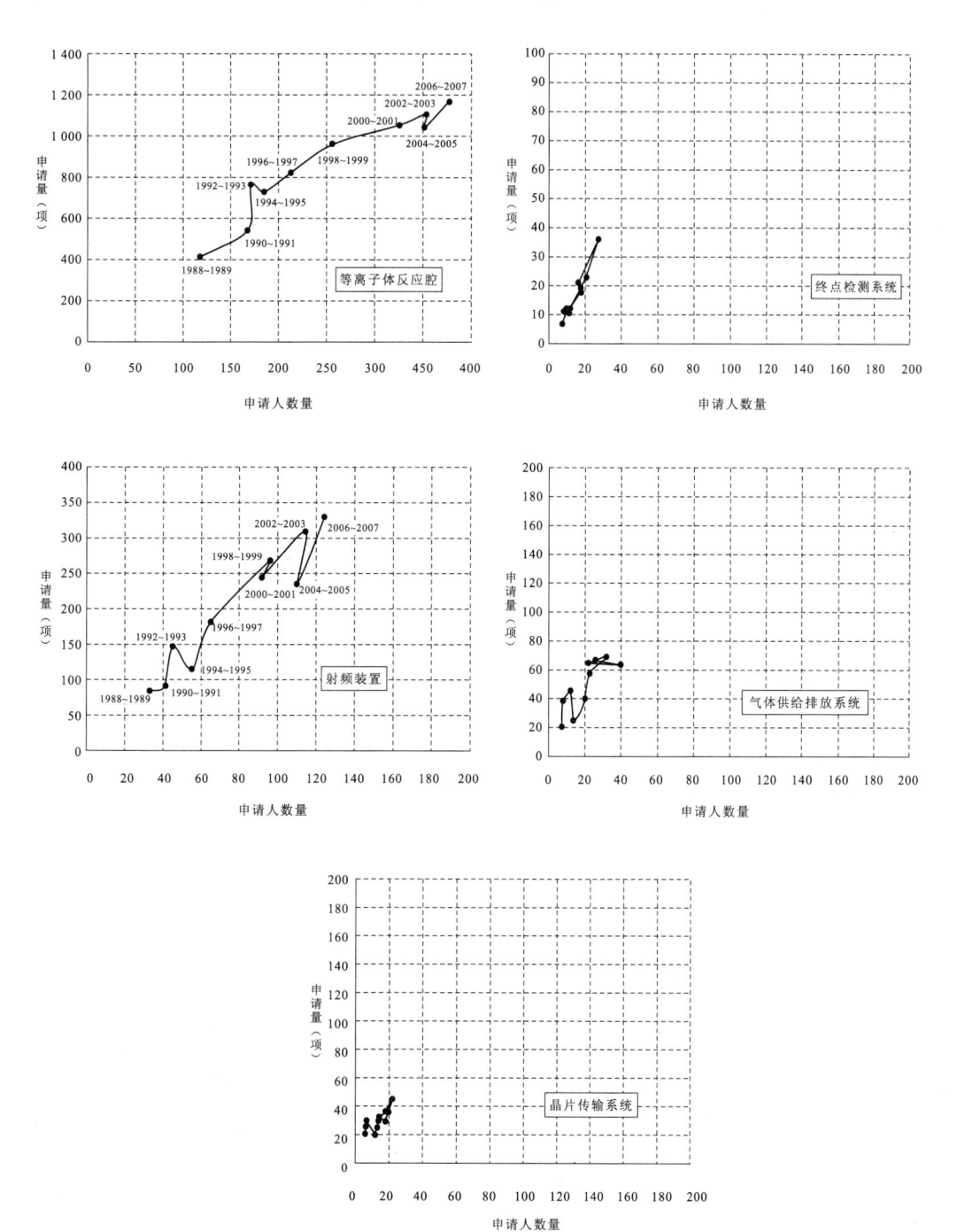

图2-6 一级技术分支研发活跃度分析

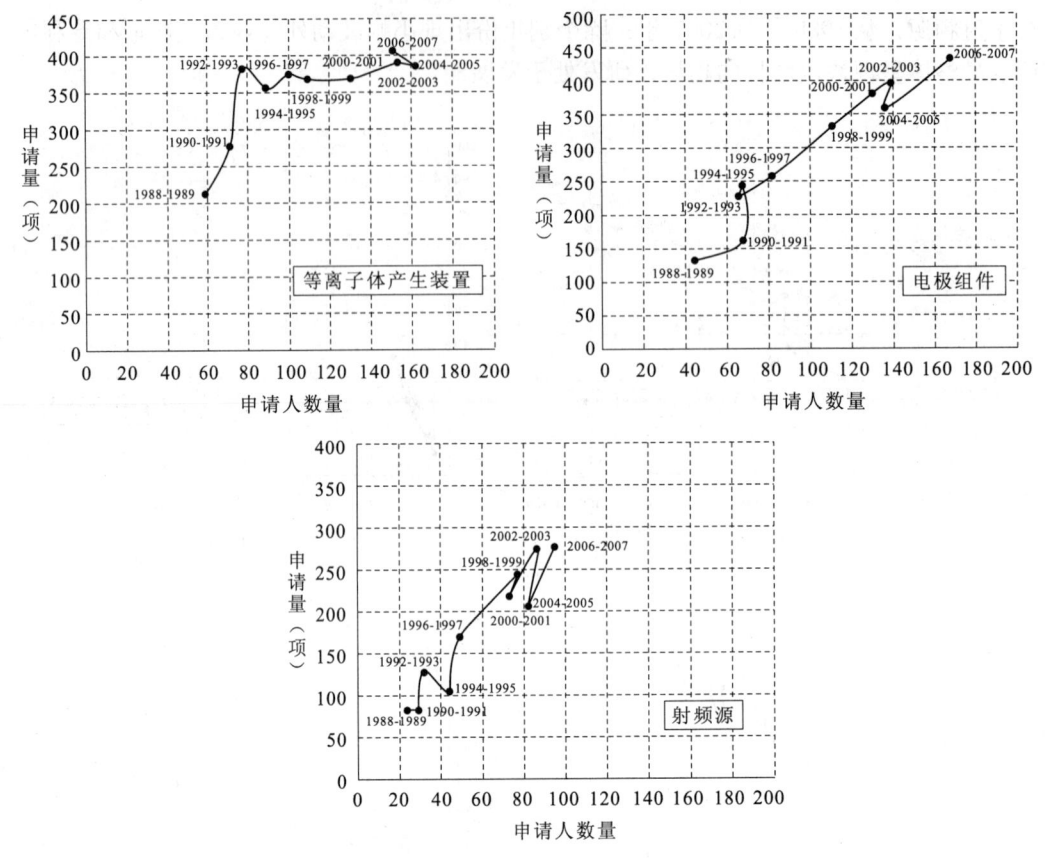

图2-7 二级重点技术分支技术研发活跃度

2.6 各技术分支历年申请量分布

等离子产生装置、电极组件和射频装置一直是等离子体刻蚀机领域的技术研发热点。

近年来，边缘均一性补偿装置、气体分配装置、等离子体约束装置的研发关注度有所上升。

刻蚀均匀性、可靠性和提高效率是业界持续关注的需求。

刻蚀速率、刻蚀准确性以及控制沾污方面的需求日益增大。

从结构上讲，等离子体刻蚀机可以分为等离子体反应腔、终点监测、射频装置、气体供给与排放系统和晶片传输系统。其中，等离子体反应腔又可细分为等离子体产生装置、腔体、电子组件、等离子体约束装置、边缘均一性补偿装置、晶片固定装置、气体分配装置、部件防护；射频装置又可细分为射频源和射频匹配两部分。等离子体产生装置主要包含电容耦合型、电感耦合型、电子回旋共振型和微波型四种方式，腔体再可细分为腔体形状、腔体材料、反应腔窗口和温度控制装置，电极组件再可细分为电极自身、电极接合件、温度控制装置，射频装置则细分为射频源和射频匹配。本节对上述各技术分支的历年专利申请进行分析。

图2-8表明，等离子产生装置、电极组件和射频装置的申请量始终位列前三甲，

报告二 等离子体刻蚀机专利分析报告

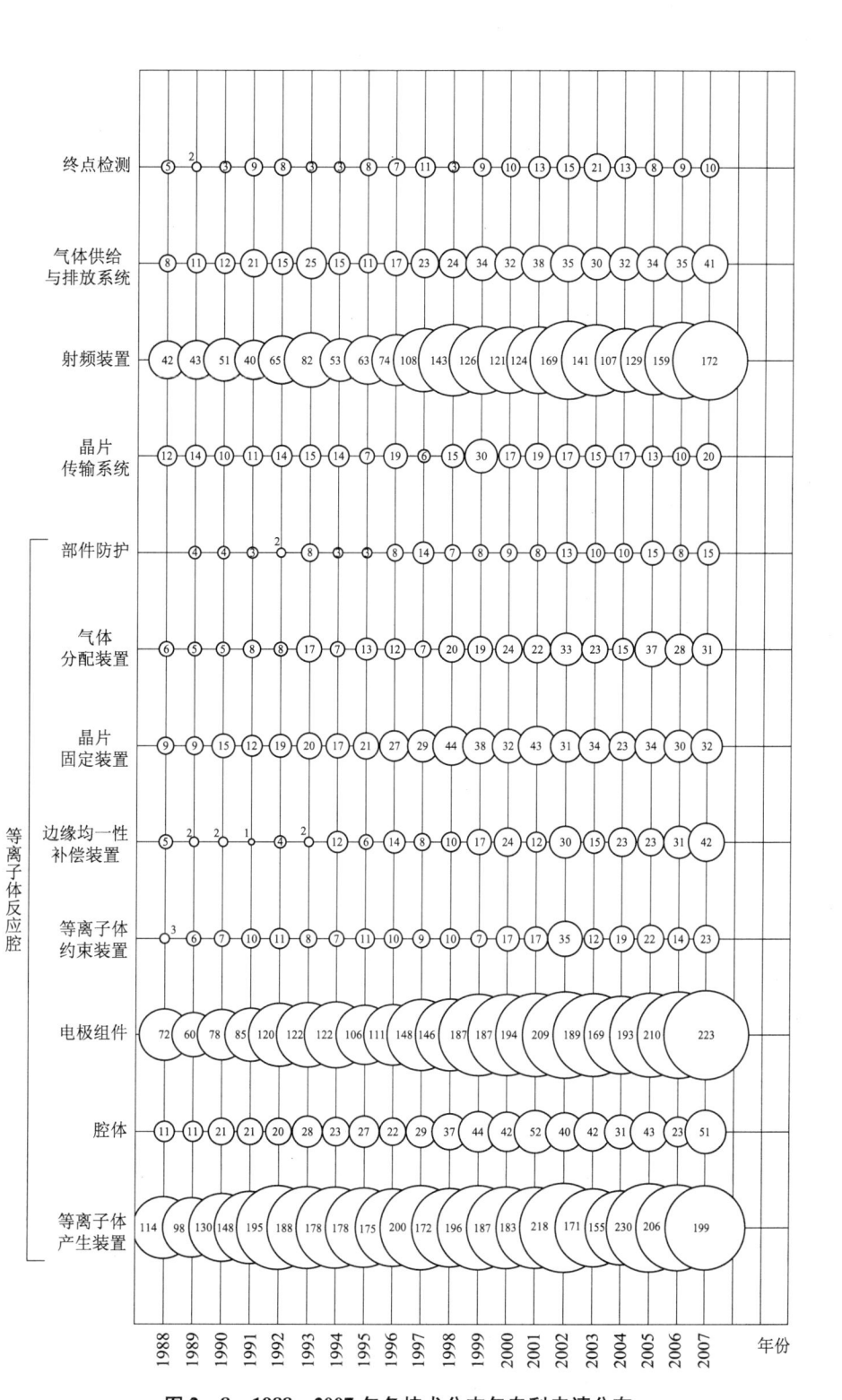

技术分支	1988	1989	1990	1991	1992	1993	1994	1995	1996	1997	1998	1999	2000	2001	2002	2003	2004	2005	2006	2007
终点检测	5	2	3	9	8	3	6	8	7	11	4	9	10	13	15	21	13	8	9	10
气体供给与排放系统	8	11	12	21	15	25	15	11	17	23	24	34	32	38	35	30	32	34	35	41
射频装置	42	43	51	40	65	82	53	63	74	108	143	126	121	124	169	141	107	129	159	172
晶片传输系统	12	14	10	11	14	15	14	7	19	6	15	30	17	19	17	15	17	13	10	20
部件防护		4	4	3	2	3	5	5	8	14	7	8	9	13	10	10	15	15		15
气体分配装置	6	5	5	8	8	9	13	12	7	20	19	24	22	33	23	15	37	28	31	
晶片固定装置	9	9	15	12	19	20	17	21	27	29	44	38	32	43	31	34	23	34	30	32
边缘均一性补偿装置	5	2	2	1	4	2	12	6	14	8	10	17	24	12	30	15	23	31	42	
等离子体约束装置		3	6	7	10	8	9	11	10	9	10	7	17	17	35	12	19	22	14	23
电极组件	72	60	78	85	120	122	122	106	111	148	146	187	187	194	209	189	169	193	210	223
腔体	11	11	21	21	20	28	23	27	22	29	37	44	42	52	40	42	31	43	23	51
等离子体产生装置	114	98	130	148	195	188	178	178	175	200	172	196	187	183	218	171	155	230	206	199

图 2-8 1988~2007 年各技术分支年专利申请分布

并且远远超过其他技术分支,一直是技术研发关注的重点。其中,电极组件的申请量在 1995 年之后稳步上升,2002 年后小幅下滑,而 2004 年开始又呈上升趋势。射频装置申请量在 1994 年之后持续增长,1998 年之后申请量有所下降,但 2001 年之后申请量再次持续增加。

大约从 2000 年开始,边缘均一性补偿装置、气体分配装置、等离子体约束装置的申请量整体呈上升趋势。其中,边缘均一性补偿装置的申请量自 2003 年起持续增加,表明对此技术的关注度有所提高。

图 2-9 示出了各主要二级和三级技术分支的历年专利申请分布情况。在等离子体产生装置中,电感耦合和微波的历年专利申请数量较多,近年来,电子回旋共振的专利申请量减少明显,电容耦合的专利申请断断续续,申请量较少。在腔体方面,专利申请集中在温度控制装置上,而腔体的形状、材料和反应腔窗口的专利申请较少。在电极组件方面,专利申请集中在电极自身和温度控制装置上,而电极接合件在近年才有少量申请。在射频装置方面,射频源的专利申请较多,射频匹配的专利申请近年增长明显。

一般而言,某项技术所要解决的技术问题或者所要达到的技术效果,也就是技术功效,反映了人们对该项技术进行改进的技术需求。因此,对应于某技术功效而提出的专利申请的年申请量变化,反映了等离子体刻蚀机领域的技术需求发展趋势。

图 2-10 表明,对应于刻蚀均匀性、可靠性和提高效率方面的专利申请量最多,这反映出业界对于等离子体刻蚀机在这些方面的技术需求最为迫切;对应于刻蚀速率、刻蚀准确性以及控制沾污等方面的相关专利申请量次之,且整体上呈上升趋势,说明在这些方面的技术需求日益增大。

2.7 技术功效矩阵分析

在等离子体刻蚀机领域,专利技术空白点主要集中在刻蚀形貌和控制选择比方面。

本节通过对技术手段——技术功效矩阵图进行分析,了解专利技术的聚焦点和空白点。专利技术聚焦点是指专利技术——功效矩阵图中专利申请较为集中的点;专利技术空白点是指技术手段——技术功效矩阵图中专利申请量很少或未提出专利申请的点。在技术空白点中,有的是无法实现或没有利用价值的,这些空白点无需关注;而有些空白点则存在实现的可能,获悉该空白点对企业确定研发方向具有一定指导作用。

图 2-11 表明,在技术需求最大的刻蚀均匀性、可靠性和效率三大技术功效方面主要通过对等离子体产生装置、电极组件和射频装置的改进加以实现。

图中尚未提出专利申请的技术空白点,主要集中在刻蚀形貌和控制选择比两方面。由于刻蚀形貌和控制选择比目前一般通过制造工艺来进行改善,因此相关的专利申请

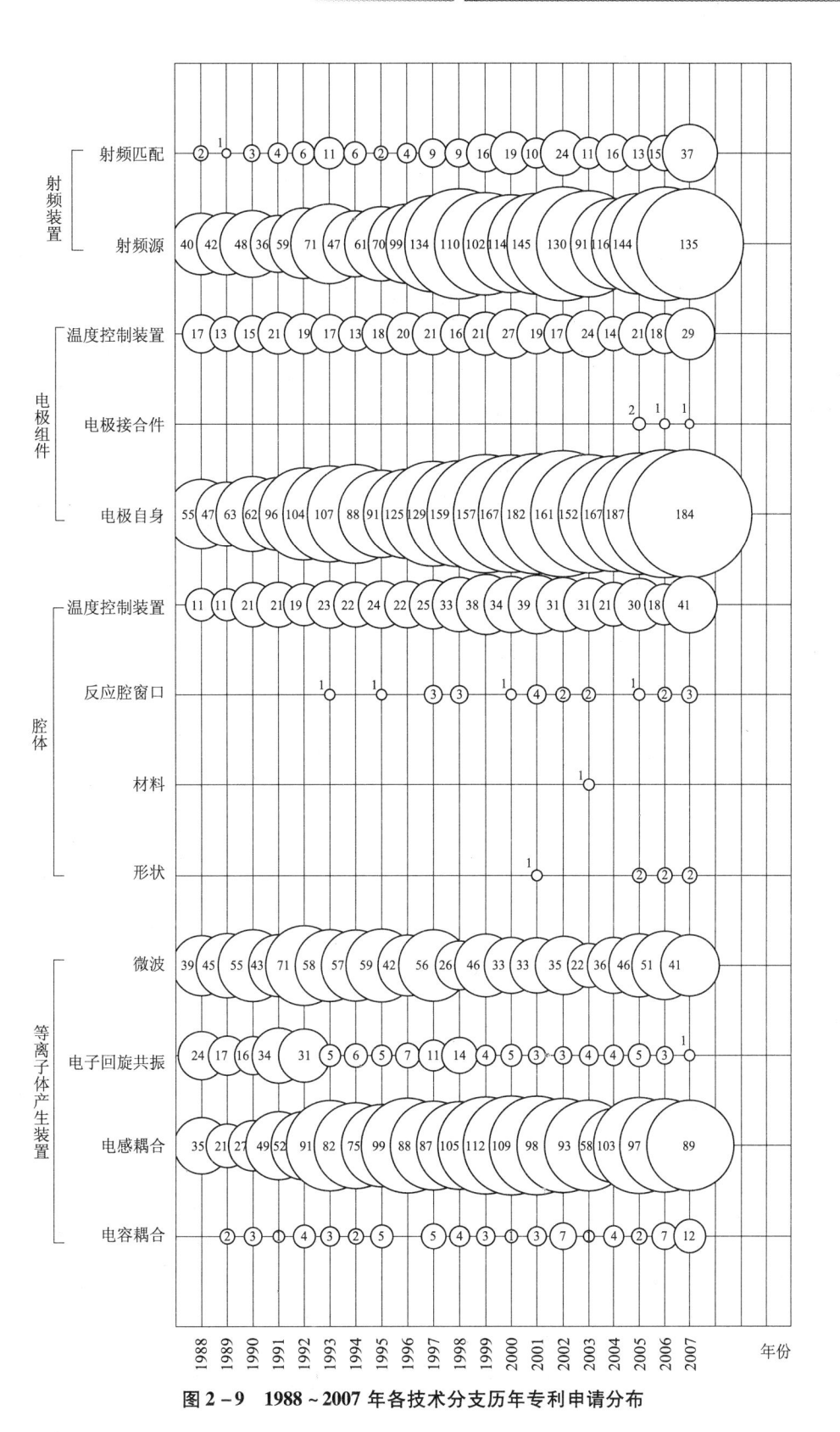

报告二　等离子体刻蚀机专利分析报告

技术分支		1988	1989	1990	1991	1992	1993	1994	1995	1996	1997	1998	1999	2000	2001	2002	2003	2004	2005	2006	2007
射频装置	射频匹配	2	1	3	4	6	11	6	2	4	9	9	16	19	10	24	11	16	13	15	37
	射频源	40	42	48	36	59	71	47	61	70	99	134	110	102	114	145	130	91	116	144	135
电极组件	温度控制装置	17	13	15	21	19	17	13	18	20	21	16	21	27	19	17	24	14	21	18	29
	电极接合件																2	1		1	
	电极自身	55	47	63	62	96	104	107	88	91	125	129	159	157	167	182	161	152	167	187	184
腔体	温度控制装置	11	11	21	21	19	23	22	24	22	25	33	38	34	39	31	31	21	30	18	41
	反应腔窗口				1		1		3	3		1	4	2	2		1		2		3
	材料															1					
	形状										1					2		2		2	
等离子体产生装置	微波	39	45	55	43	71	58	57	59	42	56	26	46	33	33	35	22	36	46	51	41
	电子回旋共振	24	17	16	34	31	5	6	5	7	11	14	5	3	4	4	4	5	3	1	
	电感耦合	35	21	27	49	52	91	82	75	99	88	87	105	112	109	98	93	58	103	97	89
	电容耦合	2	3	1	4	3	2	5		5	4	3	1	3	7	1	4	2		7	12

图 2-9　1988~2007 年各技术分支历年专利申请分布

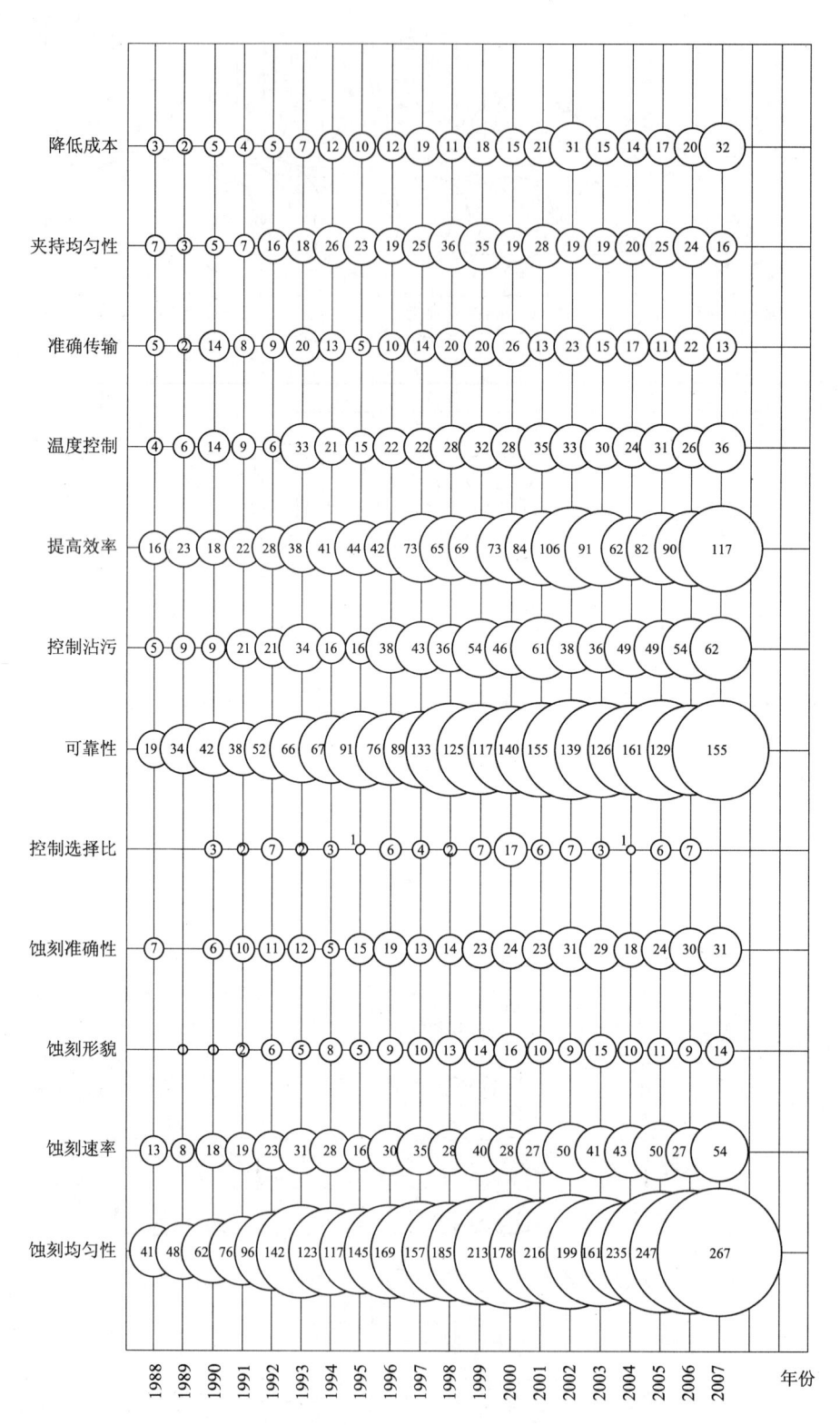

技术功效	1988	1989	1990	1991	1992	1993	1994	1995	1996	1997	1998	1999	2000	2001	2002	2003	2004	2005	2006	2007
降低成本	3	2	5	4	5	7	12	10	12	19	11	18	15	21	31	15	14	17	20	32
夹持均匀性	7	3	5	7	16	18	26	23	19	25	36	35	19	28	19	19	19	20	25	24	16
准确传输	5	2	14	8	9	20	13	5	10	14	20	20	26	23	15	17	11	22	13
温度控制	4	6	14	9	6	33	21	15	22	22	28	32	28	35	33	30	24	31	26	36
提高效率	16	23	18	22	28	38	41	44	42	73	65	69	73	84	106	91	62	82	90	117
控制沾污	5	9	9	21	21	34	16	16	38	43	36	54	46	61	38	36	49	49	54	62
可靠性	19	34	42	38	52	66	67	91	76	89	133	125	117	140	155	139	126	161	129	155
控制选择比				3	2	7		3	1		6	4	2	7	17	6	7	1	6	7
蚀刻准确性	7		6	10	11	12	5	15	19	13	14	23	24	23	31	29	18	24	30	31
蚀刻形貌				2	6	5	8	5	9	10	13	14	16	10	9	15	10	11	9	14
蚀刻速率	13	8	18	19	23	31	28	16	30	35	28	40	28	27	50	41	43	50	27	54
蚀刻均匀性	41	48	62	76	96	142	123	117	145	169	157	185	213	178	216	199	161	235	247	267

图 2-10　1988~2007 年间各技术功效历年专利申请分布

报告二 等离子体刻蚀机专利分析报告

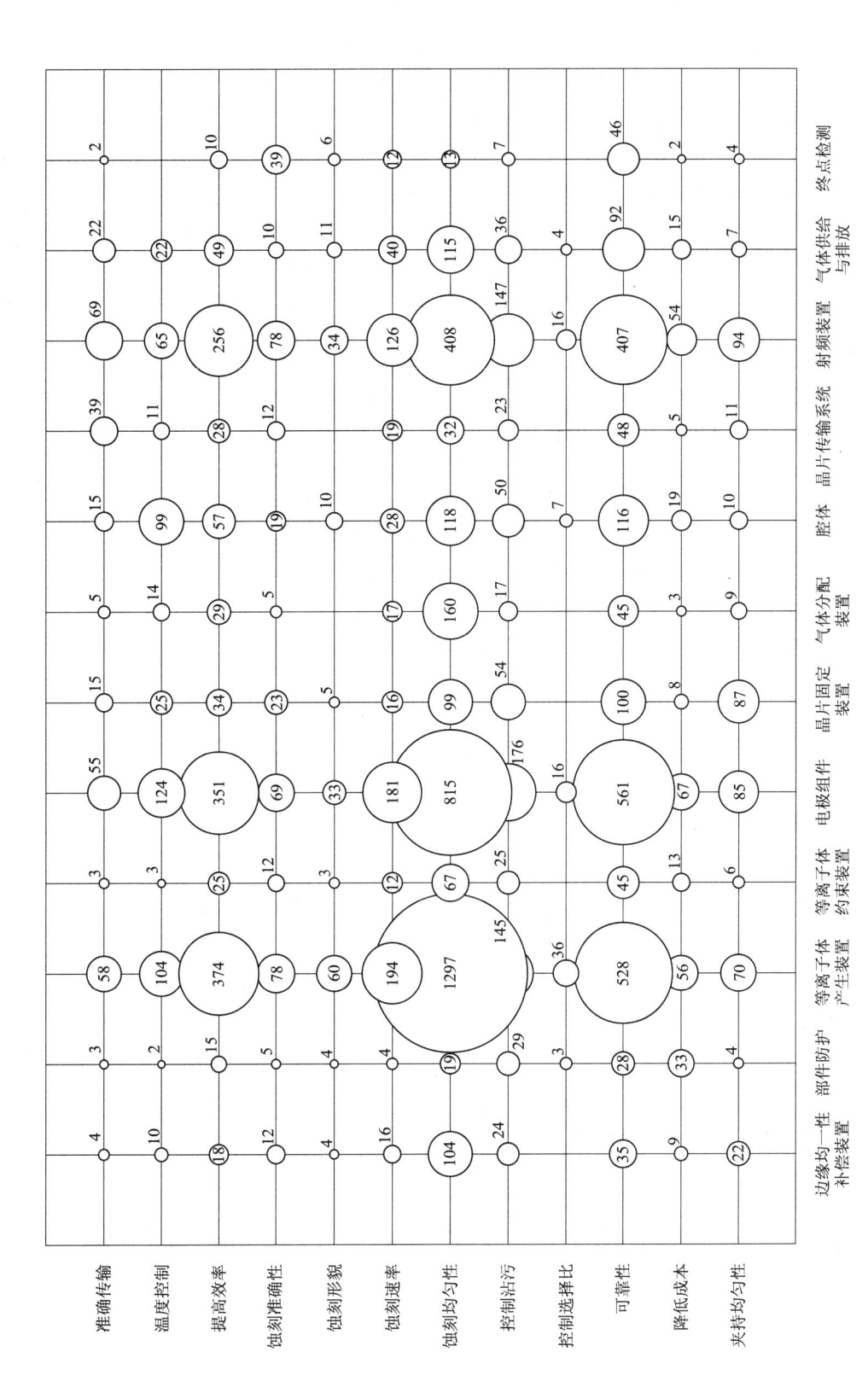

图 2-11 专利技术-功效矩阵图

189

比较少。但是，通过改善边缘均一性补偿装置、等离子体约束装置、晶片固定装置、气体分配装置，有实现上述功效的可能。因此，上述技术功效和技术手段所对应的交叉点有可能成为潜在的技术发展点。

2.8 专利申请区域分布

专利申请的目的国由美国、欧洲、日本逐渐向亚太地区转移。

本节通过对等离子体刻蚀机领域及其各技术分支在全球各主要市场的分布状况进行分析，试图说明该领域的专利申请目的国的变化，各技术分支的专利申请目的国集中在哪些国家或地区。

2.8.1 等离子体刻蚀机领域历年专利申请区域分布

1995 年以前，等离子体刻蚀机领域专利申请集中分布在日本、美国和欧洲市场，高达 80% 以上；1996 年之后，专利申请逐渐向韩国、中国台湾和中国内地市场转移，2006 年，韩国、中国台湾和中国内地市场的专利申请量占全球专利申请量的 40% 以上，说明韩国、中国台湾和中国内地市场是全球日益关注的专利申请市场，这与等离子体刻蚀机的销售市场的变化趋势基本一致。

2.8.2 各技术分支专利申请区域分布

图 2-12 反映了各一级、二级技术分支在全球主要市场的专利分布情况。各技术分支的专利申请重点集中在日本和美国市场，除边缘均一性补偿装置、等离子体约束装置、晶片固定装置和部件防护四个技术分支在美国市场的布局量超过日本外，其他各技术分支在日本市场的专利申请量均居首位。韩国是各技术分支专利申请的第三大市场，欧洲和中国台湾位居其后，各技术分支在中国内地的专利申请较少。

图 2-13 反映了各二级、三级技术分支在全球主要市场的专利分布状况。射频匹配技术和电容耦合技术在美国的专利申请量高于在日本的专利申请量，腔体中温度控制技术在美国的专利申请量与在日本的专利申请量差距不大。

2.9 各技术分支申请人分布

各技术分支的主要申请人主要为东京电子、应用材料、拉姆研究和日立等公司。

本节在各级技术分支上针对申请人进行分析，以了解各级技术分支上申请人的排名情况。

报告二　等离子体刻蚀机专利分析报告

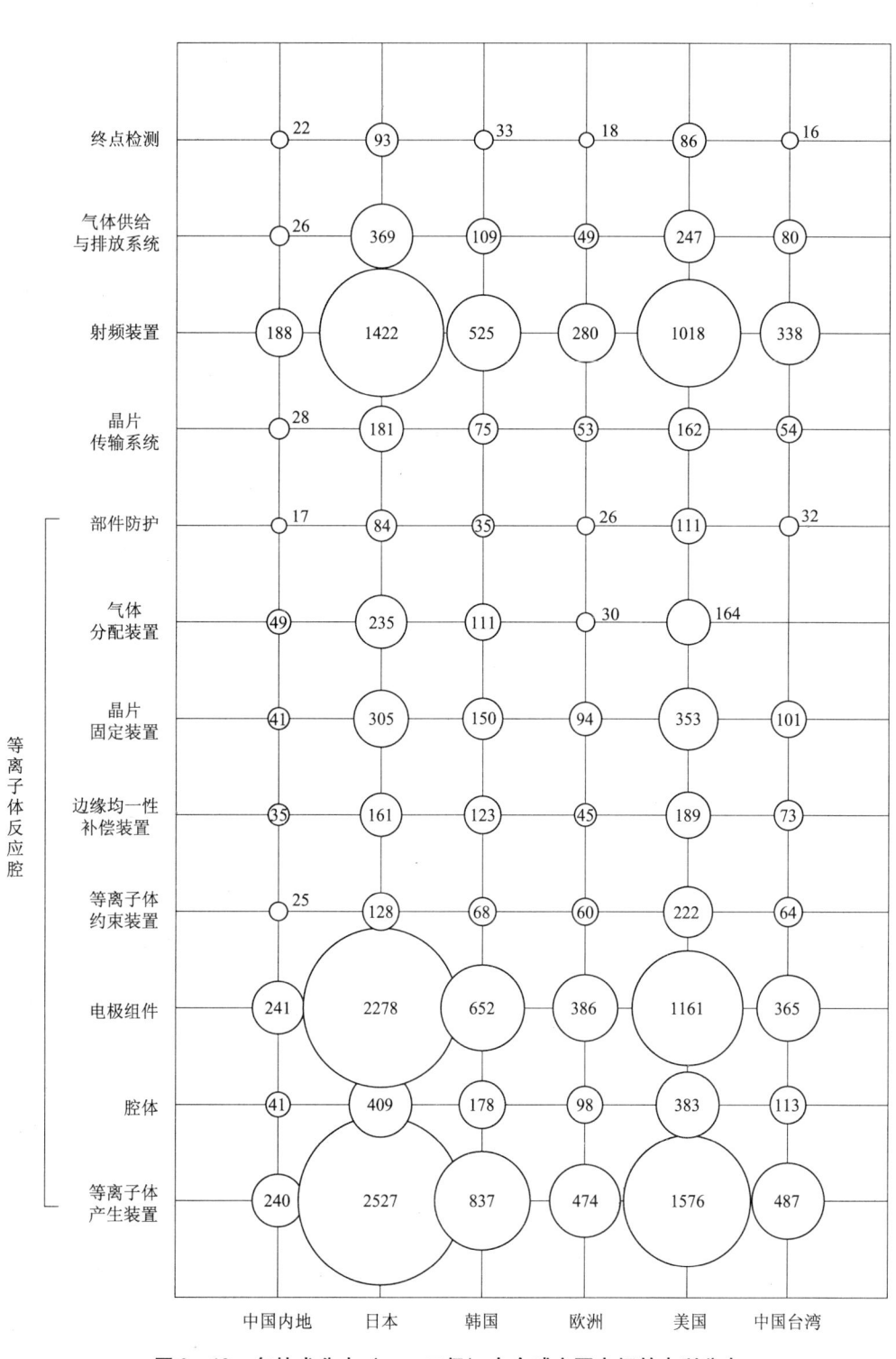

技术分支	中国内地	日本	韩国	欧洲	美国	中国台湾
终点检测	22	93	33	18	86	16
气体供给与排放系统	26	369	109	49	247	80
射频装置	188	1422	525	280	1018	338
晶片传输系统	28	181	75	53	162	54
等离子体反应腔 — 部件防护	17	84	35	26	111	32
等离子体反应腔 — 气体分配装置	49	235	111	30	164	
等离子体反应腔 — 晶片固定装置	41	305	150	94	353	101
等离子体反应腔 — 边缘均一性补偿装置	35	161	123	45	189	73
等离子体反应腔 — 等离子体约束装置	25	128	68	60	222	64
等离子体反应腔 — 电极组件	241	2278	652	386	1161	365
等离子体反应腔 — 腔体	41	409	178	98	383	113
等离子体反应腔 — 等离子体产生装置	240	2527	837	474	1576	487

图 2-12　各技术分支（一、二级）在全球主要市场的专利分布

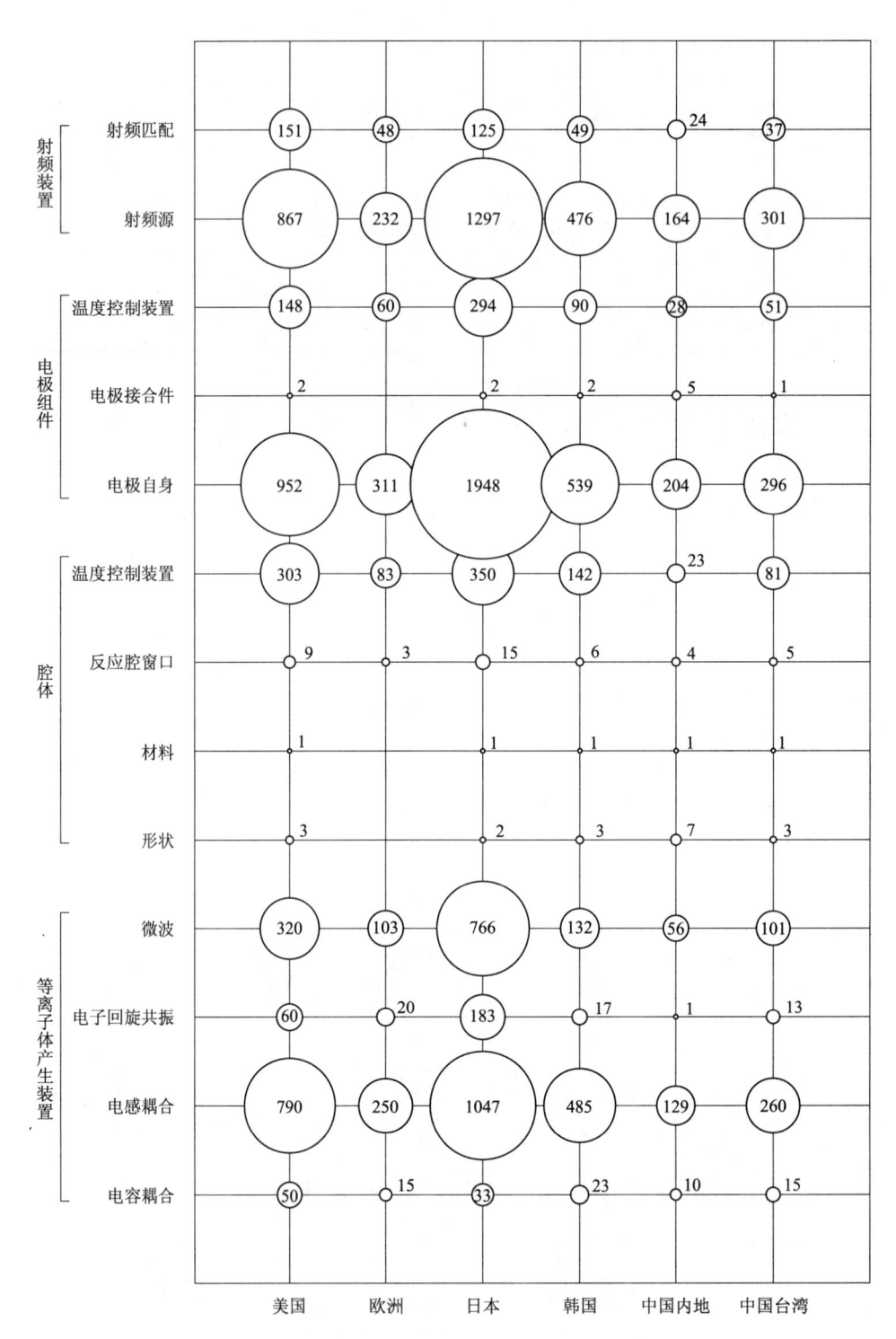

一级	二级	三级	美国	欧洲	日本	韩国	中国内地	中国台湾
	射频装置	射频匹配	151	48	125	49	24	37
		射频源	867	232	1297	476	164	301
	电极组件	温度控制装置	148	60	294	90	28	51
		电极接合件	2	2	2	5		1
		电极自身	952	311	1948	539	204	296
	腔体	温度控制装置	303	83	350	142	23	81
		反应腔窗口	9	3	15	6	4	5
		材料	1	1	1	1		1
		形状	3	2	3	7		3
	等离子体产生装置	微波	320	103	766	132	56	101
		电子回旋共振	60	20	183	17	1	13
		电感耦合	790	250	1047	485	129	260
		电容耦合	50	15	33	23	10	15

图 2-13 各技术分支（二、三级）在全球各主要市场的专利分布

2.9.1 一级技术分支申请人排名

表 2-1 一级技术分支申请人排名

排名	等离子体反应腔	晶片传输系统	射频装置	气体供给与排放系统	终点检测系统
1	东京电子（日本）TOKYO ELECTRON	东京电子（日本）TOKYO ELECTRON	东京电子（日本）TOKYO ELECTRON	东京电子（日本）TOKYO ELECTRON	东京电子（日本）TOKYO ELECTRON
2	应用材料（美国）APPLIED MATERIALS	应用材料（美国）APPLIED MATERIALS	应用材料（美国）APPLIED MATERIALS	应用材料（美国）APPLIED MATERIALS	应用材料（美国）APPLIED MATERIALS
3	日立（日本）HITACHI	拉姆研究（美国）LAM RES	日立（日本）HITACHI	日立（日本）HITACHI	拉姆研究（美国）LAM RES
4	松下（日本）MATSUSHITA	日立（日本）HITACHI	拉姆研究（美国）LAM RES	拉姆研究（美国）LAM RES	日立（日本）HITACHI
5	拉姆研究（美国）LAM RES	北方微电子（中国）	松下（日本）MATSUSHITA	三星电子（韩国）SAMSUNG	松下（日本）MATSUSHITA
6	三星电子（韩国）SAMSUNG	三星电子（韩国）SAMSUNG	三星电子（韩国）SAMSUNG	松下（日本）MATSUSHITA	奥林巴斯（日本）OLYMPUS
7	三菱（日本）MITSUBISHI	松下（日本）MATSUSHITA	三菱（日本）MITSUBISHI	佳能（日本）CANON	北方微电子（中国）
8	日本电气（日本）NEC	爱德牌工程（德国）ADP	索尼（日本）SONY	北方微电子（中国）	爱普生（日本）EPSON
9	索尼（日本）SONY	海力士（韩国）HYNIX	东芝（日本）TOSHIBA	海别得公司（美国）HYPERTHERM	索尼（日本）SONY
10	积水化工（日本）SEKISUI CHEM IND	三菱（日本）MITSUBISHI	佳能（日本）CANON	三菱（日本）MITSUBISHI	中微半导体（中国）

2.9.2 二、三级技术分支申请人排名

表 2-2 等离子体产生装置各技术分支申请人排名

排名	等离子体产生装置							
	电容耦合		电感耦合		电子回旋共振		微波	
	申请人	申请量	申请人	申请量	申请人	申请量	申请人	申请量
1	应用材料（美国）	19	应用材料（美国）	249	日立（日本）	33	日立（日本）	139

续表

排名	等离子体产生装置							
	电容耦合		电感耦合		电子回旋共振		微波	
	申请人	申请量	申请人	申请量	申请人	申请量	申请人	申请量
2	拉姆研究（美国）	9	东京电子（日本）	178	东京电子（日本）	15	东京电子（日本）	107
3	东京电子（日本）	3	日立（日本）	119	三菱（日本）	15	住友（日本）	52
4	日立（日本）	3	拉姆研究（美国）	63	日本电气（日本）	13	佳能	45
5	三星电子（韩国）	3	三星电子（韩国）	49	索尼	13	东芝	36
6	微米技术（美国）	3	松下（日本）	48	住友（日本）	10	芝浦	33
7	新动力等离子（韩国）	3	三菱（日本）	38	松下	9	松下	26
8	西门子（德国）	2	爱发科	30	富士	8	应用材料（美国）	25
9	SEMATECH（美国）	2	住友（日本）	29	岛津	6	三菱（日本）	23
10	松下（日本）	1	佳能	27	日本电信电话（日本）	6	日本电气（日本）	22

表2-3 电极组件各技术分支申请人排名

排名	电极组件			
	电极自身		温度控制装置	
	申请人	申请量	申请人	申请量
1	东京电子（日本）	306	东京电子（日本）	48
2	松下（日本）	191	日立（日本）	38
3	应用材料（美国）	172	应用材料（美国）	33
4	日立（日本）	156	松下（日本）	31
5	积水化工（日本）	117	拉姆研究（美国）	11
6	拉姆研究（美国）	79	索尼（日本）	10
7	三菱（日本）	63	日本电气（日本）	9
8	日本电气（日本）	55	三星电子（韩国）	9
9	三星电子（韩国）	55	三菱（日本）	8
10	爱普生（日本）	53	积水化工（日本）	6

表 2-4 腔体各技术分支申请人排名

排名	腔体			
	反应腔窗口		温度控制装置	
	申请人	申请量	申请人	申请量
1	拉姆研究（美国）	4	东京电子（日本）	174
2	松下（日本）	2	应用材料（美国）	97
3	佳能（日本）	2	日立（日本）	37
4	东芝（日本）	2	拉姆研究（美国）	14
5	应用材料（美国）	1	三菱（日本）	12
6	东京电子（日本）	1	三星电子（韩国）	11
7	微米技术（美国）	1	松下（日本）	10
8	佳能（日本）	1	台积电（中国台湾）	9
9	瓦里安（美国）	1	索尼（日本）	8
10	爱发科（日本）	1	微米技术（美国）	6

表 2-5 射频装置各技术分支申请人排名

排名	射频装置			
	射频源		射频匹配	
	申请人	申请量	申请人	申请量
1	东京电子（日本）	430	应用材料（美国）	52
2	应用材料（美国）	305	东京电子（日本）	23
3	日立（日本）	128	霍廷格（德国）	15
4	拉姆研究（美国）	88	拉姆研究（美国）	13
5	松下（日本）	66	三星电子（韩国）	9
6	三星电子（韩国）	38	佳能（日本）	7
7	三菱（日本）	35	日立（日本）	7
8	索尼（日本）	35	北方微电子（中国）	5
9	东芝（日本）	28	松下（日本）	5
10	日本电气（日本）	20	东芝（日本）	4

2.10 重要技术分支重点专利及技术发展路线分析

在国内业界关注的主要技术分支中，重点专利主要由应用材料、拉姆研究和东京电子持有，并分布在全球主要市场。

2.10.1 重要技术分支的重点专利

等离子体刻蚀机技术领域目前技术发展已经相对成熟，向着更细更精的技术发展。

根据对国内业界专家的访询,本节针对国内企业比较关注的重要技术分支进行分析,包括:晶片固定装置、边缘均一性补偿装置、气体分配装置和射频源四大技术分支,以了解其中的重点专利以及相应的技术发展路线。

本节考量专利同族数量、专利保护范围和专利文献的被引频次等因素来确定重点专利。同族专利数量是衡量专利价值的重要指标,通常专利价值越高,同族数量越多;专利保护范围越大,则其价值通常也越高;被引频次是指某专利文献被后续的其他专利文献引用的次数,通常专利价值越高,被引频次越多。

表 2-6 重要技术分支重点专利列表

技术分支	公开号	申请人	国籍	有无在华申请
气体分配装置	US6586886B1	应用材料	美国	√
	KR100447248B	周星工程	韩国	√
	US6793733B2	应用材料	美国	√
	US7645341B2	拉姆研究	美国	√
	US2005241766A1	拉姆研究	美国	√
	US2007145021A1	拉姆研究	美国	√
	US6333272B1	拉姆研究	美国	√
	US6294026B1	IBM	美国	√
	US5980686A	APPLIED KOMATSU TECHNOLOGY	日本	
晶片固定装置	US5262029A	拉姆研究	美国	
	JP1251735A	东芝	日本	
	US5350479A	应用材料	美国	
	US5822171A	应用材料	美国	
	JP10261698A	东京电子	日本	
	US2002075624A1	应用材料	美国	
	US2007258186A1	应用材料	美国	√
	US6278600B1	应用材料	美国	
	US5671116A	拉姆研究	美国	√
	JP8227933A	信越化学	日本	
	US5885469A	应用材料	美国	
	EP0844659A2	应用材料	美国	
	US5737178A	应用材料	美国	
	US5880924A	应用材料	美国	

续表

技术分支	公开号	申请人	国籍	有无在华申请
	EP1111661A2	拉姆研究	美国	
	WO02103780A1	东京电子	日本	√
	US2004261721A1	拉姆研究	美国	√
	US2006076108A1	应用材料	美国	√
	US2006238953A1	应用材料	美国	√
边缘均一性补偿装置	US6344105B1	拉姆研究	美国	√
	JP2001308079A	东京电子	日本	
	US2004053428A1	拉姆研究	美国	√
	US2005133164A1	拉姆研究	美国	√
	US2007032081A1	拉姆研究	美国	
	US6475336B1	拉姆研究	美国	√
	US2005099135A1	东京电子	日本	√
射频源	EP0495524 A1	应用材料	美国	
	JP4268727A	松下	日本	
	JP7297175A	东京电子	日本	
	US6150628 A	应用材料	美国	
	WO03015123A2	拉姆研究	美国	√
	US2003215373A1	MKS 仪器有限公司	美国	√
	FR2895169A1	雷诺	法国	
	JP2006270017A	东京电子	日本	√

针对表 2-6 所述 43 项重点专利的申请人进行分析，在所分析的四个重要技术分支中，重点专利的申请人集中度较高，主要由应用材料、拉姆研究和东京电子三家公司持有。其中，应用材料和拉姆研究掌握的重点专利相对较多，分别为 15 项和 14 项，其次是东京电子，为 6 项。如图 2-14 所示。

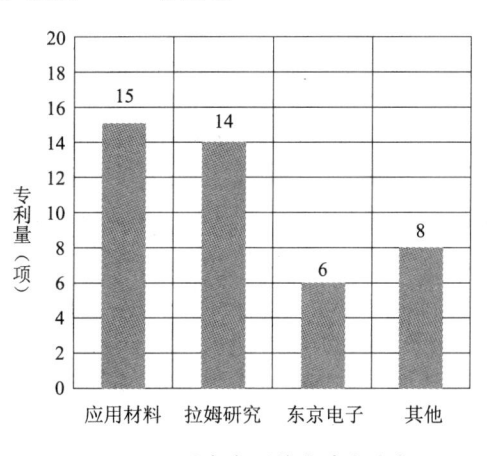

图 2-14 重点专利的申请人分布

由图 2-15 可以看出，前述 43 项重点专利有效地覆盖了全球各主要市场，进入美、日、中、韩的重点专利均过半数，欧洲虽然较少，但也高达 17 件。

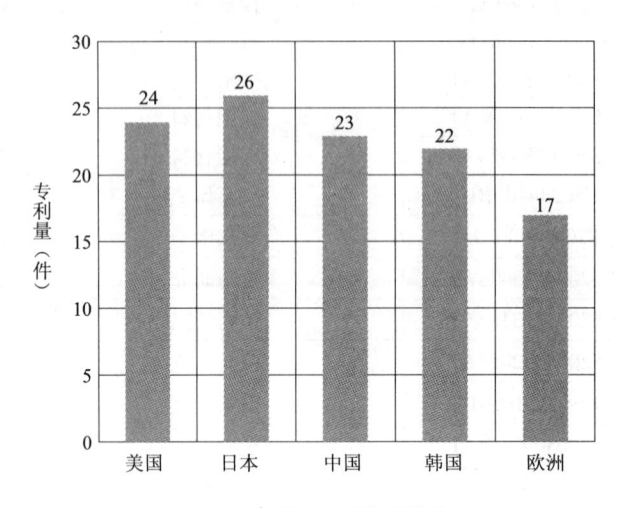

图 2-15　重点专利的区域分布

2.10.2　重要技术分支技术发展路线

下面对晶片固定装置、边缘均一性补偿装置、气体分配装置和射频源四大技术分支的技术发展路线进行分析。如表 2-7 所示。

一、晶片固定装置技术分支发展路线

1. 机械卡盘

早期的晶片固定装置是基于机械力的晶片夹持机构，其通常具有位于晶圆外部边缘的可升降的环状夹具（US5262029A，拉姆研究，最早优先权日：1988 年 5 月 23 日）。

2. 静电卡盘

随着微电子技术不断的更新换代，晶圆尺寸也随之增大，为了减小晶片装载、夹持以及卸载过程中对晶片的损伤，并提高等离子体处理过程中晶片夹持的均匀性和稳定性，对晶片固定装置提出的要求也日益苛刻。因此，在 20 世纪 90 年代初，一种全新理念的静电卡盘应运而生，出现了采用静电吸引力来夹持和固定芯片的晶片固定装置。但其冷却/散热问题一直成为关注的焦点，为此，相继出现了采用向静电卡盘背面的交叉沟道通入冷却气体对其进行冷却的方案（US5350479A，应用材料，最早优先权日：1992 年 12 月 2 日）；以及利用复合的多电极结构、同时在下方形成冷却剂沟槽和通道以控制冷却剂从而达到冷却目的的方案（US5822171A，应用材料，最早优先权日：1994 年 2 月 22 日）；后又出现防止热应力造成破裂损伤而将大块的静电卡盘分为之间具有间隙的多个部分的方案（JP10261698A，东京电子，最早优先权日：1997 年 3 月 19 日）等。

报告二 等离子体刻蚀机专利分析报告

表2-7 重点技术分支技术发展路线

重点技术分支	优先权年	1988~1989	1990~1991	1992~1993	1994~1995	1996~1997	1998~1999	2000~2001	2002~2003	2004~2005	2006~2008
晶片固定装置		1988.5.23 US5262029A 拉姆研究 晶片固定夹环机构		1992.12.02 US5350479A 应用材料 静电卡盘表面通冷却气体	1994.02.22 US5822171A 应用材料 形成冷却剂通道和通用温度控制冷却剂来调温度 1995.02.20 JP8227933A SHINETSU CHEMICAL CO 带有内建加热器的陶瓷静电卡盘	1996.11.05 US5885469A 应用材料 氦气清洗控温 1997.03.06 US5737178A 应用材料 单晶陶瓷覆盖在有孔的网格电极	1999.12.22 EP1111661A2 拉姆研究 高温静电卡盘 1999.05.07 US20020075624A1 应用材料 具有加热器的静电卡盘	2001.05.25 WO02103780A1 东京电子 基片台静电吸盘通过陶瓷喷涂形成并进行封孔处理	2003.06.30 US20040261721A1 拉姆研究 支承柱低温度的动态调整	2004.10.07 US20060076108A1 应用材料 包括不同热导率系数材料的底座 2005.04.26 US20060238953A1 应用材料 智能升降的静电卡盘	2006.04.27 US20072258186A1 应用材料 具有双温度区的静电吸盘的衬底支架
边缘均一性补偿装置				1994.01.31 EP0844659A2 应用材料 复合绝缘层防击穿阻击穿层 1994.01.31 US6278600B1 应用材料 防击穿层	1995.03.10 US5671116A 应用材料 多层静电吸盘多层电绝缘陶瓷和多个带形线		1999.06.30 US6344105B 拉姆研究 RF耦合边环改善蚀刻率的均匀性	2000.02.14 JP200130879A 东京电子 保持温度补偿环 2000.10.06 US6475336 B1 一个静电边环夹盘，在加工时边环可支撑在其上 1997.12.01 US5880924A 具有接地的放电电极以移除残余电荷	2002.09.18 US20040534288A 拉姆研究 采用可变位置的耦合 2003.12.17 US20051331164A1 拉姆研究 温度热边环组件 2003.11.12 US20050991135A1 东京电子 改进聚焦环的方法	2005.08.08 US20070320811A1 拉姆研究 包括介电间隔环和边缘环的的边缘环组件	
气体分配装置		US0006220A 日本应化 由SiC制成电极上开通均匀通孔性	EP0495524A1 应用材料 施加高低频在同一电极或两个不同电极	US5423936A 日本日立 电极上喷加冷却板以控制上电极温度	US5746875A 应用材料 在腔体盖上轴向延伸的开口的气体分布	US6150628A 应用材料 射频源包含变压器耦合电磁能量	US6344105B EP0678903A1 东京电子 在晶片基座上同时提供均匀两个离子 US5645192A 拉姆研究 利用支架板和喷头来优化气体分布 US6415736B1 拉姆研究 配置带通孔的锥形气体分配板	US6872258A 三星电子 具有两个隔离板的气体分配装置 US7156950B2 三星电子 使用由多个球体压制而成的多孔隔板 WO03015123A2 拉姆研究 将高低频同时施合在集成电极上	US2005241766A 对气体分配装置配置加热器以及温控装置		
射频源装置											JP2006270017A 东京电子 使用可变压流压或变交流电压源

3. 复合型静电卡盘

随着晶片尺寸的进一步增大,晶片中心和外围区域在腔体内的气体物质和等离子体物质分布的非均匀性导致了在整个衬底上的处理偏差,因此为了进一步提高刻蚀的均匀性,出现了包括加热/冷却装置的静电卡盘(US2002075624A1,应用材料,最早优先权日:1999年5月7日),以及能够在等离子体处理期间根据需要快速控制衬底不同区域温度分布的静电卡盘,从而减小衬底表面处理特性的变化(US2007258186A1,应用材料,最早优先权日:2006年4月27日)。

二、边缘均一性补偿装置技术分支发展路线

边缘均一性补偿装置通常是环绕衬底的、能消耗(牺牲)的边缘环,其作用是将等离子体限制在晶片之上的区域内且提高其均匀性和/或保护静电卡盘使其免受等离子体的腐蚀。

1. 射频耦合型

起初通过提供一种延展射频耦合区的射频耦合边环,对晶片上方的等离子体鞘层进行修正,从而明显改善衬底表面上的刻蚀率的均匀性(US6344105B1,拉姆研究,最早优先权日:1999年6月30日)。

2. 复合结构型

(随后又相继出现了多种复合结构的边缘补偿装置,例如补偿环包括围绕在衬底周围)并且处理过程中分别保持在不同温度的第一、第二环组件(JP2001308079A,东京电子,最早优先权日:2000年2月14日)。边缘环是一种易消耗的结构,为了减少因磨损造成的边缘环更换,提出了一种采用可沿路径移动的耦合环的边缘环结构,以改变边缘环与可变位置耦合环之间的距离,从而改变其间电容的方案(US2004053428A1,拉姆研究,最早优先权日:2002年9月18日)。

3. 温控型及组合结构型

随着晶圆尺寸的不断增大,对晶片的等离子体刻蚀的均匀性以及稳定性提出了更高的要求。因此相继出现了温控热边缘环组件(US2005133164A1,拉姆研究,最早优先权日:2003年12月17日),以及包括介电间隔环和边缘环的组合边缘环组件(US2007032081A1,拉姆研究,最早优先权日:2005年8月8日)。

三、气体分配装置技术分支发展路线

气体分配装置直接影响刻蚀气体的分配均匀性,是产业界关注的重点技术分支。气体分配装置通常与上电极为一体结构,也称为喷淋头电极。

1. 通孔型

早在1987年,日本东京应化工业株式会社为增强电极的耐久性以及供给的均匀性,在完全由SiC制成或具有SiC涂层的上电极上开通均匀性直径在0.3mm~1.0mm之间的通孔作为刻蚀气体分配(US5006220A,优先权日:1987年10月26日)。其后日本日立公司于1992年提出在喷淋头电极上增加冷却板以控制上电极温度(US5423936A,优先权日:1992年10月19日)。

2. 气体槽型

平面气体喷淋头电极是气体分配装置的主要思路,但是1995年应用材料公司提出

改变传统平面气体喷淋头电极分配装置的新方案，在腔体盖上或顶部设置横向延伸的带开口的气体槽来进行气体分配（US5746875A，优先权日：1995 年 10 月 16 日）。

3. 隔板型

技术越来越成熟，又就对气体分配的均匀性提出了更高的要求。气体分配装置的结构也越来越精细。1999 年拉姆研究公司利用支承板和喷头通过配置隔板的几何形状和排列，共同限定一气体分布室，以将气体均匀分配到喷头的背面上（US6245192A，优先权日：1999 年 6 月 30 日）。同时，拉姆研究公司继续在分割板的形状方面进行改进，例如配置带通孔的锥形气体分隔板（US6415736B1，优先权日：1999 年 6 月 30 日）。其他公司也在气体分隔板上继续做出优化，例如韩国三星电子提出具有两个隔板的气体分配装置，并且其中一隔板能够移动以改变间距，从而优化刻蚀速率的均匀性（US6872258A，优先权日：2001 年 7 月 16 日），以及使用由多个球体压制而成的多孔隔板（US7156950B2，2002 年 1 月 22 日）。除此之外，拉姆研究公司还对气体分配装置配置加热器以及温控装置，对温度和均匀性进行更精确的控制（US2005241766A1，优先权日：2004 年 4 月 30 日）。

四、射频源技术分支发展路线

射频源直接影响等离子体的产生及其能量和密度，因而对于等离子体刻蚀的质量具有极其重要的影响，是产业界关注的重点技术。

1. 高低频射频源

1990 年，应用材料公司研发同时施加高频射频源和低频射频源在同一电极上，或施加高频射频源和低频射频源在两个不同电极上，利用高频电极控制等离子体密度，利用低频电极控制等离子体能量，在不损伤晶片的前提下，提高等离子体刻蚀的精度（EP0495524A1，最早优先权日：1990 年 7 月 31 日）。

2. 双高频射频源

1993 年，东京电子公司研发出在晶片基座上同时提供两个高频射频，其中一个高频高于等离子体的穿越频率，而另一个高频低于等离子体的穿越频率，这样可以控制气体分子的分裂和促进离子入射，提高等离子体密度而不损伤晶片（EP0678903A1，最早优先权日：1993 年 11 月 5 日）。

3. 耦合型射频源

1997 年，应用材料公司研发出射频源包含变压器耦合电磁能量到等离子体，这样可以不使用阻抗匹配系统中的微波发生器而产生高密度等离子体（US6150628A，最早优先权日：1997 年 6 月 26 日）。

随着技术的不断发展，2001 年，拉姆研究公司研制出将高低频同时耦合在基座电极上，允许低频电流流经基座电极和金属上电极，阻止高频电流流经基座电极和低频源，防止等离子体发生在额外区域，这样可以提高工艺时间和降低表面的损耗（WO03015123A2，最早优先权日：2001 年 8 月 8 日）。

2.11 小　结

本章通过对等离子体刻蚀机领域的专利技术层面进行分析，得出以下结论。

1. 等离子体蚀刻机领域的专利年申请量总体呈增长趋势，专利年申请量的变化与市场的波动关系密切，并且专利年申请量的变化趋势滞后于市场销售变化大约两年。

2. 等离子体刻蚀机领域具有高技术密度、高技术含量、高技术附加值的特点，行业进入门槛较高；与半导体技术、材料处理技术、等离子体技术关联度较大。

3. 等离子体刻蚀机领域的年专利申请量和申请人数量保持相对稳定，目前技术发展处于稳定期。

4. 等离子体刻蚀机领域技术集中度相对较高，前10位申请人拥有全球过半的专利申请量，并拥有全球近70%的重要专利。

5. 等离子产生装置、电极组件和射频装置一直是技术研发的热点；近年来，边缘均一性补偿装置、气体分配装置、等离子体约束装置的研发关注度有所上升，其中，边缘均一性补偿装置的申请量自2003年起持续增加。

6. 刻蚀均匀性、可靠性和提高效率是业界持续关注的需求；刻蚀速率、刻蚀准确性以及控制沾污方面的需求日益增大。

7. 在等离子体刻蚀机领域，专利技术空白点主要集中在刻蚀形貌和控制选择比方面。通过改善边缘均一性补偿装置、等离子体约束装置、晶片固定装置、气体分配装置，有实现上述功效的可能。

8. 在国内业界关注的主要技术分支中，重点专利主要由应用材料公司、拉姆研究公司和东京电子公司持有，并大量分布在全球主要市场。

第3章 重要申请人分析

3.1 申请人类型分析

专利申请人主要为企业，其申请量占到了整个行业申请的92%。合作申请仅占2%，以企业—大学合作申请为主，近年申请比较活跃。

如图3-1所示，在等离子体刻蚀机技术领域中，申请人主要为企业，其申请量占总申请量的92%，其他各类型申请人的申请量总共只占8%。可见，企业在行业技术创新中占绝对主导地位，企业发展水平基本代表了等离子体刻蚀机行业的整体发展水平，而其他类型申请人的研发能力相对较弱。

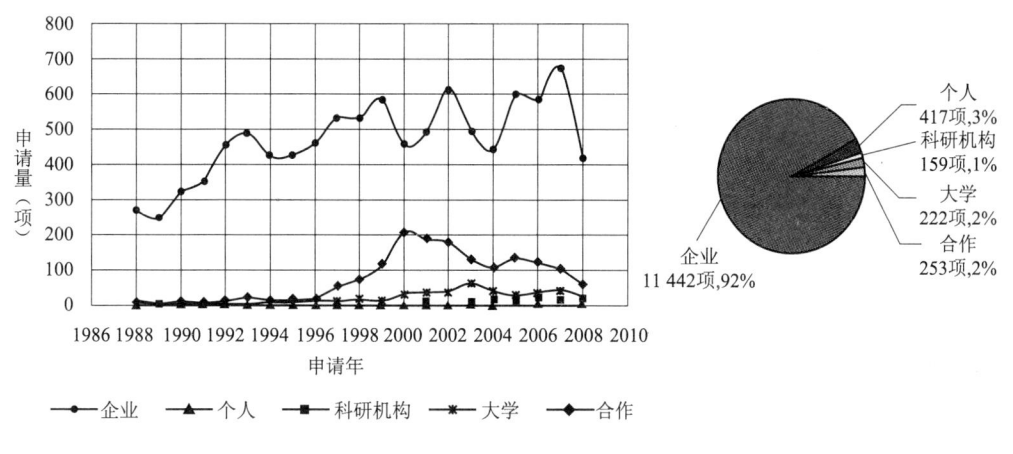

图3-1 申请人类型分析

如图3-2所示，在等离子体刻蚀机领域，企业与大学的合作为合作申请的主体，占所有合作申请的63%，其次是企业与科研机构之间的合作，占所有合作申请的22%；而科研机构与大学、大学与个人、科研机构与个人间的合作申请则相对较少，总共只占15%。这说明在等离子体刻蚀机领域中，合作申请主要集中在企业与大学、企业与科研机构之间，且企业与大学的合作申请在近年来申请量较多。

3.2 确定重要申请人

东京电子公司、应用材料公司、拉姆研究公司是等离子体刻蚀机领域重要申请人；三星电子公司是等离子体刻蚀机领域后起之秀。

本节主要从多个角度对申请人进行排名。表3-1是按1988~2008年以及1998~

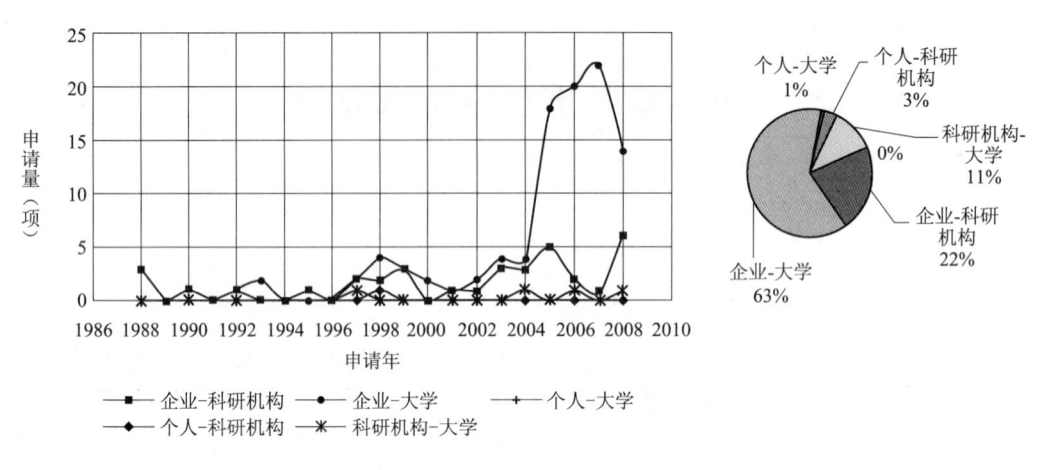

图 3-2 合作申请人类型分析

2008年期间的专利总量对申请人进行的排名。表3-2是按3/5局专利量、授权量两个角度对申请人进行排名的分析。

从近十年的全球专利申请量排名看，位居前四位的依次是东京电子、应用材料、日立和拉姆研究，第三位的日立和第四位的拉姆研究申请量差距不大；而从代表专利价值的3/5局申请来看，东京电子、应用材料、拉姆研究和日立公司居前四位，拉姆研究申请的3/5局申请是日立公司的三倍，说明拉姆研究重视专利质量，以"质"取胜，而非日本公司靠"量"取胜。从市场销售情况来看，占有率最大的等离子体刻蚀机厂商是东京电子、应用材料和拉姆研究；另外，东京电子、应用材料和拉姆研究是专门从事半导体装备开发的公司，尤其是拉姆研究，是专业从事等离子体刻蚀机开发的公司。综合上述四个方面因素的考虑，本报告选择东京电子、应用材料和拉姆研究作为重点申请人。而日立虽然在申请人排名上居前，但其主要从事电子回旋共振等离子体刻蚀装置的研发，该公司的产品并非目前行业的主流产品。

表 3-1 总申请量排名

排名	1988~2008 年申请量排名		排名	1998~2008 年申请量排名	
	申请人	数量（项）		申请人	数量（项）
1	东京电子（日本）TOKYO ELECTRON	2 166	1	东京电子（日本）TOKYO ELECTRON	1 381
2	应用材料（美国）APPLIED MATERIALS	1 647	2	应用材料（美国）APPLIED MATERIALS	1 050
3	日立（日本）HITACHI	822	3	日立（日本）HITACHI	421
4	松下（日本）MATSUSHITA	463	4	拉姆研究（美国）LAM RES	372
5	拉姆研究（美国）LAM RES	460	5	松下（日本）MATSUSHITA	324

续表

1988~2008年申请量排名			1998~2008年申请量排名		
排名	申请人	数量（项）	排名	申请人	数量（项）
6	三星电子（韩国）SAMSUNG	281	6	三星电子（韩国）SAMSUNG	271
7	三菱（日本）MITSUBISHI	237	7	积水化工（日本）SEKISUI CHEM IND	152
8	索尼（日本）SONY	182	8	三菱（日本）MITSUBISHI	94
9	日本电气（日本）NEC	168	9	佳能（日本）CANON	85
10	积水化工（日本）SEKISUI CHEM IND	156	10	北方微电子（中国）	84

表3–2　1988~2008年专利授权量和3/5局专利申请量排名

授权量排名			3/5局申请量排名		
排名	申请人	数量（件）	排名	申请人	数量（项）
1	东京电子（日本）TOKYO ELECTRON	1 325	1	东京电子（日本）TOKYO ELECTRON	629
2	应用材料 APPLIED MATERIALS	1 239	2	应用材料（美国）APPLIED MATERIALS	561
3	日立（日本）HITACHI	283	3	拉姆研究（美国）LAM RES	202
4	松下（日本）MATSUSHITA	204	4	日立（日本）HITACHI	75
5	拉姆研究（美国）LAM RES	192	5	三星电子（韩国）SAMSUNG	42
6	三星电子（韩国）SAMSUNG	108	6	松下（日本）MATSUSHITA	39
7	佳能（日本）CANON ANELVA	87	7	日本电气（日本）NEC	25
8	日本电气（日本）NEC	77	8	佳能（日本）CANON	23
9	三菱（日本）MITSUBISHI	72	9	佳能（日本）CANON	17
10	国际商业机器 IBM	58	10	夏普（日本）SHARP	16

另外，韩国三星电子公司的专利申请量基本集中在近十年，属于等离子体刻蚀机领域的后进入者，但按照代表专利价值的3/5局申请排名，其位居第五位。三星电子公司与我国企业一样有着起步较晚的特点，但该公司发展很快，其快速发展的经验值得我国企业借鉴。

综合总申请量、3/5 局申请量、授权量和各技术分支申请量的排名，并考虑到东京电子公司、应用材料公司和拉姆研究公司这三家公司占据着全球主流刻蚀机市场的绝大部分份额，以及三星电子公司的快速发展之路，本章选择东京电子公司、应用材料公司、拉姆研究公司和三星电子公司作为等离子体刻蚀机领域的重要申请人进行分析。

3.3 东京电子公司

3.3.1 在各技术分支历年申请分布

- 等离子体产生装置、射频装置、电极组件是东京电子公司研发的重中之重；
- 刻蚀均匀性、可靠性是东京电子公司重点关注的技术问题；近年，提高效率方面的专利申请数量增长格外明显；
- 东京电子公司长期对电感耦合等离子体产生装置和微波等离子体产生装置两种类型进行持续研发，近年研发重心转向微波等离子体产生装置。

图 3-3 反映了东京电子公司在各技术分支上的历年专利申请分布情况，东京电子公司的研发领域涉猎等离子体刻蚀机的所有技术分支，在等离子体产生装置，射频装置、电极组件、气体供给与排放系统、腔体、晶片固定装置、气体分配装置等领域一直投入了较大的研发力量，其中等离子体产生装置、射频装置、电极组件是其研发的重中之重，并且近年来前述领域的专利申请大体上呈增长趋势。自 20 世纪 90 年代后期以来边缘均一性补偿装置和等离子体约束装置的专利申请数量有所提高。

东京电子公司长期对电感耦合和微波两种类型的等离子体产生装置进行持续研发，2004 年以前主要以电感耦合等离子体产生装置为研发重点，其后，研发重心转向微波等离子体产生装置，但同时电感耦合等离子体产生装置仍然占据一定的研发比重。

图 3-4 反映东京电子公司在各技术需求方面的历年专利申请分布情况。在等离子体刻蚀机相关技术问题的解决方面，东京电子公司对于刻蚀均匀性及可靠性的改善一直非常关注，相关的专利申请最为集中，自 20 世纪 90 年代后期以来，提高效率也是其较为关注的一大技术问题，尤其是近两年在提高效率方面，东京电子公司提出的专利申请数量增长格外明显。

3.3.2 在全球主要市场历年专利申请分布

东京电子专利申请在市场选择上有轻有重，在布局力度上持续均衡。

图 3-5 反映了东京电子公司在全球主要市场的历年专利申请分布状况。东京电子在海外市场中对美国市场最为重视，近年来，在美国市场的年布局量基本保持稳定；很早就开始在韩国市场进行布局，布局力度仅次于在美国市场的布局；20 世纪 90 年代初开始在中国台湾进行布局，从 90 年代中期开始，布局力度与在韩国市场的专利申请大致接近；直到 1998 年才开始在中国内地布局，自 2001 年起，加大了对中国内地市场的布局力度，并且有进一步加大的趋势；近年来在欧洲市场的布局量极少，对欧洲市场的关注度低。

图 3-3 东京电子公司各技术分支历年专利申请分布

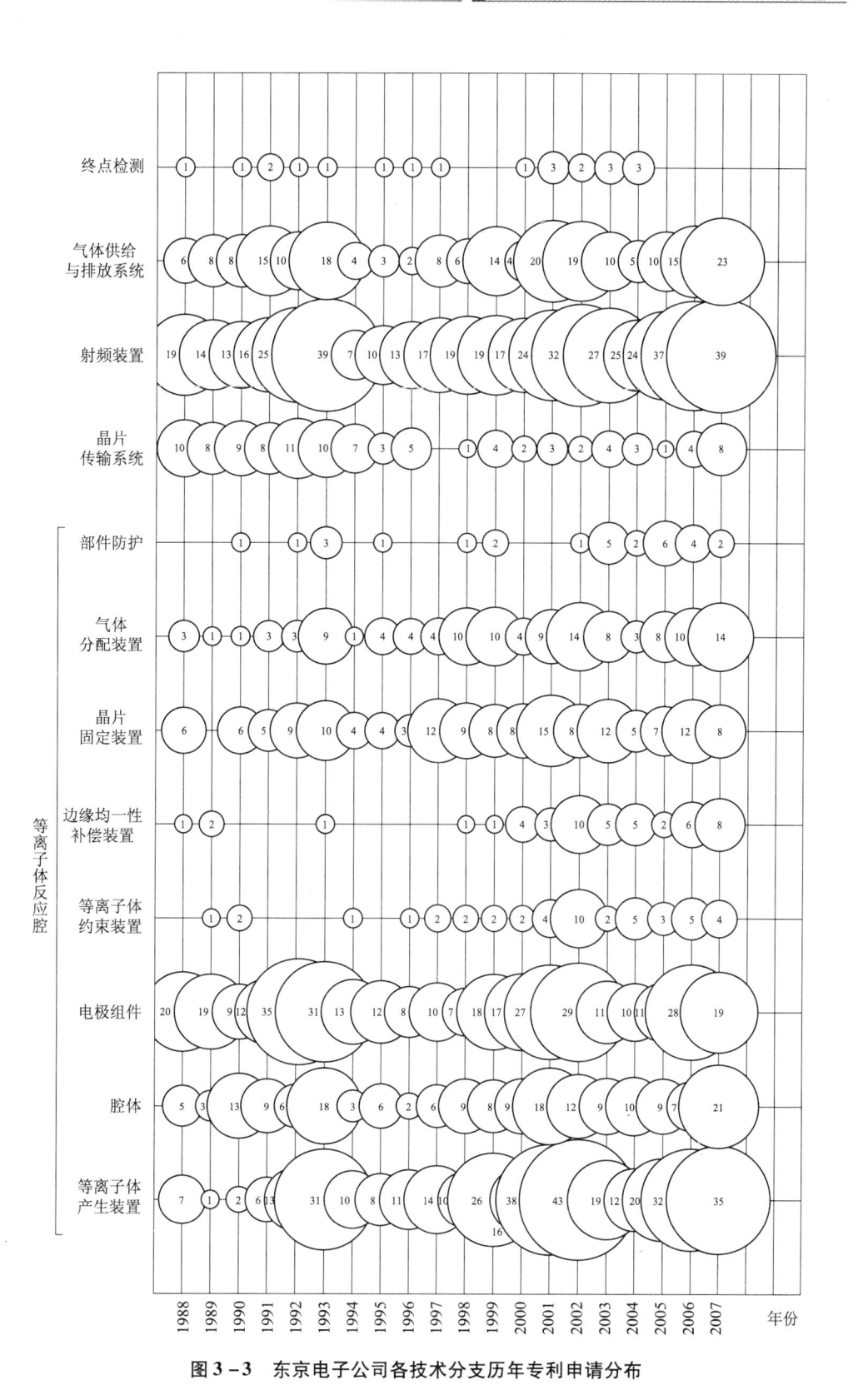

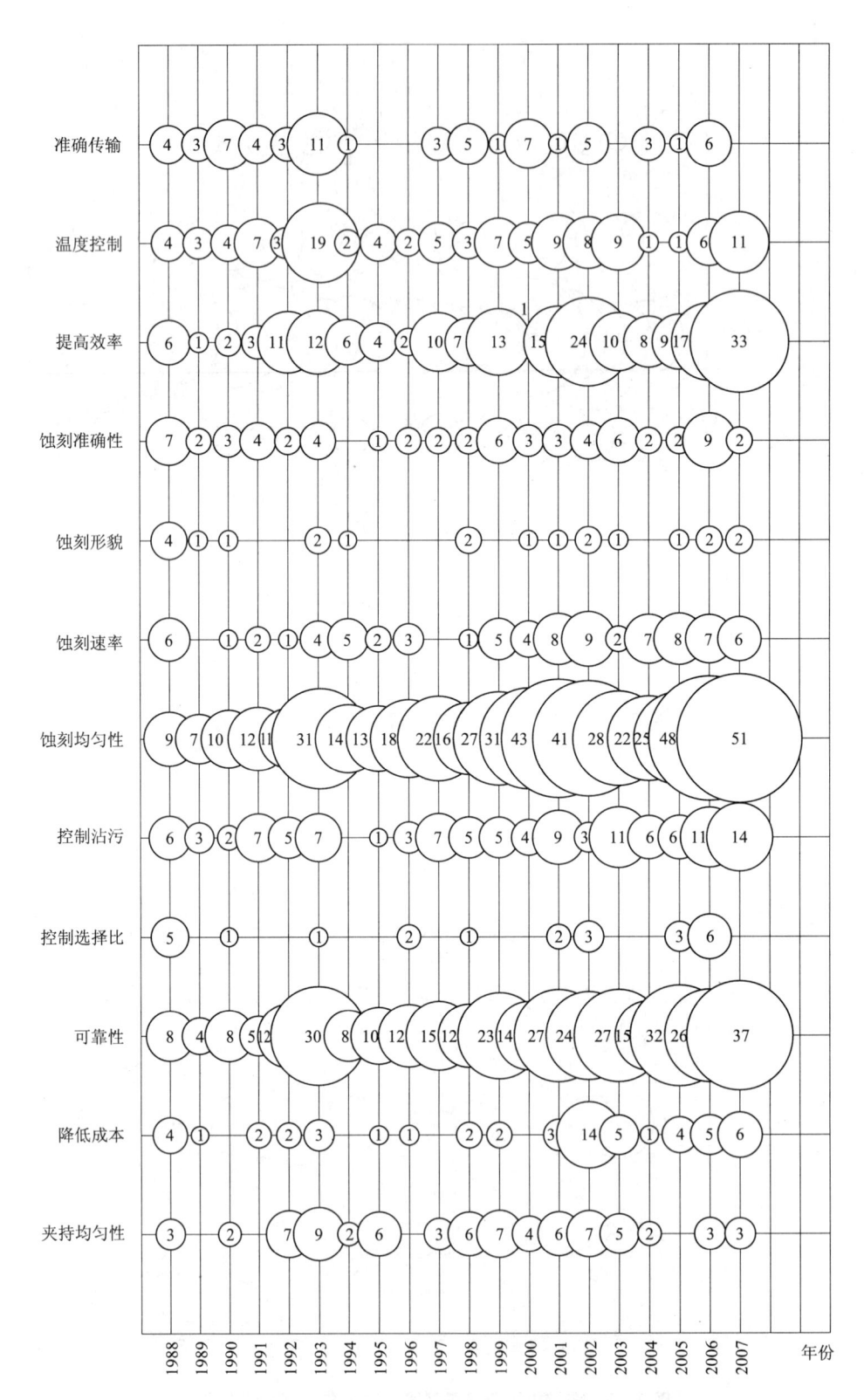

技术需求\年份	1988	1989	1990	1991	1992	1993	1994	1995	1996	1997	1998	1999	2000	2001	2002	2003	2004	2005	2006	2007
准确传输	4	3	7	4	3	11	1		3	5	1	7	1	5		3	1		6	
温度控制	4	3	4	7	3	19	2	4	2	5	3	7	5	9	8	9	1	6		11
提高效率	6	1	2	3	11	12	6	4	2	10	7	13	1	15	24	10	8	9	17	33
蚀刻准确性	7	2	3	4	2	4		1	1	2	2	6	1	3	3	4	6	2	9	2
蚀刻形貌	4	1	1		2			2		1		2		1			2	2	2	
蚀刻速率	6		2	1	4	5	2	3		1	5	4	8	9	2	7	8	7	6	
蚀刻均匀性	9	7	10	12	11	31	14	13	18	22	16	27	31	43	41	28	22	25	48	51
控制沾污	6	3	2	7	5	7		1	3	7	5	5	4	9	3	11	6	6	11	14
控制选择比	5		1		1		2		1			2	3				3	6		
可靠性	8	4	8	5	12	30	8	10	12	15	12	23	14	27	24	27	15	32	26	37
降低成本	4	1	2	2	3		1	1	2	2		3	14	5	1	4	5	6		
夹持均匀性	3		2	7	9	2	6		3	6	7	4	6	7	5	2		3	3	

图 3-4　东京电子公司在各技术需求方面历年专利申请分布

中国台湾			6	4	1	24	10	16	19	20	23	43	28	33	43	28	23	32	59	48
欧洲		1	2	11	4		2	4	4	4	6	12	27	15	11	17	4	8	2	4	6	2
日本	46	52	61	74	113	168	49	52	50	67	71	106	69	132	148	83	64	82	138	158
中国										3	2	3	21	26	24	20	27		50	25
美国	10	8	34	30	32	51	12	23	24	38	39	77	56	107	122	90	62	72	112	81
韩国	9	7	29	21	27	46	10	19	21	25	37	56	29	37	41	32	19	28	77	49

图 3-5　东京电子公司在全球主要市场历年专利申请分布

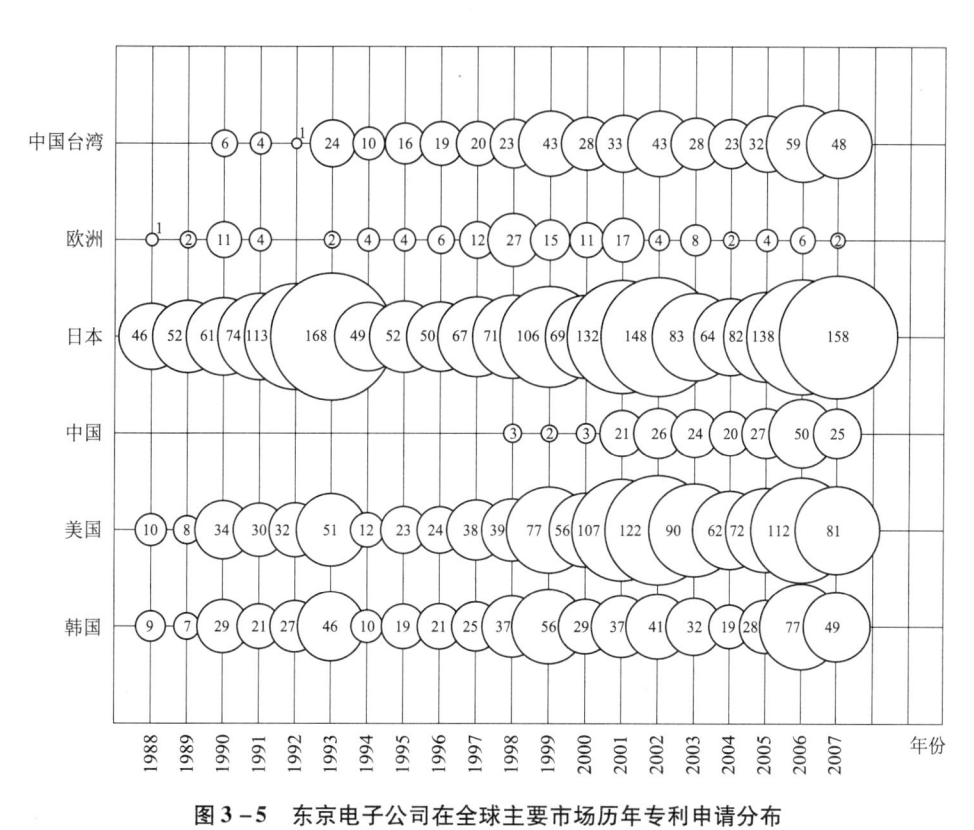

3.4　应用材料公司

3.4.1　在各技术分支历年申请分布

- 等离子体产生装置、射频装置、电极组件是应用材料公司研发的重点；
- 刻蚀均匀性是应用材料公司一直关注的重点技术问题；
- 电感耦合等离子体产生装置始终是应用材料公司研发的重点。

图 3-6 反映了应用材料公司在各技术上的历年专利申请分布情况。与东京电子公司相似，应用材料公司的研发领域同样也涉及等离子体刻蚀机的所有技术分支，并且，应用材料公司的重点研发技术分支与东京电子公司基本重合。其中，大约在 1994～2002 年期间，应用材料公司在等离子体产生装置、射频装置、电极组件、晶片固定装置、腔体等技术分支上研发极为活跃，申请了大量专利，此后，在各主要技术分支上专利申请势头均明显减弱。

长期以来，电感耦合等离子体产生装置始终是应用材料公司研发的重点，早期对微波和电容耦合两种类型的等离子体产生装置均有所研究，近几年来，对于电容耦合等离子体产生装置的研发力度有所加大。

图 3-7 反映了应用材料公司在各技术需求方面的历年专利申请分布情况，在等离

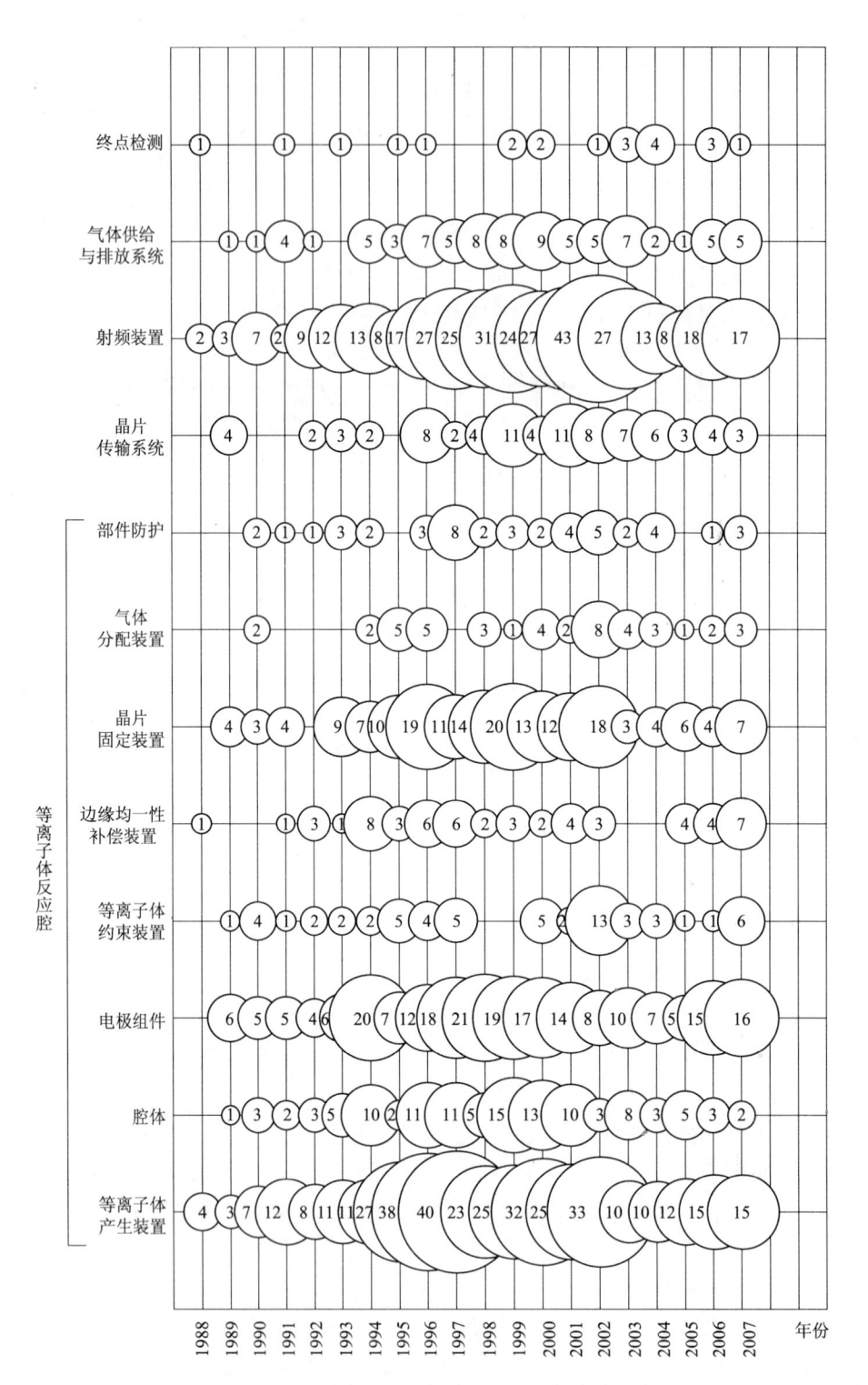

图 3-6 应用材料公司各技术分支历年申请分布

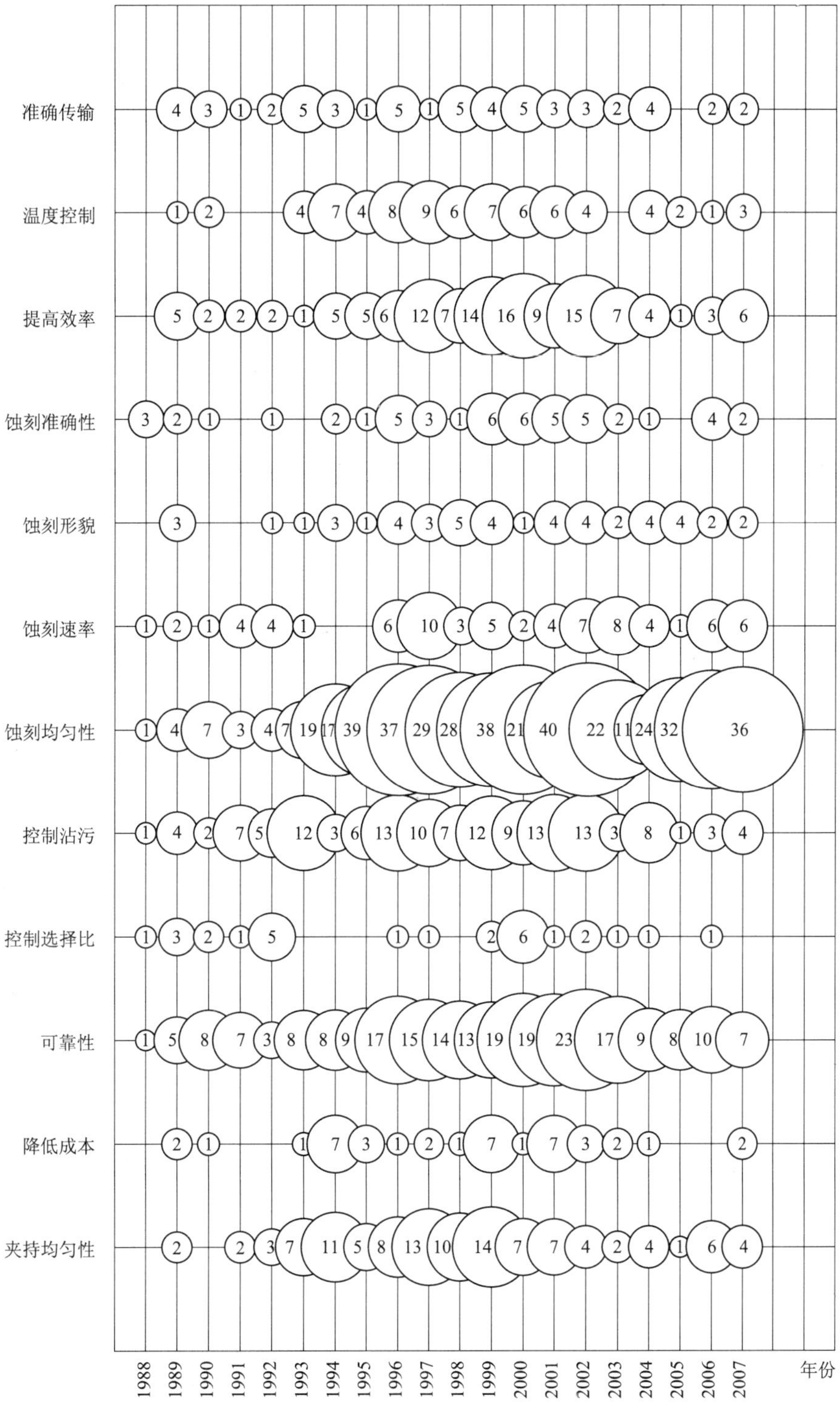

图 3-7 应用材料公司在各技术需求方面年专利申请分布

子体刻蚀机相关技术问题的解决方面，应用材料公司一直对刻蚀均匀性的提高非常关注，此外在可靠性、提高效率、控制沾污、夹持均匀性技术问题上的关注度也相对较高，并且这些问题是应用材料在1994~2002年期间着力解决的重点。近年来，除刻蚀均匀性外，应用材料公司对其他技术问题的关注度明显下降。

3.4.2 在全球主要市场历年专利申请分布

应用材料短期集中布局，后期力度减弱近期更加关注新兴市场。

图3-8反映了应用材料公司在全球主要市场的历年专利申请分布状况。在1994~2000年，应用材料对除中国内地以外的海外市场均展开大规模的专利申请，之后在欧、日、韩三大市场的专利申请大幅度减弱，而在中国台湾市场均保持一定的专利申请力度，从2000年开始在中国内地市场持续进行专利申请，虽然整体数量较少，但呈增长趋势。

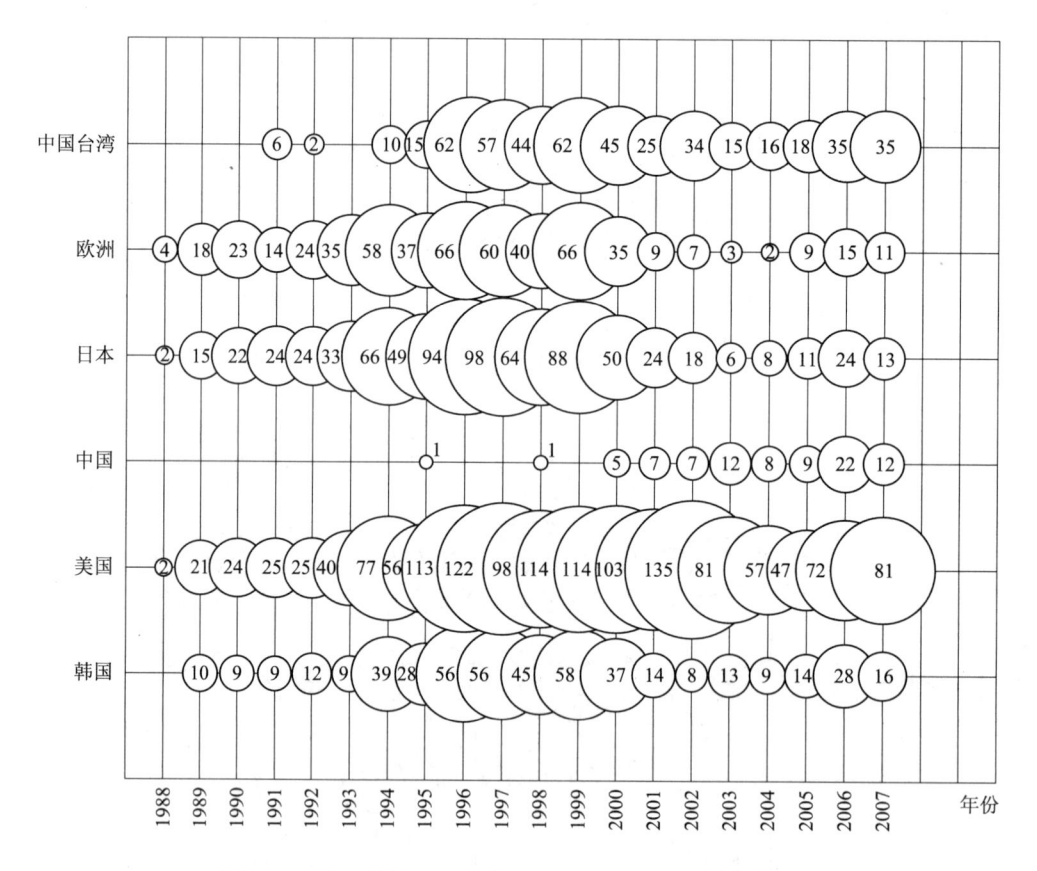

图3-8 应用材料公司在全球主要市场历年专利申请分布

3.5 拉姆研究公司

3.5.1 在各技术分支历年申请分布

- 等离子体产生装置、射频装置、电极组件是拉姆研究公司研发的重点;
- 拉姆研究公司对刻蚀均匀性的改善一直非常关注;近年来,对刻蚀均匀性的关注度有所下降,而对可靠性的关注度显著提升;
- 电感耦合离子体产生装置成为拉姆研究公司持续研发的重点。近年来,拉姆研究公司对于电感耦合离子体产生装置的研发力度明显下降,同时对于电容耦合离子体产生装置的研发力度明显加大。

图3-9反映了拉姆研究公司在各技术分支上的历年专利申请分布情况。射频装置、电极组件、等离子体产生装置、晶片固定装置、等离子体约束装置五个技术分支是拉姆研究公司较早涉猎的研发领域。自1995年起,拉姆研究公司将研发重点聚焦在等离子体产生装置、射频装置、电极组件三个技术分支上;同时,还全面介入等离子体刻蚀机其他技术分支的研发。近年来,拉姆研究公司对于等离子体产生装置的研发力度相对下降,但对于电极组件和射频装置的研发力度稳中有升。

在20世纪90年代初期,拉姆研究公司就对微波、电感耦合和电子回旋共振三类等离子体产生装置的研发均有所涉猎。1994年以后,电感耦合离子体产生装置成为其持续研发的重点。自2003年以来,拉姆研究公司对于电感耦合离子体产生装置的研发力度明显下降,同时对于电容耦合离子体产生装置的研发力度明显加大。

图3-10反映了拉姆研究公司在各技术需求方面的历年专利申请分布情况。在等离子体刻蚀机相关技术问题的解决方面,拉姆研究公司对刻蚀均匀性的改善一直非常关注,尤其是1995~2002年期间;其次关注的技术问题是可靠性。值得注意的是,近年来拉姆研究对刻蚀均匀性的关注度有所下降,而对可靠性的关注度显著提升。

3.5.2 在全球主要市场历年专利申请分布

拉姆研究公司早期跟踪,零散布局;后期发力,力大面广。

图3-11反映拉姆研究公司在全球主要市场的历年专利申请分布状况。20世纪90年代中期以前,拉姆研究公司在日、韩、欧等海外市场有零星的专利申请;从1995年开始,拉姆研究公司对各大海外市场均展开了大规模的专利申请。自2000年以来在中国内地的专利申请力度与韩国和中国台湾的力度大体相当,近年来比较重视中国台湾、中国内地市场;而在欧洲的专利申请力度大体上呈逐年减弱的态势。

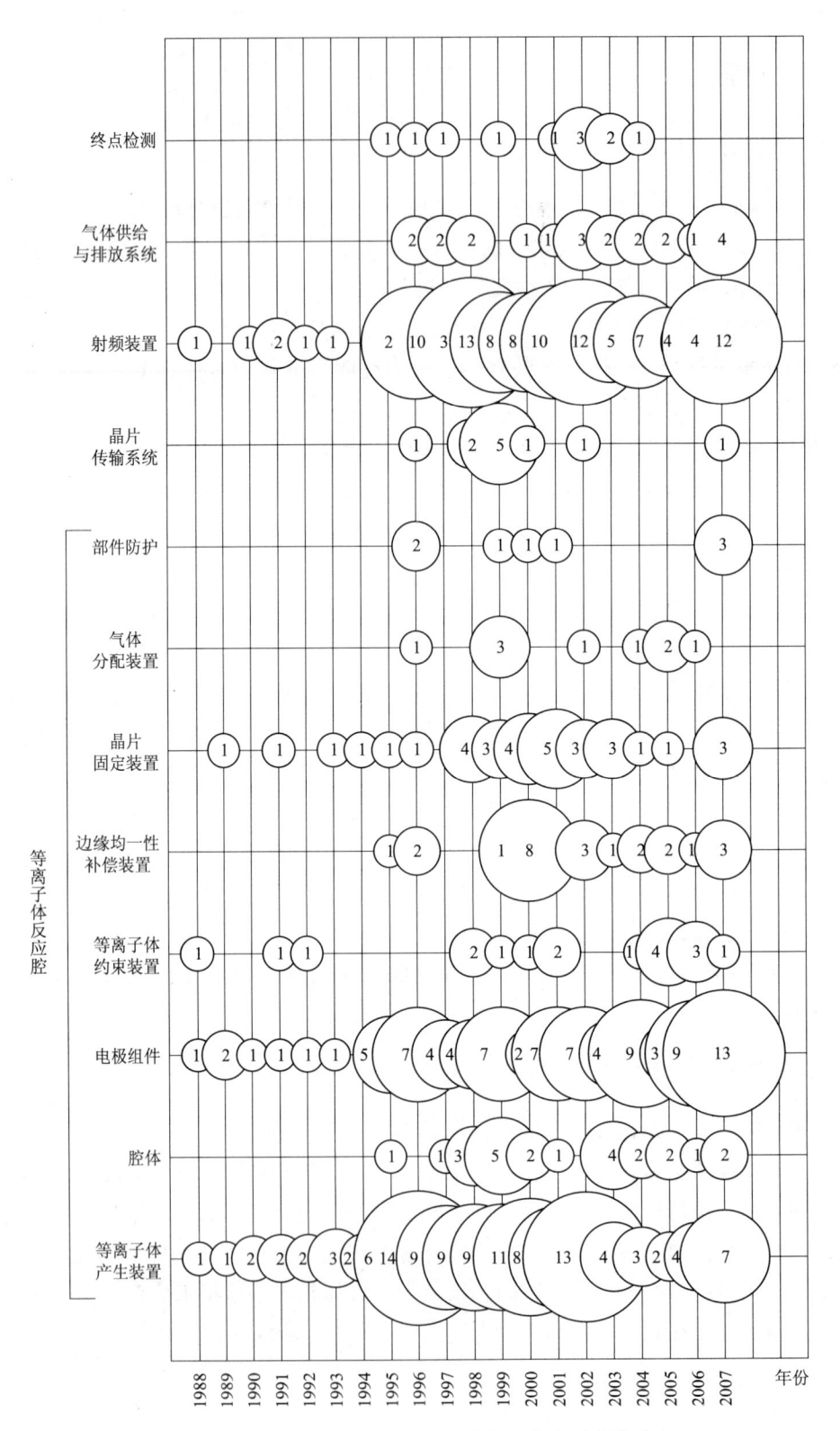

图 3-9　拉姆研究公司在各技术分支历年专利申请分布

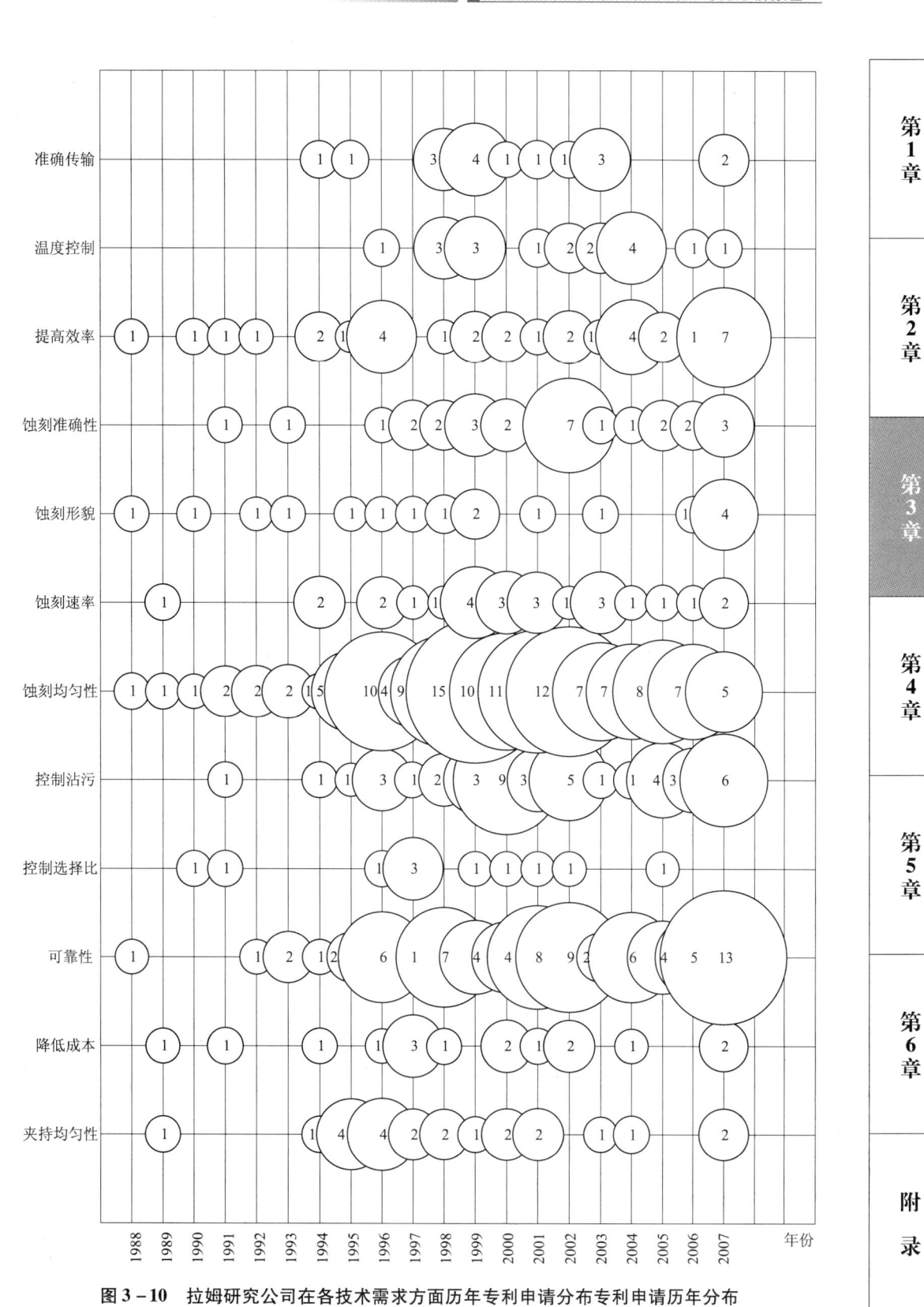

图 3-10 拉姆研究公司在各技术需求方面历年专利申请分布专利申请历年分布

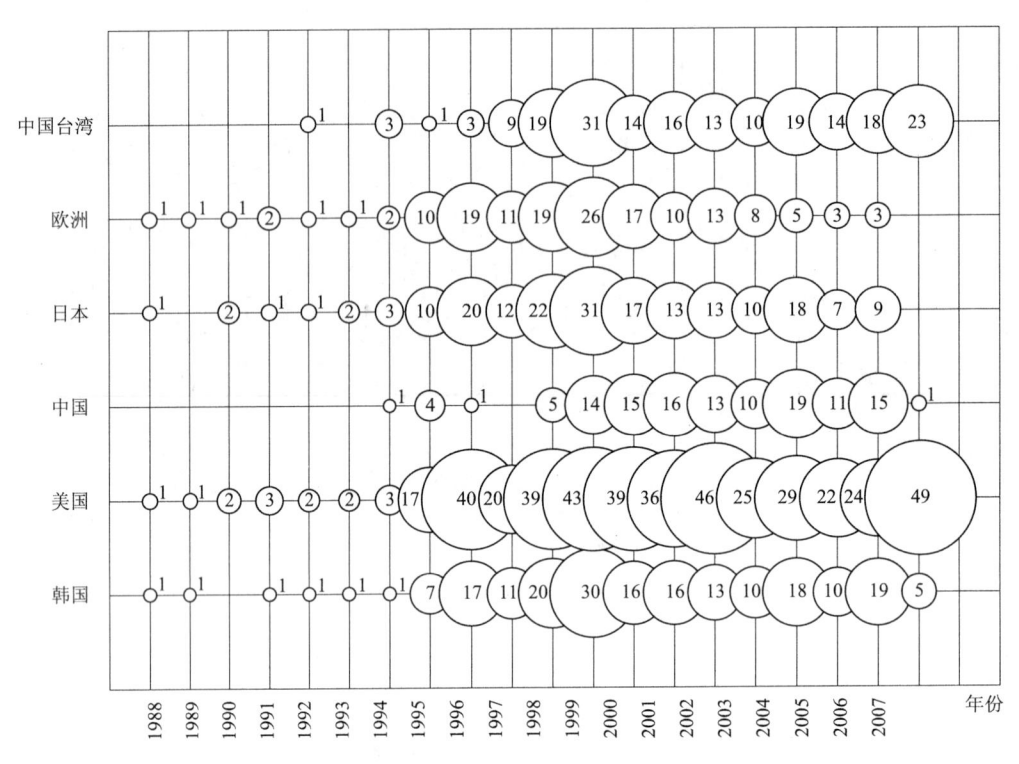

图 3-11 拉姆研究公司在全球主要市场历年专利申请分布

3.6 三星电子公司

3.6.1 在各技术分支历年申请量分布

- 三星电子公司起步较晚，近年来研发的主要领域为等离子体产生装置、电极组件、射频装置；
- 刻蚀均匀性是三星电子公司关注的重点技术问题；
- 三星电子公司一直在电感耦合等离子体产生装置上进行研发，对其他类型也有所涉及。

图 3-12 反映了三星电子公司在各技术分支上的历年专利申请分布情况。三星电子公司在等离子体刻蚀机领域起步较晚，从 1995 年开始出现相关领域的专利申请，1999 年前后研发力度开始加大，主要针对等离子体产生装置、电极组件、射频装置、边缘均一性补偿装置、腔体进行相对系统的持续研究，近年来等离子体产生装置、电极组件、射频装置已经成为三星电子公司研发的主要领域。三星电子公司在等离子体刻蚀机其他技术分支上均有零星的专利申请。

图 3-13 反映了三星电子公司在各技术需求方面的历年专利申请分布情况。在等离子体刻蚀机相关技术问题的解决方面，三星电子公司最为关注刻蚀均匀性的提高，同时，对可靠性、控制沾污、提高效率等技术问题的关注度也相对较高。

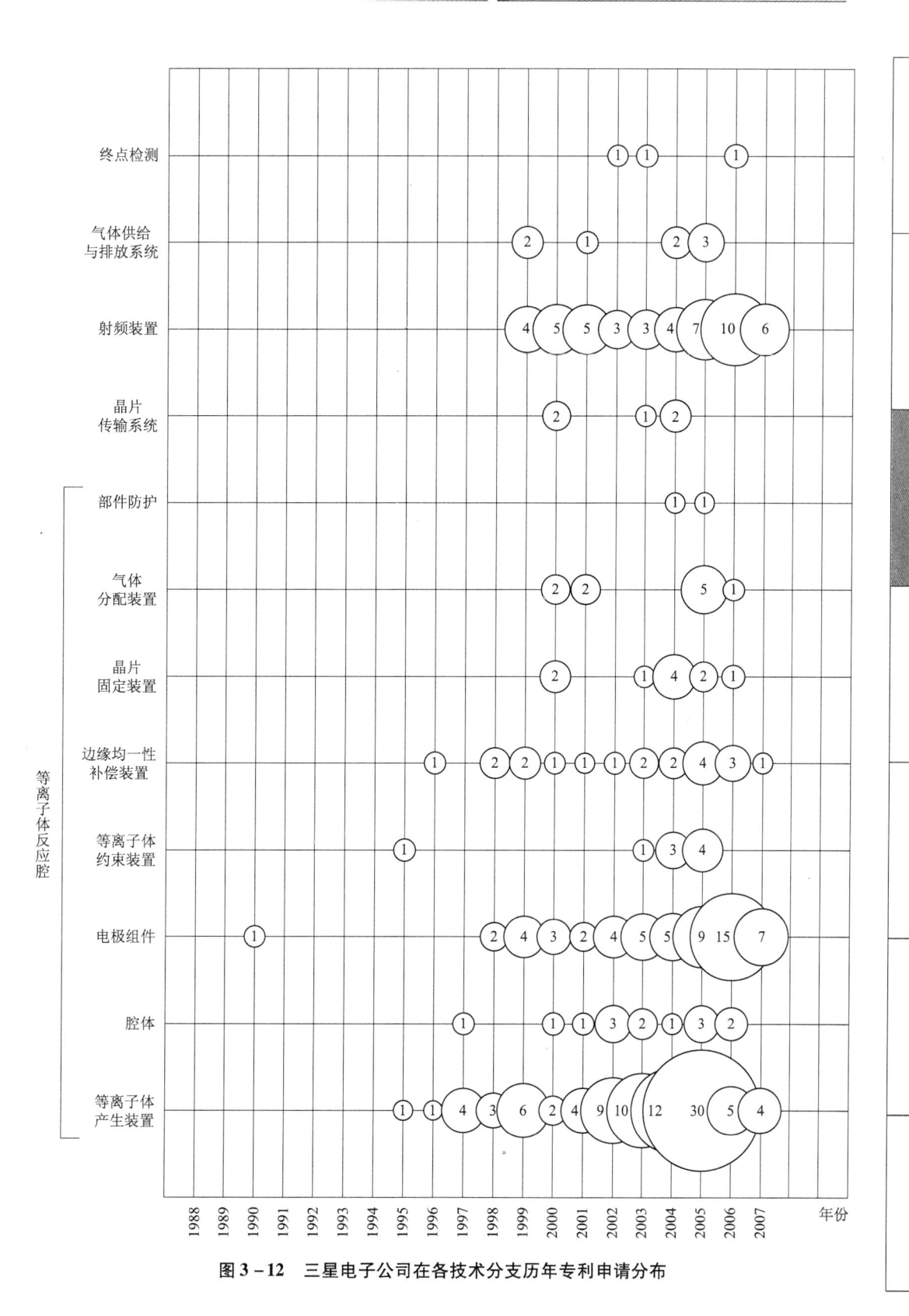

图 3-12 三星电子公司在各技术分支历年专利申请分布

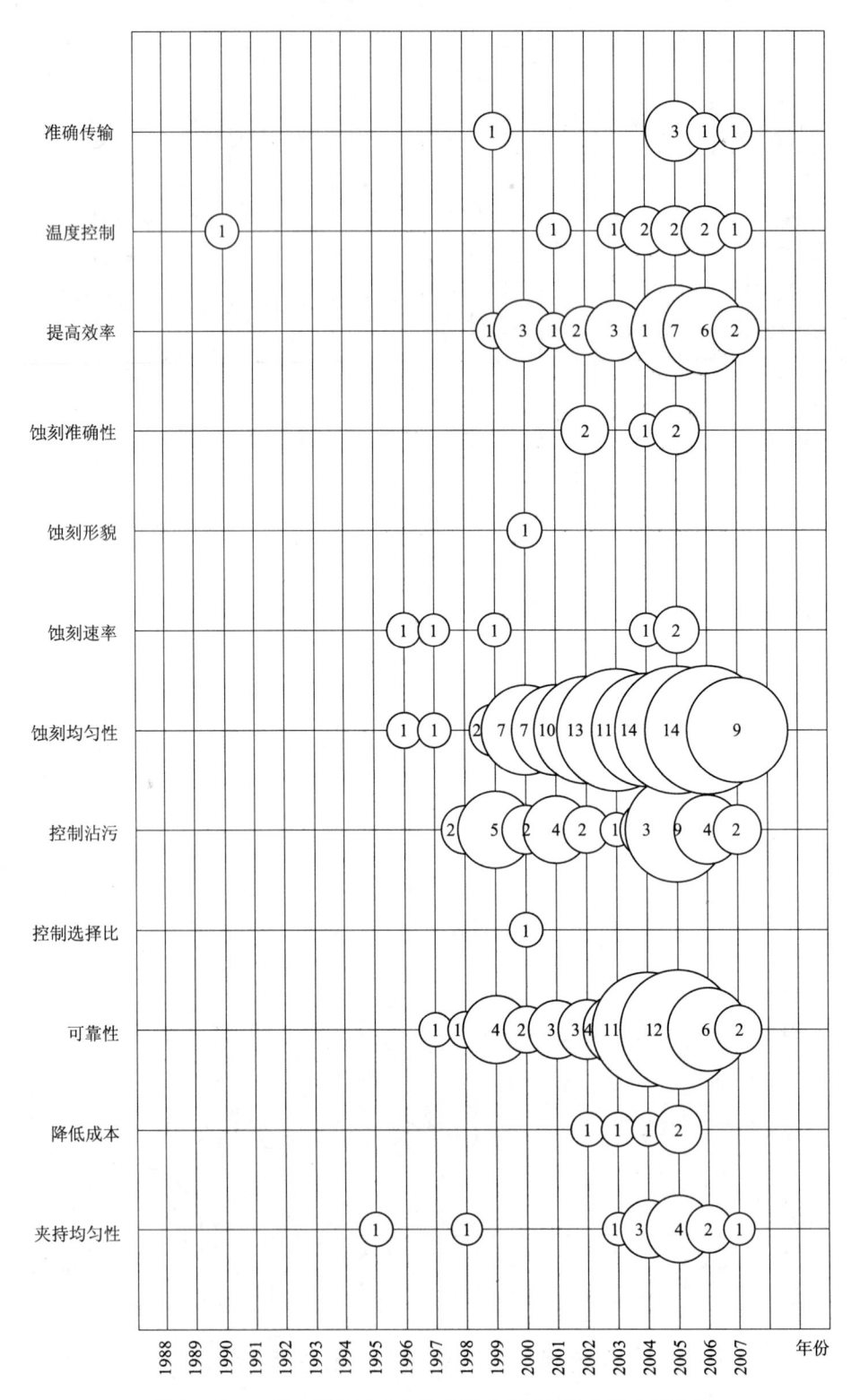

图 3-13　三星电子公司在各技术需求方面历年专利申请分布

3.6.2 在全球主要市场历年专利申请分布

三星电子公司专利申请以本土为重点,选取其主要海外市场进行针对性布局。

图 3-14 反映了三星电子公司在全球主要市场的历年专利申请分布状况。三星电子公司的专利申请以韩国本土为主,在海外的专利申请力度明显弱于本国,但是,其海外专利申请进程早在 1995 年即已展开。在三星电子公司的海外专利申请中,首要的重点是美国市场,其次是日本,早期曾在中国台湾进行少量布局,2000 年前后转至中国内地,但数量极少。此外,三星电子公司在欧洲布局的专利申请极少。

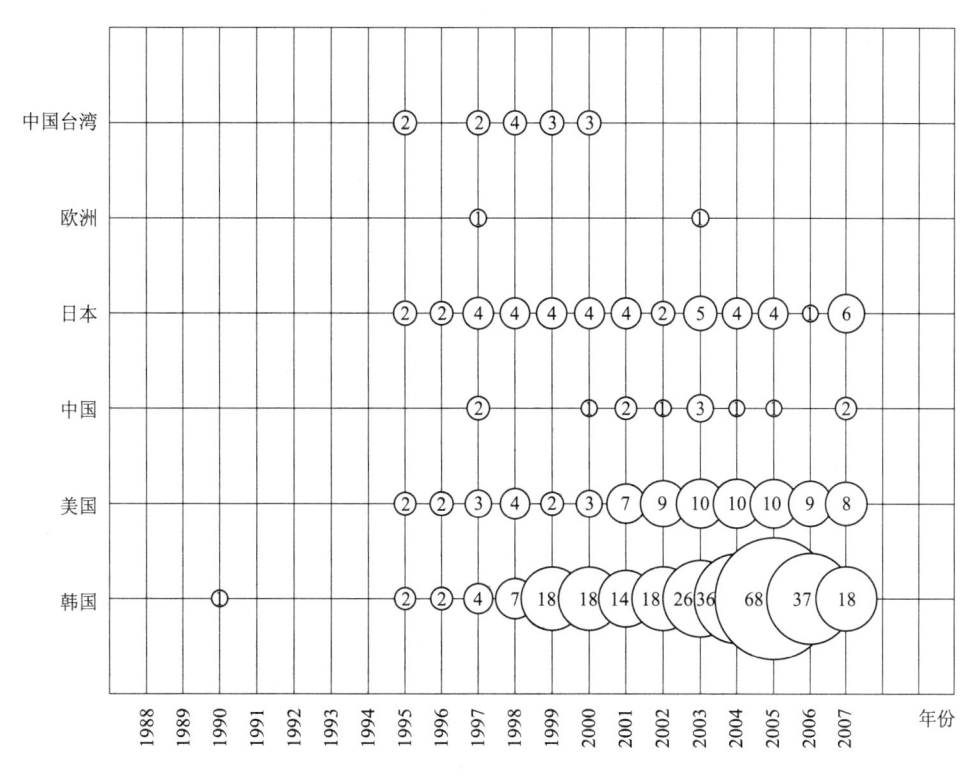

图 3-14 三星电子公司在全球主要市场历年专利申请分布

3.7 小 结

1. 在等离子体刻蚀机领域,企业专利申请量占总申请量的 92%,是专利申请的绝对主体;合作申请仅占 2%,以企业与高校合作申请为主,且近年来申请活跃。

2. 东京电子公司、应用材料公司和拉姆研究公司是等离子体刻蚀机领域最重要的三个专利申请人。

3. 东京电子公司、应用材料公司和拉姆研究公司的研发重点均包括等离子体产生装置、电极组件和射频装置技术分支。

4. 刻蚀均匀性和可靠性是东京电子公司、应用材料公司和拉姆研究公司共同重点关注的技术问题。

5. 在布局策略上，东京电子公司专利申请在市场选择上有轻有重，在布局力度上持续均衡；应用材料公司短期集中布局，后期力度减弱近期更加关注新兴市场；拉姆研究公司早期跟踪，零散布局；后期发力，力大面广。

6. 三星电子公司起步较晚，是本领域后进入者，研发重点同样为等离子体产生装置、电极组件、射频装置技术分支；刻蚀均匀性是三星电子公司关注的重点技术问题；三星电子公司一直在电感耦合等离子体产生装置上进行研发，对其他类型也有所涉及；三星电子公司专利申请以本土为重点，选取其主要海外市场进行针对性布局。

第4章 主要国家/地区专利申请状况分析

本章通过对等离子体刻蚀机领域各国籍申请人的历年专利申请分布、专利申请流向、专利申请区域分布情况、专利技术实力、专利技术研发活跃度和技术优势六方面的分析,以期从多个角度对中、日、美、欧、韩这五个主要国家或地区的专利技术竞争力进行评估。

4.1 中、日、美、欧、韩历年专利申请分布

日本籍和美国籍申请人的申请量处于领先地位,韩国籍申请人的年申请量近十年增长迅猛并且增长势头依然强劲,中国籍申请人的年申请量自2005年开始有明显增长。

图4-1反映了各国籍申请人的历年专利申请分布状况。从各年度的申请情况来看,日本籍年申请量始终居于领先地位,其年申请量远远超过其他四国的年申请量。这与日本政府在半导体行业的发展初期即以出台《电子工业振兴临时措施法》和《特定电子工业及特定机械工业振兴临时措施法》等相关扶持政策有关。

美国籍年申请量除2005年、2006年被韩国反超之外,其他各年均排在第二位,尤其在1988~1996年间,其年申请量逐年稳步攀升,其动力主要来源于美国国防部于1988年启动的半导体制造技术产业联盟计划在政策和资金上的大力支持。

纵观日本和美国籍申请人的申请量趋势变化,可以发现,二者在2003年前后均开始有不同程度的下滑。这主要是受到2001年半导体市场不景气的影响。

对于韩国和欧洲而言,1999年以前,欧洲籍年申请量高于韩国籍年申请量,但1999年之后,韩国实现了逆转,并且逐渐拉大了二者之间的差距。可见,1999年以来,韩国籍申请人的专利年申请量大幅攀升,其增长势头强劲,其原因主要在于韩国半导体装备国产化5年计划(1990~1995年)的激励和推动。

中国的等离子体刻蚀机技术发展较其他国家起步较晚,自1993年开始出现专利申请以来,其整体的增速较为平缓,但2005年申请量突增,该年的申请量是前一年的十倍以上,之后几年申请量较为稳定。申请量的攀升主要与我国"十五""863计划"的颁布实施关系密切。

另外,从各国专利申请量所占比例来看,在1988~1997年及1998~2007年的时间段内,日本和美国所占的份额都较大,近十年来日本所占的比例有所下降,美国和欧洲所占的比例基本持平,五国之外的其他所有国家所占的比例相对较小。近十年来,中国籍和韩国籍申请量所占的比例较前十年均有较大幅度的提升,可反映出最近几年两国加大了对等离子体刻蚀机领域的重视程度。

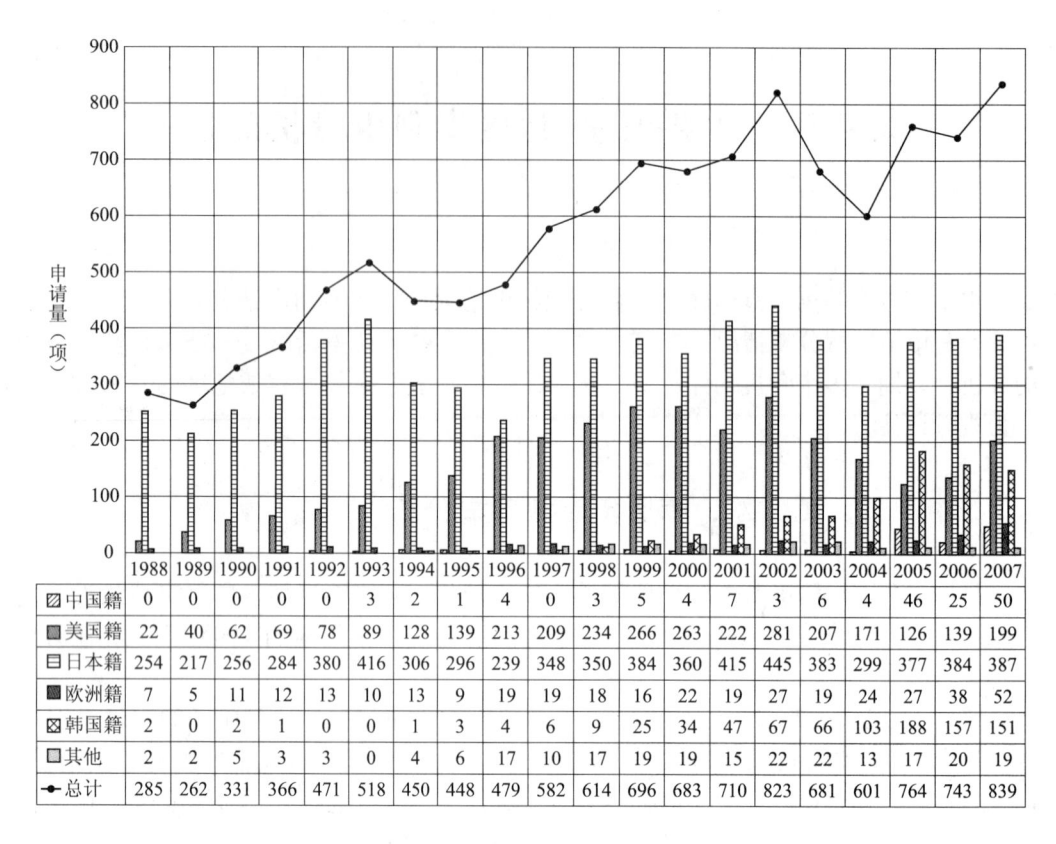

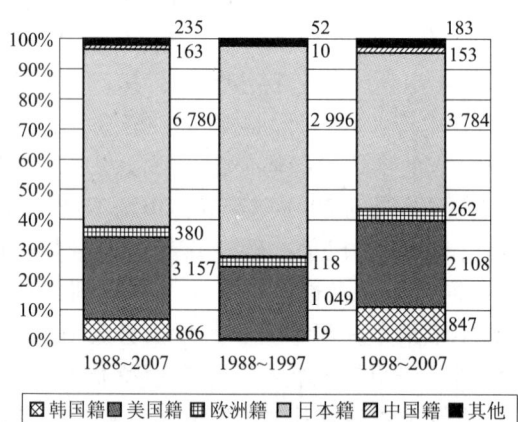

	1988	1989	1990	1991	1992	1993	1994	1995	1996	1997	1998	1999	2000	2001	2002	2003	2004	2005	2006	2007
中国籍	0	0	0	0	0	3	2	1	4	0	3	5	4	7	3	6	4	46	25	50
美国籍	22	40	62	69	78	89	128	139	213	209	234	266	263	222	281	207	171	126	139	199
日本籍	254	217	256	284	380	416	306	296	239	348	350	384	360	415	445	383	299	377	384	387
欧洲籍	7	5	11	12	13	10	13	5	19	19	18	16	22	19	27	19	24	27	38	52
韩国籍	2	0	2	1	0	0	1	3	4	6	9	25	34	47	67	66	103	188	157	151
其他	2	2	5	3	3	0	4	5	17	10	17	19	19	15	22	22	13	17	20	19
总计	285	262	331	366	471	518	450	448	479	582	614	696	683	710	823	681	601	764	743	839

图 4-1 各国籍申请人历年专利申请分布

4.2 中、日、美、欧、韩专利申请流向分析

日本处于专利顺差地位，美国相对于中、韩、欧处于专利顺差，中国处于明显的专利逆差地位。日本、美国市场专利申请相对完善，进入两国市场的专利风险较大。

图 4-2 表明了 1988~2008 年间五国/地区的专利申请流向。其中五个饼图表示各

国专利局受理的专利申请量,百分比表示各国籍申请人申请的专利数占五国/地区籍申请人在某专利局的总受理量的比例,箭头的方向表示各国籍申请人向各专利局申请的流向,箭头的粗细表示专利申请量的多少。

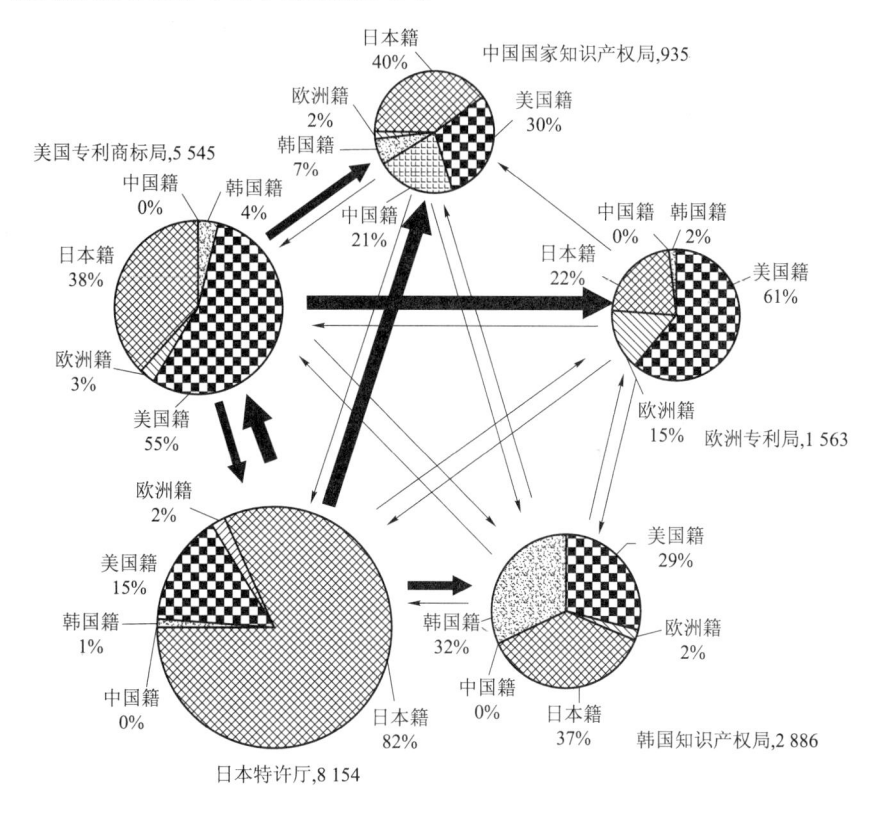

图 4-2 专利申请流向❶

从各国专利局所受理的等离子体刻蚀机领域的专利申请总量来看,日本特许厅受理的专利申请量最多,为 8 154 件,其次是美国专利商标局,为 5 545 件,因此当进入美国和日本市场时,需要尤其注意专利侵权风险的发生。中国国家知识产权局、韩国知识产权局、欧洲专利局所受理的专利申请量相对较少,远低于美国专利商标局和日本特许厅。

日本籍申请人在本国申请量比例高于 80%,而美国籍申请人在本国申请量比例接近 30%。日本籍和美国籍申请人向其他四国均有较大量的申请,日本相对于其他各国处于专利顺差的地位。美国相对于日本处于专利逆差,但是相对于中、韩、欧三国处于专利顺差。可见日本和美国在全球的专利申请相对完善。

中国籍申请人在本国申请量比例为 21%,中国籍在其他各国专利局的申请量所占比例非常小,均不足 2%。中国籍申请人向其他各国专利局提交的申请量均远低于其他各国申请人向中国的申请,中国处于明显的专利逆差地位。

---

❶ 该图中的"欧洲专利局"是指欧专局(EPO)及 36 个欧专局成员国的专利局。

4.3 中、日、美、欧、韩专利申请区域分布

各国/地区申请人在中国的专利总量不是很大，但近年来在中国进行专利申请的力度日渐加大。

中国近年来向海外申请专利的意识逐渐加强，但对其他国家的专利申请尚未全面展开。

图4-3反映了1988~2008年中、日、美、欧、韩籍申请人的专利申请区域分布情况。日本籍和美国籍申请人专利申请能力整体较强。日本籍申请人非常重视美国和韩国市场。美国籍申请人比较重视日本、欧洲和韩国市场。韩国籍和欧洲籍申请人对日本和美国两大市场比较重视。中国籍申请人除了在国内具有相对较多的专利申请之外，在外国专利申请数量较少。

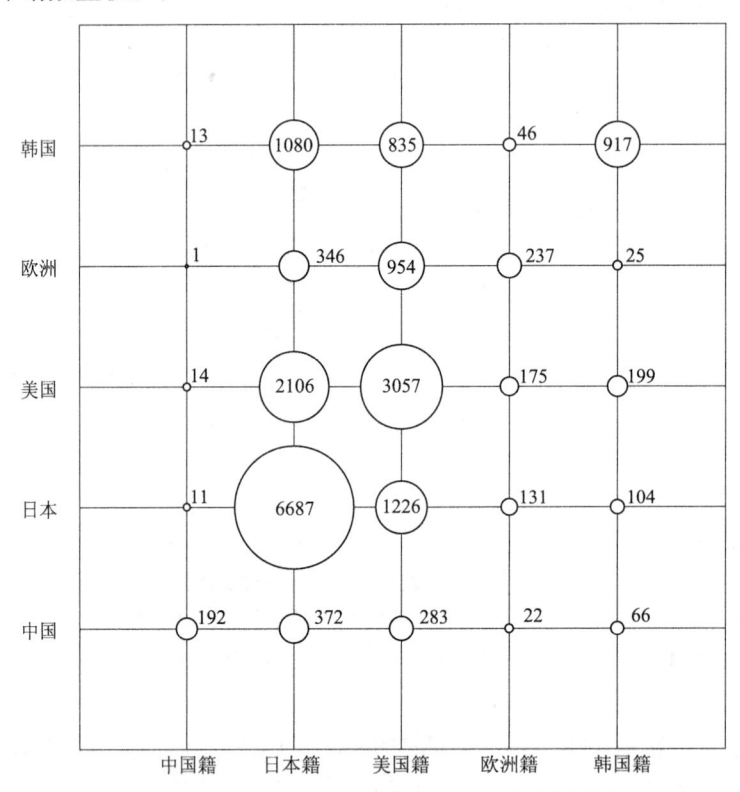

图4-3 中、日、美、欧、韩籍申请人专利申请区域分布

图4-4反映1988~2008年中、日、美、欧、韩国籍申请人在主要市场的专利申请历年分布情况。中国籍申请人在国内的专利申请增速较快，而向国外的专利申请较少，但2003年以来专利申请意识逐渐加强。美国籍申请人在半导体装备业的市场占有率相对较高，其受到2001年行业不景气的影响也较大，因此对包括日本、欧洲和韩国在内的海外市场的专利申请近年来有所萎缩，但是其在中国的专利申请力度却逆势上扬，可见其对中国市场的重视程度在逐渐加强。欧洲受行业不景气影响，对日本、美国和

韩国的专利申请近年来开始减弱。日本为继续保持其专利优势，不断加强对各国的专利申请，在各国的申请量均稳步提高。韩国近年来逐渐加强了对美国、日本、中国、欧洲的专利申请，扩张趋势逐渐走强。各国/地区申请人在中国申请的专利虽然不是很多，但对于中国市场的重视程度却日益增强，对中国进行专利申请的力度也在不断加大。

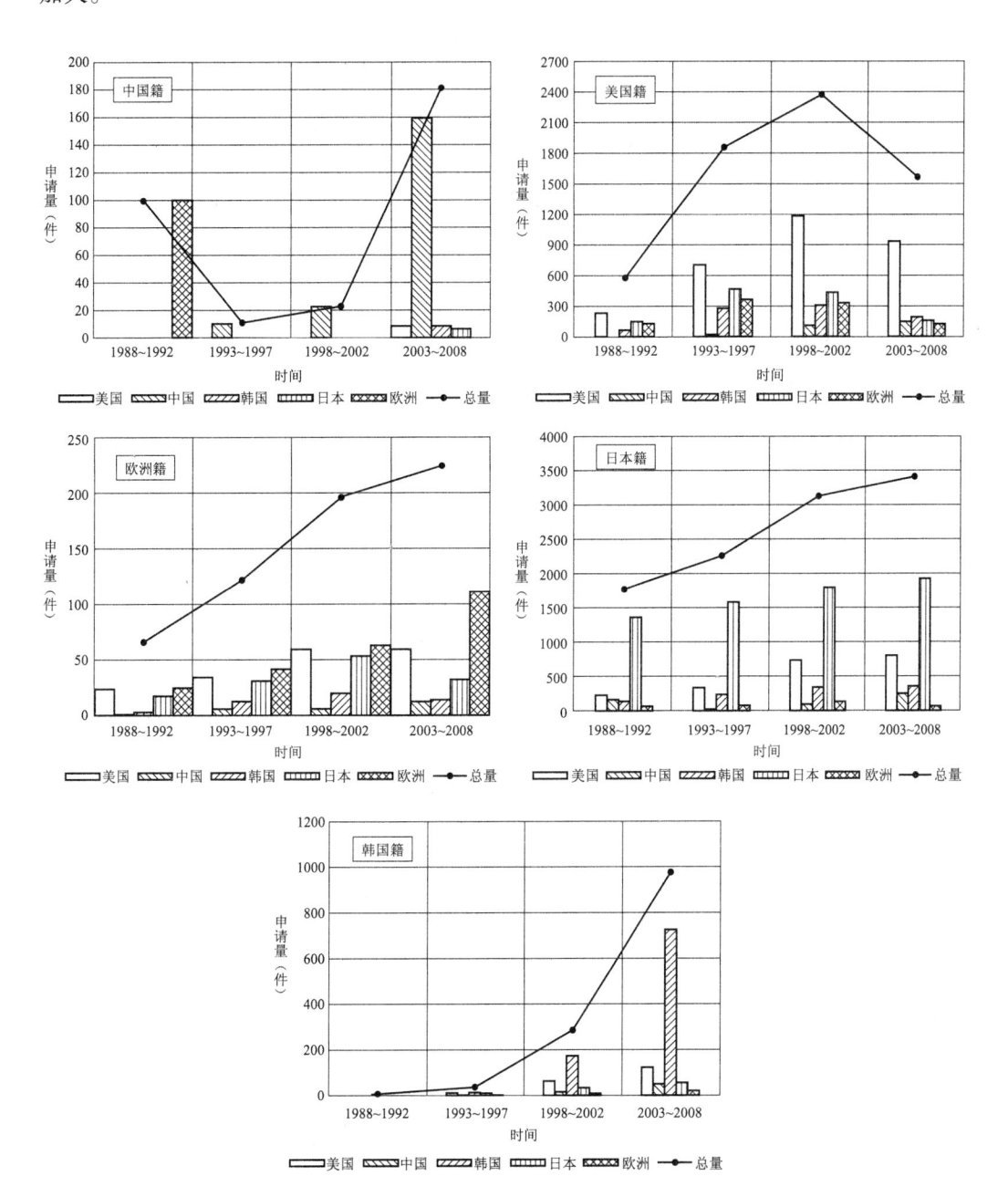

图 4-4　中、日、美、欧、韩国籍申请人在主要市场专利申请历年分布

4.4 中、日、美、欧、韩专利技术研发活跃度分析

日本和美国的技术研发处于稳定期,韩国技术研发处于快速发展期,中国和欧洲处于起步期。

本节通过对中、日、美、欧、韩五国/地区申请人的专利申请的数量和申请人数量的关系进行分析,以了解各国在等离子体刻蚀机领域的技术研发活跃程度。

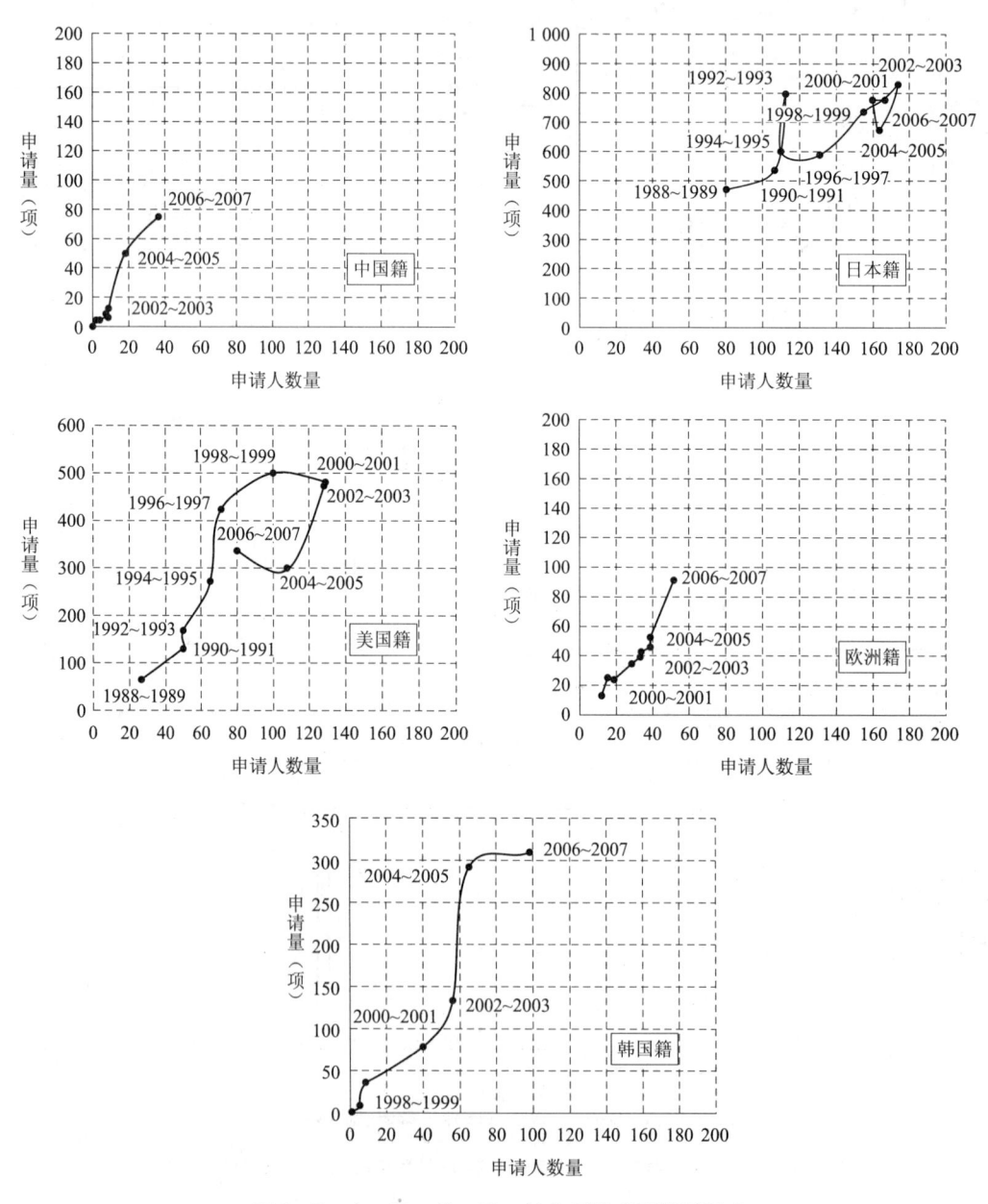

图 4-5 中、日、美、欧、韩专利技术研发活跃度

由图 4-5 可知，从 1988~2007 年，中国籍、欧洲籍申请人和申请数量都相对较少，研发仍处于起步期。而对美国来说，从 1988~1997 年，申请人和申请数量整体呈现快速增长趋势，研发处于发展期；从 1997~2007 年，申请量和申请人数量已达到相对稳定的状态，因而技术研发进入了稳定期。对日本来说，从 1988~1999 年是其研发的发展期；从 1999~2007 年，申请人和专利申请的数量均保持在相对稳定的状态，其研发处于稳定期。而对韩国来说，从 1988~1999 年，其申请人和申请数量均相对较少，研发正处于起步期；自 1999 年以来，申请人和申请数量整体均呈现快速增长的态势，尤其是 2003 年以来，其申请数量明显快速增长，其中大量申请集中来自于三星、周星工程和新动力等离子体株式会社等公司，表明韩国研发已进入发展期。

4.5 中、日、美、欧、韩专利技术优势分析

等离子体产生装置、电极组件和射频装置是各国的研发重点，日本和美国在各个技术分支上均有明显优势，但近年来美国在各技术分支上的专利申请量基本上呈下降趋势。

目前韩国在射频装置和电极组件技术分支的申请量已超过或与美国持平。

目前中国籍申请已经涉猎所有技术分支。

图 4-6 表明，各国的技术侧重点都集中在等离子体产生装置、电极组件和射频装置这三个技术分支。在各技术分支中，日本籍、美国籍的申请量均名列前两位，说明两国在等离子体刻蚀机的各分支优势明显。从总量来看，除了等离子体约束装置、晶片固定装置、部件防护三个分支中美国籍略胜一筹之外，其他分支日本籍都是高居榜首。但对于前述申请量最多的三个技术分支来说，相应饼图内深色区域标示的 3/5 局申请情况表明，美国籍申请所占比重相对较高。可见，虽然美国籍申请数量不及日本，但其重要性相对较强。韩国在各分支上的实力处于日本和美国之后，并且在等离子体产生装置、电极组件、边缘均一性补偿装置、射频装置四大分支与日本、美国的差距相对较小。

图 4-7 表明，在三个重点研发的技术分支中，日本对于电极组件和等离子体产生装置的申请量有下降趋势，而在射频装置中呈增长趋势，并且在边缘均一性补偿装置方面的申请量自 1998 年以来增长明显。而美国在各技术分支上的专利申请量基本上呈下降趋势。2003~2007 年间，韩国在等离子体产生装置、电极组件、射频装置、边缘均一性补偿装置以及气体分配装置的申请量增长趋势明显，并且在射频装置和电极组件的申请量已超过或与美国持平。欧洲在射频装置、电极组件和等离子产生装置上的申请量持续增长，在射频装置和电极组件方面增长趋势尤为明显。中国在等离子体刻蚀机领域起步较晚，专利申请数量较少，但 2003~2007 年间，申请所涉猎的范围已遍及了全部十二个技术分支，并且在等离子体产生装置、电极组件分支，其申请量都有了较大幅度的提高。

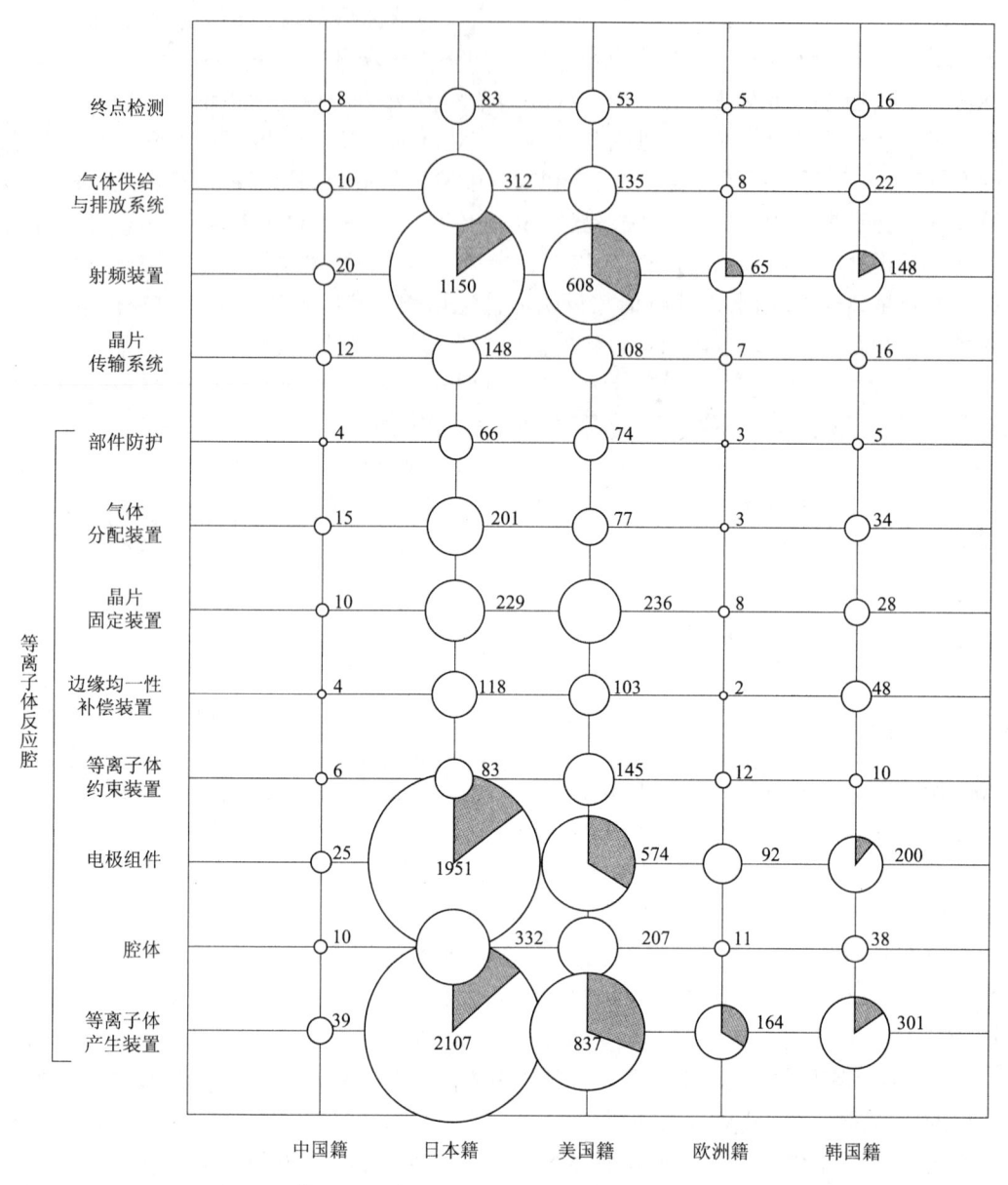

图 4-6 中、日、美、欧、韩籍技术优势

4.6 小 结

1. 日本籍和美国籍申请人的申请量处于领先地位，韩国籍申请人的申请量近十年增长迅猛并且增长势头依然强劲，中国籍申请人的申请量自 2005 年开始有明显增长。

2. 日本处于专利顺差地位，美国相对于中、韩、欧处于专利顺差，中国处于明显的专利逆差地位。日本、美国市场专利申请相对完善，进入两国市场的专利风险较大。

报告二 等离子体刻蚀机专利分析报告

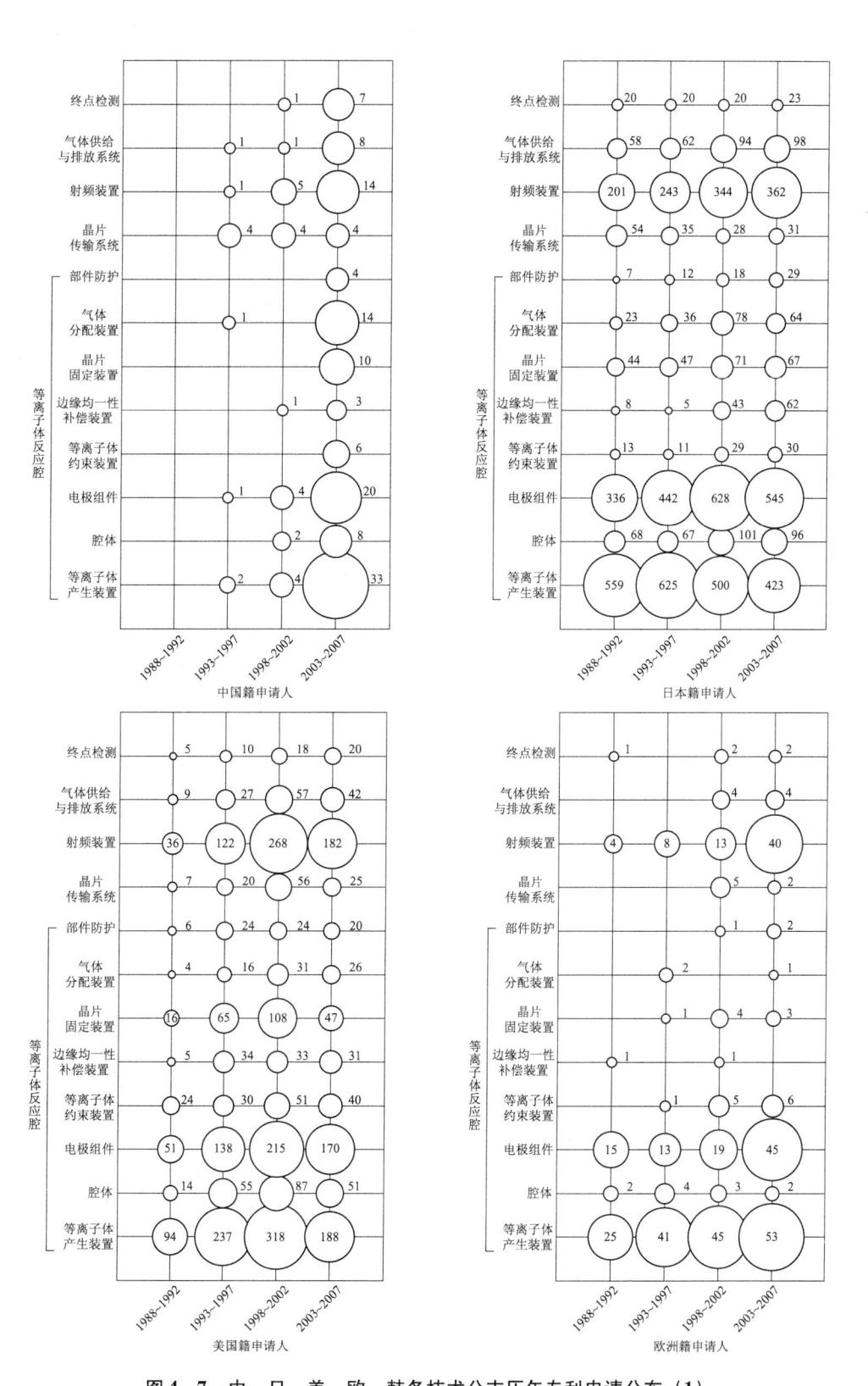

图4-7 中、日、美、欧、韩各技术分支历年专利申请分布（1）

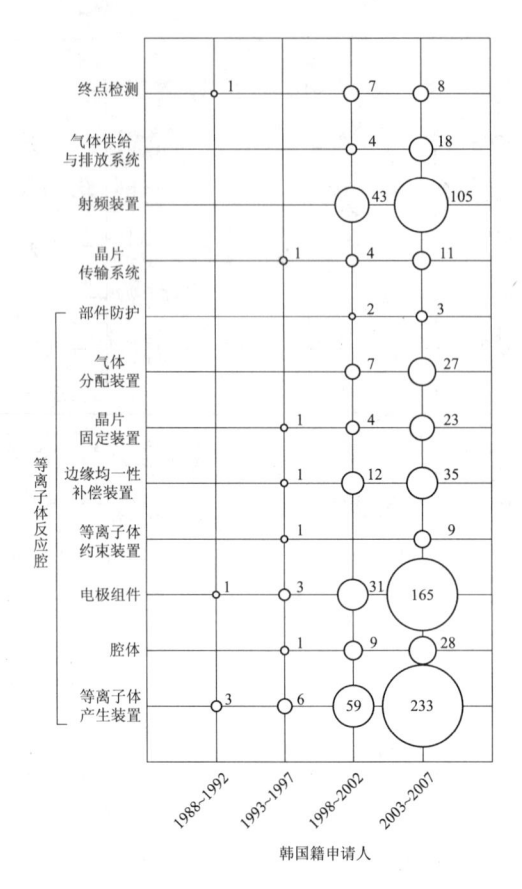

图 4-7　中、日、美、欧、韩各技术分支历年专利申请分布（2）

3. 各国或地区的申请人在中国的专利总量不是很大，但近年来在中国进行专利申请的力度日渐加大。中国近年来向海外专利申请的意识逐渐加强，但对其他国家的专利申请尚未全面展开。

4. 日本和美国的技术研发处于稳定期，韩国技术研发处于快速发展期，中国和欧洲处于起步期。

5. 等离子体产生装置、电极组件和射频装置是各国的研发重点，日本和美国在各个技术分支上均有明显优势，但近年来美国在各技术分支上的专利申请量基本上呈下降趋势。目前韩国在射频装置和电极组件技术分支的申请量已超过或与美国持平。目前中国籍申请已经覆盖所有技术分支。

第 5 章　在华专利申请分析

本章数据来源于中国专利检索系统（CPRS）❶，包括 1988～2008 年间中国受理的涉及等离子体刻蚀机的相关专利申请，共计 1 299 件，其中发明专利 1 241 件，实用新型专利 58 件。

5.1　各国在华专利申请状况

5.1.1　历年专利申请分布

日本籍和美国籍申请人一直关注中国市场，并处于绝对优势地位。

2005 年之后，中国籍申请人申请量突增，但仍处于明显的专利弱势地位。

图 5-1 反映了各国在华的历年专利申请分布情况，美国和日本的申请人很早就进入中国申请专利，在较长一段时间内，专利申请量较少。自 2000 年起，美国籍申请人在华专利申请力度大幅增强，在华申量是日本籍申请人的数倍多，2002 年之后被日本反超，但此后几年，美国籍申请人在华专利申请数量仍维持较高水平，其申请总量占总申请量的 30%。日本籍申请人在华专利申请发力晚于美国，但力度强于美国，自 2002 年起，日本籍申请人在外籍申请人中基本上居首位，申请量大约占外国来华申请的 35%。中国籍申请人早期在本领域只有零星申请，由于我国颁布实施相关激励政策，并鼓励等离子体刻蚀设备新兴企业的发展，从 2005 年开始，中国籍申请人的申请量激增，并且 2005 年和 2007 年申请量位居第一。目前中国籍申请人在总申请量中仅占 22%，而在有效专利总量中仅占 19%，处于在华专利申请态势中的弱势地位。

5.1.2　专利技术分布

在华专利申请主要集中在等离子体产生装置、气体分配装置、电极组件、晶片固定装置和射频装置五个技术分支上。

日美在各技术分支的申请量较大，整体上占据优势。

中国在气体分配装置、晶片传输系统方面的申请量已高于其他国家。

图 5-2 表明，在华专利申请集中在等离子体产生装置、气体分配装置、电极组件、晶片固定装置和射频装置五个技术分支，约占总申请量的 70%。其中，等离子体产生装置以 21% 的比例位居首位。此外，等离子体刻蚀机所有其他技术分支也均有专利申请涉及。

---

❶　由于 CPRS 数据库收录的中国专利申请较 WPI 数据库更为全面，且二者同族规则不同，因此在专利数据量的统计值上二者可能存在不一致的情况。

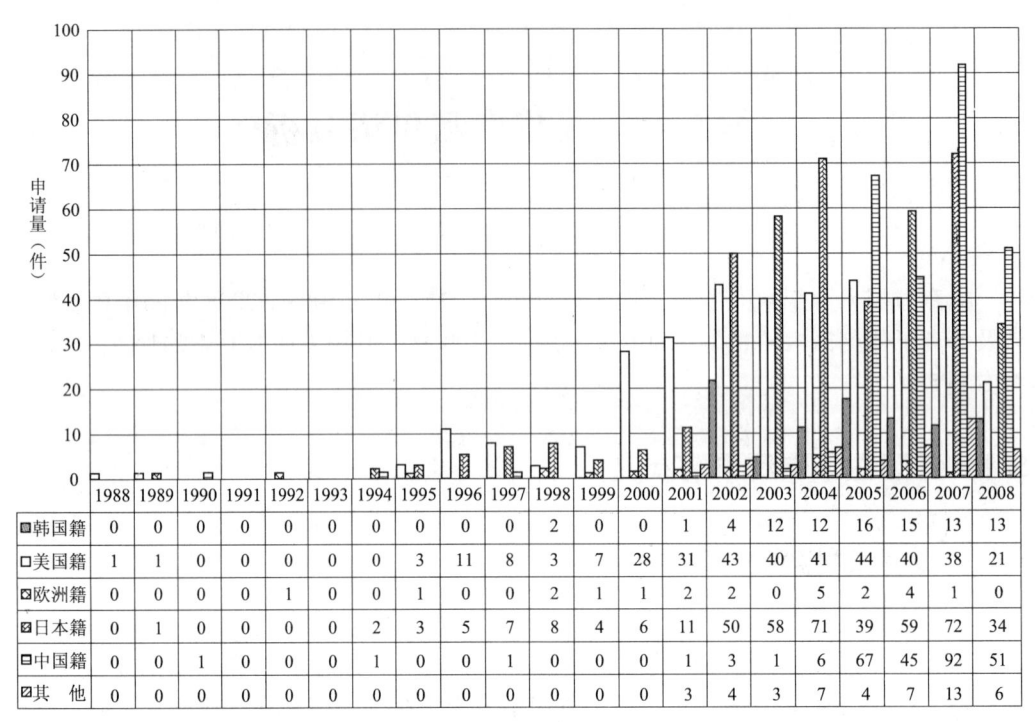

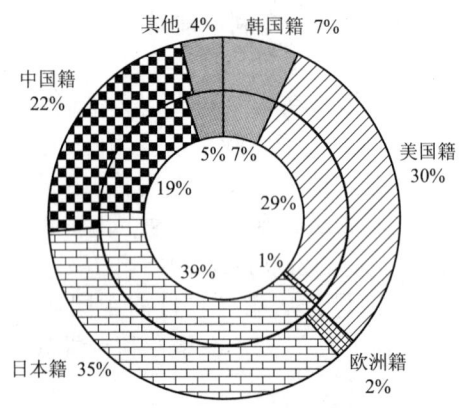

	1988	1989	1990	1991	1992	1993	1994	1995	1996	1997	1998	1999	2000	2001	2002	2003	2004	2005	2006	2007	2008
韩国籍	0	0	0	0	0	0	0	0	0	0	2	0	0	1	4	12	12	16	15	13	13
美国籍	1	1	0	0	0	0	0	3	11	8	3	7	28	31	43	40	41	44	40	38	21
欧洲籍	0	0	0	0	1	0	0	1	0	0	0	0	2	1	1	2	2	0	5	2	4	1	0
日本籍	0	1	0	0	0	0	2	3	5	7	8	4	6	11	50	58	71	39	59	72	34
中国籍	0	0	1	0	0	0	1	0	0	1	0	0	0	1	3	1	6	67	45	92	51
其他	0	0	0	0	0	0	0	0	0	0	0	0	0	3	4	3	7	4	7	13	6

图 5-1 各国在华历年专利申请分布

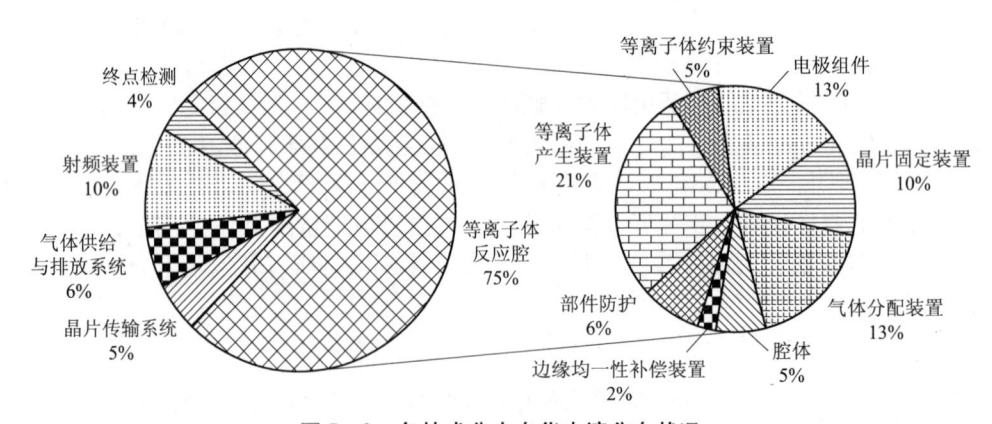

图 5-2 各技术分支在华申请分布状况

图 5-3 表明，美国籍和日本籍申请人在华申请涉及所有技术分支，且各分支的布局量均较大。其中，美国籍申请人专利申请力度在各技术分支上相对比较均衡，仅在边缘均一性补偿装置及气体供给与排放系统两个技术分支上布局力度相对较弱；日本籍申请人的专利申请主要聚焦在等离子体产生装置、电极组件、气体分配装置、晶片固定装置、射频装置、气体供给与排放系统六个技术分支上，且对于等离子体产生装置的布局力度尤其强劲。中国籍申请人在气体分配装置、晶片传输系统两个技术分支上的专利申请量已经高于其他国家，而在电极组件、边缘均一性补偿装置、部件防护方面的专利申请与日美相比，差距明显，此外，在其他技术分支上与日美相比，也存在不同程度的差距。

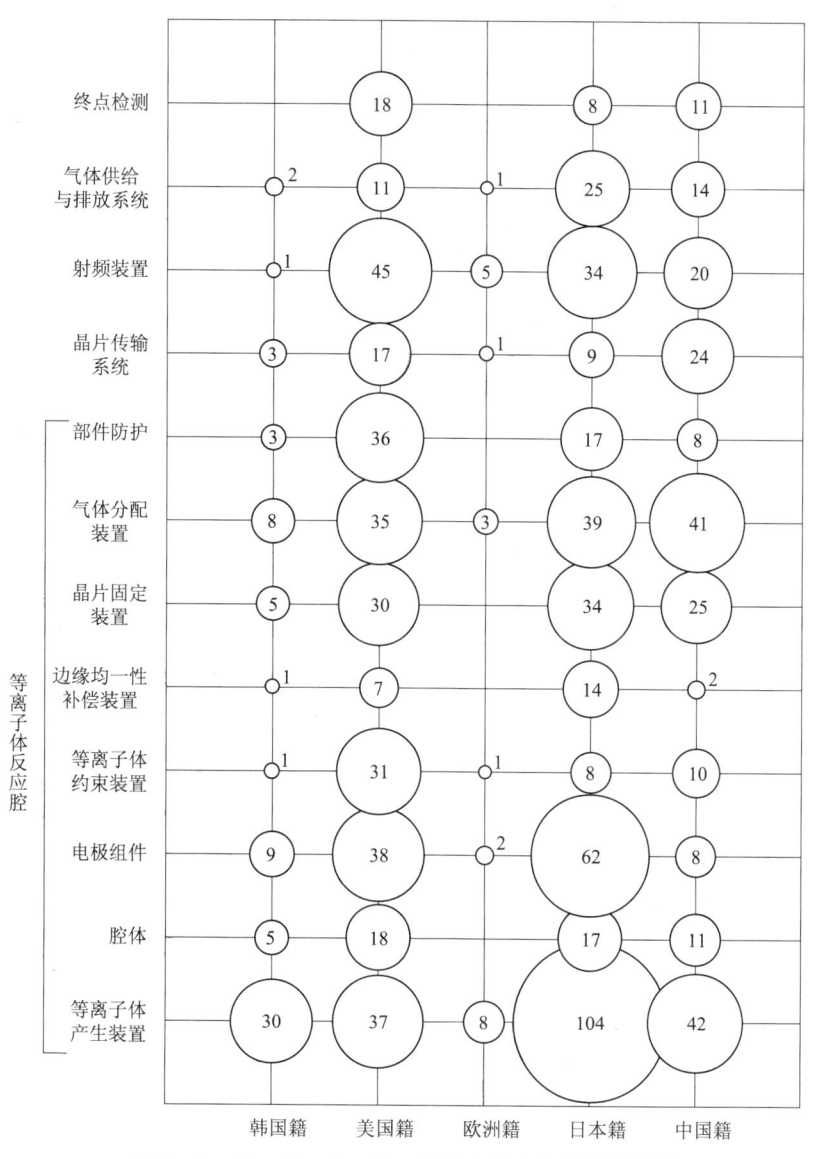

技术分支	韩国籍	美国籍	欧洲籍	日本籍	中国籍
终点检测		18		8	11
气体供给与排放系统	2	11	1	25	14
射频装置	1	45	5	34	20
晶片传输系统	3	17	1	9	24
部件防护	3	36		17	8
气体分配装置	8	35	3	39	41
晶片固定装置	5	30		34	25
边缘均一性补偿装置	1	7		14	2
等离子体约束装置	1	31	1	8	10
电极组件	9	38	2	62	8
腔体	5	18		17	11
等离子体产生装置	30	37	8	104	42

图 5-3 中、日、美、欧、韩籍申请人在华技术布局

5.2 在华申请人分析

在华重要申请人主要是东京电子公司、拉姆研究公司、应用材料公司和中国的北方微电子公司。

整体上，等离子体刻蚀机领域的在华申请主要集中在东京电子公司、拉姆研究公司、应用材料公司三大外国申请人以及中国本土的北方微电子公司，这四大申请人在本领域拥有的在华专利申请量约占在华申请总量的63%，同时，他们拥有的有效专利量也占到了本领域全部在华有效专利总量的60%。其他申请人和他们相比差距较大。无论是申请总量排名前十的申请人，还是有效专利量排名前十的申请人，其中均仅有两家中国企业，分别是北方微电子公司和中微半导体公司。如表5-1和表5-2所示。

表5-1 申请总量排名

排 名	申 请 人	申请量
1	东京电子公司（日本）	281
2	北方微电子公司（中国内地）	195
3	拉姆研究公司（美国）	194
4	应用材料公司（美国）	92
5	松下（日本）	31
6	三星电子公司（韩国）	24
7	爱德牌（韩国）	15
8	积水化学（日本）	15
9	中微半导体公司（中国内地）	13
10	友达光电（中国台湾）	12

表5-2 有效专利量排名

排 名	申 请 人	有效专利量
1	东京电子公司（日本）	149
2	拉姆研究公司（美国）	120
3	北方微电子公司（中国内地）	81
4	应用材料公司（美国）	37
5	松下（松下）	20
6	三星电子公司（韩国）	14
7	夏普（日本）	9
8	友达光电（中国台湾）	8
9	大见忠弘（日本）	8
10	中微半导体公司（中国内地）	7

在中国内地的专利申请人中,在等离子体刻蚀机领域申请专利超过 10 件的企业仅有三家,其他涉及本领域的专利申请人极为分散,绝大多数专利申请人仅拥有 1 至 2 件相关专利申请。此外,清华大学、西安电子科技大学、大连理工大学在个别相关领域有所研究。如表 5-3 所示。

表 5-3 中国内地申请人申请量排名

排 名	申 请 人	申请量
1	北方微电子	195
2	中微半导体	13
3	中芯国际	10
4	上海华虹	6
5	清华大学	4
6	西安电子科技大学	4
7	北京圆合电子技术有限责任公司	2
8	苏州汉申微电子有限公司	2
9	大连理工大学	2
10	万京林	2

从等离子体刻蚀机领域在华申请的申请人类型来看,企业是其中的绝对主体,其申请占全部申请的 96%。就进入中国内地的美国籍、欧洲籍、韩国籍申请人而言,全部为企业;中国籍申请人主要为企业,其申请占 94%,其次为大学,接近 6%。

5.2.1 历年专利申请分布

拉姆研究公司最早在华展开大规模的专利申请,近年来势头明显减弱。

2002 年至今,东京电子公司一直在华大量申请专利。

应用材料公司自 2002 年起专利申请量稳步上升,但总量较小。

中国的北方微电子公司起步晚、发展快,近年专利申请量已居榜首。

在综合考虑在华申请总量排名、有效专利量排名、业内影响力以及市场份额等多方面因素,本节对于重要申请人的分析主要针对东京电子公司、应用材料公司、拉姆研究公司以及中国的北方微电子公司进行。

图 5-4 反映了重要申请人在华历年专利申请分布状况。拉姆研究公司最早于 1995 年在中国提出专利申请,但年申请量均不超过 10 件,从 2000 年开始在中国大量布局,在 2000~2005 年间,年申请量均在 20 件以上,此后,年申请量呈逐年下降的趋势。

东京电子公司晚于拉姆研究公司在中国申请专利,与拉姆研究公司相似,东京电子公司在进入中国的前几年,专利申请始终维持在较低的水平,年申请量均少于 5 件,从 2002 年起,东京电子公司进入在中国大量布局专利的阶段,此后至今,东京电子公司一直是在华申请专利最多的外国申请人。

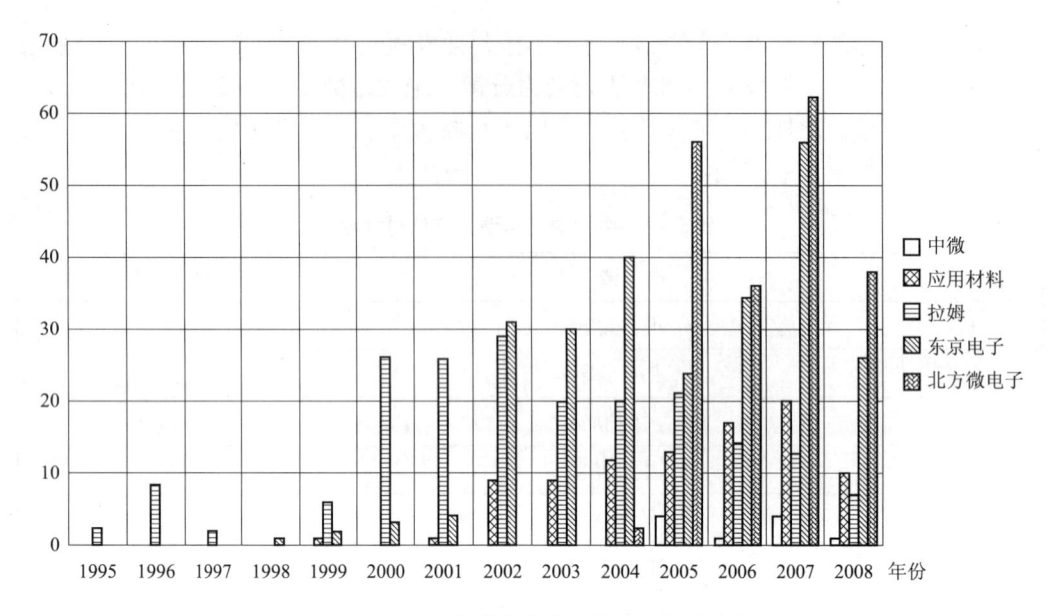

图 5-4　重要申请人在华历年专利申请分布

应用材料公司在中国申请专利略晚于东京电子公司，自 2002 年起，其专利申请量稳步上升，并于 2006 年起超过拉姆研究公司，但其年在华申请量也仅为东京电子公司的一半左右。

北方微电子公司是等离子体刻蚀机领域的后进入者。北方微电子公司虽然 2004 年才开始申请专利，但自 2005 年起，就已成为本领域在华专利申请的最大申请人。

5.2.2　专利技术分布

东京电子公司在华专利申请密度最大，在多个技术分支上占优。

拉姆研究公司在各技术分支上专利申请力度相对均衡，在部件防护、等离子体约束装置及终点检测上占优。

北方微电子公司在气体分配装置、晶片固定装置及晶片传输系统上占优。

图 5-5 反映了各重要申请人各技术分支在华专利申请分布状况，除中微半导体公司外，其他四大重要申请人基本上在各技术分支上进行了广泛的布局，其中，东京电子公司在华专利申请力度整体最大，在等离子体产生装置、电极组件、射频装置、气体供给与排放系统、边缘均一性补偿装置、腔体六个技术分支上专利申请力度强于其他申请人。拉姆研究公司在各技术分支上专利申请力度相对均衡，其中，部件防护、等离子体约束装置及终点检测在专利申请上占优。北方微电子公司专利申请重点突出，其专利申请相对占优的技术分支主要是气体分配装置、晶片固定装置及晶片传输系统。

如图 5-6 所示，东京电子公司除终点检测、等离子体约束装置、边缘均一性补偿装置外，在其他技术分支均长期在华进行专利申请。近年来，其布局力度相对较大的技术分支涉及电极组件、气体分配装置、等离子体产生装置、晶片固定装置及晶片传输系统。

如图 5-7 所示，应用材料公司除边缘均一性补偿装置、终点检测、气体供给与排放系统、电极组件等技术分支外，对其他技术分支的在华专利申请均较为关注。其中，气体分配装置、晶片固定装置及射频装置是其较为关注的技术分支。

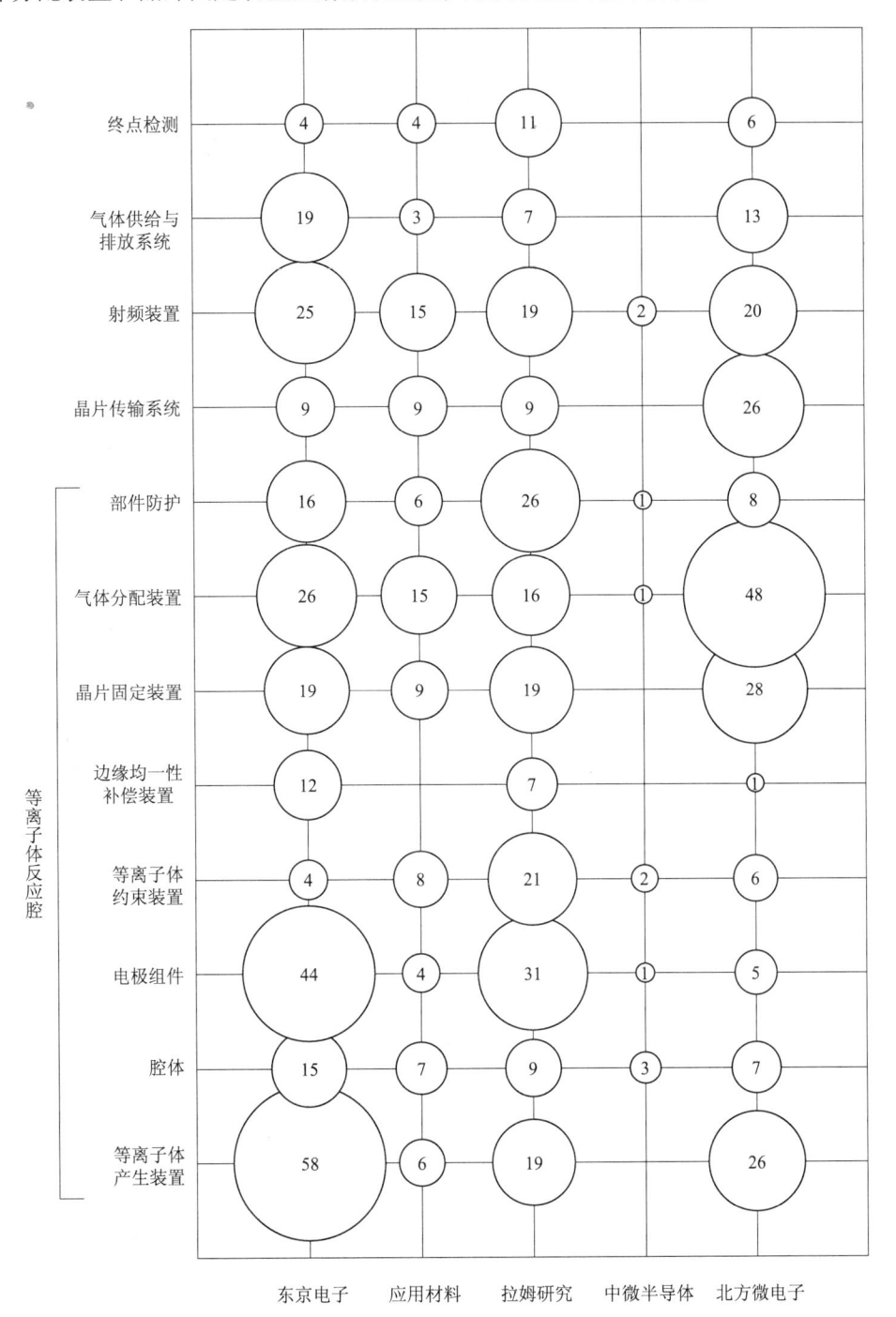

技术分支	东京电子	应用材料	拉姆研究	中微半导体	北方微电子
终点检测	4	4	11		6
气体供给与排放系统	19	3	7		13
射频装置	25	15	19	2	20
晶片传输系统	9	9	9		26
部件防护	16	6	26	1	8
气体分配装置	26	15	16	1	48
晶片固定装置	19	9	19		28
边缘均一性补偿装置	12		7		1
等离子体约束装置	4	8	21	2	6
电极组件	44	4	31	1	5
腔体	15	7	9	3	7
等离子体产生装置	58	6	19		26

图 5-5　各重要申请人各技术分支在华专利申请分布

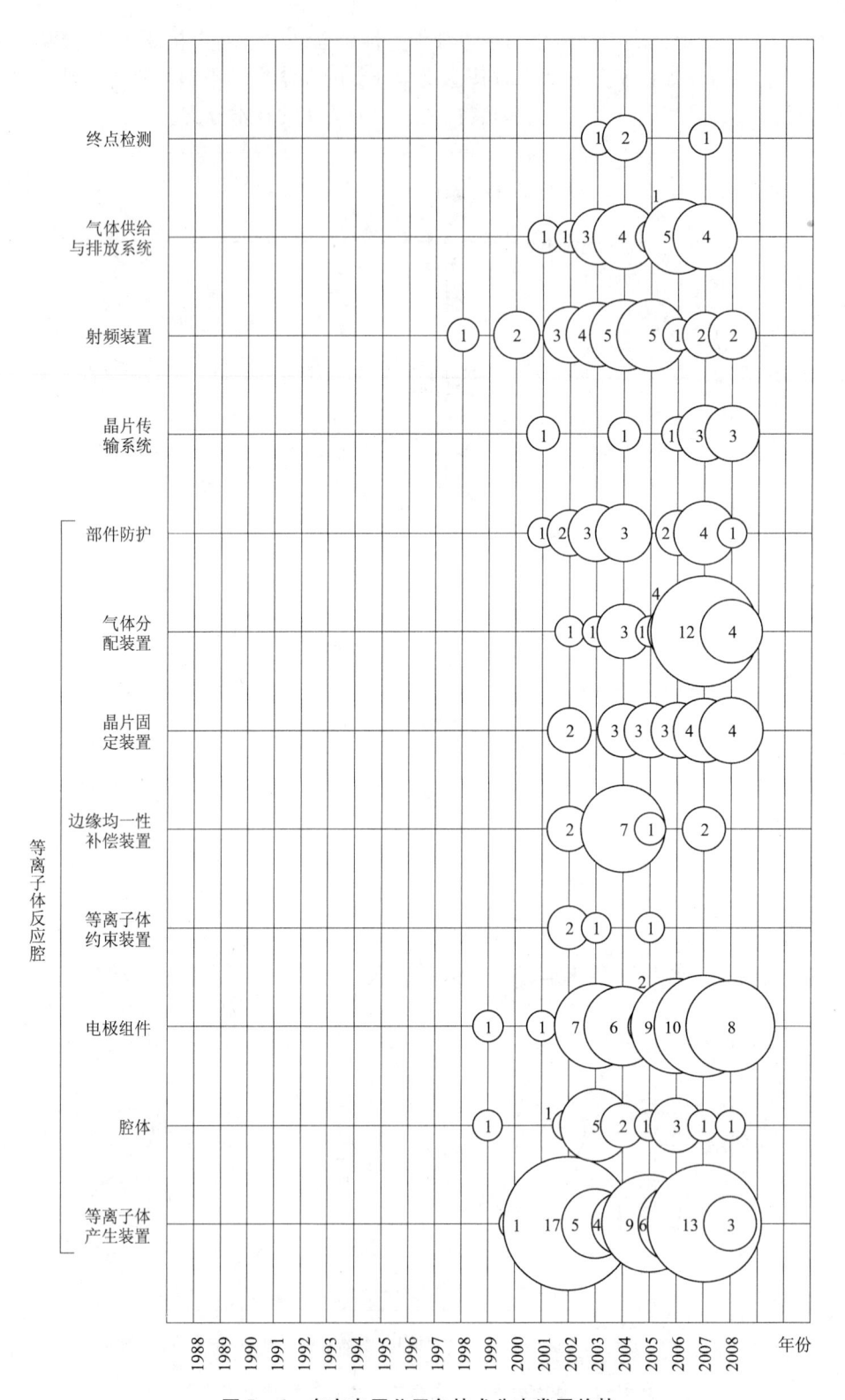

图 5–6 东京电子公司各技术分支发展趋势

图 5-7 应用材料公司各技术分支发展趋势

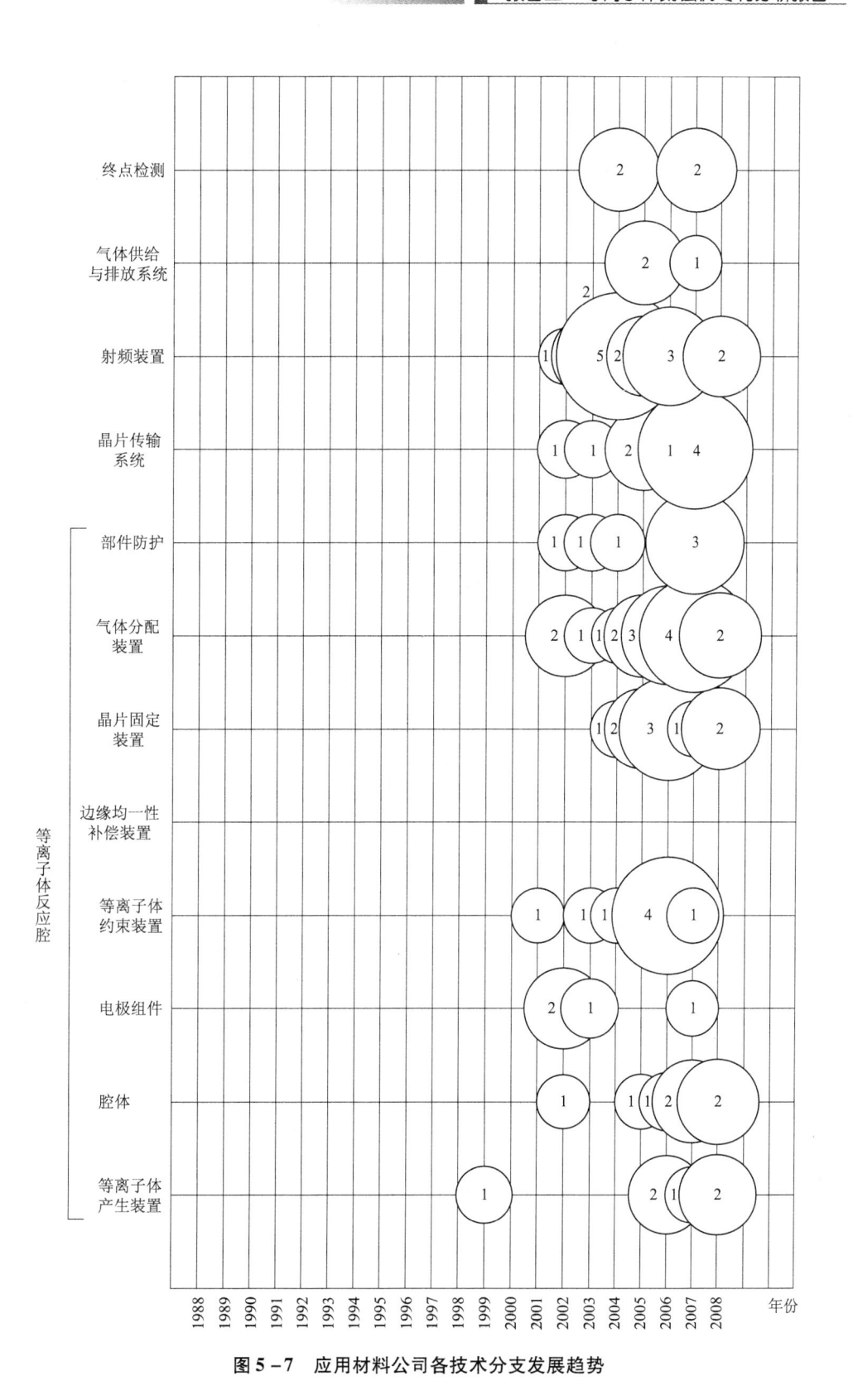

如图5-8所示，拉姆研究公司在各技术分支均长期进行在华专利申请，但除了电极组件外，其他各技术分支在华专利申请力度均有所减弱。

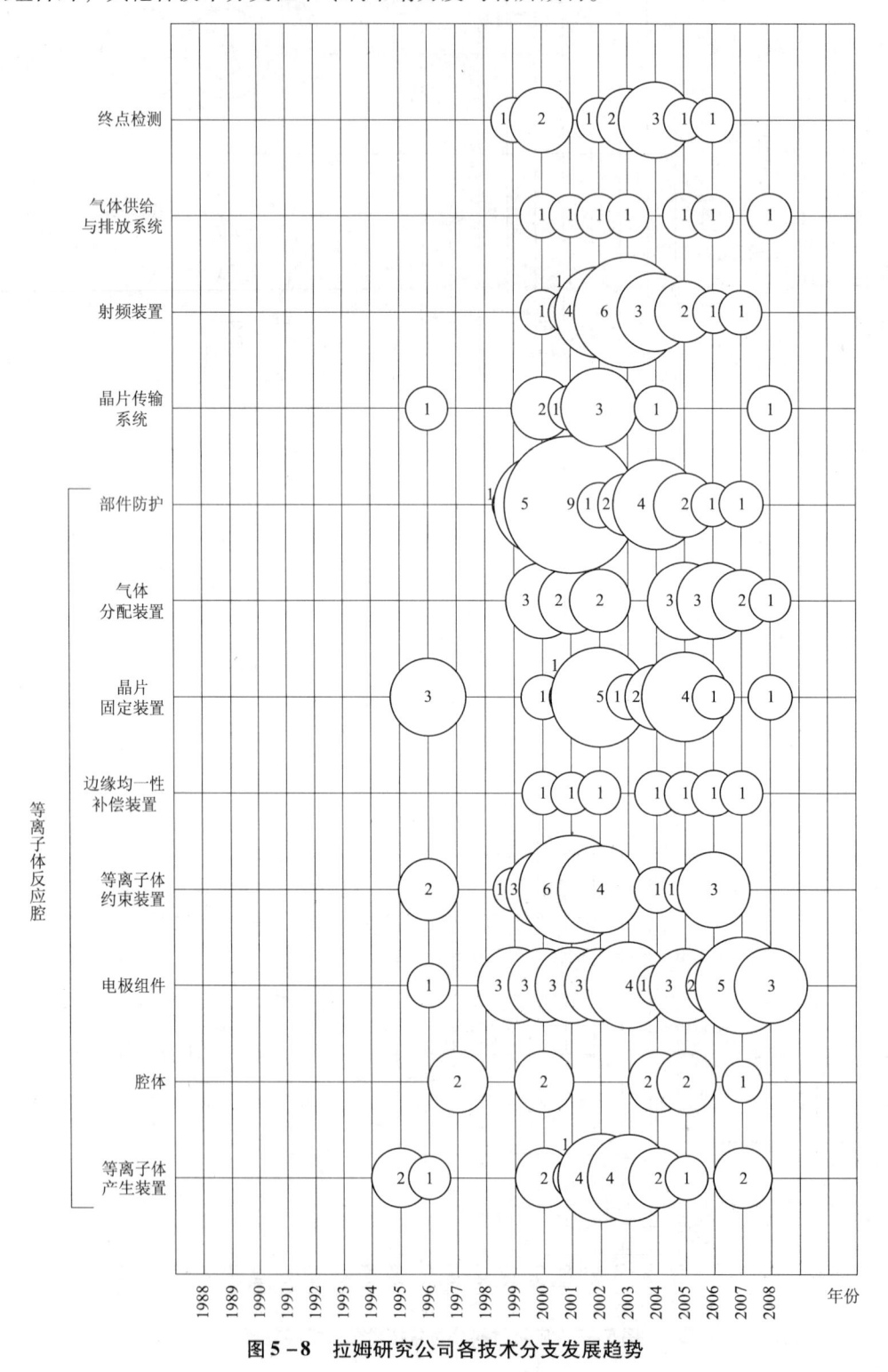

图5-8 拉姆研究公司各技术分支发展趋势

如图 5-9 所示，近年来，北方微电子公司的专利申请重点主要集中在气体分配装置、晶片固定装置、晶片传输系统及射频装置四个技术分支上。

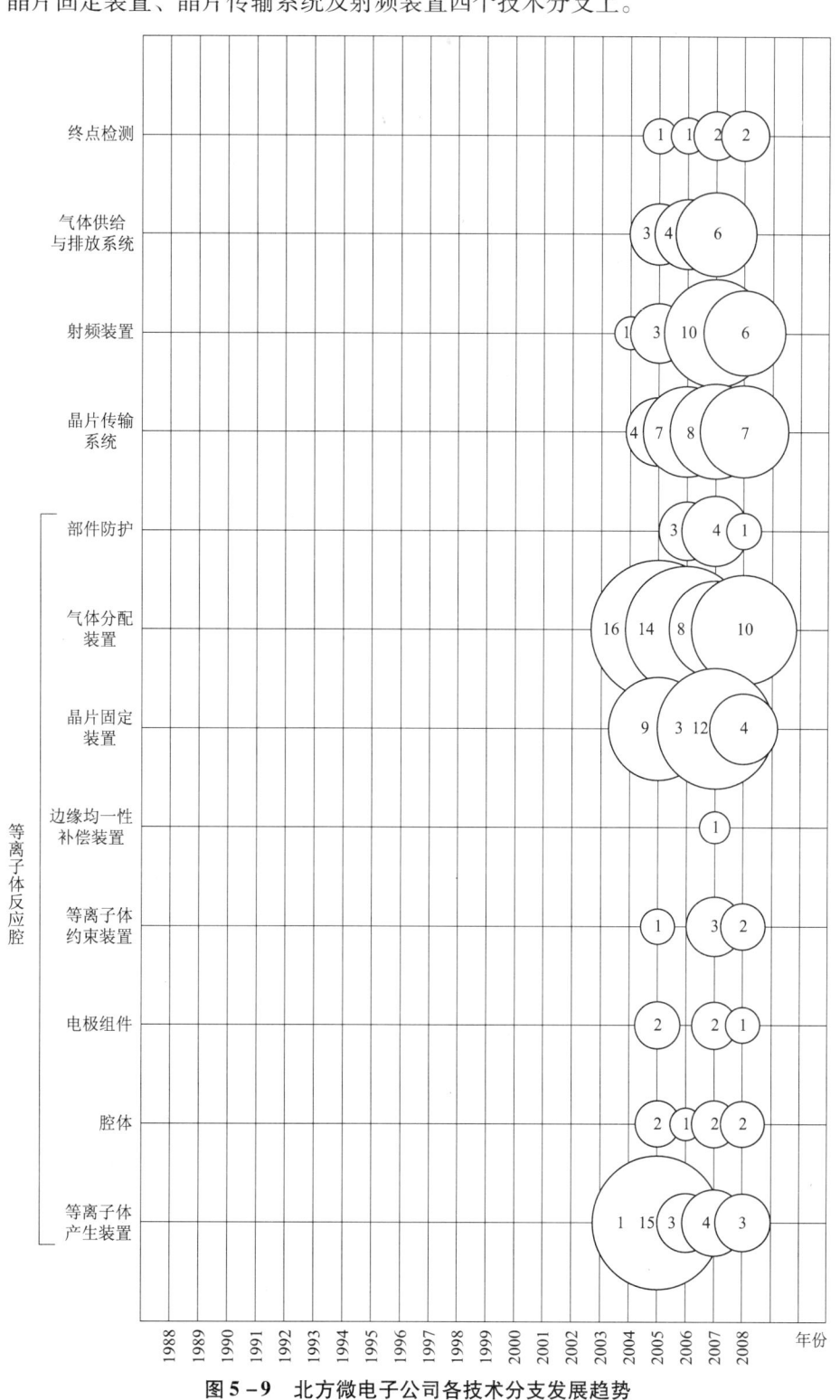

图 5-9 北方微电子公司各技术分支发展趋势

5.3 小　结

1. 日本籍和美国籍申请人一直关注中国市场，专利申请量处于绝对优势地位。2005 年之后，中国籍申请人申请量突增，但仍处于明显的专利弱势地位。

2. 在华专利申请主要集中在等离子体产生装置、气体分配装置、电极组件、晶片固定装置和射频装置五个技术分支上。日、美在各技术分支的申请量较大，整体上占据优势。中国在气体分配装置、晶片传输系统方面的申请量已高于其他国家。

3. 在华重要申请人主要是东京电子公司、拉姆研究公司、应用材料公司和中国的北方微电子公司。

4. 拉姆研究公司最早在华展开大规模的专利申请，近年来势头明显减弱。2002 年至今，东京电子公司一直在华大量申请专利。应用材料公司自 2002 年起专利申请量稳步上升，但总量较小。中国的北方微电子公司起步晚、发展快，近年专利申请量已居榜首。

5. 东京电子公司在华专利申请密度最大，在多个技术分支上占优。拉姆研究公司在各技术分支上专利申请力度相对均衡，在部件防护、等离子体约束装置及终点检测上占优。北方微电子公司专利申请重点突出，在气体分配装置、晶片固定装置及晶片传输系统上占优。

第 6 章 结论和建议

本报告第1章至第3章分别对等离子体刻蚀机的专利技术、重要申请人和国家专利技术竞争力进行了详尽的分析，第4章对在华专利申请进行了分析。在以上分析的基础上形成如下主要结论和建议。

6.1 主要结论

6.1.1 等离子体刻蚀机专利技术发展现状及趋势

1. 等离子体刻蚀机领域专利技术高度集中、技术门槛较高

在等离子体刻蚀机领域，专利技术较为集中地掌握在少数专利申请人手中，尤其是重要度较高的多边专利申请，专利技术向少数申请人集中的现象更为突出。申请量居前十位的专利申请人拥有全球54%的专利申请，并拥有全球68.5%的多边专利申请，而前三十位专利申请人则拥有全球68.5%的专利申请，并拥有全球76%的多边专利申请。值得注意的是，东京电子公司和应用材料公司专利申请总量居全球前两位，远高于其他专利申请人，这两家企业和拉姆研究公司掌握的重点专利占全球80%以上，处于明显领先的优势地位。总体上，将近94%的专利申请由企业提出，在占总量不足2%的共同申请中，85%属于产学研合作研发，可见本领域技术研发门槛较高。

2. 等离子体刻蚀机领域专利技术发展处于稳定期

目前，在等离子体刻蚀机领域，技术发展总体上相对稳定。无论是该领域的年专利申请量，还是年专利申请人数量，均基本保持稳定，行业的新进入者很少，也未出现开拓性的新技术。从技术研发重点来看，等离子产生装置、电子组件和射频装置是业界持续关注的技术研发热点；而刻蚀均匀性、可靠性和提高效率则一直是技术研发主要解决的技术问题。与此相关的专利申请量在全球范围内均较大，尤其是以东京电子公司、应用材料公司和拉姆研究公司三家公司更为突出。此外，值得注意的是，等离子体刻蚀机领域技术研发的空白点主要集中在刻蚀形貌和控制选择比方面，同时，对于刻蚀速率、刻蚀准确性和控制沾污等技术问题的关注度日益提高。

3. 等离子体刻蚀机领域专利优势为日本、美国所拥有，韩国、中国等新兴国家处于后发弱势地位

日本和美国作为传统技术强国，在等离子体刻蚀机领域技术实力整体最强。日本籍申请人在该领域拥有占全球总量60%的专利申请，并拥有46%的重要专利申请；美国籍申请人所拥有的专利申请占全球总量的28%，并且在重要专利申请上，其拥有量高达全球总量的44%。在各技术分支上，日本籍申请人和美国籍申请人均占据明显的

专利优势；从专利海外扩张的角度来看，日本和美国也处于明显的专利顺差地位。韩国作为等离子体刻蚀机领域的后发国家，在该国半导体装备国产化5年计划的激励和推动下，经过近十年的快速发展，其专利申请量已超过欧洲籍申请人，位居全球第三位，并且以三星公司为代表的韩国籍申请人发展势头强劲。

中国在等离子体刻蚀机领域的技术发展很晚，处于明显的专利弱势地位。中国籍申请人的相关专利申请集中在2005年之后，其总量仅占该领域在华申请总量的20%左右，而由中国籍申请人提出的海外申请数量更少，整体实力明显弱于先发各国。

6.1.2 等离子体刻蚀机领域专利申请现状及趋势

1. 全球范围内等离子体刻蚀机领域专利申请的目的国主要集中在日本、美国，而该领域最为重视海外专利申请的国家同样也是日本和美国

整体而言，在等离子体刻蚀机领域，对于日本和美国两大市场的专利申请最为严密。日本和美国受理的专利申请数量分别为8 154件和5 545件，远远高于其他国家或地区。同时，日本和美国是等离子体刻蚀机领域海外专利申请力度最大的国家，两国互为本领域最重要的专利申请目的国，而韩国则是日、美两国均较为重视的专利申请目的国。欧洲和韩国在等离子体刻蚀机领域海外专利申请力量对比中处于第二集团的位置，二者最为重视的海外市场均是美国和日本，但其海外专利申请规模都不大。

2. 亚太地区作为当前等离子体刻蚀机行业最重要的市场，近年来在亚太地区尤其是韩国、中国进行专利申请的热度渐高，但专利申请规模与其市场地位尚不相符

近十年来，等离子体刻蚀机的市场重心逐渐转向亚太地区市场。就市场销售额而言，亚太地区在全球市场所占比例呈增长趋势，已从2000年的20%左右增长到目前的50%左右，市场增长点主要在中国内地、中国台湾和韩国。尽管在这些新兴市场的专利申请量快速上升，年申请量占全球年申请量的比例已从1995年的20%左右增长到2006年的40%多，但在这些地区的专利申请的总体规模与其市场规模尚不匹配。预计未来在这些地区与等离子体刻蚀机有关的专利申请仍会继续呈增长趋势。

3. 中国成为等离子体刻蚀机领域专利申请的新兴热点目的国，虽然在华专利申请的总体规模还不大，但主要为极少数申请人集中掌控

在中国，自2000年以来，等离子体刻蚀机领域在华专利申请量年平均增长率高达32%，90%以上的在华专利申请是在2000年之后提交。截至2008年，等离子体刻蚀机领域在华申请专利数量仅为1 211件，相比全球其他主要市场，专利申请总量不大。但这些在华专利申请主要集中于东京电子公司、拉姆研究公司、应用材料公司三大外国申请人以及中国本土的北方微电子公司，超过60%的在华专利申请及在华有效专利被这四家公司所掌控。

4. 四大在华专利申请人在华专利申请各擅胜场

四大在华专利申请人均在各技术分支上进行了广泛的专利申请。其中，东京电子公司作为2002年以来在华专利申请力度最大的外国专利申请人，在等离子体产生装置、电极组件、射频装置、气体供给与排放系统、边缘均一性补偿装置、腔体六个技术分支上专利申请力度强于其他申请人；拉姆研究公司在各技术分支上专利申请力度

相对均衡,并在部件防护、等离子体约束装置及终点检测的专利申请上占优;北方微电子公司专利申请重点突出,其专利申请规模相对占优的技术分支主要是气体分配装置、晶片固定装置及晶片传输系统。应用材料公司虽然在各技术分支上的专利申请没有特别突出的重点,但由于拉姆研究公司2006年以来在华专利申请量逐年下降,目前已成为仅次于东京电子公司的第二大外国在华专利申请人。

6.2 建 议

1. 密切关注主流技术发展趋势

由于等离子体刻蚀机领域专利技术高度集中在少数几个企业手中,这些企业的技术研发走向对本领域主流技术发展趋势具有举足轻重的重要影响。因此,在研发过程中,必须密切关注东京电子公司、应用材料公司和拉姆研究公司三家企业的技术研发走向,及时调整自身研发方向和重点。等离子体产生装置、电极组件和射频装置是三家企业研发的重点。

2. 对各技术分支采取针对性的技术发展策略

对于技术发展相对成熟、专利申请比较密集的等离子产生装置、电极组件和射频装置三大技术分支,采用跟进式研发策略。作为本领域的后发国家,我国在技术发展较为成熟的技术分支上,应当重点围绕关键技术,在其外围进行一系列的改进。

对于具有潜在研发前景且专利申请较少的技术分支,采用突破式研发策略。可以尝试通过边缘均一性补偿装置、等离子体约束装置和气体分配装置的改进来提高等离子体刻蚀的控制选择比。

对于存在专利转让可能的技术,可通过技术转让或公司并购进行技术引进,跨越式培育形成专利竞争力。对于近年来在等离子体刻蚀机领域的专利申请减少明显的企业,这种申请活跃度下降的现象在一定程度上说明该企业对该领域或该市场的重视度降低,因而存在让渡其专利的可能。

3. 中国企业的专利申请首先应立足国内,并积极向东南亚拓展

中国市场作为全球逐渐关注的重要市场,中国企业的专利申请首先以国内为重点。同时,中国台湾和东南亚等地区作为等离子体刻蚀机亚太市场的重要组成部分,各大企业的专利申请密度远低于日本、美国,因而也应是中国企业专利申请的重点拓展方向。

4. 强化企业间的战略合作,加强合作,避免重复研发

一方面,加强相关企业尤其是龙头企业之间的战略合作,实现技术研发的优势互补,强化战略性合作研发,避免低水平重复研发。另一方面,加强设备制造厂商与芯片制造厂商之间的战略合作,尤其是与台湾芯片制造厂商之间的战略合作,贴近芯片制造企业的一线用户需求,联合进行针对性研发,有效提升技术研发的有效性。通过相关企业间的战略合作,培育形成共同应对专利纠纷的专利竞争力,拓展企业发展空间。

附　录

附件1：术语说明

××籍专利申请	指申请人国籍为××国/地区的专利申请。"欧洲籍专利申请"是指申请人的国籍为36个欧专局成员国之一的专利申请
××国专利申请	指××国/地区专利局所受理的专利申请。"欧洲申请"指欧专局或36个欧专局成员国的专利局所受理的专利申请
3/5局专利申请（又称"多边专利申请"）	指同时在中、美、欧、日、韩五个专利局中的三局或三局以上提交的专利申请。一般而言，越重要的专利，专利价值就越大，需要在主要销售市场申请专利，中、美、欧、日、韩是全球等离子体刻蚀机的主要销售市场，因此会优先在上述地区申请专利。该指标成为衡量专利重要与否的重要指标
PCT申请	指按照《专利合作条约》（PCT）提出的国际专利申请
项	在进行专利申请数量统计时，对于数据库中以一族（这里的"族"指的是同族专利中的"族"）数据的形式出现的一系列专利文献，计算为"1项"。一般情况下，专利申请的项数对应于技术的数目
件	在进行专利申请数量统计时，例如为了分析申请人在不同国家、地区或组织所提出的专利申请的分布情况，将同族专利申请分开进行统计，所得到的结果对应于申请的件数。1项专利申请可能对应于1件或多件专利申请
被引频次	某专利文献被后续的其他专利文献引用的次数
专利顺差	对于某一技术领域，当A国籍的申请人向B国家提交的专利申请件数大于具有B国籍的申请人向A国家提交的专利申请件数时，则称A国处于专利顺差地位
专利逆差	对于某一技术领域，当A国籍的申请人向B国家提交的专利申请件数小于具有B国籍的申请人向A国家提交的专利申请件数时，则称A国处于专利逆差地位
授权率	指在某专利局的所有结案专利申请中的授权专利所占的比率

附件2：技术分类表

本课题研究的等离子体刻蚀机是指在半导体制造工艺中使用的等离子体刻蚀机。本课题将其分为等离子体反应腔、终点检测、射频装置、气体供给与排放系统和晶片传输系统五个一级技术分支进行分析，并根据情况对上述五个一级技术分支进一步细分成二级和/或三级技术分支，具体参见等离

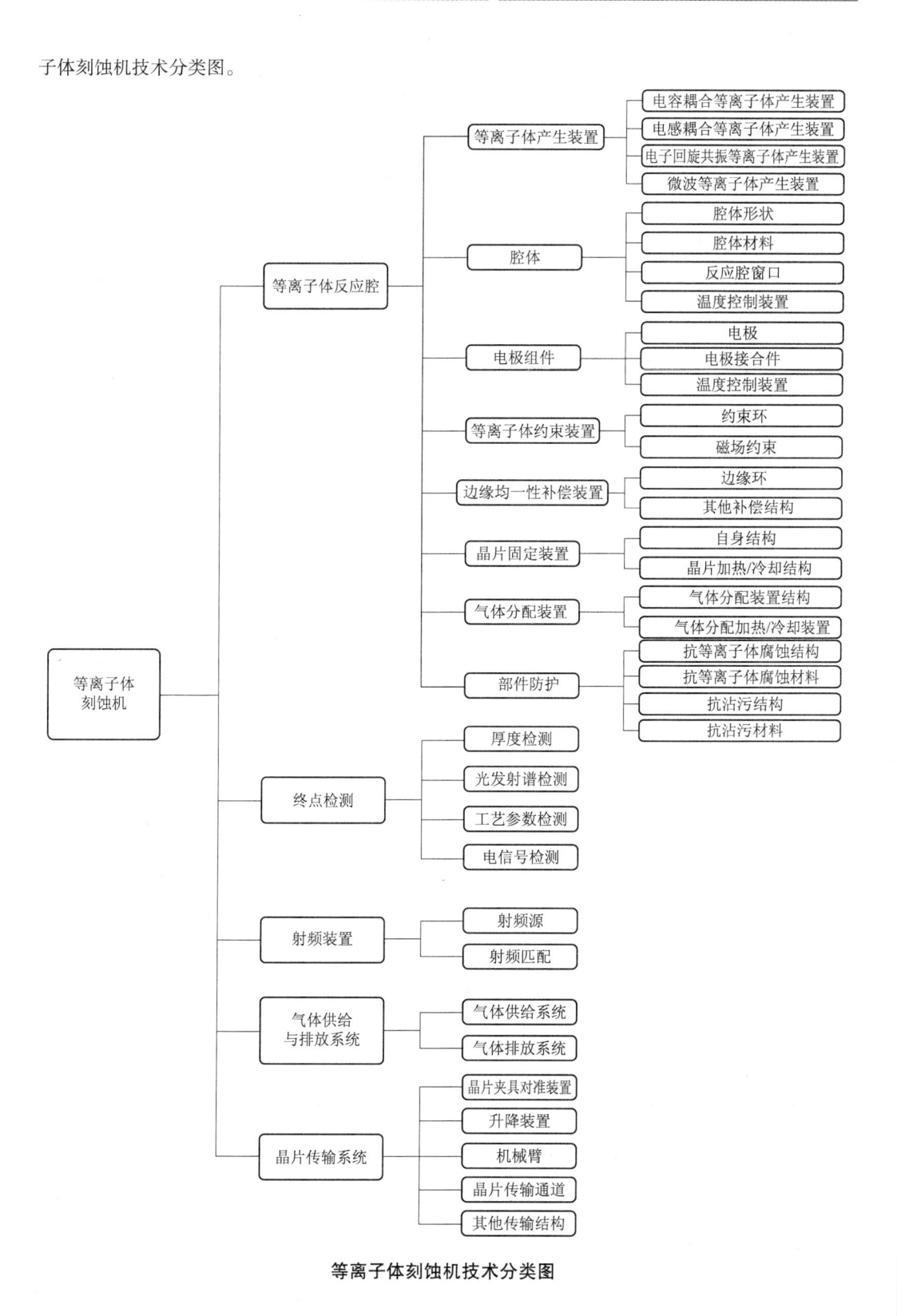

子体刻蚀机技术分类图。

```
等离子体刻蚀机
├── 等离子体反应腔
│   ├── 等离子体产生装置
│   │   ├── 电容耦合等离子体产生装置
│   │   ├── 电感耦合等离子体产生装置
│   │   ├── 电子回旋共振等离子体产生装置
│   │   └── 微波等离子体产生装置
│   ├── 腔体
│   │   ├── 腔体形状
│   │   ├── 腔体材料
│   │   ├── 反应腔窗口
│   │   └── 温度控制装置
│   ├── 电极组件
│   │   ├── 电极
│   │   ├── 电极接合件
│   │   └── 温度控制装置
│   ├── 等离子体约束装置
│   │   ├── 约束环
│   │   └── 磁场约束
│   ├── 边缘均一性补偿装置
│   │   ├── 边缘环
│   │   └── 其他补偿结构
│   ├── 晶片固定装置
│   │   ├── 自身结构
│   │   └── 晶片加热/冷却结构
│   ├── 气体分配装置
│   │   ├── 气体分配装置结构
│   │   └── 气体分配加热/冷却装置
│   └── 部件防护
│       ├── 抗等离子体腐蚀结构
│       ├── 抗等离子体腐蚀材料
│       ├── 抗沾污结构
│       └── 抗沾污材料
├── 终点检测
│   ├── 厚度检测
│   ├── 光发射谱检测
│   ├── 工艺参数检测
│   └── 电信号检测
├── 射频装置
│   ├── 射频源
│   └── 射频匹配
├── 气体供给与排放系统
│   ├── 气体供给系统
│   └── 气体排放系统
└── 晶片传输系统
    ├── 晶片夹具对准装置
    ├── 升降装置
    ├── 机械臂
    ├── 晶片传输通道
    └── 其他传输结构
```

等离子体刻蚀机技术分类图

由于业界对上述技术分支没有统一的定义，为了明确各技术分支的范围，本课题对上述技术分类表中的主要技术分支进行了定义，如各主要技术分支定义表所示。

各主要技术分支定义表

技术分支	定　　义
等离子体产生装置	等离子体产生装置是指在等离子体刻蚀反应腔内，用于将反应气体激发到等离子体状态的核心部件，其需要连接反应腔外部的能量源来进行激发，主要包括通过电感耦合方式产生等离子体的核心装置、通过电容耦合方式产生等离子体的核心装置、通过电子回旋共振方式产生等离子体的核心装置以及通过微波激发方式产生等离子体的核心装置等多种类别的等离子体激发装置
腔体	腔体是指反应腔自身壳体以及与其相连的起到自身壳体作用的结构，包括腔体的形状和材料，反应腔体的窗口和顶盖，以及与反应腔体相连接的温度控制装置等构件，不含反应腔内部的常用构件
电极组件	电极组件是指包括上、下电极，以及第三电极（必要时）在内的电极，用于控制电极温度的温度控制装置，对电极起到驱动、保护、连接以及其他相关作用的连接到电极上的电极接合件，对电极产生其他相关作用但并未连接到电极上而与其组合使用的构件等。其中，电极涉及其形状、材料、数量、位置以及起到电极作用的任何结构及组合等方面的改进
等离子体约束装置	等离子体约束装置包括用于限制反应腔室内的等离子体分布，并将其约束在基片的处理空间内的装置，及相应的驱动装置等。其主要包括约束环型和磁场约束型。 (1) 约束环型：通常围绕在基片的周围，防止等离子体膨胀到处理空间之外的区域中，从而避免了可能随之发生的腐蚀、淀积或者侵蚀，进而延长反应腔室或反应腔室内零部件的工作寿命。 (2) 磁场约束型：通常将磁性构件设置在反应室周围以提供磁限制，从而在处理空间内聚集等离子体，以形成高密度的等离子体，并同时具有保护反应腔室内部件的作用
边缘均一性补偿装置	边缘均一性补偿装置是指通常位于基片外侧或边缘用于修正电场分布、气流分布等的装置，其使得基片周围和中心区域的电场均匀，以在晶片上方形成均匀的高密度等离子体产生区域，从而改善在整个基片上刻蚀处理的均匀性。该装置主要包括围绕在基片周围的边缘环（edge ring）和聚焦环（focus ring）
晶片固定装置	晶片固定装置通常包括采用机械夹紧力进行夹持的机械卡盘和采用静电吸附力固定晶片的静电卡盘结构，按照功能可分为等离子体处理腔室中用于保持晶片的装置结构自身，以及对其进行加热/冷却的装置等
气体分配装置	气体分配装置指的是在等离子体反应腔内用于将反应气体从气体管路供应至处理空间的基片上方的气体分配构件本身，以及对其进行加热/冷却的装置等
部件防护	部件防护指的是在腔体表面和/或腔室内的部件表面形成的、防止等离子体腐蚀和副产物沉积的结构和/或材料等
终点检测	终点检测系统用于确定等离子刻蚀工艺的终点，其检测的准确性直接决定基片的刻蚀效果。终点检测系统的工作方式通常分为以下几种：厚度检测、光发射谱检测、工艺参数检测、电信号检测
射频源装置	射频源装置是指连接到反应腔内部的等离子体产生装置和/或电极上的、对将反应气体激发到等离子体状态起到提供射频能量源作用的装置，多个射频源的装置组合及连接方式，以及与该装置相关联的检测、反馈等各种对该装置起到相关作用的电路或构件等

续表

技术分支	定　　义
射频匹配装置	射频匹配装置是指与射频源装置配套使用的、用于将射频源装置所提供的射频能量高效率地提供给反应腔内部的等离子体产生装置和/或电极，以增强射频源装置对反应腔内的输出功率的匹配装置，及多个匹配装置的组合及连接，以及与该匹配装置相关联的检测、反馈等各种对该匹配装置起到相关作用的电路、网络或构件等
气体供给系统	气体供给系统包括气体供给结构和气流校验设备等。其中气体供给结构主要包括气体导入的管路（口）、阀门及相应的控制装置等。气流校验设备主要包括质量流量控制器（MFC）等
气体排放系统	气体排放系统包括反应腔内的排气板、气体导出管路（口）、压力控制单元、抽气装置、抽气腔室、阀门及相应的控制装置等
晶片传输系统	晶片传输系统是指将晶片输送至等离子体反应腔的载置台上的传动、进给、支撑、定位等机构及相关组件，具体包括机械臂、升降装置、晶片夹具对准装置、晶片传输通道以及其他相关传输结构等

报告三

生物芯片专利分析报告

课 题 名 称：生物芯片专利分析

承 担 部 门：光电技术发明审查部

课 题 负 责 人：崔伯雄

课 题 组 长：边　昕

课题研究人员：石剑平　李明瑞　陈　辰

主 要 执 笔 人：陈　辰　石剑平　边　昕　李明瑞

统　稿　人：崔伯雄　边　昕　石剑平　李明瑞　陈　辰

研 究 时 间：2010 年 7～12 月

课题研究合作单位：

　　北京博奥生物有限公司

第 1 章　研究概况

1.1　研究目的

生物芯片技术是 20 世纪 80 年代末迅速发展起来的一项高新生物技术，为分子生物学的发展带来革命性的贡献，尤其是在最近的十年里，已经广泛应用于基因表达研究、功能基因组研究、蛋白质组研究、临床疾病诊断、药物筛选、组织工程等众多前沿领域。

由于生物芯片技术的广阔应用前景以及可能产生的巨大经济效益，目前世界上的发达国家例如美国、英国、德国、日本等国的实验室及公司都争相进入该领域进行研究与开发。同时，这些国家也加大了在知识产权方面的保护以及投入。

生物芯片技术是一项新兴的多学科交叉的技术，近年来，随着国内经济的发展，尤其是国家和社会对于人类健康产业的关注，中国生物芯片市场需求随之不断扩大。此外，由于生物芯片产业的技术复杂、投资大、研究周期长，认清和把握国际生物芯片研究和产业化进程中的技术和所处的阶段，了解世界生物芯片领域中的技术热点，特别是国外主要生物芯片公司的发展方向，以及中国生物芯片公司的研发状况，专利申请状况，对中国生物芯片公司选取合适的研发方向，选择合理的研发、应用策略，如技术合作等，避免低水平的重复研发工作，将有着重要的意义。

本课题拟通过对国内外生物芯片相关专利文献进行分析研究，使企业了解生物芯片领域相关专利的国内外分布状况和主要技术分支的信息，总结行业专利发展现状，为行业研发提供指导信息，引导行业通过专利分析提高创新效率和质量。

1.2　技术概况

生物芯片技术通常可分为芯片制作技术、样品处理技术、生物分子反应技术、反应信号检测技术、数据处理技术和生物芯片应用六大部分。其中，芯片制作技术包括微阵列制作方法与设备、微流控芯片的制作方法与设备、阵列基片的处理与修饰、微流控芯片微结构设计、探针、芯片封装等方面；样品处理技术包括样品的提取与纯化、核酸扩增、与样品处理有关的装置等部分；生物分子反应技术包括反应条件控制、流体操纵、信号放大、反应用途、系统集成等方面；反应信号检测技术包括标记、光学检测、压电检测、电化学检测、悬梁臂、热敏检测、磁检测、质谱检测等方面；数据处理技术包括检测信号处理提取与分析、图像处理等方面；生物芯片应用包括药物筛选和新药开发、疾病诊断与病理分析、环境监测、食品检测、基础研究和通用应用等方面，详细的技术分类与技术分支定义可参见本报告附录表 3。

一、生物芯片的制作技术

生物芯片的制作技术可分为微阵列制作方法与设备、微流控芯片的制作方法与设备、微流控芯片中的微结构设计、阵列基片的处理与修饰、探针、芯片封装等方面，其中鉴于报告篇幅，在后续章节的分析中对于阵列基片的处理与修饰、探针、反应信号检测等技术分支部分不作详细的分析。

1. 微阵列制作方法与设备

目前微阵列生物芯片的制备方法主要有原位合成法和合后成之后的微点样（机械点样）方法。微点样方法又称为合成后交联（post-synthetic attachment）或离片合成。

原位合成法多采用光刻合成法、分子印章法、点合成法，主要适用于商品化、规模化的高密度基因芯片的制备和应用领域。原位合成技术按合成方式主要分为以下四种：光引导原位合成法、原位喷印法、微电子刻蚀技术合成法和分子印章法，其中，分子印章法是由东南大学吴健雄实验室创建的。本次研究中为便于检索，将应用光刻技术的基因或蛋白质微阵列的制备技术都归为光导合成法，将应用印章压印技术的生物芯片制备技术都归为分子印章法。

合成后微点样方法，主要为机械点样法。机械点样又包括接触式点样和非接触式点样。非接触式点样的优点是定量准确、重现性好，缺点是喷印的样品点大，因此密度较低；接触式点样是目前应用最为广泛的制作技术，该方法的优点是所制作的生物芯片密度高，缺点是定量准确性和重现性不太好。❶

2. 微流控芯片制作方法与设备

微流控芯片的制作技术起源于半导体及集成电路芯片的微细加工技术。微细加工技术是将图形高精度地转移到芯片上的技术，主要包括光刻和刻蚀等。硅、玻璃和石英芯片微细加工技术的基本过程包括涂胶、曝光、显影、腐蚀和去胶等步骤。高分子聚合物微流控芯片的制作技术与玻璃类芯片有很大的区别，所采用的制作技术主要包括热压法、模塑法、注塑法、激光烧蚀法、LIGA法（包括X射线深刻、微电铸和微复制三个环节）和软蚀刻法等。❷

3. 微流控芯片微结构设计

微流控芯片微结构设计主要包括微通道设计以及微泵、微阀的使用。对于微流控芯片的各个功能单元，如驱动、进样、预处理、分离系统，通道构型的设计均起到重要作用。在微流体进样系统的流控操作中，不同通道构型可完成不同的进样操作，如T形通道、十字通道、双T形通道、多T形通道等。微流控芯片中的流体驱动方式一般可分为两类：机械驱动方式，主要包括微泵驱动和离心力驱动；非机械驱动方式，包括电渗驱动、重力驱动等。目前用于微流控芯片的微泵主要包括机械微泵和非机械微泵。微流体控制技术是微流控芯片的操作核心，主要有电渗控制和微阀控制两类。❸

4. 芯片封装

生物芯片的封装方法主要包括热封接、阳极键合和低温黏结。高分子聚合物芯片

---

❶ 陈忠斌. 生物芯片技术 [M]. 北京：化学工业出版社，2005：27-40.
❷ 方肇伦. 微流控分析芯片的制作及应用 [M]. 北京：化学工业出版社，2005：12-23.
❸ 林炳承，秦建华. 图解微流控芯片实验室 [M]. 北京：科学出版社，2008：88-104.

的常用封装方法有热压法、热或光催化黏合剂黏合法、有机溶剂黏结法、自动黏结法、等离子氧化封接法、紫外照射法和交联剂调解法等。❶

二、样品处理技术

生物样品常常是非常复杂的生物分子混合体，除少数特殊样品外，一般不能直接与芯片反应，必须将样品进行生物处理。❷ 通常制作基因芯片时，从血液或活组织中获取的 DNA 或 mRNA 样品首先要进行扩增以提高阅读灵敏度，制备蛋白芯片的蛋白质在点样前要采用合适的缓冲液将其溶解，并要求具有较高的纯度和完好的生物活性。生物芯片中的样品处理技术主要包括样品的提取和纯化、核酸扩增以及与样品处理相关的装置。

三、生物分子反应

生物分子反应主要涉及反应条件的控制、流体操控、信号放大、反应用途以及系统的集成等方面。反应条件的控制主要包括反应的 pH 值、温度、湿度等条件控制，以及芯片的清洗操作等。按照生物分子反应的用途，主要可将生物芯片分为电泳芯片、扩增芯片、混合芯片、样品制备芯片等。而芯片的系统集成主要包括芯片中各个微阀、微泵、微反应器在结构上的整合和高度集成化的设计。

四、数据处理

在生物芯片的数据处理中，目前大多采用数学统计方法以及图像分析处理方法。根据靶点排列规则的特点，生物芯片的图像分析过程可分为网格定位、图像分割、数据提取与表达三个步骤。

五、生物芯片应用

生物芯片的应用十分广泛，能够应用于分子生物学、生物医学、疾病诊断和治疗、药物研究和药物开发、食品检测、环境监测等多个方面。目前生物芯片主要用于以下几大方面。

1. 基因结构和功能基础研究

目前基因芯片最为广泛应用的是基因表达谱芯片。此外，基因芯片的研究领域还包括序列测定、基因分型、基因调控网络分析、染色体转录活性区域分析、表达遗传学分析、分子诊断以及比较基因组学等。

2. 疾病诊断

生物芯片作为一种高通量的检测技术，其最重要的也是产业界极为关注的一个应用领域就是疾病的诊断，疾病诊断也是国内生物芯片研发机构与生产企业最为关注的应用方向。生物芯片用于疾病诊断具有以下几个优势：一是高度的灵敏性和准确性；二是快速简便；三是可同时检测多种疾病。利用生物芯片技术可以对肿瘤、遗传病、传染病等许多疾病作出快速、简便、高效的诊断，对寻找疾病诊断和治疗的靶分子、研究疾病的发病机制都是十分有利的。

随着许多遗传性疾病相关基因的相继定位，将对应于突变热点区的寡核苷酸探针

---

❶ 方肇伦. 微流控分析芯片的制作及应用 [M]. 北京：化学工业出版社，2005：23 – 25.
❷ 吴明煜. 生物芯片研究现状及应用前景 [J]. 科学技术与工程，2005，5 (7)：421 – 430.

合成或点样于 DNA 芯片上，目前已经形成了许多针对遗传性疾病进行检测的基因芯片。例如，美国昂飞（Affymetrix）公司研究开发出了用于检测 P53 基因突变的基因芯片，用于确定受试者是否患有癌症或者患有癌症的几率。如果将多种疾病的遗传位点集中于一个芯片上，则成为同时检测多种疾病的分子诊断芯片。国内在这方面的报道很多，包括用于诊断肝炎、SARS、肿瘤等，如北京博奥生物有限公司（以下简称"博奥生物"）开发了用于 SARS 病毒检测的基因芯片，上海生物芯片技术有限公司开发出低通量快速疾病诊断芯片等。

目前在临床上已获应用的基因芯片包括地中海贫血突变点筛查芯片、急性淋巴细胞白血病和急性非淋巴细胞白血病鉴别诊断芯片、呼吸道感染细菌检测芯片等，采用蛋白质芯片技术用于疾病诊断的有多种自身免疫性疾病诊断芯片、血液病原体联合检测芯片、肿瘤标志物蛋白芯片及癌症相关蛋白检测芯片等。

3. 药物筛选和新药开发

生物芯片在医药研究中的应用主要集中在寻找药物作用靶点、药物筛选、药物作用机制研究、毒理学研究等方面。由于所有药物（或兽药）都是直接或间接地通过修饰、改变人类（或相关动物）基因的表达及表达产物的功能而生效，而生物芯片技术具有高通量、大规模、平行性地分析基因表达的能力，利用生物芯片进行大规模的药物筛选研究可以省去大量的动物实验甚至是临床研究，缩短药物筛选所用时间，提高效率，降低风险。

用某些中药复方或中药中提取的有效成分替代副作用较强的西药，是医药行业的开发热点，由于中药复方成分的复杂性，借助基因芯片技术能够更快速、更准确地将中药成分在分子水平进行筛选和验证，缩短新药研究周期。而中药基因组学的含义正是通过现代科学技术手段结合传统中药理论和现代科学理论，将中药的药性、功能及主治与其对特定疾病相关基因表达调控的影响关联起来，在分子水平上用现代基因组学的理论来诠释传统中药理论及作用机理。

目前，国内外多家研究机构开始利用生物芯片对中药进行研究。例如，香港城市大学的科研人员利用微阵列芯片研究了中药对肿瘤细胞基因表达的影响，并致力于开发中药筛选芯片。❶ 北京大学医学部、北京肿瘤防治研究所以及上海联合基因科技有限公司共同利用基因芯片，研究了抗肿瘤血管生成的多种中草药药理机制和有效成分，为新药开发提供理论依据；❷ 北京大学药学院则与生物芯片北京国家工程研究中心合作研究了多种重要的抗真菌作用机制。

此外，生物芯片还可应用于个性化药物及治疗的研究，有利于对病人实施个体优化给药及治疗。

4. 食品安全及环境检测

生物芯片在环境保护方面也有广泛的用途，一方面可以快速检测污染微生物或有

---

❶ 杨忠，等. 基因组学与生物芯片技术在中药研究与开发中的应用［J］. 药学学报，2002，37（6）：490－496.

❷ 托娅，等. 基因芯片在抗肿瘤血管生成中草药相关基因筛选中的研究［J］. 第二军医大学学报，2002，23（3）：273－275.

机化合物对环境、人体、动植物的污染和危害，另一方面还可用于农业、商检、司法等领域。例如，食品营养成分的分析，食品中有毒、有害化学物质的分析，食品中生物毒素（细菌、真菌毒素等）的监督检测工作都可以通过生物芯片来完成。博奥生物利用成熟的免疫分析技术原理开发了兽药残留蛋白芯片检测平台，能够对猪肉、鸡肉、猪肝等组织中恩诺沙星、氯霉素等十种兽药残留量进行定量检测。目前已经存在的芯片包括：食品卫生检测芯片、植物检测芯片、动物检测芯片和转基因作物检测芯片。[1]

博奥生物于2001年开始对检测兴奋剂的蛋白芯片进行研究，该蛋白芯片可以同时对16种违禁药物进行检测，其检测结果与常规的"气质联用法"的结果相同，该蛋白芯片具有高通量、速度快、操作简单的优势。

1.3 产业概况

1.3.1 世界生物芯片产业现状

由于生物芯片产业的巨大前景，国际上的发达国家例如美国、英国、德国、日本等争相进入该领域进行研究与开发，并形成一定的相关产业。其中，美国在生物芯片领域具有绝对的优势，拥有世界一半以上的生物芯片技术，其从20世纪90年代初期就已经开始投入生物芯片领域的研究，到了20世纪90年代中期政府加大了投资力度，美国总统克林顿在1998年1月的国情咨文中指出："在未来的12年内，基因芯片将为我们医生的疾病预防指点迷津。"1998年由美国国立卫生研究院、能源部、司法部、美国国家生物技术中心制订了生物芯片开发计划。1998年6月29日，美国宣布正式启动基因芯片计划，联合私人投资机构投入了20亿美元以上的研究经费，美国昂飞公司是目前全球生物芯片领域的霸主，其市场份额约占全球1/3～1/2，拥有多项生物芯片方面的专利技术，其中的"光指导的原位合成法"是生物芯片中的核心专利，该公司通过生物芯片技术专利权获得巨大利益，仅2000年其销售额就达1.8亿美元。[2]

1998年，日本提出以信息、生物技术等产业为主导的口号，不断增加对生物医药技术的研发投入，2003年的财政预算中，5 000亿日元与生物技术的研发相关，日本通过"科学技术基础计划"加大对研发的投入。

2003年，全球生物芯片市场约有8亿美元的规模。2007年，全球生物芯片市场大约为19.379亿美元，2008年约为21.156亿美元，2009年约为28亿美元，2013年这一市场有望达到38亿美元，年增长率高达12.7%。其中，DNA芯片占据的市场份额最大，2007年为9.473亿美元，2008为9.99亿美元，2013年预计将升至16.44亿美元，年增长率10.8%。

芯片实验室（Lab-on-a-Chip，LOAC）是生物芯片市场第二大产品，2013年有望达12.454亿美元。随着蛋白质组学对基因功能的理解和疾病认识上所具有的促进性影响，

---

[1] 王国青，等. 生物芯片技术在食品安全检测中的应用 [J]. 现代科学仪器，2007 (1): 7-10.
[2] 张文毓. 生物芯片产业发展现状及展望 [J]. 传感器世界，2007 (10): 6-10.

蛋白质芯片将成为生物芯片市场上的新生力量。组织芯片也是需要注意的一类新兴产品。[1]

1.3.2 我国生物芯片技术的产业现状与发展

一、我国生物芯片的产业政策状况[2][3]

权威研究机构塞迪生物的研究人员认为，从产业层面上，生物芯片已经受到国家的高度重视，同时在行业带头以及主要研究群的努力下，中国已经初步具备使生物芯片实现产业化的技术。1999年3月，国家科技部起草的《医药生物技术"十五"及2015年规划》中所列的15个关键技术项目中，有8个项目（基因组学技术、重大疾病相关基因的分离和功能研究、基因药物工程、基因治疗技术、生物信息学技术、组合生物合成技术、新型诊断技术、蛋白质组学和生物芯片技术）要使用生物芯片，其中生物芯片技术被单列作为一个专门项目进行规划。国家科技攻关项目、自然科学基金、火炬计划等各类层次的科学技术和产业发展计划，均把生物技术和生物技术产业列为优先发展的对象。

"十五"期间，国家863计划重点组织实施了"功能基因组及生物芯片研究"重大专项，对生物芯片的系统研发给予倾斜性支持，国家投入资金6亿元，主要用于开展重大疾病、重要生理功能相关基因、中华民族单核苷酸多态性的开发利用。从2000年开始，国家陆续投入资金，在北京、上海、西安、天津、南京建立了五大生物芯片研发基地。

二、我国生物芯片的市场与产业化状况[4][5]

我国于1997年涉足生物芯片领域，当年的市场份额为54万元。至2001年，我国生物芯片市场达到5 387万元，2004年国内市场份额为2亿元，其中主要由863计划支持的国内企业出售的生物芯片及提供的相关服务累计销售收入约为1.1亿元，代理国外产品及服务总计9 000万元。2009年，国内市场销售份额约为3.5亿~4亿元。

2000年前后，来自国家、银行、企业和社会等不同途径的投资非常踊跃，总额达12.8亿元，主要包括政府作为对"863计划专项"等支持投资的6亿元；以星湖科技、张江高科、上海医药、复星实业、哈高科、河池化工、友好集团、苏常柴、山东海化等九家国内A股上市的企业投资；以及2002年1月广东发展银行为博奥生物提供的2亿元授信额度等。

而在2002年底，生物芯片投资热趋于冷静，投资放缓的原因主要是生物芯片企业不能有效挖掘已有生物芯片产品在临床上的广泛功能，并相应成功实现对细化市场的准确定位，及生物芯片产品尤其在面向个人的临床诊断应用上尚未得到市场的认可，商品化程度不高。

---

[1] 陆浩. 全球生物芯片市场 [EB/OL]. (2008-03-03) [2010-07-12] http://www.yyjjb.com.cn/html/2008-03/03/content_67860.htm.

[2][4] 赵乐. 新经济导刊：生物芯片非常钱途 [EB/OL] (2003-05-23) [2010-07-12] http://tech.sina.com.cn/other/2003-0523/114319190255.shtml.

[3][5] 百度百科. 生物芯片 [EB/OL] [2010-07-12] http://baike.baidu.com/view/30466.htm.

2002年后,在生物芯片领域的投资开始回暖。主要原因是:2003年4月,香港大学医学部率先与美国方面借助生物芯片技术准确检测SARS病毒;2003年5月,中国科学家也研制出全面检测SARS病毒的全基因组芯片检测系统;2003年4月初,由美、英、日、法、德和中国科学家经过13年努力共同绘制完成人类基因组序列图,其间,生物芯片技术起到重要作用。

到2006年为止,我国已有500余种生物芯片及相关产品问世,2002~2005年累计销售额近2.5亿元,十余个芯片或相关产品获得了国家新药证书、医疗器械证书或其他认证,并已实现产业化生产。2005年,南开大学的"863计划"专项"重要致病菌检测芯片"第一代样品研制成功,并开始制定企业和产品的质量标准。2005年4月,中国生物芯片产业的骨干企业博奥生物与美国昂飞公司建立战略合作关系。2006年,生物芯片北京国家工程研究中心成功研制一种利用生物芯片对骨髓进行分析处理的技术,这在全球尚属首次,可以大大提高骨髓分型的速度和准确度。2006年,由浙江大学方肇伦院士领衔国内10家高校、科研单位共同研究的"微流控生物化学分析系统"通过验收。2006年7月,中国科学院力学研究所国家微重力实验室靳刚课题组在中科院知识创新工程和国家自然科学基金的资助下,主持研究的"蛋白质芯片生物传感器系统"实现实验室样机,目前已实现乙肝五项指标同时检测、肿瘤标志物检测、微量抗原抗体检测、SARS抗体药物鉴定、病毒检测及急性心肌梗死诊断标志物检测等多项应用实验。利用该项技术检测时间大大缩短、所需的采血量也明显减少。❶

1.4 研究方法

一、检索数据库选择

本报告采用的数据库是:中国专利摘要数据库CPRS(1985~)、中国专利全文数据库、WPI(德温特世界专利索引数据库)、EPODOC(欧洲专利局专利文献数据库)。

二、检索到的样本量

(1)从中国专利摘要数据库中检索到6 770篇,经人工筛选和在中国专利全文数据库中补充检索后,最终确定中文专利数据为申请日在1997~2009年之间的专利数据3 439篇,检索截止日为2010年6月30日。

(2)在WPI、EPODOC中经去噪,本次研究选取申请年为1989~2009年的数据,共计32 109项,检索截止日为2010年6月30日。全球专利数据来自WPI和EPODOC中的检索结果。

---

❶ 百度百科.生物芯片[EB/OL][2010-07-12] http://baike.baidu.com/view/30466.htm.

第2章 专利技术分析

2.1 总体专利申请状况

由于生物芯片技术广阔的应用前景以及可能产生的巨大经济效益,美国、英国、德国、日本、韩国等国的实验室及公司都争相进入该领域进行研究与开发。同时,这些国家也加大了在知识产权方面的保护以及投入。以下将针对全球在生物芯片领域的专利申请,对目前生物芯片的专利技术现状进行研究和分析。

2.1.1 申请趋势

图2-1-1所示为1989~2009年间全球范围内生物芯片的历年专利申请量变化情况,以及美国、日本、欧洲、中国和韩国5个国家/地区籍申请人在生物芯片领域的历年专利申请量变化情况。从图中可以看出:1989~1996年间,生物芯片技术从无到有,年申请量较低,1996~2001年间,随着各国对生物芯片技术的重视,不断加大投入,生物芯片专利申请量急剧上升,2001年后,随着生物芯片技术的不断发展,人们对其投入变得相对理性,申请量略有下降并趋于稳定,但由于生物芯片作为当今的热门技术,以及其广泛的应用前景,专利申请量仍然保持较高的水平,维持在3 000项左右。2009年的申请量下降与专利申请延迟公开以及数据库录入的滞后性有关。

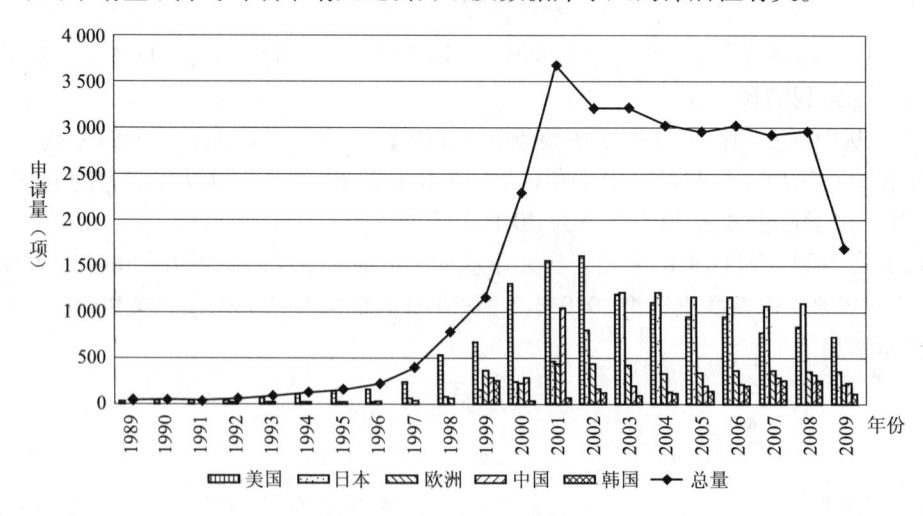

图2-1-1 各主要国家/地区及全球专利申请历年分布图

从图2-1-1中还可以看出,美国、日本、欧洲、中国和韩国5个国家和地区籍申请人在生物芯片领域的历年专利申请量变化情况,可以看出,在1989~2002年间,美国申请人一直是生物芯片领域主要的申请人，说明美国在生物芯片领域的技术发展走在各国的前面，这得益于美国政府对生物芯片领域的大力投资，其中以昂飞公司最具代表性，其就生物芯片的制备申请了大量的核心专利，从而占据生物芯片市场的优势。而2000年后，随着生物芯片技术的发展，各国对生物芯片方面的大力支持，日本、欧洲、中国和韩国在生物芯片领域的专利申请量开始增加。以日本为例，随着日本政府对生物芯片方面的大力支持，日本的生物芯片技术得到了快速的发展，很多大的企业纷纷跨行进入生物芯片领域，日本申请人的专利申请量得到了快速的提高。到2003年后，日本和美国在生物芯片领域的年专利申请量已相差不多，并有超越美国的趋势。但从总体上看，2003年后各国家和地区的年申请量趋于稳定，这也说明了对生物芯片技术的投入逐步走向理性。

表2-1-1 各主要国家/地区申请人分阶段专利申请情况

申请量（项）\ 国籍\ 申请年区间	美国	日本	欧洲	中国	韩国	其他
1989~1997年	823	129	133	5	4	60
1998~2001年	4 054	934	860	1 375	114	606
2002~2009年	8 197	8 079	2 822	1 729	1 293	892
1989~2009年	13 074	9 142	3 815	3 109	1 411	1 558

表2-1-1为美国、日本、欧洲、中国、韩国以及其他国家和地区籍申请人在不同时间段内专利申请所占比例情况，从该表中可以看出，1989~1997年属于生物芯片的初始发展阶段，美国的相关专利申请所占比例超过70%，而且多为基础性的专利，对技术的发展形成一定的垄断；1998~2001年属于生物芯片技术的快速发展阶段，这期间，各国家和地区都逐渐涉足生物芯片领域，日本和欧洲的相关专利申请开始占有较大的比例；2002~2009年属于生物芯片技术的稳定发展阶段，这期间，日本的相关专利申请量的占有率已和美国相当。从1989~2009年总体上来看，生物芯片方面的专利有超过80%的相关专利申请被美国、日本和欧洲申请人占有。

2.1.2 技术生命周期

图2-1-2为生物芯片技术生命周期图，从图中可以看出，1989~1996年间申请人数量和专利申请量均较少，说明在此段时间中，生物芯片技术的发展处于技术发展的萌芽阶段，对于该技术的发展趋势还不太明确。而随着各国对生物芯片领域的重视提高，投入加大，在1996~2001年间，申请人数量和申请量都快速增加，进入生物芯片技术的快速成长期。2001年以后专利申请量下降，申请人数量逐年递减，并趋于稳定，生物芯片技术发展平稳。

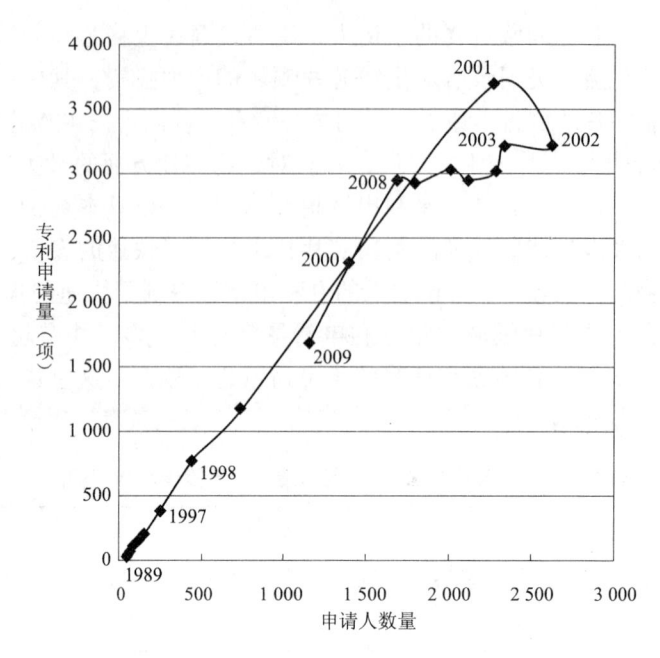

图 2-1-2　生物芯片技术生命周期图

2.1.3　专利布局和流向

选取专利申请量较多的 6 个国家或地区专利局，比较不同国家和地区籍申请人在该 6 个目的国家或地区的专利布局情况以及各国家和地区专利流向情况。

表 2-1-2 为美国、日本、欧洲、中国、韩国及其他国家和地区籍申请人在中国国家知识产权局、日本特许厅、美国专利商标局、欧洲专利局、澳大利亚知识产权局和韩国知识产权局的专利申请情况比较。从表中可以看出，所述 6 个专利局的相关专利申请量分别为：6 128 件、13 202 件、16 945 件、12 714 件、6 791 件和 2 566 件，其中美国申请人在所述 6 个专利局中的申请量中分别占 19%、21%、66%、44%、58% 和 22%，日本申请人在所述 6 个专利局中的申请量中分别占 14%、67%、14%、12%、3% 和 16%，欧洲申请人在所述 6 个专利局中的申请量中分别占 8%、8%、11%、40%、17% 和 8%，中国申请人在所述 6 个专利局中的申请量中分别占 50%、21 件、1%、38 件、17% 和 2 件，韩国申请人在所述 6 个专利局中的申请量中分别占 2%、2%、3%、2%、1% 和 52%。可以看出，美国、日本、中国和韩国专利局中，本国专利申请量都是最多的。而美国申请人在上述 6 个专利局中的申请量比例都在 20% 左右或更高，日本申请人在除澳大利亚和日本之外的其他 4 个专利局中的申请量比例都在 15% 左右或更高，这一方面说明其在生物芯片领域技术发展的领先，也说明他们在全球范围内的专利布局意识很高。相比而言，中国申请人在除中国国家知识产权局之外，在澳大利亚知识产权局申请量较大，其原因在于，2001 年在澳大利亚知识产权局申请了大量关于探针方面的专利申请，而在其他四局中申请量比例很少。通过对比可以发现中国相对于美国、日本、欧洲和韩国处于较重的专利申请逆差地位。

表 2-1-2　全球相关专利在中、日、美、欧、澳、韩六局布局情况

	美国	比例	日本	比例	欧洲	比例	中国	比例	韩国	比例	其他	比例
美国专利商标局（16 945 件）	11 212	66.2%	2 371	14.0%	1 855	10.9%	80	0.5%	526	3.1%	901	5.3%
日本特许厅（13 202 件）	2 830	21.4%	8 787	66.6%	1 121	8.5%	21	0.2%	236	1.8%	207	1.6%
中国国家知识产权局（6 128 件）	1 141	18.6%	877	14.3%	487	7.9%	3 076	50.2%	128	2.1%	419	6.8%
韩国知识产权局（2 566 件）	567	22.1%	416	16.2%	186	7.2%	2	0.1%	1 340	52.2%	55	2.1%
欧洲专利局（12 714 件）	5 566	43.8%	1 465	11.5%	5 111	40.2%	38	0.3%	285	2.2%	294	2.3%
澳大利亚知识产权局（6 791 件）	3 906	57.5%	231	3.4%	1 146	16.9%	1 149	16.9%	55	0.8%	304	4.5%

2.2　主要技术分支专利申请状况

本节中我们选取 8 个主要的技术分支作为研究对象，其分别是微阵列制作方法与设备、微流控芯片制作与设备、微流控芯片中的微结构设计、芯片封装技术、样品处理技术、反应用途和系统集成以及生物芯片在疾病诊断和基因测序中的应用。在本次研究中，从技术角度将生物芯片技术分为芯片制作技术、样品处理技术、生物分子反应技术、反应信号的检测技术、数据处理技术五部分。其中，微阵列制作方法与设备、微流控芯片制作与设备、微流控芯片中的微结构设计、芯片封装技术属于芯片制作中的重要技术；反应用途、系统集成属于生物分子反应中的重要技术。生物芯片在疾病诊断和基因测序（属于基因结构和功能的基础性研究）中的应用则是生物芯片目前重要的用途。以下分别从申请量趋势、申请人国籍分布和专利地区分布等方面对上述 8 个主要技术分支进行研究。

2.2.1　光导合成法

微阵列芯片的制备方法大体可分为三大类：光导合成法、微点样法、分子印章法。

在本次研究中，仅涉及光导合成法，至检索截止日，共检索到涉及光导合成法技术的专利申请 1 293 项。在这一数据的基础上从发展趋势、申请人国家/地区分布、专利地区分布等角度对光导合成技术的专利进行分析。

2.2.1.1 申请趋势

为研究光导合成技术的发展情况，我们对所采集的数据历年情况进行统计，按照专利的最早申请日计算，从1990～2009年光导合成技术每年的申请量见图2-2-1。

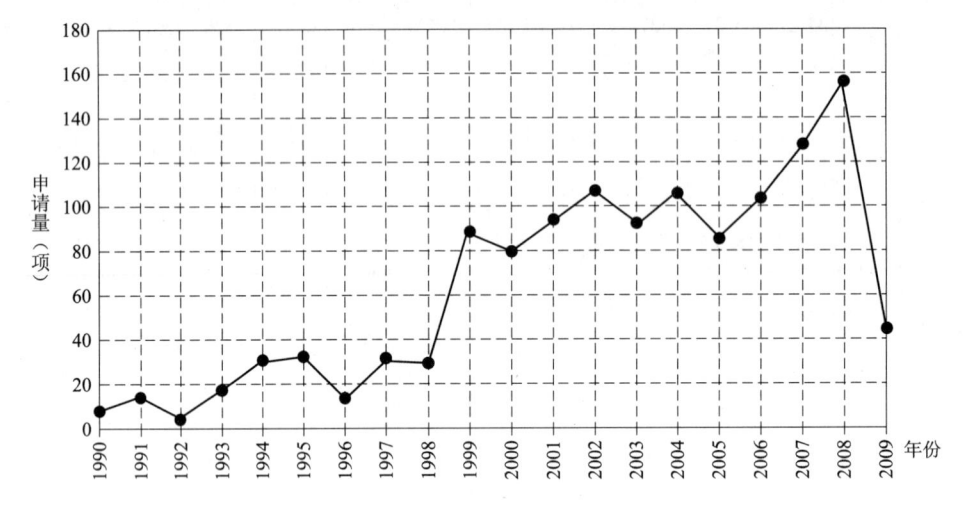

图2-2-1 光导合成技术专利申请历年分布图

从图2-2-1中可以看到，光导合成技术的发展基本可分为3个阶段。1990～1998年为第一阶段。这一阶段申请量相对较低，但基本呈上升趋势。1999～2006年为第二阶段。在该阶段每年的申请量大约为100件，申请量的起伏并不很大。在此阶段中，美国昂飞公司继续保持较高的申请数量，与此同时其他申请人也相继出现，例如日本的尼康公司（NIKON CORP）。由于光导合成技术的核心专利已被昂飞公司所占有，尼康公司在此技术领域的专利主要是关于光导合成中的平版印刷技术中的曝光装置等的改进，其所采用的这种外围专利战略使该公司一跃而为此领域申请量第一的申请人。2007年至今为该技术发展的第三阶段，该阶段专利申请数量迅速增长，并在2008年达到峰值。此阶段尼康公司的专利申请量具有较大优势，公司继续在曝光装置、光照装置等该公司的强势技术方面进一步进行专利布局。

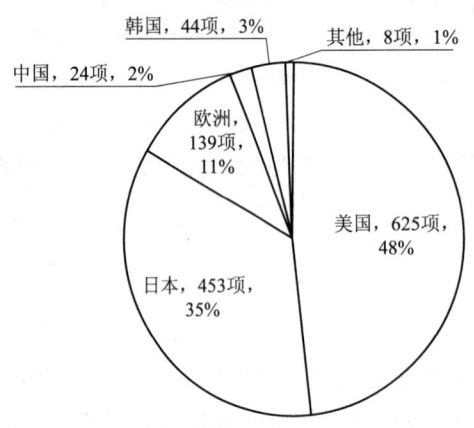

图2-2-2 光导合成技术各国家/地区申请人专利申请比率图

2.2.1.2 各国家/地区专利申请量比率及历年分布情况

如图2-2-2所示，按照专利申请的申请国国籍统计，该技术的主要申请国是美国，其占所有申请量的48%，可见该国在光导合成技术领域的技术实力最强。居于第二位和第三位的专利申请国/地区分别是日本（占35%）和欧洲（占11%）。综上，美国、日本占有该技术领域的大部分专利申请（约83%），这两个国家无疑是该技术领域的专利申请巨头。其次，一些科技领先的欧洲国家例如德国、法国、英国等的技术实力也不容忽视。值得重视的是中国也在领域有24件申请，虽然申请量只占总申请的2%，但也体现了中国申请人在该技术领域希望拥有一定市场占有率的意识。

如图2-2-3所示，光导合成技术专利申请起步最早的国家是美国。并且美国在该领域的专利申请于1997~2003年达到申请量的顶峰，之后申请量逐渐下降。日本在该技术领域专利申请起步较晚，从1998年才开始在该领域申请专利，但申请量增长十分显著，尤其是在2005年之后更是迅猛，并且还有进一步增长的可能性。欧洲地区的专利申请起始稍早于日本，但申请量一直趋于平稳，2001年之后呈下降趋势。韩国申请人在该技术领域的申请较为平稳，并且还有进一步增长的趋势。

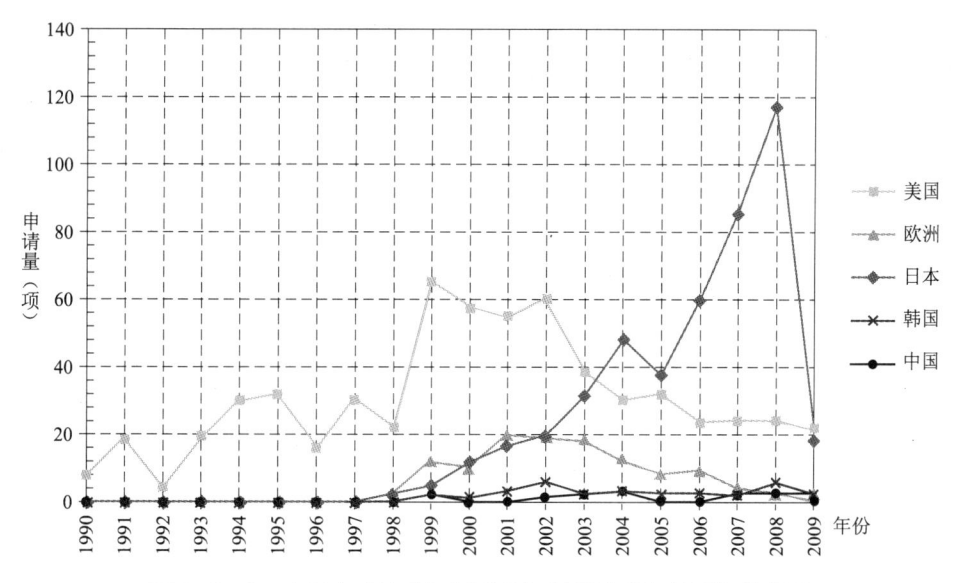

图2-2-3 光导合成技术各主要国家/地区专利申请历年分布图

2.2.1.3 专利申请区域分布

由图2-2-4可知，涉及光导合成技术的专利申请主要分布在美国、日本、欧洲等技术发达国家/地区。对照图2-2-2中该技术申请人国籍分布图，美国、日本是该技术的申请大国同时也是该技术专利申请的主要目的国。中国虽不是光导合成技术的主要申请国，申请量只占2%，但在专利的布局上来看居专利分布国家的第4位，占到8%的比重。由此可见，在这一领域中国虽不是专利申请的主要国家却是专利布局的重要目标，各技

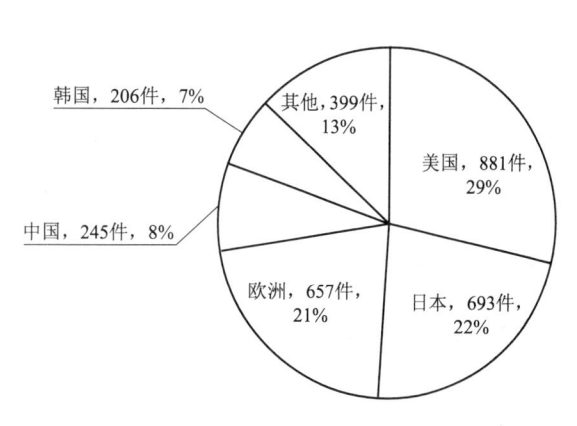

图2-2-4 光导合成技术全球专利申请地区分布

术强国都比较重视这一市场。

2.2.2 微流控芯片制作方法与设备

2.2.2.1 申请趋势

在本次研究中，至检索截止日，共检索到相关专利申请 2 753 项。从图 2-2-5 中可以看出，该技术分支的发展可分为三个阶段，第一阶段是 1997 年之前，这一阶段申请量相对较低，每年的申请量都在 50 件以下，但发展比较平稳，基本呈上升趋势。1997～2006 年为第二阶段，该阶段申请量快速增长，发展迅猛，虽然在 2004 年增长速度有所放缓，但在 2006 年达到峰值（308 件），从图 2-2-5 可以看出，1999～2003 年这 5 年间，是该技术领域发展最为迅速的时期，申请量从 50 件左右一跃至 270 件左右，而这一阶段也正是微流控芯片制作领域迅速发展的时期，一方面是随着生物芯片技术的发展，微流控芯片技术开始得到了更多的重视，除了美国的生物仪器公司例如安捷伦、卡钳生命科学等微流控芯片领域的主要公司加大了在该领域的研发投入之外，韩国和日本的一些传统的电子公司，例如三星电子、日立、佳能也开始关注这一领域，看到了微流控芯片潜在的商业价值和广阔的应用前景，纷纷开始进入这一领域。2003 年之后申请量趋于平稳，每年 270 件左右，变化不大，但维持在较高的水平。第三阶段是 2006 年之后，申请量有所下降，说明该技术分支经过快速发展之后，逐步趋于平稳成熟。

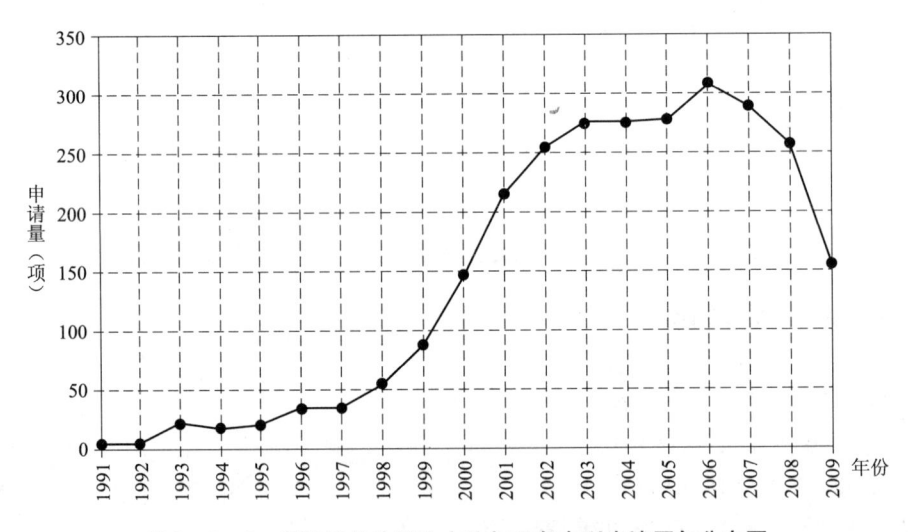

图 2-2-5　微流控芯片制作方法与设备专利申请历年分布图

2.2.2.2 各国家/地区专利申请量比率及历年分布情况

从图 2-2-6 中的申请人所属国籍的分布情况来看，美国籍的申请人的总申请量占到全部申请量的 49%，美国在微流控的制备技术方面占有绝对的优势，其次为日本。中国籍的申请人在这一领域中的申请量较少，仅占 3%。

从图 2-2-7 中可以看出，美国从 1998 年至 2002 年申请量快速增长，2002 年之后趋于稳定；而日本是从 2002 年之后开始申请量快速增长，表明日本公司在这一时期开始关注这一领域，研发热情开始提升；欧洲的申请量一直稳步增长，基本趋于稳定；而韩国在 2006 年之后申请量也有所增加；中国在微流控的制备技术领域申请量较少，但从 2000 年之后也呈上升趋势。由此可见，美国在微流控芯片的制作领域处于前瞻与领先地位，具有众多科研实力和研发资金雄厚的高校与公司。美国的加州大学、加州理工大学、哈佛大学等高校在微流控的制备领域研究较早，专利申请量也较大，而一些微流控芯片领域的重要申请人，例如安捷伦公司、卡钳生命科学等

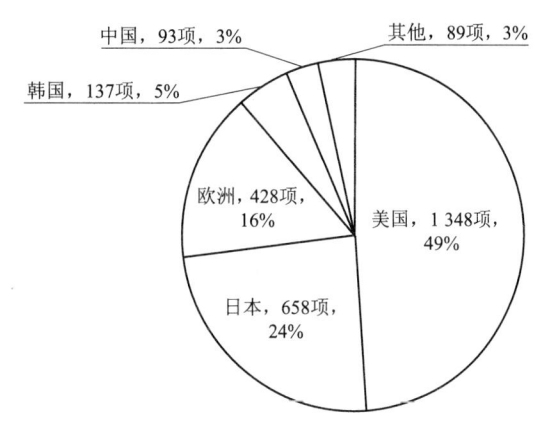

图 2-2-6 微流控芯片制作方法与设备各国家/地区申请人专利申请比率图

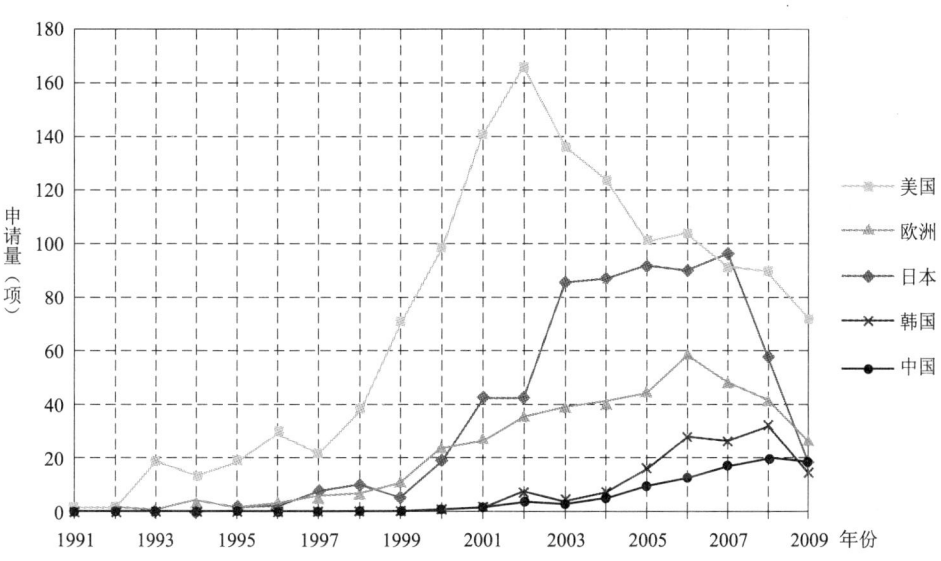

图 2-2-7 微流控芯片制作方法与设备各主要国家/地区专利申请历年分布图

公司也较早地进入这一领域，开始研发投入，而日本和韩国主要是在 2000 年之后，在看到该领域广阔的应用前景和市场价值之后，纷纷进入该领域，而欧洲在该技术领域的发展则一直比较平稳，皇家飞利浦公司、法国原子能委员会均是较早进入该领域的申请人。中国进入这一领域进行专利申请的时间较晚，申请总量不大。

2.2.2.3 专利申请区域分布

从图 2-2-8 中可以看出该技术分支在各国的布局情况，涉及微流控芯片制备技术的专利申请主要分布在美国、欧洲和日本，前三个国家/地区的专利受理总量达到 64%。在中国的申请量占总申请量的 7%，居全部专利申请分布国家的第五位，高于韩国和印度，一方面是因为国内生物芯片企业也开始涉足这一领域，但更重要的是国外生物芯片公司开始重视中国市场。韩国专利申请量居第 6 位，其重要的原因是韩国的

三星公司（SAMSUNG）在其微加工技术优势的基础上，对于微流控芯片制备技术领域的研发有一定投入。而其他国家/地区的专利申请中，申请量分布较大的是澳大利亚，居第4位，可见各生物芯片公司对于澳大利亚市场的重视。

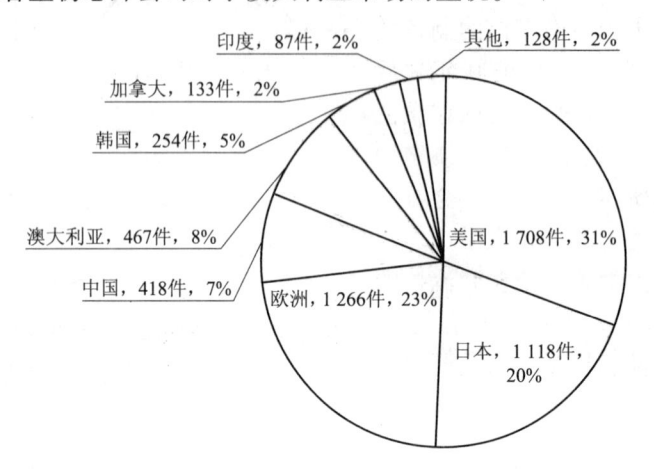

图2-2-8 微流控芯片制作方法与设备全球专利申请地区分布

2.2.3 微流控芯片中的微结构设计

为研究微流控芯片中的微结构设计的发展情况，我们对所采集的数据历年情况进行统计，按照专利的最早申请日计算1990~2009年微流控芯片中的微结构设计技术每年的申请量，如图2-2-9所示。

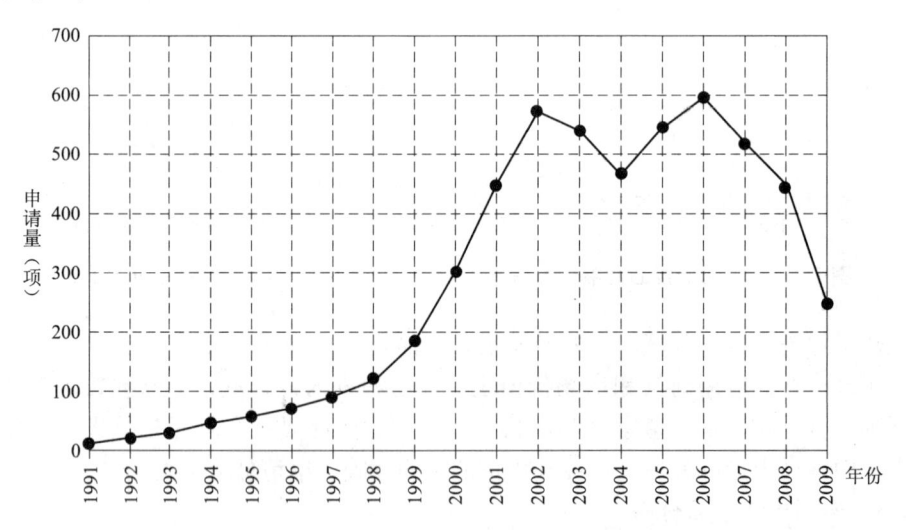

图2-2-9 微结构设计专利申请历年分布图

从图2-2-9中可以看出，1990~1997年是该技术的缓慢上升阶段，每年的申请量都在100件以下，但发展比较平稳，呈稳定上升趋势。从1998年开始申请量突破100件后，每年的申请量快速上升，分别在2002年和2006年达到峰值579件和598

件，从图 2-2-9 可以清楚地看出，1998~2002 年这 5 年间，是该技术分支发展最为迅速的时期，申请量从 120 件上升至 579 件，且该技术分支与微流控芯片的总体发展趋势一致，2004 年是申请量的一个拐点，之后进入相对平稳的增长期，可以看到，该技术分支已经过了快速发展的新兴期，处于成长期的中级阶段，技术趋于成熟。

微结构设计技术主要包括微通道设计、微泵设计、微阀设计 3 个主要部分。在本次研究中，至检索截止日，共检索到涉及微通道技术的专利申请 4 073 项，涉及微泵技术的专利申请 1 451 项，涉及微阀技术的专利申请 1 273 项。如图 2-2-10 所示，在微流控芯片中的微结构设计技术中，60% 的专利申请涉及微通道技术，微泵技术占 21%，微阀技术占 19%。

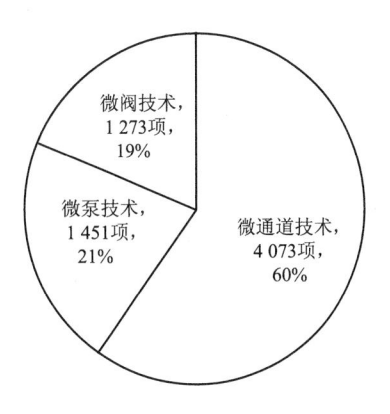

图 2-2-10 微结构设计技术分布图

下面在这一数据的基础上从发展趋势、国家/地区分布角度对具体 3 项技术作进一步分析。

2.2.3.1 微通道技术

（1）申请趋势

从图 2-2-11 中可以看出，1990~1997 年是该技术的缓慢上升阶段，每年的申请量都在 100 件以下。从 1998 年后，每年的申请量快速上升，1998~2002 年的 5 年间，是该技术领域发展最为迅速的时期，从 1998 年的不足 100 件直至 2002 年的 419 项。2002 年之后，申请量开始下滑，到 2004 年降至 345 项，之后又缓步回升，至 2006 年的峰值 447 项。

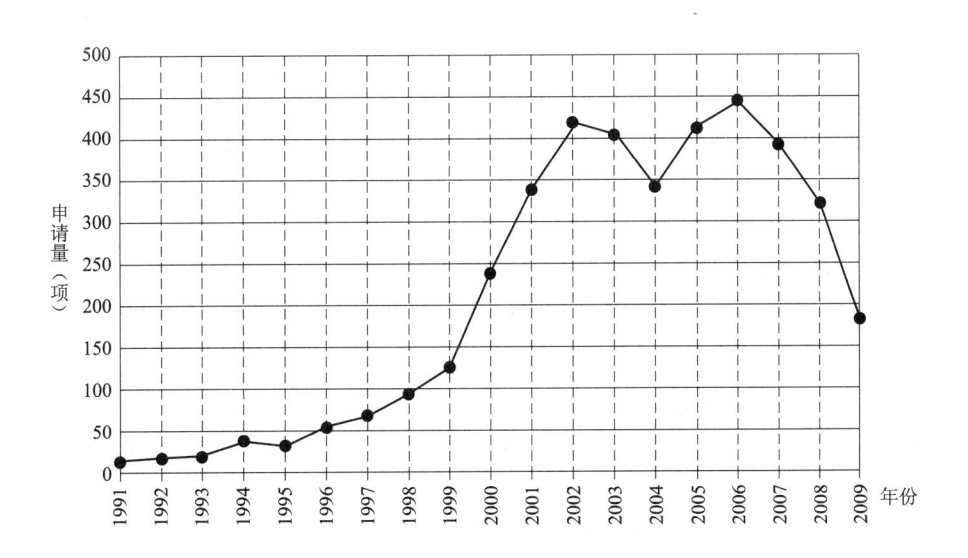

图 2-2-11 微通道技术专利申请量历年分布图

(2) 主要国家/地区专利申请量比率及历年分布情况

从图 2-2-12 中可以看出，美国籍申请人的总申请量占到全部申请量的 54%，其次为日本。中国籍申请人在这一领域中的申请量较少，仅占 3%。而从图 2-2-13 中可以看出，美国籍申请人在 1998~2002 年间申请量快速增长，2002 年之后趋于稳定；欧洲籍申请人的申请量 2002~2008 年一直趋于比较稳定的状态；日本从 2002 年之后申请量快速增加；中国和韩国的申请量数目均不多，但近年来，整体呈现较大的增长趋势。

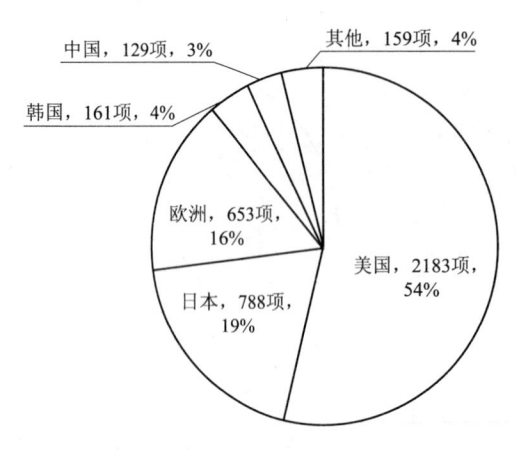

图 2-2-12 微通道技术各国家/地区申请人专利申请比率图

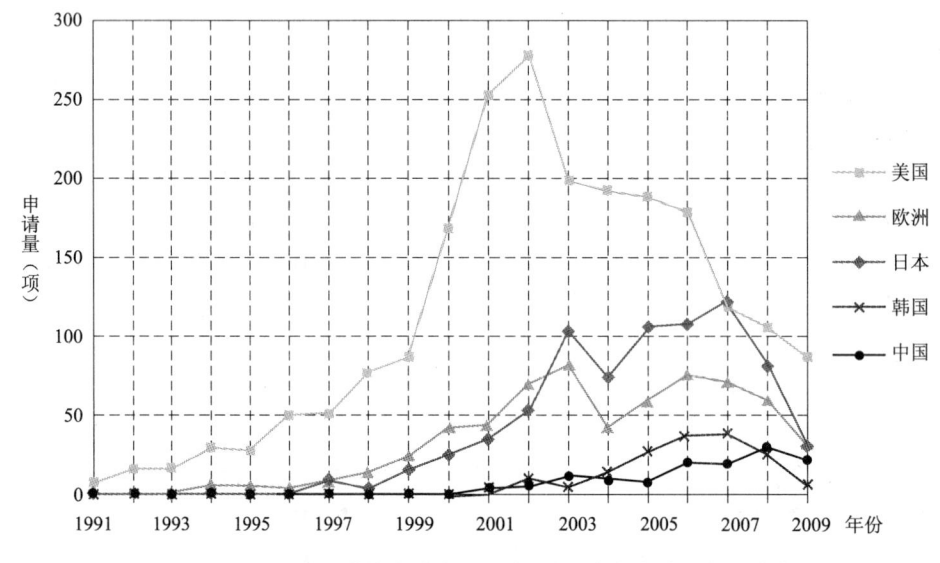

图 2-2-13 微通道技术各主要国家/地区专利申请历年分布图

(3) 专利申请区域分布

从图 2-2-14 中可以看出该技术在主要国家/地区的布局情况，涉及微通道技术的专利申请主要分布在美国、欧洲和日本，该三国的专利申请总量达到 74%，表明该技术分支主要布局的市场仍是技术比较先进的美国、欧洲和日本，其次是澳大利亚，共有 796 件，占总申请量的 9%，可见各生物芯片公司对于澳大利亚市场的重视。中国的申请量占总申请量的 7%，居全部专利申请分布国家的第 5 位，而在其他国家和地区如韩国、印度、加拿大的专利申请则比较分散。

可见，目前该领域的申请人主要关注的市场是技术比较先进的美国、日本和欧洲，也有一些申请人将专利布局设在亚洲的一些新兴经济体，例如市场前景良好的中国和印度。

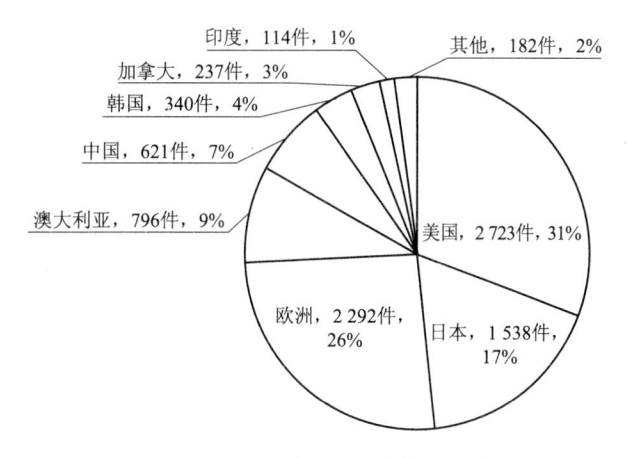

图 2-2-14 微通道技术全球专利申请分布

2.2.3.2 微泵技术
（1）申请趋势

如图 2-2-15 所示，微泵技术的发展基本可分为 3 个阶段。1990~1997 年为第一阶段，这一阶段申请量相对较低，申请量只有几件或十几项，均在 20 项之下，但基本呈上升趋势。1998~2002 年为第二阶段，这 5 年是该技术分支发展最为迅速的阶段，申请量从 1998 年的 28 件上升至 2002 年的 147 项。随着生物芯片技术的发展，微流控芯片技术开始得到了更多的重视，除了美国的主要生物仪器公司加大了在该领域的研发投入之外，韩国和日本的一些传统的电子公司，例如三星公司、日立公司、佳能公司也开始关注这一领域，看到了微流控芯片潜在的商业价值和广阔的应用前景，纷纷开始进入这一领域。2002 年之后，每年的申请量虽然有起伏，但总体趋势平稳，呈现逐步上升趋势，说明该技术分支经过快速发展之后，逐步趋于平稳成熟。图 2-2-15 中显示 2009 年申请量呈下降趋势，是由于专利公开的时间滞后性，并不能直接得出申请

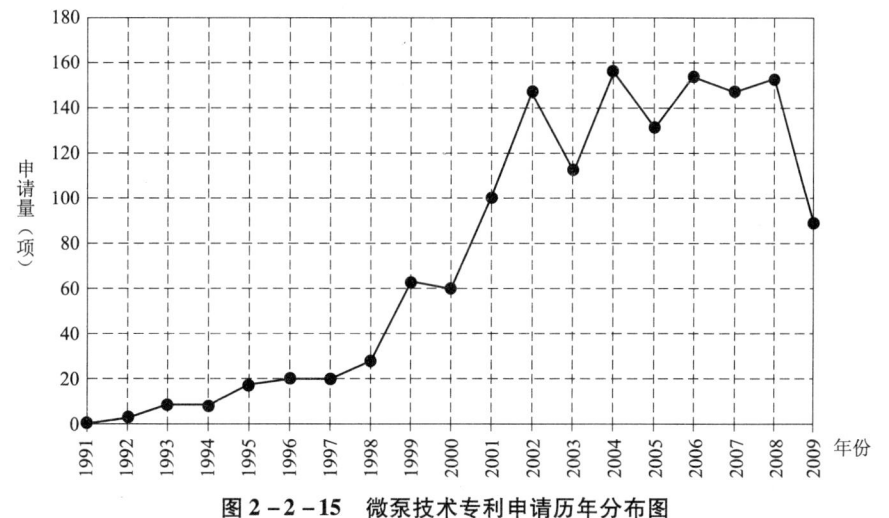

图 2-2-15 微泵技术专利申请历年分布图

量下降的结论。

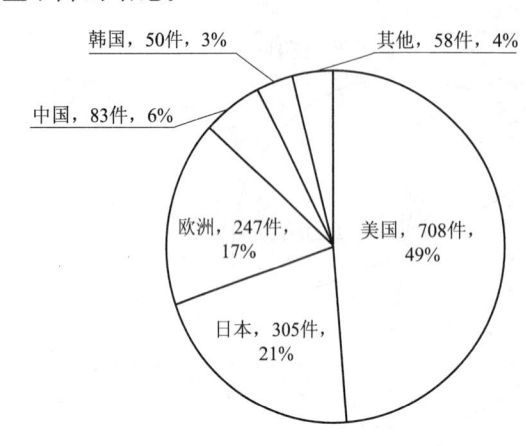

韩国, 50件, 3%
其他, 58件, 4%
中国, 83件, 6%
欧洲, 247件, 17%
美国, 708件, 49%
日本, 305件, 21%

图 2-2-16 微泵技术主要国家/地区申请人专利申请比率图

（2）主要国家/地区专利申请量比率及历年分布情况

从图 2-2-16 可以看出，美国籍的申请人的总申请量占到全部申请量的 49%，其次为日本和欧洲。中国籍和韩国籍的申请人在这一领域中的申请量较少，仅占 6% 和 3%。而从图 2-2-17 可以看出，美国籍的申请人在 1998～2002 年间申请量快速增长，2002 年之后趋于稳定；欧洲籍的申请人申请量从 2002～2008 年一直趋于比较稳定的状态；日本从 2002 年之后申请量快速增加。中国的申请量从 2000 年之后稳步

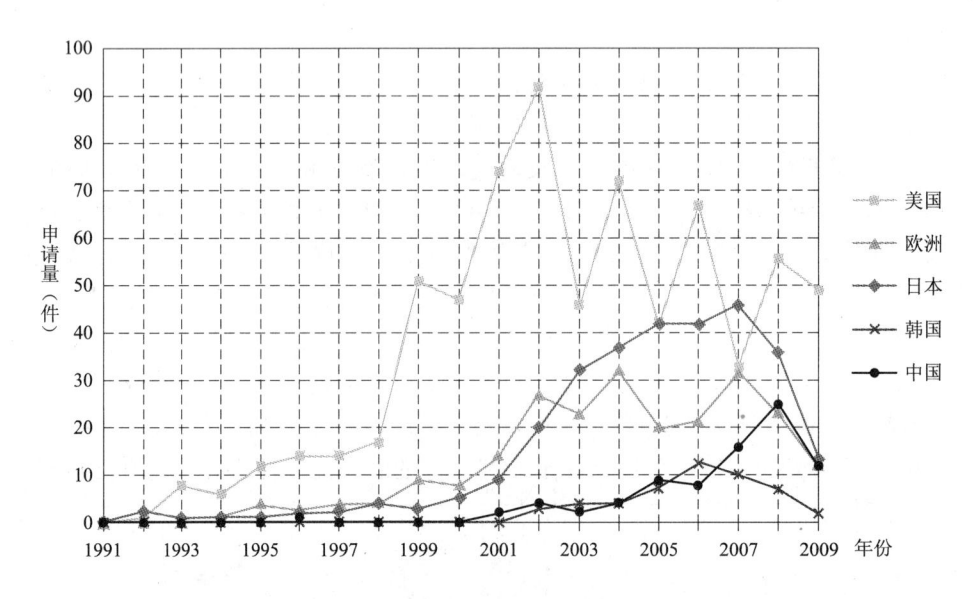

图 2-2-17 微泵技术各主要国家/地区专利申请历年分布图

上升，2006 年之后呈现迅速上升的态势。

（3）专利申请区域分布

从图 2-2-18 中可以看出该技术在主要国家/地区的布局情况，涉及微泵技术的专利申请主要分布在美国、欧洲和日本，表明该技术分支主要布局的市场仍是技术比较先进的美、日、欧，其次是澳大利亚，占总申请量的 9%，可见各生物芯片公司对于澳大利亚市场的重视。中国的申请量占总申请量的 8%，居全部专利申请分布国家的第 5 位，一方面是因为国内生物芯片企业也开始涉足这一领域，但更重要的是由于中国人口众多，市场前景良好；另一方面，国外生物芯片公司纷纷开始

重视中国市场。而在其他国家和地区如韩国、印度、加拿大的专利申请则比较分散。

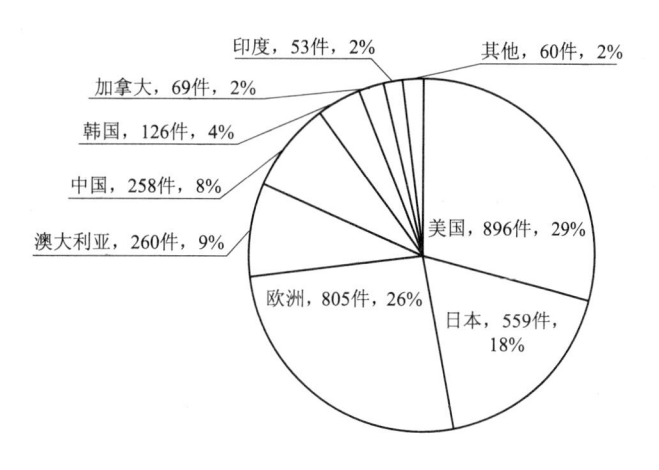

图 2-2-18 微泵技术全球专利申请地区分布

2.2.3.3 微阀技术

(1) 申请趋势

在本次研究中,至检索截止日,检索到的微阀技术专利申请共 1 273 项。

从图 2-2-19 中可以看出,该技术分支的发展可分为 3 个阶段,第一阶段是 1998 年之前,这一阶段申请量相对较低,每年的申请量只有几件或十几件,但基本呈缓慢上升趋势。1999~2004 年为第二阶段,该阶段申请量快速增长,发展迅猛,并在 2004 年时达到峰值(142 件)。2004 年后申请量有所下降,并趋于平稳,说明该技术分支经过快速发展之后,逐步趋于成熟。

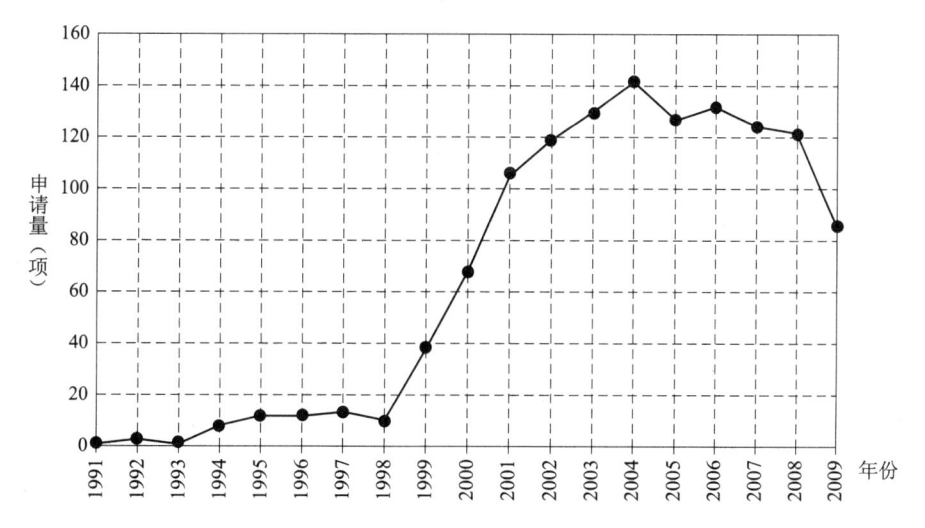

图 2-2-19 微阀技术专利申请历年分布图

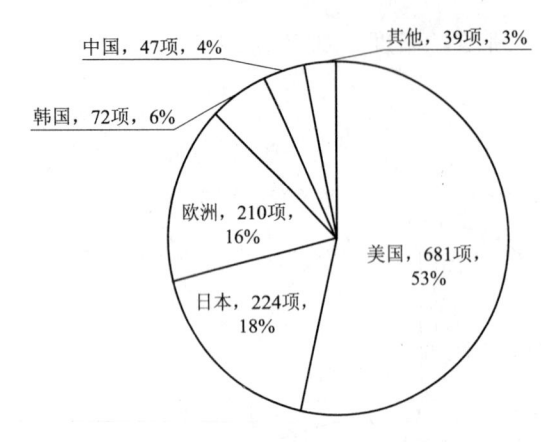

中国, 47项, 4%　　其他, 39项, 3%
韩国, 72项, 6%
欧洲, 210项, 16%
美国, 681项, 53%
日本, 224项, 18%

图 2-2-20　微阀技术主要国家/地区申请人专利申请比率图

(2) 主要国家/地区专利申请量比率及历年分布情况

从图 2-2-20 中可以看出该技术分支在主要国家/地区的布局情况，美国籍申请人的专利申请量最大，欧洲籍和日本籍的申请量相当。从图 2-2-21 中可以明显看出，美国籍申请人的申请量在 2002 年达到峰值，之后趋于稳定，而日本籍的申请人是在 2002~2004 年开始快速发展，欧洲籍的申请人的申请量从 2000 年之后都趋于稳定，中国籍申请人和韩国籍申请人均在 2000 年之后有所增长，2007~2008 年甚至与欧洲的申请量水平相接近。

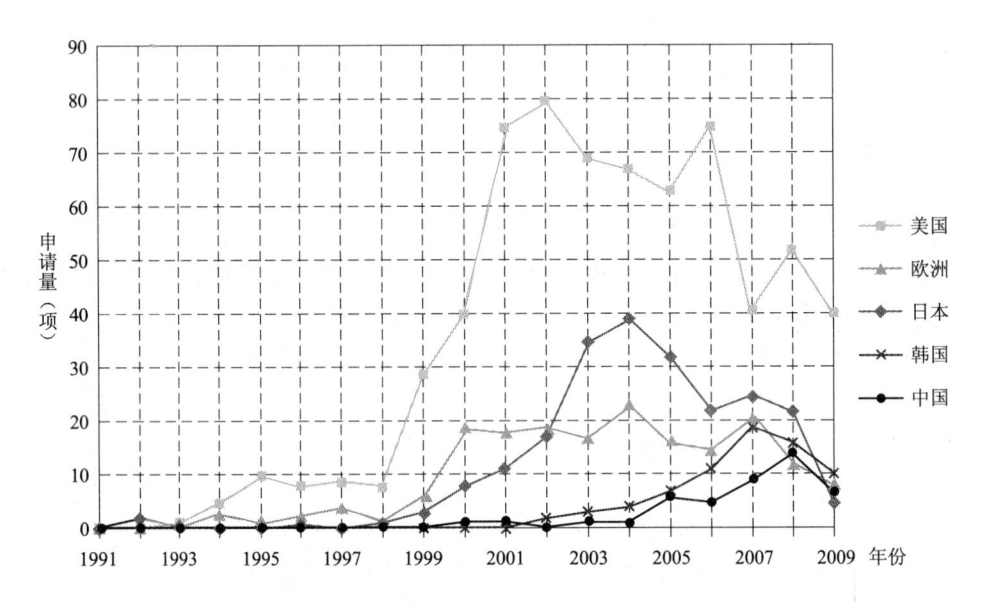

图 2-2-21　微阀技术各主要国家/地区专利申请历年分布图

(3) 专利申请区域分布

从图 2-2-22 中可以看出该技术分支在主要国家/地区的布局情况，美国和欧洲地区申请量较大，分别占总申请量的 30% 和 26%，其次是日本，占总申请量的 18%。除美、日、欧外，澳大利亚的专利申请量为 256 件，占总申请量的 9%，可见各生物芯片公司对于澳大利亚市场的重视。中国的申请量占总申请量的 8%，居全部专利申请分布国家的第 5 位，这是因为国内生物芯片企业也开始涉足这一领域，但更重要的是由于中国人口众多，市场前景良好，国外生物芯片公司纷纷开始重视中国市场。

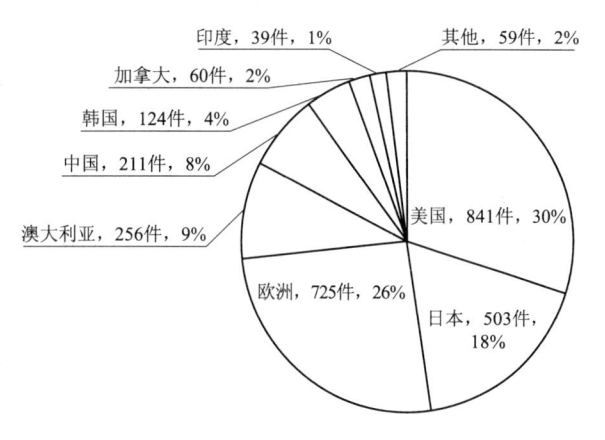

图 2-2-22　微阀技术全球专利申请地区分布

2.2.4　芯片封装

2.2.4.1　申请趋势

在本次研究中，至检索截止日，共检索到涉及芯片封装技术的专利申请 525 项。从图 2-2-23 中可以看出该技术分支的发展，2004 年之前快速发展，2005 年申请量有所下降，2006 年申请量又出现一个峰值，2006 年之后申请量又开始逐年下降。

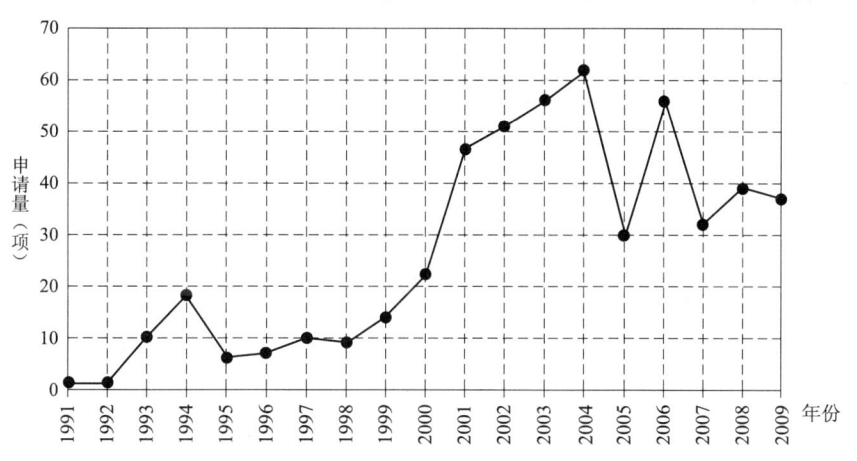

图 2-2-23　芯片封装技术专利申请历年分布图

2.2.4.2　各国家/地区专利申请量比率及历年分布情况

从图 2-2-24 中可以看出主要国家/地区在该技术的申请量分布，美国籍申请量最大，占据绝对优势，其次是欧洲籍和日本籍。从图 2-2-25 中可以明显看出，美国籍的申请量在 2002 年达到峰值，欧洲籍和日本籍申请量峰值出现的时间略比美国晚，仍然可以看出美国在技术上呈现领导地位。中国籍和韩国籍的申请量都比较少。

2.2.4.3　专利申请区域分布

从图 2-2-26 中可以看出该技术分支在各国的布局情况，美国和欧洲申请量较大，其次是日本。澳大利亚的专利申请量为 130 件，占总申请量的 10%，可见各生物

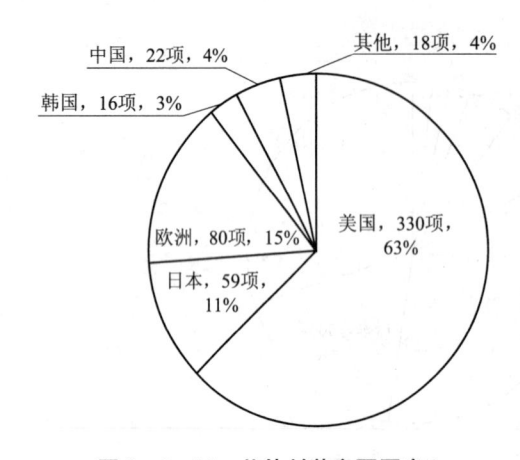

图 2-2-24 芯片封装主要国家/地区申请人专利申请比率图

（饼图数据：美国，330项，63%；欧洲，80项，15%；日本，59项，11%；韩国，16项，3%；中国，22项，4%；其他，18项，4%）

芯片公司对于澳大利亚市场的重视。值得关注的是中国在该技术分支中所占的比重较大，一方面是中国的申请人在该技术分支研发与专利申请较为活跃，另一方面是外国公司重视中国市场，积极在中国进行专利布局。同时值得注意的是，由图 2-2-24 可以看出，中国籍和韩国籍申请人的专利申请量所占比重较少，分别为 4% 和 3%，而由图 2-2-26 可以看出，中国和韩国的专利申请量分别占 8% 和 5%，可见，国外企业比较重视对中国市场和韩国市场进行专利布局。

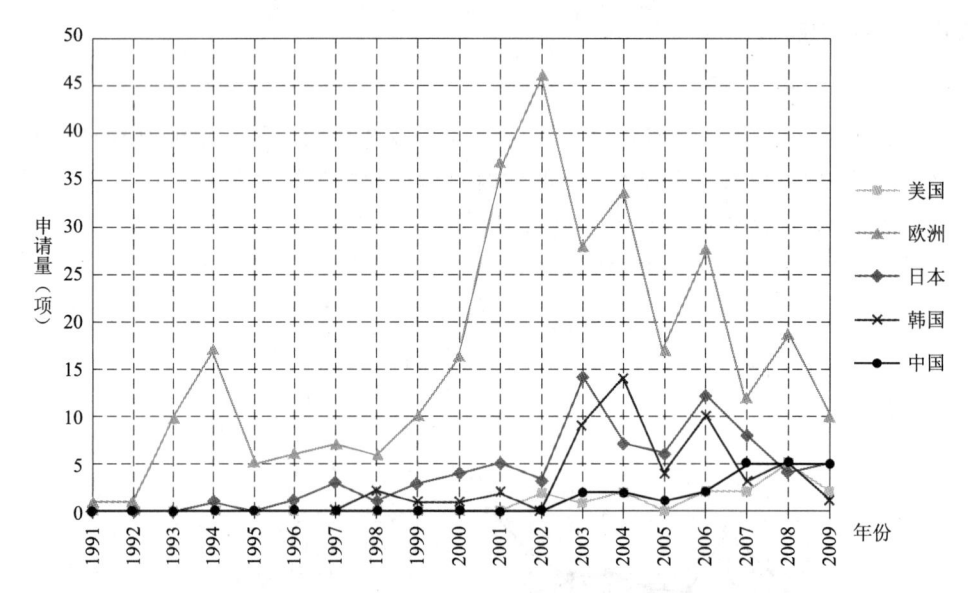

图 2-2-25 芯片封装技术各主要国家/地区专利申请历年分布图

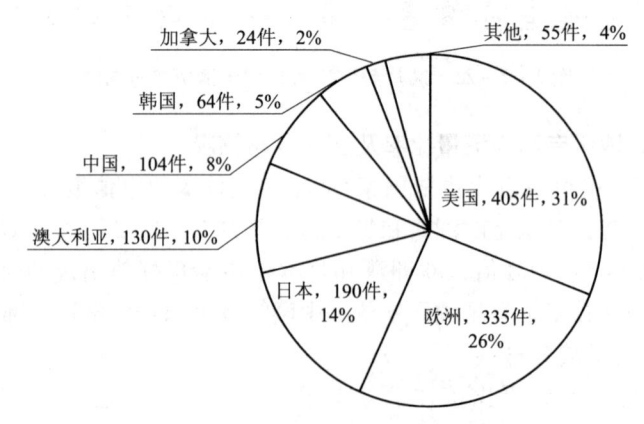

图 2-2-26 芯片封装技术全球专利申请地区分布

（饼图数据：美国，405件，31%；欧洲，335件，26%；日本，190件，14%；澳大利亚，130件，10%；中国，104件，8%；韩国，64件，5%；加拿大，24件，2%；其他，55件，4%）

2.2.5 样品处理

生物样品的处理目前主要采用过滤、透析、离心、萃取、色谱分离、电泳分离等技术。这些方法各有特点，但是往往时间较长，需要的样本量较大。例如传统的液 - 液萃取技术在进行处理时使用大量有机溶剂，不但造成样本的损失，而且有一定的毒性，会对环境产生一定的污染。建立在色谱技术基础之上的微固相萃取技术虽然极大减少了所需样本量和处理时间，但同样也只能对某一类性质相近的物质进行分离或富集而无法实现某种特定物质的分离和富集。再如基于免疫反应建立起来的免疫亲和色谱技术，利用生物体内抗体与某些相应抗原分子专一可逆结合的特性和色谱差速迁移理论而实现目标物质的分离，该技术与传统高效液相色谱技术相比极大提高了样品的纯化率和处理量，但是该技术碍于其居高不下的成本，不利于其大规模的应用。

基于核酸扩增的目的和结果，我们将这部分内容也划入样品处理中。早在生物芯片出现之前，第一个核酸扩增技术就已经出现，那就是具有划时代意义的聚合酶链式反应（PCR），该技术由美国科学家 Kary Mullis 等在 1985 年实现。应用该技术在一个试管内就可将目的基因在几小时内扩增至百万倍，以便于后续的分析与检测，其具有特异性强、产率高、重复性好、快速简便等众多优点，是生命科学界公认的重要技术。在此基础上，新的核酸扩增模式也不断涌现，主要可以分成以下两类：一类是靶核酸的直接扩增，例如 PCR、链替代扩增（SDA）、连接酶链式反应（LCR）和核酸依赖的扩增（NASBA）、Qβ 复制、转录介导的扩增（TMA）和滚环扩增（RCA）；第二类主要用于信号放大，包括支链 DNA（bDNA）、侵染探针（Invader）和滚环扩增（RCA）等。

以生物芯片特别是微流控芯片为基础，在微阵列技术平台上直接进行样品处理（包括核酸扩增）是目前生物芯片技术领域的发展趋势和研发热点。目前的生物样品处理芯片采用多种原理，有的和传统方法相同仅仅是利用了芯片作为处理基板，有的则充分利用了微流控技术将整个处理过程自动化、连续化，如表 2 - 2 - 1 所示，总结如下：① 利用色谱原理，在芯片微管道内填充固相载体或进行表面修饰，利用待处理成分在固定相和流动相中的分配比例不同进行样品的富集；② 利用微磁珠与生物样品相结合，在芯片通过电场或磁场操纵微磁珠而实现生物样品的分离和富集，例如目前正在成为热点的液相芯片；③ 利用微流控芯片中的层流流体中物质自然扩散或在两相间分配比例不同对样品进行处理，在此基础上发展起来的样品处理微流控芯片代表了样品处理的发展趋势。

综上所述，对于样品处理技术，无论采用何种方式，其最终目的无非以下两点：提取复杂基质中的被分析物和富集样品中低浓度的被分析物。主要技术内容总结见表 2 - 2 - 1。

表 2 - 2 - 1 样品处理手段一览

	功能		主要操作步骤	核心技术要点
	富集或扩增	提取		
色谱	有	有	上样、洗脱	色谱柱、流动相的选择
萃取	有	有	溶解、分层	萃取液的选择

续表

功能		主要操作步骤	核心技术要点
富集或扩增	提取		
过滤	无	有	上样	材料和孔径
电泳	有	有	上样	电解质的选择
扩增	有	有	杂交	聚合酶种类
透析	有	有		半透膜的选择
微流控芯片	有	有	上样、洗脱或杂交	材料选择和通道设计

本部分所涉及的样品处理技术可分为两大部分，一部分是通用生物样品处理技术，但是仅限于技术方案中明确表示用于生物芯片范围的；另一部分则是上面所述整合了各种用于进行样品处理的方法的生物芯片。至检索截止日，检索到样品处理相关专利共 3 405 项。

2.2.5.1 申请趋势

从图 2-2-27 中可以看出，整体而言，样品处理技术从 1990 年以来至 1999 年基本上呈快速发展趋势。进入 21 世纪后，在 2002 年前后出现了一个峰值。由于专利申请公开的滞后性，图中 2009 年以后的数据不够完整，不能简单解读为申请量的下降。

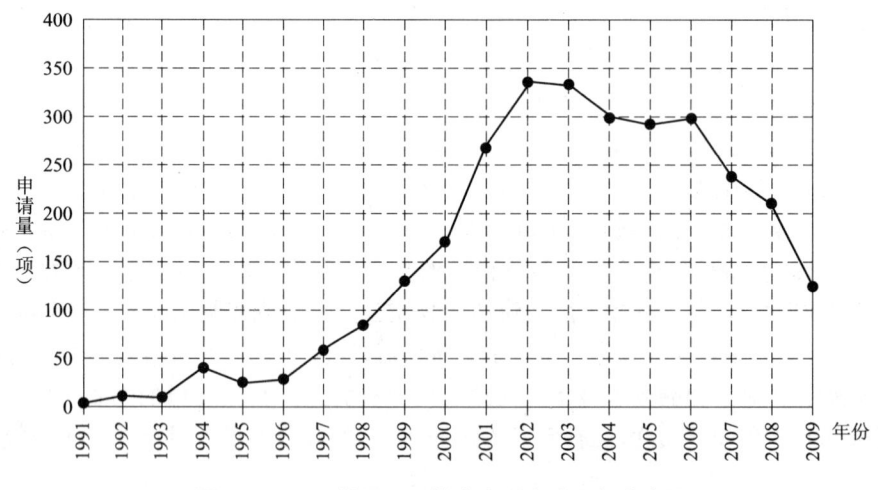

图 2-2-27 样品处理技术专利申请历年分布图

2.2.5.2 各国家/地区专利申请量比率

从图 2-2-28 来看，如同生物芯片技术的其他技术一样，美、日、欧的申请人仍然占据绝对优势。

2.2.5.3 专利申请区域分布

图 2-2-29 中明显可以看出，从整体上美国申请仍占据优势。日本申请量仅次于

美国,这一方面表明日本公司进军该领域的研发热情,另一方面也反映全球对日本市场的重视程度。从申请量上还可以看出,中国申请量在 2000 年以后也有较快增长。这从侧面反映出中国国内行业在这方面也有相当的优势可以挖掘。

图 2-2-28 样品处理技术各国家/地区申请人专利申请比率图

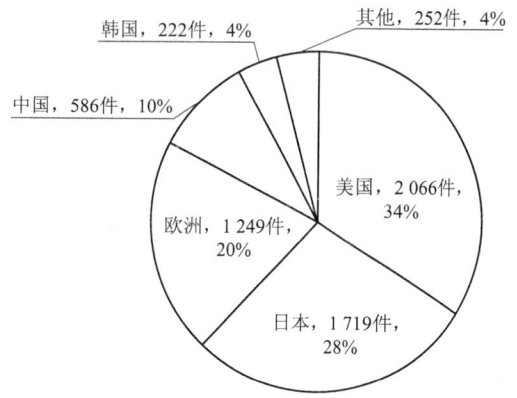

图 2-2-29 样品处理技术全球专利申请地区分布

2.2.6 电泳芯片

按照生物分子反应的用途,主要可将生物芯片分为电泳芯片、扩增芯片、混合芯片。

在本次研究中,至检索截止日,共检索到涉及电泳芯片的技术的专利申请 1 679 项,涉及扩增芯片的专利申请 1 352 项,涉及混合芯片的专利申请 1 679 项。如图 2-2-30 所示,在微流控芯片中的反应用途技术中,电泳芯片和混合芯片各占 36%,扩增芯片占 28%。

电泳芯片被认为是微流控芯片领域重要的应用。单毛细管电泳系统诞生于科研机构,而一些最早基于芯片系统的报道则来自于企业研究实验室。而该技术分支较早的申请是 1992 年,Manz 研究组提出基于十字通道的微流控电渗流驱动区带注入技术,开辟了芯

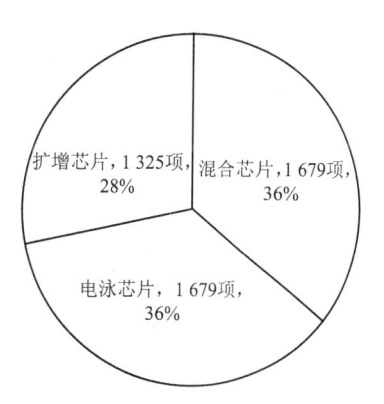

图 2-2-30 反应用途技术分布图

片毛细管电泳技术,相关的专利申请例如 EP0484278A1。目前,电泳芯片系统已广泛用于 NDA 测序列、毛细管等电聚焦、胶束电动毛细管色谱和毛细管电色谱。下面对电泳芯片进行分析。

2.2.6.1 申请趋势

在本次研究中,至检索截止日,共检索到涉及电泳芯片技术的专利申请 1 679 项。从图 2-2-31 中可以看出,该技术分支在 1996 年之前,处于缓慢增长阶段,每年的申

请量都在50项以下，1996~2001年是该技术分支快速发展的阶段，从1996年的50项左右直至2001年超过200项，2002年之后申请量开始逐年下降。

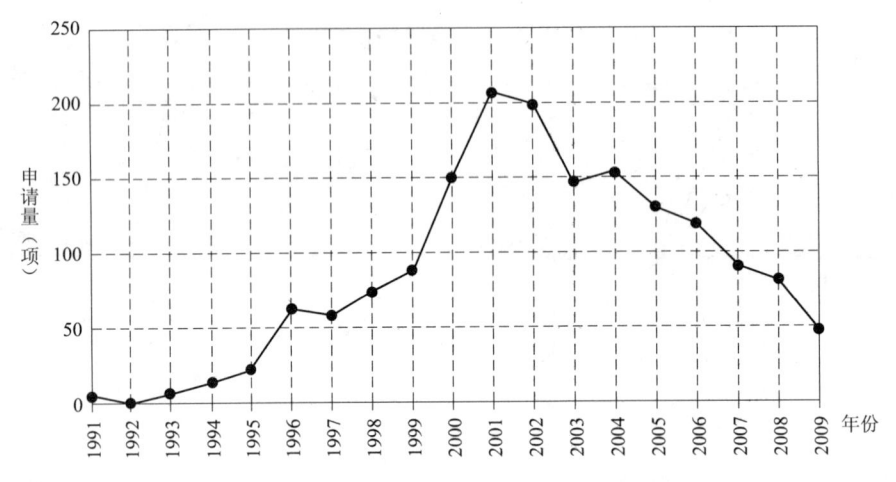

图2-2-31 电泳芯片技术专利申请历年分布图

2.2.6.2 主要国家/地区专利申请量比率及历年分布情况

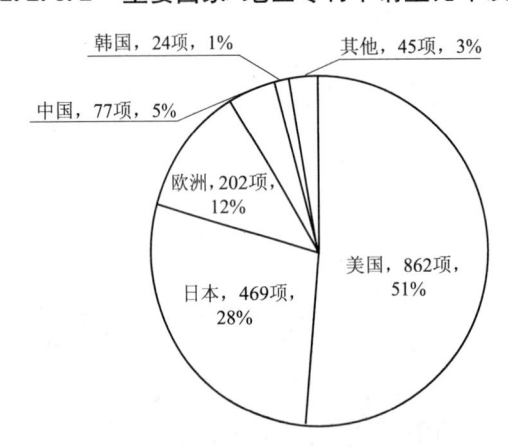

图2-2-32 电泳芯片技术各主要国家/地区申请人专利申请比率图

从图2-2-32中可以看出，美国籍的申请量占据51%，具有绝对优势。其次为日本，在其他技术分支中，欧洲籍与日本籍的申请量差别不大，而在电泳技术领域，日本籍的申请量远远超过欧洲籍的申请量，可见日本在该技术分支上具有一定的技术优势，而日本的岛津公司在电泳芯片技术领域具有大量的专利申请，值得重点关注。从图2-2-33中可以看出，美国从1995年至2001年申请量快速增加，日本是在2000之后申请量快速增加，表明日本公司在这一时期开始关注该领域；欧洲的申请量一直比较稳定，中国和韩国在2000年之后也有所增加。中国的申请量一直高于韩国，并逐渐与欧洲的申请量接近。

2.2.6.3 专利申请区域分布

从图2-2-34中可以看出，美国的专利申请量最多，达到30%，其次是欧洲和日本的专利申请分别达到23%和22%，可见这两大专利市场是目前仅次于美国争夺的市场。而在中国和韩国的专利申请量相对于前述三个国家/地区相对较少。但是，比较图2-2-32申请人国籍分布图中可以看出，欧洲籍、中国籍、韩国籍申请人的申请量分别为12%、5%、1%，而专利申请量却达到23%、7%、2%，可见，美国和日本均比较重视本国之外其他国家与地区的专利布局，尤其是欧洲与中国。

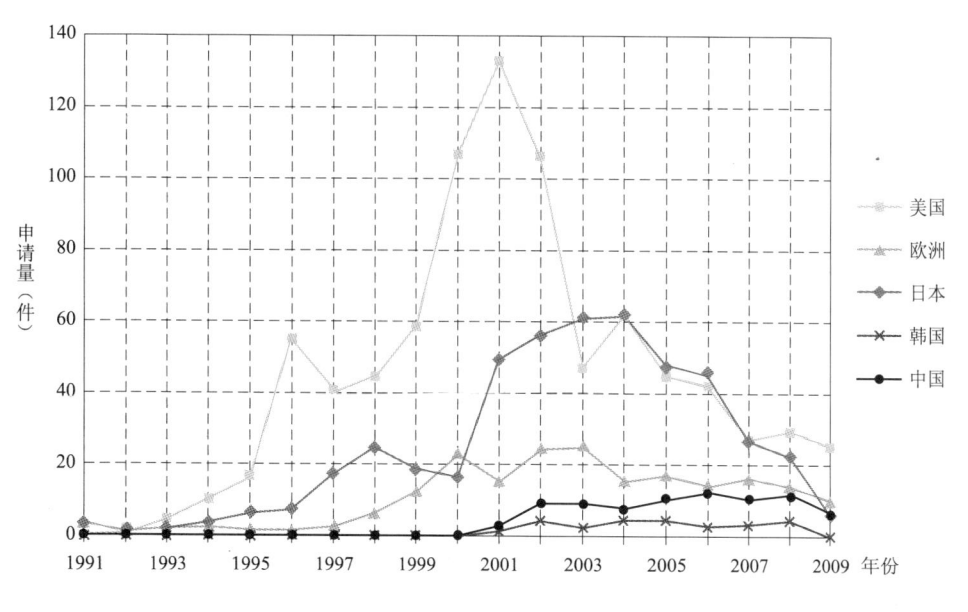

图 2-2-33 电泳芯片技术各主要国家/地区专利申请历年分布图

2.2.7 系统集成

本部分所述的"系统集成"主要针对微型全分析系统（μTAS）而提出的，是一类实现化学分析系统从试样处理到检测的整体微型化、自动化、集成化与便携化的系统。微全分析的概念是在1990年提出并发展起来的一个跨学科的新领域。由于它最大限度地把分析实验室的功能转移到便携的分析设备中（如各类芯片），所以微全分析系统也被通俗地称为"芯片实验室"。在本次研究中，至检索截止日，共检索到涉及系统集成的专利申请2 224项。下面在这一数据的基础上从发展趋势、专利地区分布等角度对上述技术进行分析。

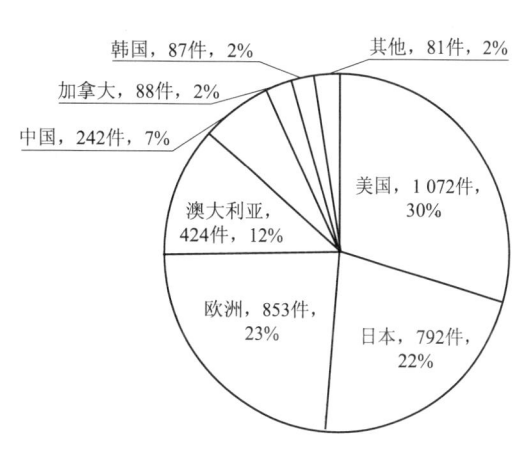

图 2-2-34 电泳芯片技术全球专利申请地区分布

2.2.7.1 申请趋势

为研究系统集成技术的发展情况，我们对所采集的数据历年情况进行统计，按照专利的最早申请日（或优先权日）计算从1990~2009年系统集成技术每年的申请量见图 2-2-35。

可以看到，系统集成技术的专利申请始于1990年。1990~1998年属于技术发展的萌芽阶段，专利申请量在开始的几年维持在较低的水平，即使在这一阶段的后期每年也只有二三十件的申请量。早期的专利申请中，微全分析主要是为了增强装置的分析

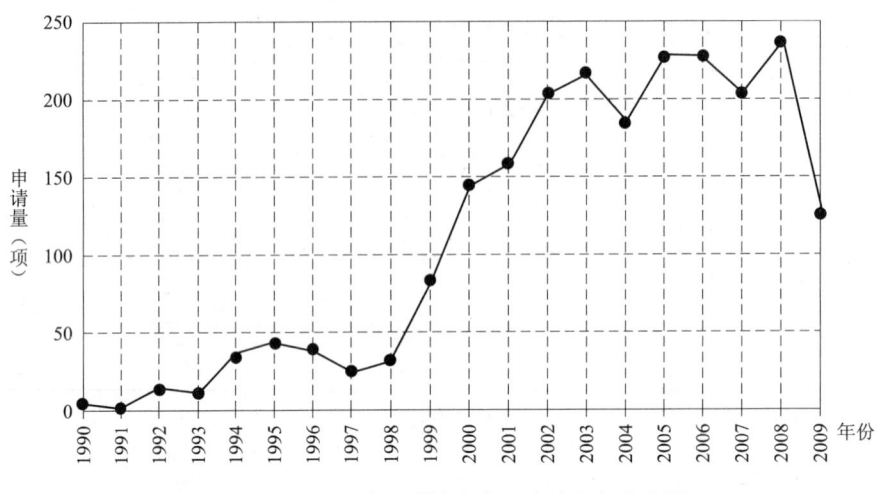

图 2-2-35　系统集成技术专利申请历年分布图

性能，比较注重"全"的方面，同时也意识到了小的装置具有试剂和流动相消耗少的优点。例如，由 Biotrack 公司提出的专利申请 EP0397424，所采用的分析系统中公开的抛弃型卡盒需要的样品量不超过两滴，该卡盒可置于便携式分析仪器中进行分析。尤其是 1995 年加利福尼亚大学申请的美国专利（US6521181B）在芯片上实现了 PCR 扩增，从而为集成化芯片在基因分析中的实际应用提供了重要基础。在此阶段许多专利技术都应用到微机电加工（MEMS）技术，该技术在微全分析中的应用使得芯片的集成化程度越来越高。1998 年以后专利之战日益激烈，1998～2001 年是专利技术迅速发展的 3 年，专利申请量迅速攀升，从每年几十件上升到一百件以上。许多知名的微流路芯片企业都迅速投入了专利争夺战。例如国际知名的微流路企业美国的卡钳生命科学公司，于 1998 年与山景医药（Mountain View）公司共同申请的 PCT 专利（WO9845481A），公开了一种利用集成化系统进行核酸测序的方法，该专利族成员多达 19 个。从 2002 年到目前为止，该技术领域的专利申请始终维持在较高的水平，并有进一步增长的趋势。

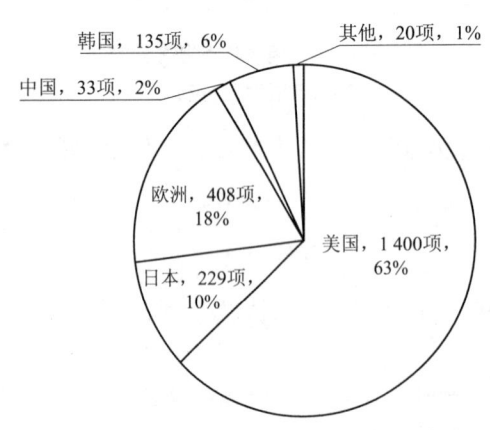

图 2-2-36　系统集成技术各主要国家/地区申请人专利申请比率图

2.2.7.2　主要国家/地区专利申请量比率及历年分布情况

如图 2-2-36 所示，按照专利申请的申请国国籍统计，该技术的主要申请国是美国，其占所有申请量的 64%，多达一半以上，这与该国生物芯片技术居领先地位的情况相一致。居于第二位和第三位的专利申请国/地区分别是欧洲（占 18%）和日本（占 10%）。综上，美国、欧洲占有该技术领域的大部分专利申请（约 82%），这两个国家/地区为该技术领域的专利申请大国/地区，这与这两个国家/地区拥有许多系统集成的专业公司（例如昂飞公司、皇家飞利浦公司等）不无关系。其次，目前可在这一领域占有一席之地的国家是日本和韩国。值得重视的是韩国在这一领域拥有巨头三星公司，因此在系统集成领域的申请量远远高于中国。中国在申请量方面与上述国家/地区尚存较大差距。

如图2-2-37所示，美国、日本在系统集成技术领域的起步最早，但美国申请的持续性好于日本，尤其是在最初的一段时期。从总体来看，美国在该技术领域的领先程度都高于其他国家/地区，例如在其他国家尚未形成有效专利保护圈的1994~1996年，美国在该技术领域的发展已经初具规模，并形成一定的技术优势。在之后几年的发展中，其他国家的技术实力始终未能与美国形成抗衡，并且从图2-2-37上的趋势来看欧洲、日本、韩国的发展态势都晚于美国。值得注意的是，韩国虽然在该技术领域起步较晚，但其在专利申请量方面紧随欧洲和日本，并且近年来申请量趋于稳定。中国在该技术领域的申请比较零散，尚未能形成有效的持续性申请。

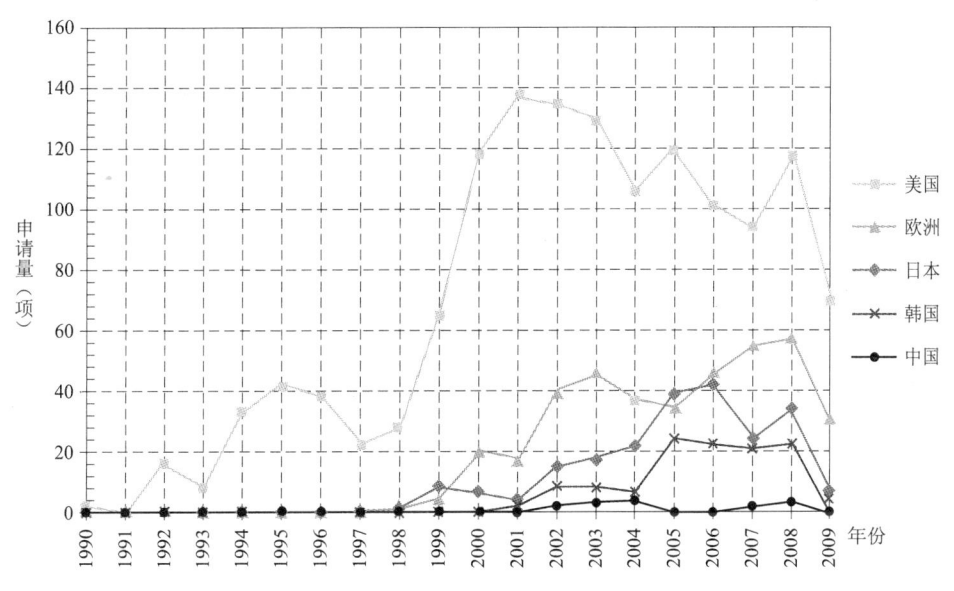

图2-2-37 系统集成技术各主要国家/地区专利申请历年分布图

2.2.7.3 专利申请区域分布

由图2-2-38可见，涉及系统集成的专利申请主要分布在美国、欧洲、日本，而在其他一些国家如中国、德国、韩国等的专利申请则比较分散，表明该技术领域中主要争夺的市场还是技术比较先进的美国、欧洲、日本市场。该技术领域在其他国家的专利申请中，占据主要部分的是澳大利亚申请，占其他申请的一半以

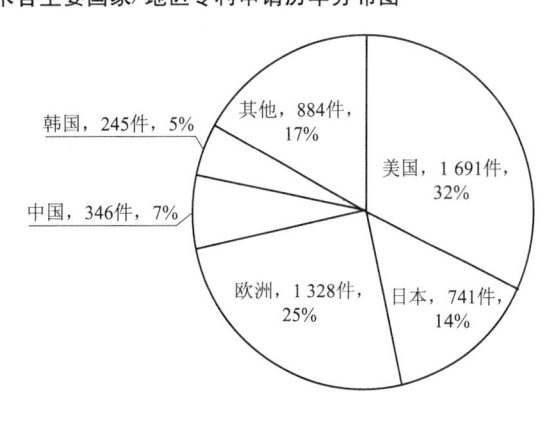

图2-2-38 系统集成技术全球专利申请地区分布

上，共有 482 件，要高于在中国和韩国的申请。另外在加拿大的申请量也较多，为 122 件。可见，目前这一领域的申请人主要比较关注的市场是技术比较先进的国家，在这些国家的专利争夺战可能是比较激烈的。但也有一部分申请人将专利布局对象选在亚洲一些新兴经济体，例如荷兰的皇家飞利浦公司将其专利布局的重点选在了中国、印度等国家。

2.2.8 生物芯片的诊断应用

在本次研究中，至检索截止日，共检索到涉及疾病诊断技术的专利申请 4 084 项。下面在这一数据的基础上从发展趋势、主要申请人、申请人国籍、市场分布等角度对上述技术进行分析。

2.2.8.1 申请趋势

为研究疾病诊断应用的发展情况，我们对所采集的数据历年情况进行统计，按照专利的最早申请日计算，1990～2009 年诊断应用技术每年的申请量见图 2-2-39。

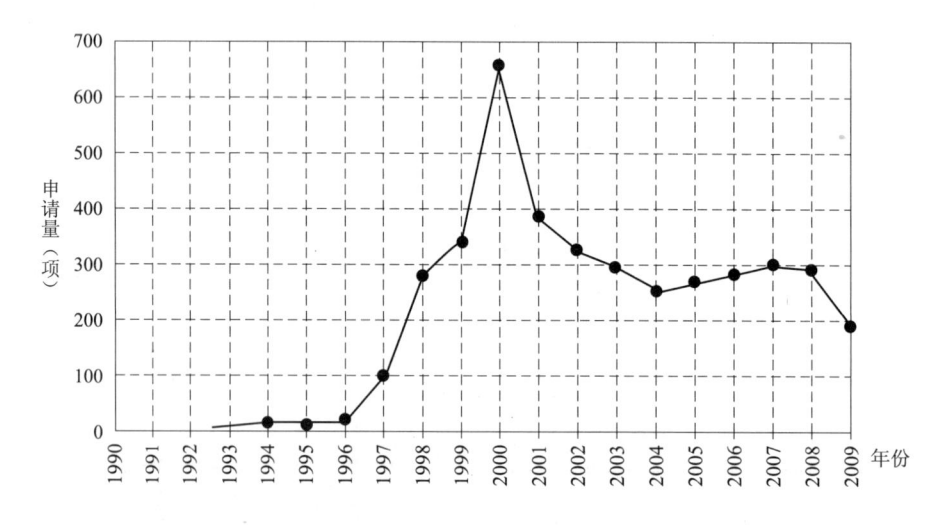

图 2-2-39 诊断应用专利申请历年分布图

可以看到，1990～1996 年，每年的申请量相对较低，都在 100 项以下。在该诊断应用技术早先的几年当中，美国昂飞公司是最主要的申请人，尤其是在 1994 年，仅该公司就申请了 20 项专利申请。昂飞公司也是首先提出生物芯片制备技术的申请人，这表明其在这项技术的开始时期就已意识到该技术可能会对临床诊断技术乃至人类健康产生不容忽视的影响，将这项技术应用于临床诊断具有广阔的发展前景。从 1997 年开始，生物芯片技术应用于诊断方面的专利申请有了突飞猛进的增长，从 1996 年的二十几件迅速增长至 1997 年的一百多项，1998～2000 年每年都保持着很高的增长势头，直至 2000 年达到申请量的峰值。在这一阶段表现最为突出的是美国基因公司，该公司仅 2000 年就有 440 项专利申请，占到该年全球申请量的 67%。此后该应用领域的专利申请量有所下降，但每年的申请量都维持在 200～300 项左右。如果抛开基因公司专利申请量对全球申请量的影响，从 1998 年开始至今该应用领域的专利申请量始终维持在较为平稳的水平，并没有较大的起伏，表明在该技术领域申请人研发投入和市场竞争水平都相对平稳。

2.2.8.2 主要国家/地区专利申请量比率及历年分布情况

如图 2-2-40 所示，按照专利申请的首次申请提出国家/地区统计，该技术的最主要申请国是美国，其申请量远远高于其他国家/地区，占全部申请量的 72%。这不仅因为美国对诊断技术的研发力度较大，而且还因为众多具有实力的公司都是美国公司，例如基因公司、昂飞公司、塞昆纳姆股份有限公司、因赛特公司、阿普里拉股份公司，他们纷纷将市场前景看好的诊断应用技术作为技术开发的重点。居第 2 位和第 3 位的专利申请国家/地区分别是日本（占 12%）、欧洲（占 11%）。其他国家/地区所提出的专利申请数量相对较少。中国在该领域中有 67 项专利申请，虽然只占到总申请量的 2%，但也表明国内申请人正逐渐重视这一应用领域的专利申请。

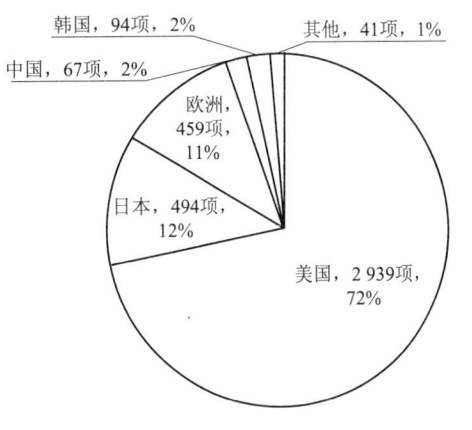

图 2-2-40 诊断应用技术各主要国家/地区申请人专利申请比率图

如图 2-2-41 所示，美国、日本在诊断应用技术领域的起步较早，尤其是美国，其专利申请持续性较高并且发展迅猛，虽然其在 2001 年以后申请量下滑，但发展势头还要远远高于其他国家/地区。虽然日本的专利申请起始时间较早，但在最初的几年只有零星的申请，从 1998 年开始才有了稳定的增长。欧洲在该技术领域的申请开始于 1998 年，其申请趋势与日本基本相当，但近年来的申请量要高于日本。中国在该技

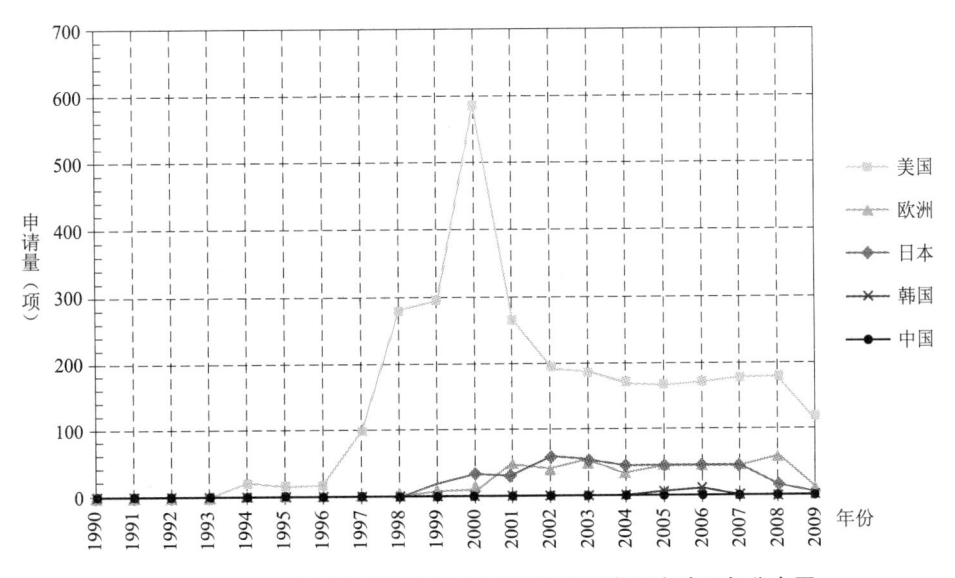

图 2-2-41 诊断应用技术各主要国家/地区专利申请历年分布图

术领域近年来的申请量有所上升,这说明了市场的需求促进了生物芯片在诊断方面的应用。

2.2.8.3 专利申请区域分布

由图2-2-42可见,涉及诊断应用的专利申请主要分布在美国、欧洲、日本,前3位的专利布局量达到总申请量的72%。在中国和韩国的申请量分别占总申请量的4%、3%。值得重视的是,由于中国人口众多,拥有很大的市场,生物芯片在诊断方面的应用技术很多都在中国进行专利申请,这部分的申请量占总申请量的4%,居全部专利申请分布国家的第五位,申请量高于韩国。在其他国家/地区的专利申请中,申请量分布较大的国家/地区是澳大利亚和加拿大,尤其是在澳大利亚的专利申请,居各国家/地区的第4位。从总体来看,目前生物芯片的诊断应用专利技术还主要布局在医疗诊断系统比较发达的国家/地区,如美国、欧洲、日本。

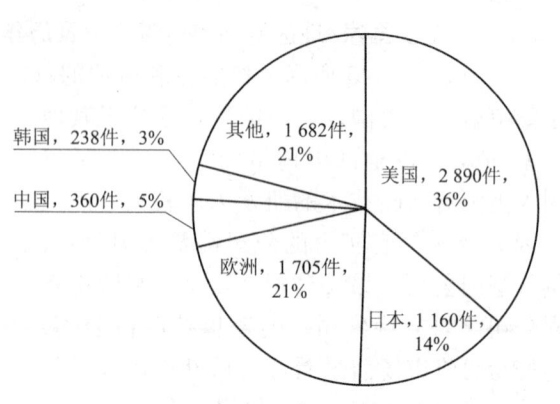

图2-2-42 诊断应用技术全球专利申请地区分布

2.2.9 生物芯片的测序应用

基因芯片利用固定探针与样品进行分子杂交产生的杂交图谱而排列出待测样品的序列,这种杂交测序方法快速、可信,目前已被本领域广大科技工作者所应用。并且近几年,本领域技术人员已对这种杂交测序方法进行改进或研发出其他的测序技术。通过芯片测序技术,能够辨别出单核苷酸多态性(SNPs)。目前可知,当基因组序列中的单个核苷酸发生突变,就会引起基因组 DNA 序列变异。从整体来看,相对于传统的 DNA 序列分析而言,寡核苷酸微阵列测序显示出更高的精确度和灵敏度。例如,曾有人用传统的 DNA 序列分析法和一种 TP53 寡核苷酸微阵列芯片对卵巢肿瘤进行分析,根据 TP53 突变用寡核苷酸微阵列识别的肿瘤样品要高于传统的凝胶电泳 DNA 序列分析方法。

在本次研究中,至检索截止日共检索到涉及序列测定应用的专利申请2 069项。下面在这一数据的基础上从发展趋势、主要申请人、市场分布、重要专利等角度对上述技术进行分析。

2.2.9.1 申请趋势

为研究测序应用的发展情况,我们对所采集的数据历年情况进行统计,按照专利的最早申请日计算,1989~2009年测序应用技术每年的申请量见图2-2-43。

可以看到,早在生物芯片发展的初期,这一技术已被应用于测序领域。1989~1993年这5年中,这一技术每年的申请量都在10项左右,虽然申请量较少,但发展比较平稳。从1994年开始这一应用技术的专利申请量逐步攀升,并于1998年达到92项,在不到10年的时间里,申请量从最初的十几项增长到接近100项的水平,这段时间为

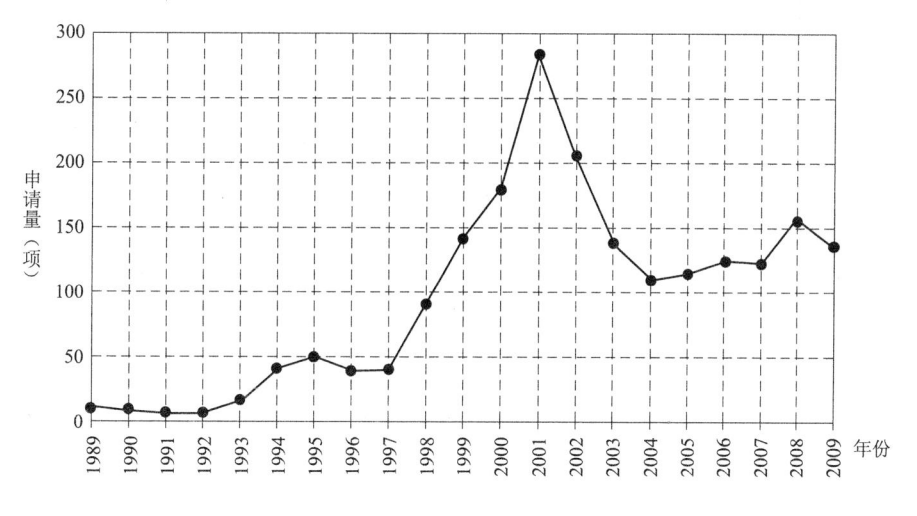

图 2-2-43 测序应用技术专利申请历年分布图

该应用领域的稳定增长期。从最初只有昂飞等少数公司介入，发展为每年有大量申请人提出专利申请，可见在此阶段将生物芯片应用于测序领域已越来越广泛的为本领域技术人员所接受。1999年以后申请量迅速上升，一跃而为144项/年，并在2001年达到这一应用技术专利申请量的峰值，从图上可见，1999～2002年这短短的4年中，是该技术领域高速发展的时期，申请量每年都维持在一两百项。这表明，在此阶段生物芯片在测序技术领域的应用得到迅速发展。一些生物领域的巨头例如伊鲁米那（Illumina）公司和罗氏公司逐步介入到这一领域中，为该领域注入了大量资金，从而带动了这一应用领域的发展。从2002年开始至今，生物芯片的这种应用技术维持在较平稳的阶段，每年的申请量为一百多项，申请量并没有很大的变化，但基本维持在较高的水平。

2.2.9.2 各国家/地区专利申请量比率及历年分布情况

如图2-2-44所示，按照专利申请的首次申请提出国家/地区统计，该技术的最主要申请国是美国，其申请量占到全部申请量的75%，申请量远远高于其他国家/地区。居第2位的专利申请国家/地区是欧洲，占全部申请的17%。而亚洲地区的国家普遍在这一应用技术领域的专利申请量都较低，甚至技术、经济比较先进的日本在测序技术领域的申请量也只占3%。值得关注的是，中国在该应用技术领域的申请量接近于日本。目前生物芯片的测序应用技术基本由美国申请人提出，该国掌握了测序技术的大量核心技术。

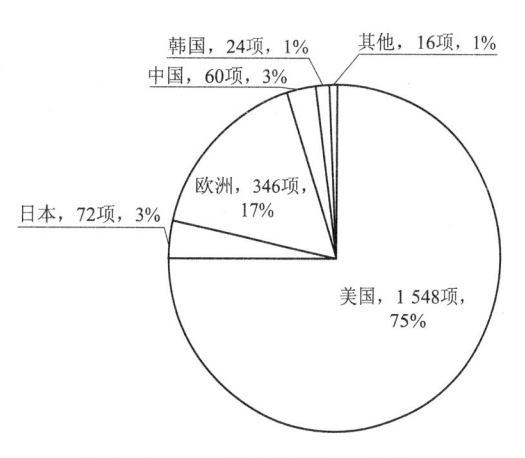

图 2-2-44 测序应用技术各国家/地区申请人专利申请比率图

如图2-2-45所示，在测序应用技术方面，美国的申请仍占主导地位，并且近几年来申请量可能还会有另一上升趋势。欧洲申请人在该技术领域的起始时间也较早，但申请量的发展没有美国迅速，发展趋势基本与美国相似，都在2001年达到申请量的峰值，近年来申请量趋于平稳。日本在亚洲地区是测序应用技术发展较早的国家，但申请量仍远远落后于美国、欧洲。值得关注的是中国虽然在该技术领域起步较晚，但发展较快，在亚洲地区很快赶上了日本，并且总的申请量与日本持平，但申请持续性没有日本高，并且中国在该技术领域的专利申请量已超过了韩国。

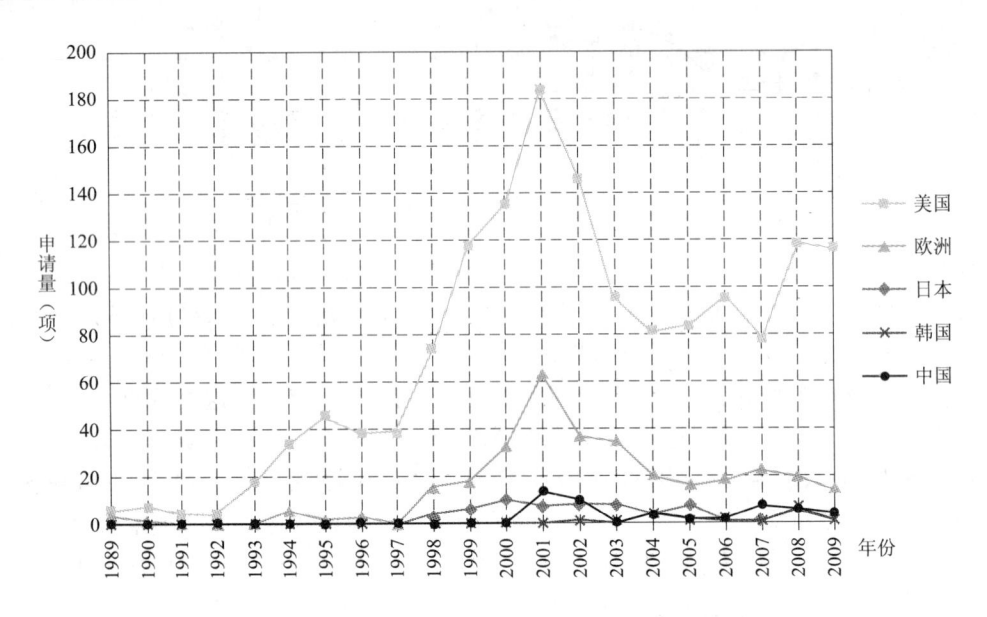

图2-2-45 测序技术各主要国家/地区专利申请历年分布图

2.2.9.3 专利申请区域分布

由图2-2-46可见，涉及测序应用技术的专利申请主要分布在美国、欧洲，前两位的专利布局量达到总申请量的近60%，可见专利申请相对集中。值得重视的是，在中国的该技术领域的专利申请量为216件，虽然只占到总申请量的4%，但要高于一些发达国家例如加拿大、法国、英国等，并且在中国的专利申请量要高于在韩国的专利申请量。需要指出的是在澳大利亚的专利申请量为782件，远远高于日本，居专利申请量的第3位。

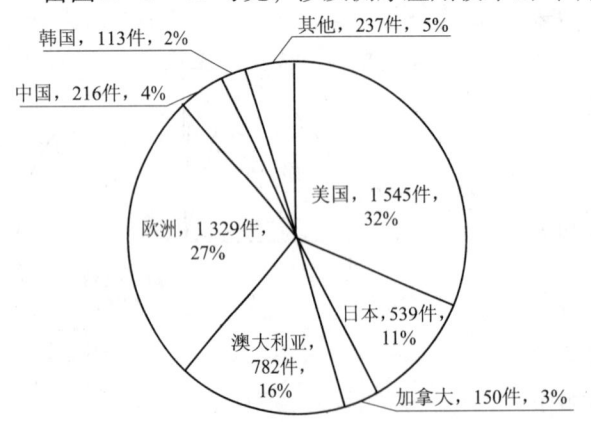

图2-2-46 测序应用技术全球专利申请地区分布

2.3 重要专利和技术路线分析

2.3.1 主要技术分支重要专利

本部分所选重要专利主要从专利被引频次、同族数量、重要技术首次申请、政府资助、涉及法律诉讼的申请等角度考虑，并结合业界专家的观点得出的，如下表2-3-1所示。

表2-3-1 主要技术分支重点专利列表

技术分支	公开号	专利权人/申请人	国籍
微阵列制作方法与设备	WO9015070A	昂飞公司	美国
	US5445934A	昂飞公司	美国
	US5744305A	昂飞公司	美国
	WO2007140388A	约翰·霍普金斯大学	美国
	CN1580753A	博奥生物、清华大学	中国
	CN1405008A	东南大学	中国
微流控制作方法与设备	US6167910A	卡钳生命科学公司	美国
	US5885470A	卡钳生命科学公司	美国
	US5571410A	卡钳生命科学公司	美国
	US5589136A	加州大学	美国
	US2003103878A	加州大学	美国
	WO2006054238A	皇家飞利浦公司	荷兰
	EP0708331A	安捷伦公司	美国
	KR20030050989A	三星公司	韩国
微结构设计	US5779868A	卡钳生命科学公司	美国
	WO9805424A	卡钳生命科学公司	美国
	WO9800231A	卡钳生命科学公司	美国
	US6623613B1	加州大学	美国
	US6100535	加州大学	美国
	WO9116966A1	法玛希娅生物传感器公司	瑞典
	US2007010162A1	维罗西公司	美国
	EP0484278A	希巴杰吉（CIBA GEIGY）公司	美国
	JP2004183494A	柯尼卡美能达公司	日本
	JP2005323519A	柯尼卡美能达公司	日本
	US2002144738A1	加州理工大学	美国
	KR20060057093A	三星公司	韩国
	CN1987479A	博奥生物	中国
	CN1834527	博奥生物、清华大学	中国

续表

技术分支	公开号	专利权人/申请人	国籍
电泳	US4816123A	帕金埃尔默公司	美国
	DE4105107A1	希巴杰吉公司	瑞士
	WO9604547A1	洛克希德马丁公司	美国
	WO9800705A1	卡钳生命科学公司	美国
	WO9822811A1	卡钳生命科学公司	美国
	JP10132783A	岛津公司	日本
	JP10246721A	岛津公司	日本
	US7243670A	安捷伦公司	美国
	CN1991356B	博奥生物、清华大学	中国
	CN1353309A	清华大学、博奥生物	中国
样品处理	EP1016864A2	昂飞公司	美国
	US6280950B	昂飞公司	美国
	US6613516B	昂飞公司	美国
	US2001053526A1	昂飞公司	美国
	WO2007020582	飞利浦公司	荷兰
	WO9612545A1	安捷伦公司	美国
	WO9612546A1	安捷伦公司	美国
	WO2006000469A1	安捷伦公司	美国
	WO2007137119	卢米尼科斯公司	美国
	US2009186344	卡钳生命科学公司	美国
	US2003119034	三星公司	韩国
	CN1944676	东南大学	中国
	US6453243B1	日立公司	日本
系统集成	US5589136A	加州大学	美国
	US6235471B	卡钳生命科学公司	美国
	CN1412321A	清华大学、博奥生物	中国
	US20050014134A	伍德阔克公司 (WOODCOCK WASHBURN LLP)	美国
	WO2007093939A	皇家飞利浦公司	荷兰
	CN1291035C	清华大学、博奥生物	中国

续表

技术分支	公开号	专利权人/申请人	国籍
基因测序	US6270961B	希斯克公司	美国
	WO9612039A	林克斯治疗公司	英国
	EP1923472A	伊鲁米那公司	美国
	WO2005068656A	索雷科萨公司	英国
	US2003100102A	454生命科学公司	美国
	WO2006084132A	亚均阔特生命科学公司	美国
	WO2010117470A	加利福尼亚太平洋生物科学股份有限公司	美国

2.3.2 涉及生物芯片的测序应用技术发展路线图

相对于传统的 DNA 序列分析而言，应用生物芯片进行测序的技术显示出更高的精确度和灵敏度。近年来，该技术越来越受到本领域科研工作者和从事基因测序的各大公司的重视，已成为目前本领域研究的热点。在广泛征求本领域技术人员和生物芯片企业的意见基础上，本课题组选取测序应用技术进行技术发展路线图分析。

本部分以技术发展情况结合重要专利得出该技术分支的技术发展路线图参见表 2-3-2。

表 2-3-2 生物芯片测序应用技术发展路线图

		1988~1995 年	1996~2000 年	2001~2005 年	2006~2010 年
第一阶段测序	杂交反应	1988 年，US6270961A，HYSEQ INC，两组不同的核酸片段，探针杂交			
第二阶段测序	Solexa 测序	1995 年，WO9612039A，LYNX THERAPEUTICS, INC.；SOLEXA INC. 寡核苷酸标签	2000 年，EP1923472A，ILLUMINA, INC.，微珠测序	2005 年，WO2005068656A，SOLEXA LIMITED，核酸序列标签	
	454 测序			2002 年，US2003100102A，454 LIFE SCI CORP，读取较长序列	
	Solid 测序				2006 年，WO2006084132A，ABI CORP，不需进行片段分离
第三阶段测序	纳米孔测序				2010 年，WO2010117470A，PACIFIC BIOSCIENCES，单碱基测序

应用生物芯片进行测序的技术主要分为3个阶段：第一阶段主要是用杂交反应进行的基因测序；第二阶段可称之为高通量测序，这些技术充分应用了生物芯片的高通量特性进行序列的测定，这些测序技术主要包括454测序技术、Solexa测序技术和Solid测序技术；第三阶段以单分子测序为特点，具有代表性的是纳米孔测序技术。

早先利用生物芯片进行测序，主要是应用杂交反应进行的。美国希斯克公司于1988年申请的美国专利，公开了一种通过杂交反应来分析核酸的方法，该方法涉及将两组不同的核酸片段与片基上的探针相接触。这种接触可区分精确配对与单碱基错配。该方法可用于同时分析大量核酸样品、进行DNA诊断等。该专利于2001年被美国专利局授权，公告号为US6270961B。

在此基础上，该公司于1998年申请的美国专利，进一步对阵列上核酸的集中合成（或称为制备一定数量的核酸池）进行改进，从而为基因图谱测序提供了更好的杂交方法，该专利所获得的美国专利授权号为US6355419A。

该公司享有1999年美国优先权的PCT申请，公开号为WO0079007，公开了使用序列信息测定靶核苷酸序列的方法，该序列信息既包括精确匹配的寡核苷酸探针信息也包括与靶核苷酸不精确匹配的寡核苷酸探针信息。

生物芯片的发展使得高通量测序技术成为可能，该技术的典型代表技术是伊鲁米那公司的基因组分析技术、罗氏旗下的454生命科学公司（454 life science Inc.）的454测序技术和应用生物系统公司（ABI公司）的Solid测序技术。

提供差异DNA分析技术的林克斯治疗公司（Lynx公司）与之后并入伊鲁米那公司的亿明达剑桥有限公司（Solexa公司）于1995年10月12日申请的国际申请，公开号为WO9612039A，其为测序应用领域的基础性专利。该专利公开了用寡核苷酸标签来进行平行序列分析。该分析包括下述步骤：① 从靶多核苷酸产生多个覆盖该靶多核苷酸的片段；② 将来自计算机程序的寡核苷酸标签连接到每个片断上，以使得基本上全部相同的片段连接相同的寡核苷酸标签，并且来自计算机程序的每个寡核苷酸标签含有多个亚单位，每个亚单位由反义单体的互补核苷酸或具有3~6个核苷酸长度的寡核苷酸（该寡核苷酸选自最小交叉杂交组）组成；③ 通过将寡核苷酸标签与它们各自的标签补体进行特定杂交从而对片段进行分类；④ 确定每个片段部分的核酸序列；⑤ 通过比较片段序列确定靶多核苷酸的核苷酸序列。其中标签互补体连接到芯片固相载体上，例如微珠上。该专利的同族多达45项，虽然其在中国没有进行专利申请，但该申请的系列申请WO9746704在中国要求了专利保护，并已获得授权（专利公开号为CN1230226A）。

1999年，挪威的灵维泰公司（LINGVITAE AS）所申请的专利WO0039333A重点在于放大靶核苷酸分子中的部分或全部序列，包括放大相应于靶分子中的一个或多个碱基并与这些碱基相关的标签。从而实现对长序列的精确测序。该专利在中国已获得授权（公开号为CN1334879A）。

伊鲁米那公司于2000年4月20日申请的公开号为EP1923472A的欧洲专利申请，是关于测序的阵列技术。该方法可用于测定多个靶核苷酸序列。该方法包括，提供多个杂交复合物，每种复合物中含靶序列、与靶序列的第一域杂交的测序引物，其中该杂交复合物连接到基质表面。该方法包括通过向第一检测位点加入第一核苷酸应用酶以形成延伸引物而使得每一引物延伸。检测所释放的焦磷酸盐（PPi）从而确定加入到引物上的第一核苷酸的类型。优选的，杂交复合物连接到分布于基底表面的微珠上。其中杂交复合物还包括共价连接到表面上的捕获探针和接头探针。该测定方法将测序、生物芯片和伊鲁米那公司所擅长的液相芯片技术有机地结合起来，实现了高通量测序的目的。该专利同族多达18项，在中国内地地区没有进行专利申请，而在中国香港有专利申请。在此基础上，2006年并入伊鲁米那公司旗下的亿明达剑桥有限公司设计了核酸表征方法，该技术于2005年1月12日申请PCT国际申请，公开号为WO2005068656A。该方法包括：将来自不同来源的靶核苷酸序列经捕获分子固定到阵列上，捕获分子包括能功能化影响靶核苷酸序列固定在阵列上的能力从而产生的固定化分子，每一固定化分子包括靶核苷酸序列和以靶核苷酸序列源为特征的核酸序列标签；测定固定分子的序列，从而识别每一核苷酸的序列。

2004年，林克斯治疗公司与亿明达剑桥有限公司一同在美国申请了专利US2005042673A，该专利进一步对Solexa方法中如何确定序列标签对的顺序进行说明。该方法包括：提供一系列限制性片段序列标签（ST）对；从中选择一对，将所选对的序列标签与待排序的第一对和最后一对的序列标签进行比较，当所选对的序列标签与待排序的第一对或最后一对相匹配时将所选对加入到待排序的末端以形成新的待排序列。

2005年，亿明达剑桥有限公司申请的专利WO2005078130A公开了与该Solexa方法配合使用的集束阵列，该阵列的固相基质上固定有一个或多个单靶分子克隆片段，阵列上的每个"簇"（cluster）可以被光学显微镜所分辨，单靶分子的克隆片段在微囊内或由微囊所限定的腔体中的固相支持物表面上。

罗氏旗下的454生命科学公司所研发的测序平台目前也广为业界关注，与传统的测序仪相比，这种新的测序系统可在几小时内测定2 000万个碱基，成本也降低了100倍。其基础性专利是该公司于2002年8月15日申请的美国专利，其公开号为US2003100102A。该方法使得阵列上大量独立的平行测序反应成为可能，可同时对不同的大量（大于10 000）寡核苷酸进行测序。该方法包括：样品制备，产生固相基底或可移动的固相基底阵列，该固相基底上含有多个锚定引物，其中该锚定引物共价连接到含同靶核苷酸互补的一个或多个拷贝的核苷酸上。锚定引物与该靶核苷酸的一个和多个拷贝的共价连接是如下过程形成的：通过将锚定引物与环状核苷酸的互补区域退火，然后用聚合酶延伸该退火的锚定引物，从而形成含与环状核苷酸互补的一个或多个拷贝的序列的核苷酸。

2004年，454生命科学公司在此基础上进一步申请了专利WO2004070005A，要求保护一种核苷酸分子的测序方法，该方法包括：使两个或多个测序引物与该核苷酸分子的单链杂交，其中除一个引物之外所有的引物是可逆的锁闭引物。

454生命科学公司针对其测序系统也提供了减小平行测序平台相互干扰的方法，该方法已申请专利（WO2009098039A）。该方法包括：提供包含多个单独反应环境的基底，该基底含有一种核酸模板和多个存在于空间中的反应物；将该反应体系曝露于一种核苷酸中以在该反应体系中产生可检测的信号。其中在反应环境中定位的反应物使得反应产物与周围的反应环境交叉最小。

美国应用生物系统公司（ABI 公司）在测序方面也具有较重要的地位，其测序系统是通过连接反应进行的。该公司于 2006 年 2 月 1 日申请的 PCT 专利申请，公开号为 WO2006084132A，是这一领域的重要专利。该专利所提供的测序方法不需要进行片段分离，在一些实施例中甚至不需要聚合酶。该方法是基于沿单链模板的双向延伸循环。该方法也适用于高通量测序。在连接测序过程中对探针的末端分别标记以 4 种不同的荧光标记物。由于每次读序为两个碱基，每个碱基被读两次，因此该方法具有很高的序列读取精确度和数据输出量。

近年来，太平洋生物科学公司（Pacific Biosciences California INC）等已开始将在生物芯片技术进一步开发于纳米孔的单分子读取技术，以期将其应用于测序中。在该技术中，DNA 分子依靠核酸外切酶以一次一个碱基的速度通过小孔。纳米孔测序技术不需要进行荧光标记即可"读出" DNA 序列。此类专利如太平洋生物科学公司在 2010 年 4 月 9 日申请的国际专利，专利公开号为 WO2010117470A。

波士顿大学于 2010 年 3 月 20 日申请的专利 WO2010111602A，提出了一种光学显微镜工具的液流腔，该液流腔包括具有第一面和第二相对面的固相膜，膜上具有至少一个纳米孔，该装置可用于 DNA 测序。

第 3 章　申请人分析

3.1　申请人总体情况分析

3.1.1　全球申请人排名

表 3-1-1　申请人总体排名

排名	申请人	申请量（项）	国籍
1	精工爱普生	2 075	日本
2	基因公司	1 079	美国
3	上海博道基因公司	758	中国
4	上海博得基因公司	731	中国
5	尼康公司	439	日本
6	佳能公司*	437	日本
7	安捷伦公司*	436	美国
8	昂飞公司*	423	美国
9	阿普里拉股份有限公司	414	美国
10	上海生物窗基因公司	395	中国
11	富士公司*	388	日本
12	三星公司*	361	韩国
13	加州大学	310	美国
14	因赛特公司	238	美国
15	卡钳生命科学公司*	229	美国
16	松下电器公司	223	日本
17	独立行政法人产业技术综合研究所	222	日本
18	皇家飞利浦公司	211	荷兰
19	PE 公司	210	美国
20	柯尼卡公司	209	日本

注：其中申请人后面加 * 表示对该申请人的申请量已进行合并。

从表 3-1-1 中可以看出，在排名前 20 位的申请人中，主要分布在日本和美国，其中日本 7 个，美国 8 个，中国 3 个，韩国和荷兰各一个。排在前三位的申请人分别是日本精工爱普生公司（SEIKO EPSON CORP）、美国基因公司（GENENTECH INC）、中国上海博道基因公司（SHANGHAI BIODOOR GENE DEV CO）。韩国的三星公司（SAMSUNG）和荷兰的皇家飞利浦公司（KONINK PHILIPS）分别处于第 12 位和第 19 位。中国位于前 20 位的 3 家公司的主要申请都是用于生物芯片的探针序列申请，专利申请的技术领域比较集中。而美国的大部分公司，例如安捷伦公司、昂飞公司等，其申请所涉及的技术领域较宽，从芯片的制备、基片的修饰、探针的固定、生物信号的检测到数据处理，几乎生物芯片的整个产业链都有所涉及。

3.1.2 全球相关专利申请申请人类型

图 3-1-1 所示为全球相关专利申请申请人类型情况，从图中可以看出，企业、研究机构、个人、大学和合作申请的申请量分别为企业 19 275 项，占 60%，研究机构 1 385 项，占 4%，个人 1 101 项，占 4%，大学 2 296 项，占 7%，合作 8 052 项，占 25%。在生物芯片领域中，企业在行业技术创新中占绝对主导地位，但同时也要看到，其中合作申请占有 25% 的比例，而且大学和研究机构的相关专利申请也占有 12% 的比例。

图 3-1-2 所示为全球相关专利申请中不同类型申请人历年专利申请量。从该图中可以看出，生物

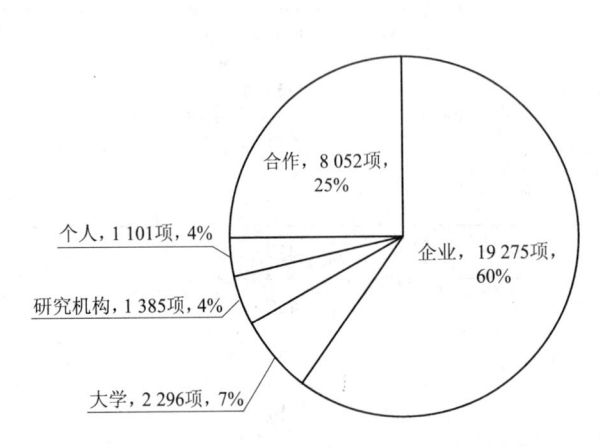

图 3-1-1 全球相关专利申请申请人类型分布

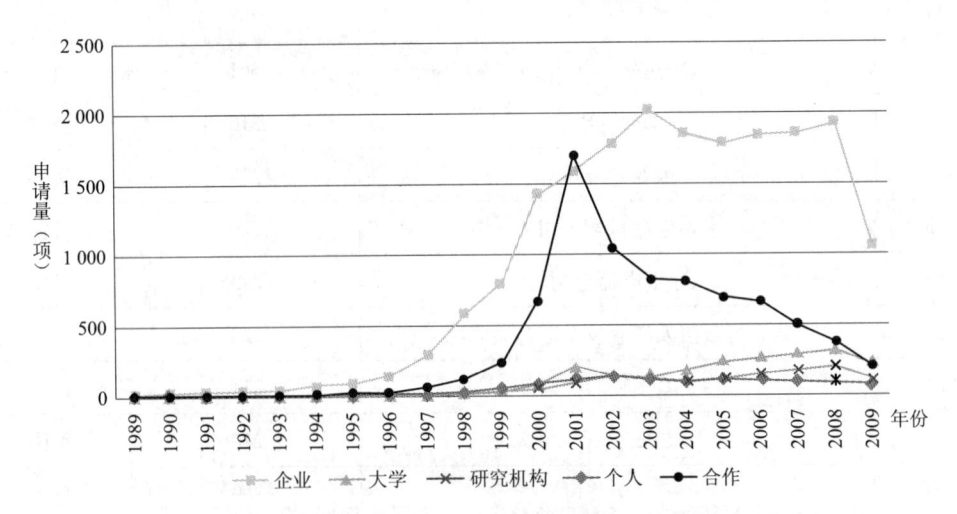

图 3-1-2 全球相关专利申请不同申请人类型专利申请随时间分布

芯片领域的专利申请中,企业从开始就占据主要部分,其可能原因在于,自从生物芯片技术最早由昂飞公司研发出来之后,由于其存在巨大的市场前景和效益,因此,各大企业和公司纷纷涉足该领域。但从1998年开始,合作申请增长趋势迅猛。这种合作申请数量增长的趋势从一个侧面说明了生物芯片的技术含量较高、技术领域交叉性大,在发展到一定阶段后往往需要多个申请人进行技术联合才能实现技术攻关的目的。2003年以后大学和研究机构的专利申请呈小幅增长趋势。

表3-1-2 合作申请人分布比较

合作申请人类型	申请量（项）	占总申请量比例
大学—大学	71	1%
大学—企业	379	5%
大学—个人	20	0%
大学—研究机构	70	1%
企业—企业	5 537	69%
企业—研究机构	489	6%
企业—个人	222	3%
个人—研究机构	17	0%
个人—个人	437	5%
研究机构—研究机构	94	1%
其他	716	9%

表3-1-2所示为合作申请人分布情况,从该表中可以看出,合作申请中企业与企业之间的合作申请占主导地位,占69%,大学和企业以及研究机构和企业分别占5%和6%,这一方面与生物芯片技术领域存在很大的交叉有关,需要具有不同技术的申请人共同合作来发展技术,另一方面也与现在生物芯片技术发展的态势相关,生物芯片技术在一定程度上还处于实验阶段。通过比较也说明加强大学和研究机构与企业之间的联系,互相补充,是发展生物芯片技术的可取之路。

3.2 主要技术分支申请人分析

本节主要对生物芯片技术分类中的几个主要技术分支,包括:光导合成法、微流控芯片制作方法与设备、微流控芯片的微结构设计（包括微通道技术、微泵技术、微阀技术）、样品处理、电泳芯片、系统集成以及生物芯片的诊断应用和测序应用8个方面的主要申请人进行分析。

3.2.1 光导合成法

3.2.1.1 申请人排名

如表 3-2-1 所示，申请量最突出的前两位申请人分别是日本的尼康公司（NIKON）（343 项）和美国的昂飞公司（157 项），申请量远远高于其他申请人，申请量占到全部申请的 37%，可见该领域的技术集中程度较高，专利申请大多集中于少数申请人手中。前 9 个申请人中大多是美国公司和研究机构，例如加州理工学院、安捷伦公司等。其中也包括生物芯片技术中专注于临床检验芯片的纳诺吉公司。

表 3-2-1 光导合成技术申请人排名

排名	申 请 人	数量（项）
1	尼康公司	343
2	昂飞公司*	157
3	加州理工学院	30
4	安捷伦公司*	25
5	三星公司*	23
6	佳能公司*	21
7	纳诺吉公司（NANOGEN）	20
8	加州大学	18
9	ASML 荷兰有限公司	18

注：其中申请人后面加*表示对该申请人的申请量已进行合并。

3.2.1.2 日本尼康公司

日本尼康公司所涉及的光导合成制备生物芯片技术的专利申请共有 343 项。该公司是日本以光学仪器著名的公司，利用其精密的光刻技术基础从 2000 年开始涉足光导合成制备生物芯片技术领域，并一跃而为该领域申请量最大的申请人。其从 2000 年开始申请这一领域的专利申请，直至 2009 年从未间断，专利申请的延续性较好，可见其在此领域具有较强的布局意识。在该申请人申请的前期（即 2000～2005 年）申请量处于较低的增长水平，从 2006 年开始申请量迅速攀升，到 2008 年达到峰值，考虑到专利公布的时间问题，申请量还有进一步上升的可能性，参见图 3-2-1。

分析尼康公司在各国家/地区的涉及光导合成技术的专利申请量分布，其在日本的申请量最高，达到 44%。其次是美国，占 17%。值得关注的是该公司非常重视在中国的专利布局，其申请量占到 15%，仅次于在美国的申请，此份额高于其在韩国和欧洲的专利申请，可见其对中国市场的重视程度，见图 3-2-2。

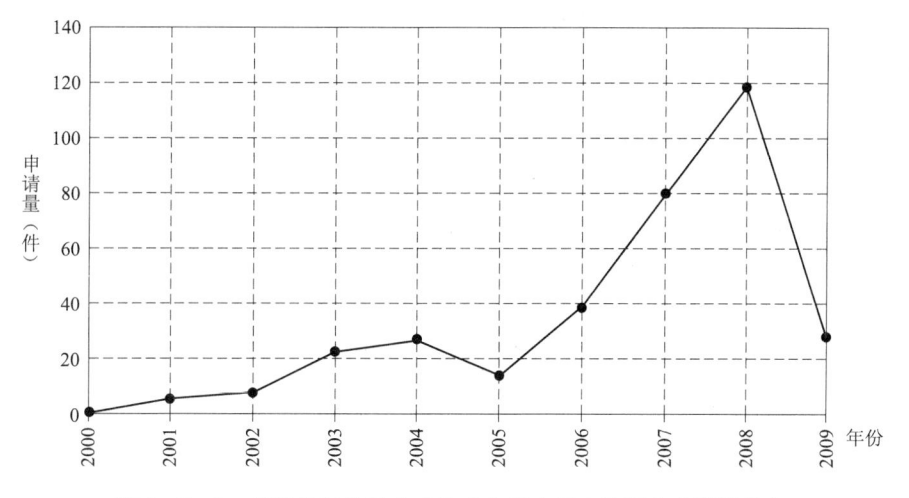

图 3-2-1 尼康公司光导合成技术全球专利申请历年申请量分布

3.2.1.3 美国昂飞公司

美国昂飞公司是世界上第一家专门生产生物芯片的公司,是目前世界上最有影响的基因芯片开发制造商,该公司所涉及的光导合成制备生物芯片技术的专利申请共 157 项。深入分析其专利技术,大多涉及该技术领域的核心技术,虽然其申请量居于第 2 位,但却是该领域中奠定技术发展方向的申请人。

如图 3-2-3 所示,昂飞公司在该领域的申请时间较早,专利申请的时间延续性较好。1990~1992 年为该公司专利申请

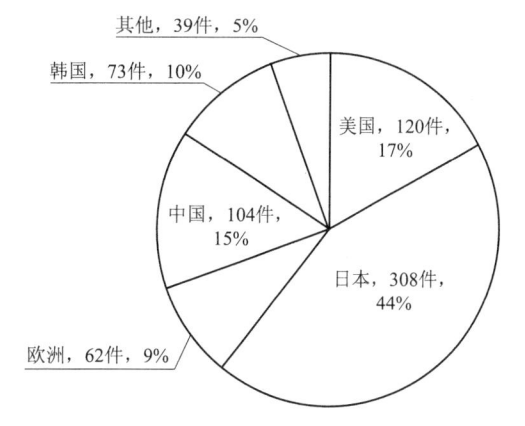

图 3-2-2 尼康公司光导合成技术申请国家/地区分布

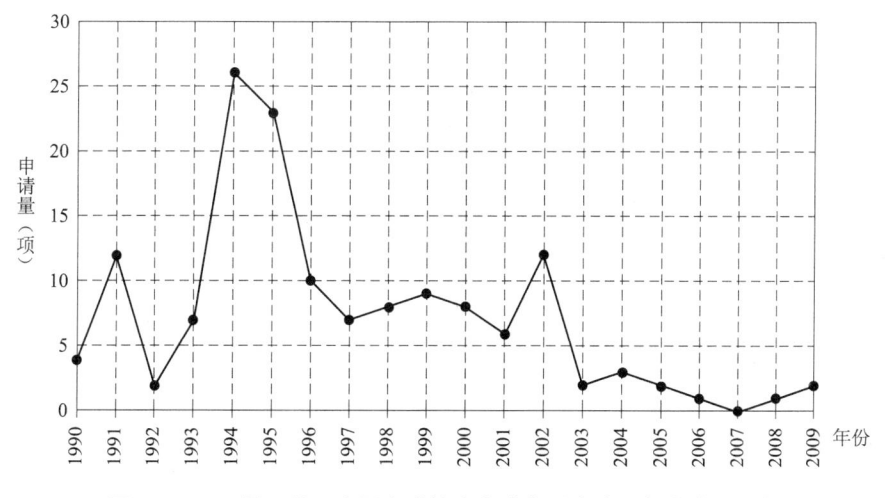

图 3-2-3 昂飞公司光导合成技术全球专利申请历年申请量分布

299

的第一阶段，此阶段申请的专利技术基本都是本领域的基础性专利。1993～1998 年为该公司专利申请的第二阶段，这一阶段也是该公司技术发展较活跃的时期，一度在 1994 年达到其专利申请量峰值，此阶段的专利申请多是以计算机辅助的掩膜形成或光导合成芯片后芯片的封装等技术有关。但从 1996 年开始，专利申请量持续下降。1998～2009 年为该公司专利申请的第三阶段，这一阶段的专利申请量基本为下降趋势，但在 2002 年出现了一个小的峰值，其专利申请大多关于光保护性化合物、光照系统等方面的改进。通过对以上各阶段申请的分析发现，申请量的下降主要由于 1996 年前后其核心技术已经基本成熟，对核心技术的进一步改进较少，因此之后的申请量较为稳定，主要涉及光保护性化合物、光照系统的改进等。

如图 3-2-4 所示，分析昂飞公司在各国家或地区的涉及光导合成技术的专利分布，其在美国的申请量最高，达到一半以上（占 56%）。其次是在欧洲的专利申请，占 19%。在日本的申请占到 10%。涉及光导合成技术的专利在中国申请较少，只有 4 件，这并非表明其不重视中国市场，而是由于一方面其核心技术的申请大多在 20 世纪 90 年代早期，当时中国市场的重要性未完全凸显，另一方面核心技术的进一步突破非常困难。

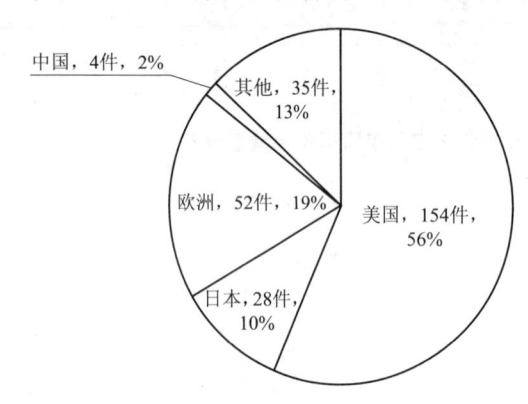

图 3-2-4　昂飞公司光导合成技术申请地区分布

由昂飞公司于 1990 年提出的专利申请 WO9015070A，是光导合成技术中的原位合成技术的基础性重点专利，其享有美国申请号 US1990492462 和 US19890362901 的优先权。以该申请为核心，先后在美国、世界知识产权组织、澳大利亚、南非、芬兰、欧洲专利局、荷兰、挪威、英国、巴西、匈牙利、日本、新西兰、德国、西班牙、意大利、俄罗斯、韩国、加拿大、中国台湾等国家/地区进行专利布局，并获得英国、欧洲专利局、西班牙、美国、荷兰、澳大利亚、挪威、俄罗斯、韩国、加拿大、芬兰、匈牙利、日本等多个国家/地区的授权。最初该申请中微阵列的制备方法为：将基底的第一区域暴露于催化剂中以除去保护性基团；连接第一单体到该第一区域上；将基底的第二区域暴露于催化剂中以除去保护性基团；连接第二单体到该第二区域上。如此反复，从而在基底上形成所需要的序列。

其后，该公司于 1992 年 9 月 30 日申请了美国专利（申请号 US19920954646），该专利于 1995 年被授予专利权（US5445934）。该发明可应用于制备寡聚物、肽、核酸、寡聚糖、磷脂、聚合物、药物的阵列。该发明公开了一种表面具有 103 个或更多寡核苷酸的基底，这些寡核苷酸可以互不相同并具有已知序列，他们共价连接到基底的不连续表面上，而这些寡核苷酸所占据的总面积小于 $1cm^2$。这样的大规模分子阵列可实现快速、特异性很强的药物筛选、聚合物合成等一系列现有技术中无法短时间内完成的任务。

昂飞公司于 1995 年 6 月 6 日申请了美国专利（申请号 US19950466632），该专利于 1998 年被授予专利权（US5744305）。在该专利中进一步明确了制作具有如下特征的寡核苷酸微阵列的方法：无孔平面固体支持物；不同序列的寡核苷酸连接到该固体支持物表面，序列的密度为超过 400 个不同寡核苷酸序列/cm^2，其中每一个不同的寡核苷酸链接到该固相支持物的不同预定区域，并且这些核苷酸具有至少 4 个核苷酸长度。该方法包括：将具有保护性基团的化合物固定到固相支持物表面；将化合物的一部分去保护，将去保护的这部分化合物与寡核苷酸的第一元素反应；将固相支持物表面上的化合物的另一部分去保护，该分子部分包括前述第一次去保护的化合物部分；将第二次去保护的化合物部分与寡核苷酸的第二元素反应；选择性重复上述二元合成步骤以生成所述的寡核苷酸阵列。

上述方法历经多次改进，例如该公司于 2005 年 1 月 21 日申请的美国专利（US20050214828A）披露了在已知位点上合成多种化学序列（例如氨基酸序列）的改进性方法和装置。其他申请人也在光导合成的基础上对这一技术进行着不同目的的改进。例如约翰·霍普金斯大学（JOHNS HOPKINS）申请的专利 WO2007140388A，该专利利用激光对基片上的生物分子进行消除/去功能化，以便在基底上形成生物分子的蚀刻区和非蚀刻区，从而形成胞外环境中生物分子的空间异质性，从而更优地反映出分子影响细胞结构和功能的空间组织。

3.2.2 微流控芯片制作方法与设备

3.2.2.1 申请人排名

从表 3-2-2 中看出，申请量排名第一的是美国的加州大学。美国的大学、科研机构及公司的申请量占据了很大的比例，可见，在该领域中，美国具有较大的优势。值得关注的是在申请量排名前十的申请人中，包含 3 所大学，分别是美国的加州大学、加州理工学院和哈佛大学。而在微流控领域的其他分支当中，主要以公司申请为主，而在该技术分支中，大学申请占有一定的比重。表明就目前而言，研究机构就该技术领域的研发仍起着一定的先导作用。

表 3-2-2 微流控芯片制作方法与设备申请人排名

排名	申请人	数量（项）
1	加州大学	56
2	三星公司*	53
3	皇家飞利浦公司	48
4	加州理工学院	47
5	安捷伦公司*	35
6	哈佛大学	31
7	卡钳生命科学公司*	28
8	财团法人川村理化学研究所	28
9	罗氏诊断公司	26
10	法国原子能委员会	24

注：其中申请人后面加 * 表示对该申请人的申请量已进行合并。

3.2.2.2 三星公司

从图 3-2-5 可以看出，三星公司立足于在芯片制造领域的技术优势，在微流控制备领域发展迅速，三星公司在 2004 年之前申请量处于很低的水平，但在 2004 年之后申请量快速增长，并于 2006 年达到峰值（15 件），之后申请量有所下降。此外，该公司专利申请中的一个显著特点是其申请大多为多边申请，即在韩国、美国、欧洲和中国均进行申请。从图 3-2-6 中可以看出，除韩国之外，三星公司在美国市场的专利申请量占 32%，其次是欧洲地区，占 17%，说明三星公司除重视本国市场的专利布局外，最为看重的是在微流控芯片技术领域具有突出优势的美国市场进行专利布局，其次是欧洲市场。值得注意的是，三星公司在中国的专利申请数量较多，与日本比重相当，可见其对中国专利布局及市场的重视程度较高。

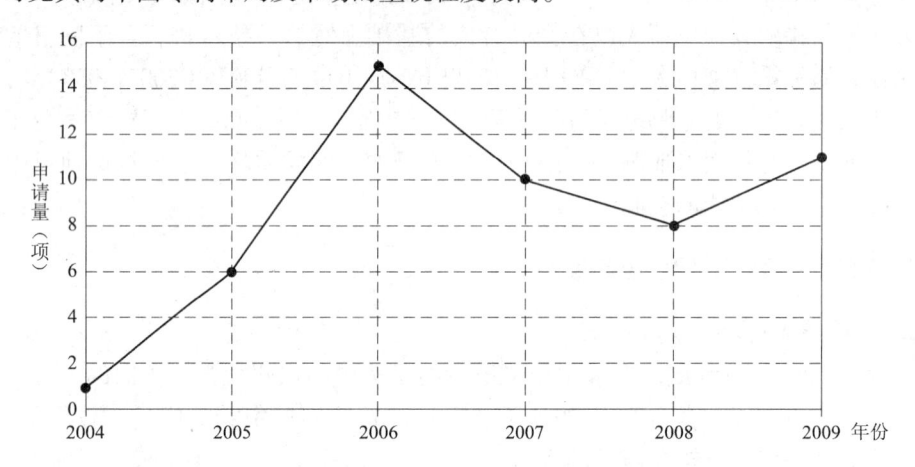

图 3-2-5 三星公司微流控制作方法与设备技术全球专利申请历年申请量分布

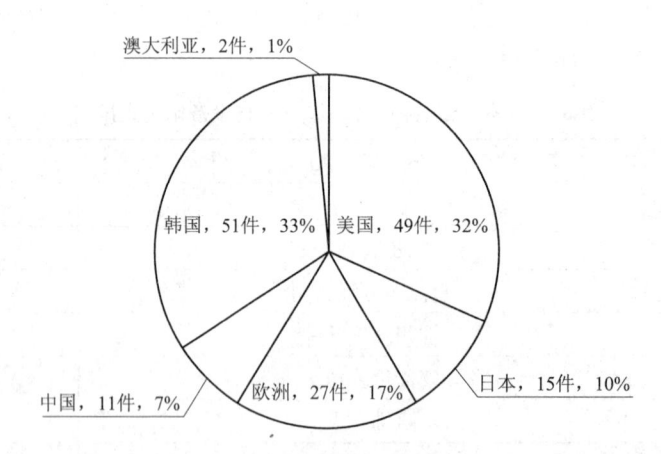

图 3-2-6 三星公司微流控制作方法与设备技术申请地区分布

三星公司于 2002 年申请的专利（KR20030050989A）公开了一种含碳纳米管的生物芯片及使用该芯片的样品分离方法，通过将多个碳纳米管在通道中按照阵列形式排列，实现样品分离。该专利在韩国、欧洲专利局、美国、德国、日本、中国均进行申请，其在中国的申请于2006年授权（CN1266281C）。此后，三星公司在该专利的基础上又进行系列申请。2005年申请的专利（KR20050086161A）："水平生长碳纳米管的方法及具有该碳纳米管的器件"，涉及水平生长碳纳米管的生产工艺，该专利同样在多个国家和地区进行申请。

3.2.3 微流控芯片中的微结构设计

3.2.3.1 微通道技术

（1）申请人排名

表3-2-3 微通道技术申请人排名

排名	申 请 人	数量（项）
1	卡钳生命科学公司*	122
2	加州大学	76
3	安捷伦公司*	69
4	三星公司*	49
5	佩利坎技术公司	48
6	罗氏公司	43
7	康宁公司	39
8	皇家飞利浦公司	39
9	斯瑞特有限公司	39
10	阿普里拉股份有限公司	36

注：其中申请人后面加*表示对该申请人的申请量已进行合并。

从申请人排名可以看出，美国在微通道领域占有绝对的优势，卡钳生命科学公司、安捷伦公司、加州大学等在微流控技术方面居于世界领先地位。而韩国的三星公司在微流控领域的实力也不可小觑。

（2）卡钳生命科学公司

居于首位的是美国卡钳生命科学公司，1995年9月，首家微流控芯片企业即卡钳生命科学公司在美成立，虽然只有三十多名雇员，但一年即集资近千万美元。该公司专门从事微流控芯片的相关技术研究，是微流控芯片技术的领导者，在微刻技术、液体驱动以及高集成化方面均具有显著的优势，在微流控技术领域占据绝对的优势，并与安捷伦公司合作研制了多个芯片实验室产品。

本次检索过程中共检索到卡钳生命科学公司涉及微通道技术分支的专利申请122项，从图3-2-7中可以看出，除该公司成立之初提请大量申请外，1998~2001年是卡钳生命科学公司在该技术分支上申请量快速增长的一个阶段，而这一时期也正是微流控芯片技术兴起的阶段，卡钳生命科学公司作为这一领域的佼佼者，在这一时期也得到了快速的发展，2002年之后申请量开始下滑，其原因可能受到2002~2003年左右，人们对生物芯片分析结果重现性、可信性产生怀疑，研发与投资开始谨慎的影响，随着基因芯片质量控制（MAQC）计划对生物芯片发展的应用前景的肯定，卡钳生命科学公司的研发投入开始回升，但随着技术的发展，由于市场应用，以及技术瓶颈等相关因素的影响，申请量较低。

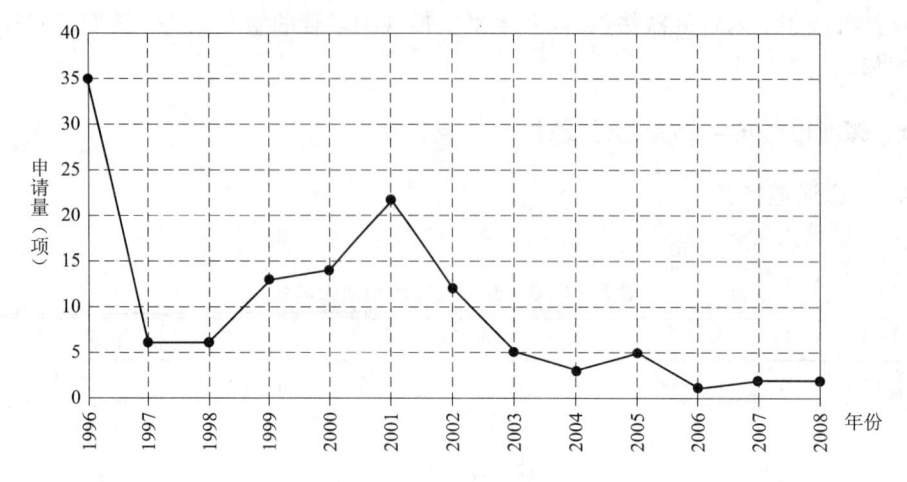

图 3-2-7　卡钳生命科学公司微通道技术全球专利申请历年申请量分布

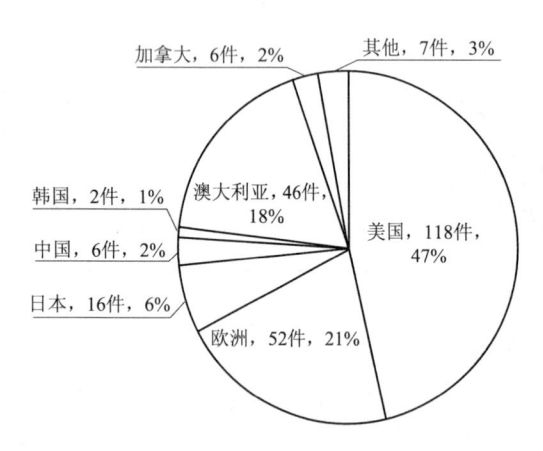

图 3-2-8　卡钳生命科学公司微通道技术申请地区分布

从图 3-2-8 中可以看出，卡钳生命科学公司的专利布局主要是美国、欧洲和澳大利亚，亚洲地区比较重视对日本的专利布局，在中国和韩国的专利申请量较少，尚未在中国形成大规模的专利布局。

卡钳生命科学公司在 1996 年提出的专利申请 US5779868（公开号）（该项专利的引用频次为 461 次，该专利的中国同族申请 CN1329729C 于 2007 年获得授权）中公开了用电动力驱动生物材料通过微流控系统的通道，并对微通道的结构进行描述，该申请所公开的技术是之后所公开或报道的微流控技术的基础，到目前为止大多数的微流控技术仍然采用该申请所公开的技术路线。

（3）加州大学

加州大学在微流控芯片领域研究较早，专利申请量较大，其中涉及微通道技术的专利申请量为 76 项。从图 3-2-9 中可以看出，加州大学从 20 世纪 90 年代初开始专利申请，1998 年之前申请量较少，1998～2001 年申请量快速增长，2001 年之后申请量大幅下降，2004 年之后又开始快速上升。

从图 3-2-10 中可以看出，加州大学主要申请地区为美国，其次是欧洲和澳大利亚，之后是日本，其原因是加州大学属于研究机构，其研究成果如果需要产业化或者市场化，需要与公司进行合作，在研究过程中，加州大学发挥其技术优势，也与公司开展合作，而上述地区正是微流控技术发展水平较高或大型的微流控芯片公司比较重

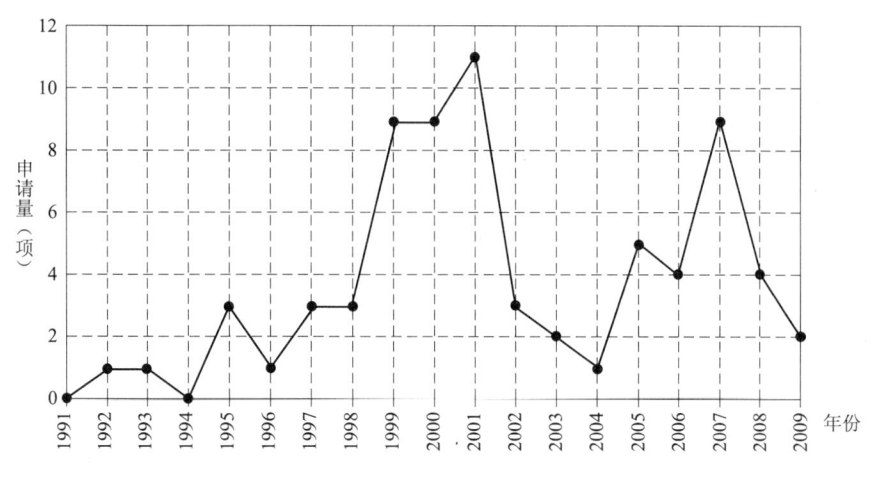

图 3-2-9　加州大学微通道技术全球专利申请历年申请量分布

视的国家和地区。加州大学在中国、韩国的申请量均比较少。

加州大学的 Mathies 研究组在 1999 年制作了具有 96 个毛细管电泳单元的圆盘式芯片，为了解决众多通道手工加样/换样的时耗问题，还设计了一个 96 通道的自动加样装置（WO02/37096A1），与阵列芯片、旋转扫描共焦激光荧光检测装置（WO9939193A）一起组成了一套高通量的毛细管电泳脱氧核糖核酸分析系统。

（4）其他申请人

安捷伦公司于 1999 年从惠普公司分离出去，是全球生物分析仪器领域的

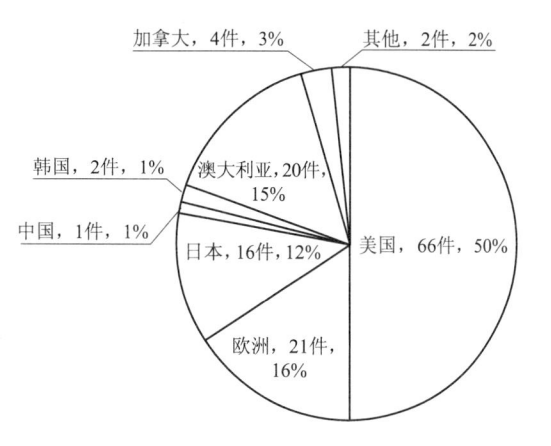

图 3-2-10　加州大学微通道技术申请地区分布

佼佼者，1999 年其与卡钳生命科学公司联合推出的首台微流控芯片商品化仪器开始在欧美市场销售，到目前为止，它们的 Labchip 系列是目前最为成功和先进的芯片实验室仪器。

瑞典 Pharmacia Biosensor AB 公司于 1991 年 5 月 10 日申请的专利 WO91/16966A1，涉及微流控芯片的多层平板结构设计，截至 2010 年 8 月 31 日已经被引用 410 次，是此次检索过程中检索到的最早的一项涉及微流控技术的发明专利。可见，涉及电泳技术的微通道设计是微流控技术领域研发最早，投入和产出最多，对微流控技术发展影响最为深远的技术方向。

此外，微通道领域值得关注的重点专利是由美国维罗西股份有限公司于 2007 年申请的专利 US2007/010162，用来控制工艺管道中流量的流量分配管道，该发明是在美国政府支持下作出的，描述可以用来控制对微管道阵列的流量的部件和流体处理方法，包括使流体流入至少连接到两个流量分配光导的歧管，这些流量分配管道连接到处

微管道并且至少包括 4 个 90°或更小角度的弯曲部，或至少包括两个大于 90°的弯曲部。

3.2.3.2 微泵技术

（1）申请人排名

如表 3-2-4 所示，除美国籍的申请人在微泵领域实力雄厚外，在排名前十位的申请人中，日本占据了 3 个，可见，日本在微泵领域的研发实力与活跃程度值得重视。此外，韩国的三星公司和荷兰的皇家飞利浦公司在微泵技术方面的申请量也较大。

表 3-2-4 微泵技术申请人排名

排名	申 请 人	数量（项）
1	柯尼卡美能达公司	74
2	加州理工学院	56
3	加州大学	28
4	皇家飞利浦公司	27
5	日立公司	21
6	法国原子能委员会	20
7	安捷伦公司*	18
8	三星公司*	17
9	沙诺福公司（SARNOFF CORP）	17
10	佳能公司	16

注：其中申请人后面加*表示对该申请人的申请量已经进行合并。

（2）柯尼卡美能达公司

柯尼卡公司和美能达公司均是日本著名的相机生产公司，两公司于 2003 年 8 月合并，以生产相机、喷墨打印机、三维扫描仪、彩色数码复印机等精密的光学仪器著称。然而，正是基于在微型机电技术和超微细加工技术上的优势，柯尼卡美能达公司于 2003 年后也开始进入微流控领域，扩展其医疗产品的技术领域。

如图 3-2-11 所示，柯尼卡美能达公司在微泵领域共申请了 74 项专利，其申请量出现的两次高峰分别是 2007 年和 2009 年，表明近年来其申请量又有进一步增长的趋势。

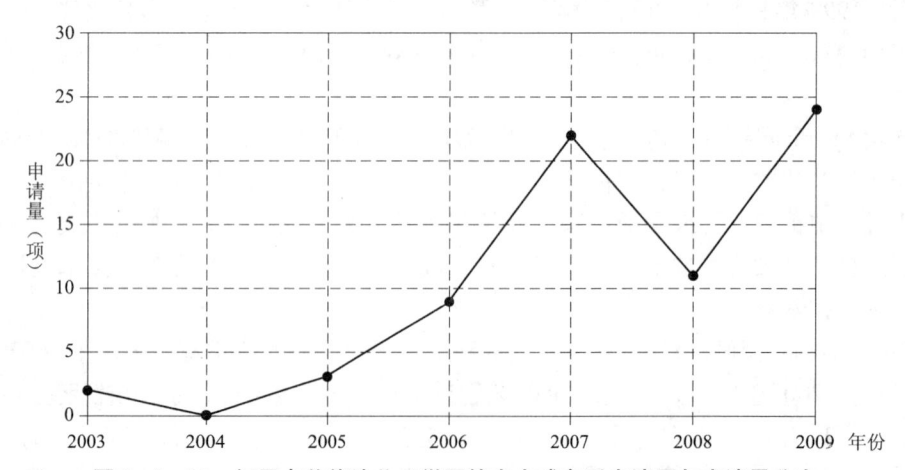

图 3-2-11 柯尼卡美能达公司微泵技术全球专利申请历年申请量分布

从专利申请地区分布图 3-2-12 中可以看出，柯尼卡美能达公司的专利申请主要在日本，占到申请量的 64%，其次是美国和欧洲，分别占 14% 和 13%。说明柯尼卡美能达公司最为重视本国市场，其次是技术较为领先的美国和欧洲。除上述 3 个国家和地区之外，该公司在中国的专利申请量为 6 件，尽管数量不多，但排专利申请量的第 4 位，可见其对中国市场的重视。

从技术角度而言，柯尼卡美能达公司在微泵技术领域的优势在于通过微泵驱动进行高精度的液体泵送。例如 JP2004183495，微液压系统，采用包括泵的微结构在具有单个腔室的多个通道中传输液体；JP2004183494，微泵，实现提高液体输送的效率；JP2005323519，微流体装置，检测溶液的方法和系统；WO2005121308，液体混合及提高反应效率的微型反应器；JP2006266923，微全分析系统；JP2006306213，微综合分析系统、检查用芯片及检查方法。从柯尼卡美能达公司专利申请的地区分布图可以看出，该公司主要的专利申请和市场分布均在日本，其次是美国和欧洲，而在中国的专利申请量并不大。

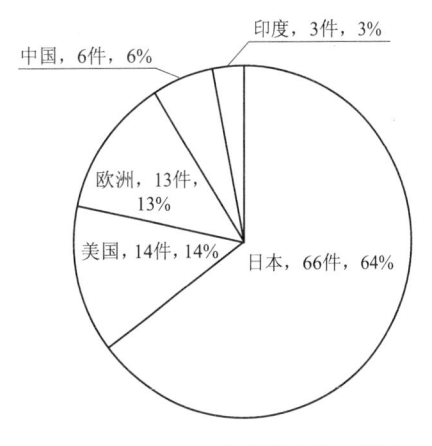

图 3-2-12　柯尼卡美能达公司微泵技术领域申请地区分布

(2) 其他申请人

值得关注的还有日本的佳能公司和日立公司，佳能公司是全球领先的生产影像与信息产品的综合集团，其主要产品包括照相机及镜头、数码相机、打印机、复印机、传真机、扫描仪、广播设备、医疗器材及半导体生产设备等。正因为佳能公司在激光喷墨打印领域的技术优势，早在 20 世纪 90 年代，佳能公司就拥有一系列微泵泵送液体相关专利。而 2005 年之后，佳能公司进军生物芯片市场，其在微泵技术领域的专利包括：JP2005300213，微流处理系统；JP2006046605，流体控制装置；WO2008123591，使用微流装置的流体输送装置和流体输送方法；WO2009060994，使用渗透性泵的流体供给驱动机制和采用该流体供给驱动机制的微芯片。日立公司在 20 世纪 90 年代已经进入生物分析仪器领域，在分析仪器领域具有较强的技术优势，在微泵领域的专利申请主要集中在 2000 年之后，主要专利包括：JP2000297761，微泵和化学分析仪；JP2001165052，微泵和化学分析装置；JP2001252896，微流通道和采用微流通道的微泵；JP2002070748，管状泵和采用管状泵的分析装置；JP2006102650，微流装置。由上述分析可知，日本企业在精密仪器、微细加工领域具有较强的技术优势和研发实力，当日本企业进入微流控领域后，其在传统行业，如喷墨打印、精密加工领域积累的技术优势使其在流体控制、微泵、微阀制作等领域发展较快，值得重视。2007 年开始，东芝、佳能等几十家日本公司联合组成科研小组，共同开发生物芯片技术，试图从美国掌控的生物芯片市场上寻找新的收入增长点。

3.2.3.3　微阀技术

(1) 申请人排名

如表3-2-5所示,微阀领域的十大申请人中美国占据了6个:加州理工学院、阿普里拉公司、安捷伦、弗卢丁公司、加州大学、3M创新有限公司。从申请人排名表中可以看出,美国在微阀领域占绝对的优势,具有众多具有雄厚技术实力的公司及大学,其中加州理工学院、阿普里拉公司、安捷伦公司等在微阀领域居于世界领先地位,专利申请量较大。除美国外,韩国三星公司、荷兰皇家飞利浦公司、日本佳能公司在微阀技术领域的实力也不可小觑。

表3-2-5 微阀技术申请人排名

排名	申请人	数量（项）
1	加州理工学院	55
2	三星公司*	47
3	阿普里拉公司	33
4	安捷伦公司	24
5	弗卢丁公司	21
6	加州大学	21
7	皇家飞利浦公司	20
8	3M创新有限公司	19
9	佳能公司	18
10	梅克罗尼公司（MICRONICS INC）	17

注：其中申请人后面加*表示对该申请人的申请量已进行合并。

（2）三星公司

在微阀领域,排名第二的韩国三星公司在微阀技术领域的实力也值得重视。三星公司在该领域共申请了47项专利,从图3-2-13看出,其申请量从2004年至2006年

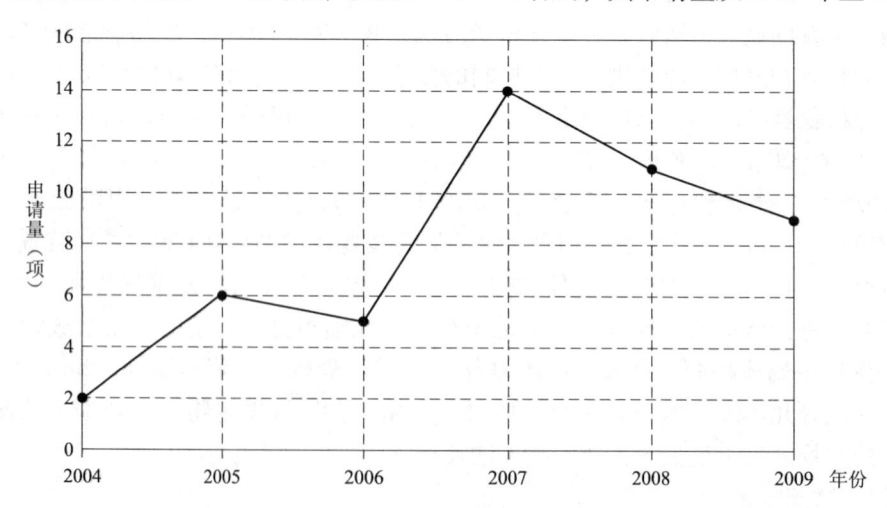

图3-2-13 三星公司在微阀技术全球专利申请历年申请量分布

增长缓慢，但从 2007 年开始申请量增长迅速，由 2006 年的 5 项增长至 2007 年的 14 项，目前还保持较高的增长势头。该公司专利申请中的一个显著特点是其申请大多为多国申请，即韩国、美国、欧洲和中国均进行申请。从图 3-2-14 中可以看出，该公司的专利申请和市场布局主要在韩国和美国，其次是欧洲和日本，尽管在中国的申请量并不大，但三星公司在中国的专利申请近年来有增长的趋势。

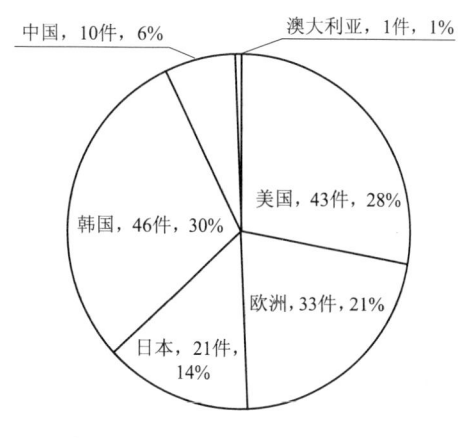

图 3-2-14 三星公司微阀技术申请地区分布

检索到的三星公司较早的一篇微阀领域的专利申请是 WO03042410，公开了运载流体循环的装置，涉及带有控制运载流体向室内流入的气动气压空的入口阀和带有控制运载流体从室中流出的气动气压孔的出口阀的循环运载流体装置。该专利进入中国国家阶段的专利申请于 2006 年获得授权（CN1246475C）。之后，在该专利的基础上，三星公司又进行一系列改进，先后申请了专利：WO2005094981，循环 PCR 系统；WO2009083862，具有磁颗粒的多室装置；WO2010070461，疏水阀。其他在微阀领域的重要专利还包括：KR10076392B，阀单元和具有阀单元的反应装置，涉及用于关闭流体的流路并适时开启所述流路使流体流动的阀单元以及形成阀的方法；KR20080073934，阀过滤器和采用阀过滤器的阀单元；KR20090014871，微流路阀，微流路阀的制造方法和微流路装置；KR20080112573，用于控制微流路的阀单元的制造方法，用于控制微流路的阀单元和使用阀单元的微流路装置；KR20090021756，弹性阀和采用弹性阀的微流路装置等。

（3）其他申请人

综合微泵和微阀的申请人排名，可以看到加州理工学院在微泵和微阀技术分支领域具有明显的技术优势，分别为 56 项及 55 项申请，其中，加州理工学院的 QUAKE 研究组在其创建的聚二甲基硅氧烷（PDMS）基质芯片上微加工微泵、微阀的基础上实现了微流控系统的大规模集成上千个微机械阀和上百个可单个寻址的微反应室被集成在 2.5cm×2.5cm 的 PDMS 芯片上，微阀的动作由气压控制，所报道的一种芯片上共集成了 2 056 个微阀和 256 个 750pL 的微反应器，这一成果不仅对分析化学有重大意义，对组合化学，药物高通量筛选的发展也可能产生深远的影响。其中 QUAKE 研究组相关专利申请量为 74 件，涉及微阀技术的有 48 件，有代表性的重要专利例如 US2002144738A1，Microfabricated elastomeric valve and pump system，该项专利的引用频次多达 551 次。

3.2.4 样品处理

3.2.4.1 申请人排名

如表 3-2-6 所示,美国占绝对优势,显示出其在样品处理技术方面的先进性。中国清华大学在该领域有 41 项申请,居第 6 位。

表 3-2-6 样品处理技术申请人排名

排名	申 请 人	数量（项）
1	昂飞公司*	101
2	皇家飞利浦公司	99
3	安捷伦公司*	90
4	佳能公司	72
5	岛津公司	61
6	清华大学	41
7	卡钳生命科学公司*	37
8	赛弗吉生命系统公司	29
9	加州大学	22
10	惠普开发有限公司	14

注：其中申请人后面加*表示对该申请人的申请量已进行合并。

3.2.4.2 昂飞公司

居于首位的美国昂飞公司是目前全球最大的生物芯片公司,在核酸提取和分离上,其技术一直很先进。1991~2009 年,该公司在样品处理领域的专利申请如图 3-2-15 所示。

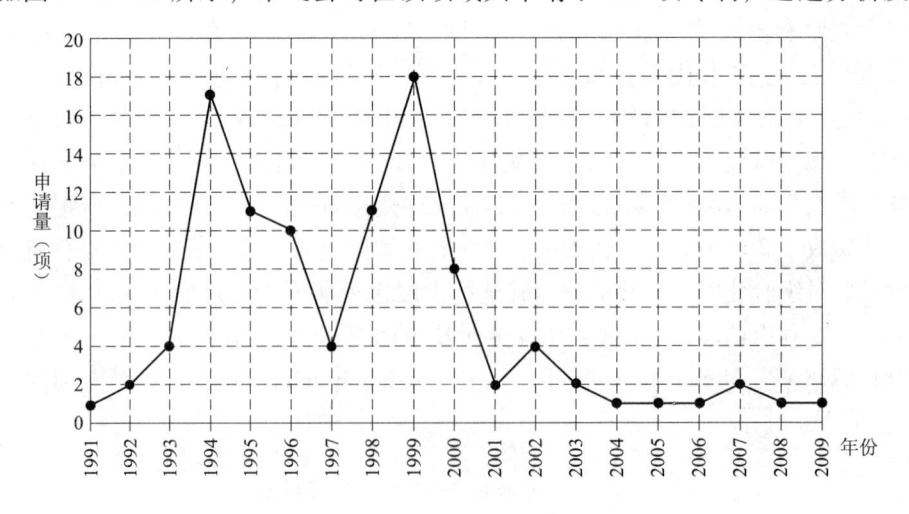

如图 3-2-15 所示,昂飞公司在该领域共申请了 101 项专利,通过分析发现其

图 3-2-15 昂飞公司样品处理技术全球专利申请历年申请量分布

申请量出现的两次高峰分别在 1994 年和 1999 年，1994 年前后是该公司发展的高潮，同期该公司在生物芯片的其他领域也进展迅速。而在 1999 年前后正是微流控技术开始活跃的时期。但从 2002 年以后专利申请量逐年下降。

从技术上看，昂飞在样品处理领域的优势在于核酸的扩增和纯化，其在这方面的申请量占其样品处理总量的 55%，其中主要是基于 PCR 方法并结合微流控技术形成新的样品处理芯片。例如 EP1016864，将 PCR 反应与毛细管电泳技术相结合，实现了样品处理和分析过程的自动化，提高速度并有效降低了成本；例如 US6280950B，其采用核酸亲和柱选择性地从样品中分离核酸，可以广泛用于芯片样品前处理；再如 US6613516B，其采用特定的靶分子处理样品以去除不需要的核酸片段从而实现富集目标核酸样本的目的。

其中，昂飞公司值得关注的重点专利 US2009192050A1，其涉及核酸的合成与纯化，采用多种具有多种核糖核苷酸的处理基质，而该基质是在 US2001053526A1 所公开的核酸亲和基质基础上发展出来的，其技术路线如下：

US2001053526A1 → US2002064796A1 → US2003119008A1 → US2004038268A1 → US2005095645A1A1→US2006068415A1→US2009192050A1。

3.2.4.3 皇家飞利浦公司

值得注意的是位居申请量第二的皇家飞利浦公司，该公司近年来在微流控领域发展迅速，图 3-2-16 是该公司在本技术分支的申请情况：

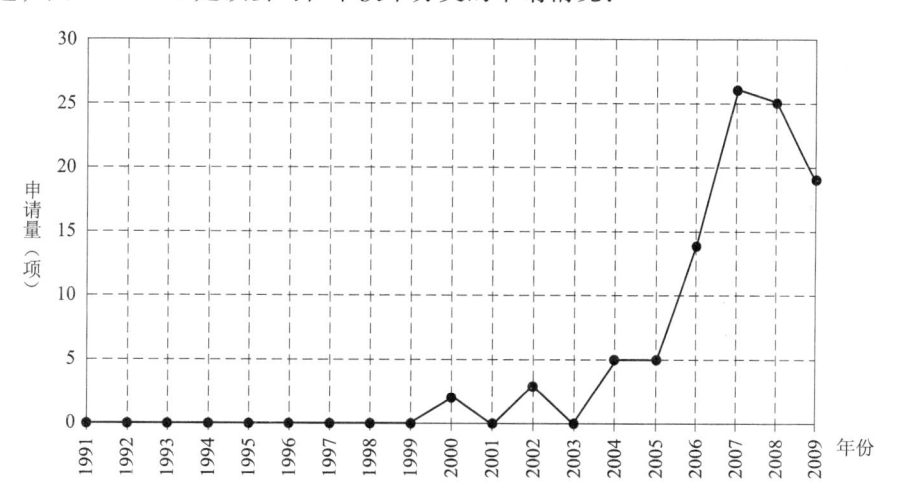

图 3-2-16 皇家飞利浦公司样品处理技术全球专利申请历年申请量分布

从图 3-2-16 中可以看出皇家飞利浦公司在该技术分支的申请量在 2004~2008 年间增长趋势迅猛，特别是微流控样品处理芯片，这反映了该公司进军生物芯片领域的决心和实力，而且该公司在中国的外国申请人中位居前列，在中国进行专利布局的意图十分明显。例如 WO2007/020582，其公开了一种用于处理生物样品的系统、处理设备、样品单元和相关方法。该系统采用多个微流体元件，实现了样品的自动处理，目前该申请已进入中国。

3.2.4.4 其他重要申请人

（1）安捷伦公司

安捷伦公司是分析仪器领域的领导者，其产品在生物、化学、环保、食品、医药领域中被广泛使用。其在生物分析测量业务的七大产品包括：微阵列、微流体、气相色谱、液相色谱、质谱、软件和信息学，以及相关耗材、试剂和服务。而针对本章所指的样品处理领域，其液相色谱技术占据了举足轻重的地位。在该公司涉及样品处理的全部申请中有40%与液相色谱技术相关。例如，早在1996年安捷伦公司（当时仍属于惠普旗下）的两项专利WO9612545和WO9612546对液相色谱柱的基质和内部微通道进行改进，在此基础上其发展起来了很多微型化分离设备，其技术发展路线如下：

WO9612545/WO9612546→US6459080B1→US2005133713A→US2007017869A1→US2008318334A1。

其中US2008318334A充分利用前面的研究成果，研发出了一种采用了改进后的色谱柱基质和内部通道结构的新型的微流体设备，可以实现样品的高效分离。

安捷伦公司的另一大优势在于发展了高端的微流控芯片用于处理样品，其在这方面拥有的专利比例仅次于色谱技术，例如WO2006/000469，其要求保护一种带有保持装置的微流体装置，其适合于对流体样本进行成分分离，该申请对分离元件中的填充材料进行改进，已在多国获得专利，并进入中国国家阶段。

（2）卢米尼克斯股份有限公司（Luminex）

另外值得关注的企业还有美国的卢米尼克斯股份有限公司，该公司虽然一直是在荧光标记方面成绩斐然，但是近年来对于生物样品的自动化处理方面也有一定进展，例如WO2007/137119A公开了基于微流控芯片的可以将样品处理成含荧光标记客体的流体试样的新型流式细胞仪，该申请目前也已进入中国，中国专利申请的公开号为CN101454653A；日本电气株式会社也是一家在样品处理技术领域颇具潜力，应重点关注的对象。

另外，虽然目前在核酸扩增领域可以说PCR占据绝对主导地位，各大公司研发的仪器以该技术为基础的仍占多数，但是通过专利申请可以发现，为了抢占市场，很多公司纷纷将注意力转向了新型的扩增方法。以美国的卡钳生命科学公司为例，该公司采用连接酶链式反应（LCR）和核酸依赖的扩增（NASBA）与微流控技术相结合研发出了新的样品处理芯片，详情可参见US2009186344。

（3）三星公司

三星公司虽然排名并不靠前，但是仍然应当关注。该公司是韩国最大的企业集团，业务涉及电子、金融、化学等众多领域。三星有近二十种产品的世界市场占有率居全球企业之首。2003年，三星公司在美国取得的专利高达1 313项，位于全球第9位。虽然生物芯片并非其主营业务但是基于其保持科技领先的理念，其在生物芯片特别是微流体方面也申请了大量的专利。在样品处理方面主要致力于微流控分离芯片。例如US2006219308A，其中公开了一种用于微流控芯片的微阀，其具有可随磁场移动的磁性蜡块，蜡块受温度影响而变形并因而控制流体的移动。在此基础上，其最终研发出用于提取核酸的微流体设备（US2008187474A）其技术发展路线如下：

US2006219308→US2008108120→US2008100148→US2008187474。

同时 US2003119034 涉及具有样本分离功能的生物芯片，其借助于多个碳纳米管来实现分离或过滤样本的目的，该项技术已在包括韩国、美国、欧洲、中国等多个国家获得授权，其后续申请 US2005188444 也已覆盖多个国家。一直以来，三星公司十分重视中国市场，在中国申请总量位居外国申请人在华申请的第 3 位，是国内行业强有力的竞争者。

此外，在中国申请人中，清华大学在全球申请中排名靠前。中国科学院大连化学物理研究所在样品处理方面研发出了基于透析功能的微流控芯片，其在微流体通道中采用了透析膜作为夹层，提高了分离效率。而东南大学利用滚环扩增（RCA）技术与生物芯片相结合开发出了全基因组 DNA 芯片。

3.2.5 电泳芯片

3.2.5.1 申请人排名

利用电泳方法的芯片技术是生物芯片研发最早的领域之一，对生物芯片的发展影响较大。从表 3-2-7 申请人排名表中可以看出，美国和日本在电泳芯片领域占据绝对优势，其中，美国的卡钳生命公司以其高申请量凸显了其在电泳芯片领域的重要影响力，而加州大学、阿克拉若生物科学公司、安捷伦公司均是较早进入电泳芯片领域的重要申请人，拥有众多核心专利，对电泳芯片乃至微流控芯片的发展具有较大的影响力。

表 3-2-7 电泳芯片技术申请人排名

排名	申请人	数量（项）
1	卡钳生命科学公司*	122
2	岛津公司	77
3	安捷伦公司*	63
4	财团法人川村理化学研究所	40
5	加州大学	36
6	阿克拉若生物科学公司	34
7	松下公司	30
8	昂飞公司*	22
9	纳诺吉公司	20
10	NEC 公司	20

注：其中申请人后面加 * 表示对该申请人的申请量已进行合并。

3.2.5.2 岛津公司

从表 3-2-7 中可以看出，在电泳芯片领域中，日本的岛津公司申请量排名第二，岛津公司在微芯片电泳领域具有长足的优势，其申请量在 1996~2000 年快速增长，2000 年之后趋于平稳，该公司研发的电泳芯片是在石英基板上刻槽，由于利用石英基板的高硬度和稳定的特性，可反复使用，其制作的可重复利用的微芯片使消耗品费用大为减少，与琼脂糖凝胶电泳相比运行成本更低。图 3-2-17 为岛津公司在电泳芯片分支全球专利申请历年申请量分布情况。

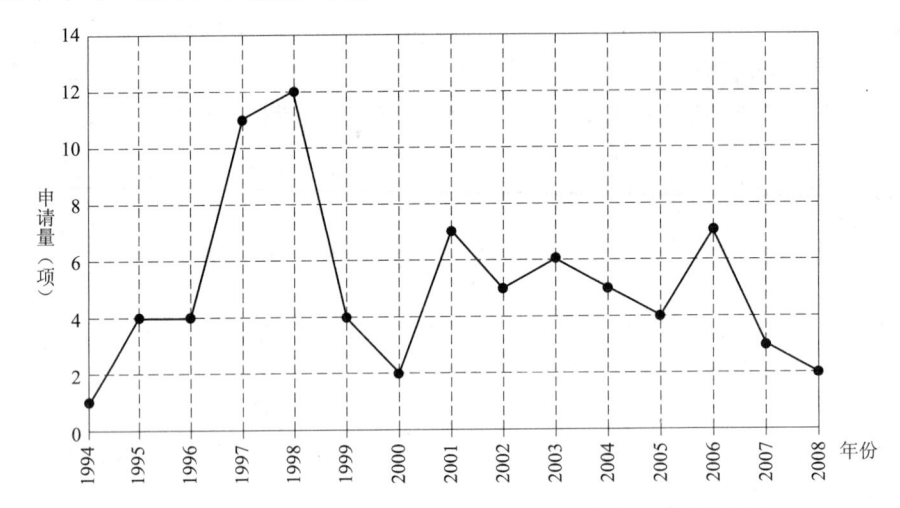

图 3-2-17　岛津公司电泳芯片技术全球专利申请历年申请量分布

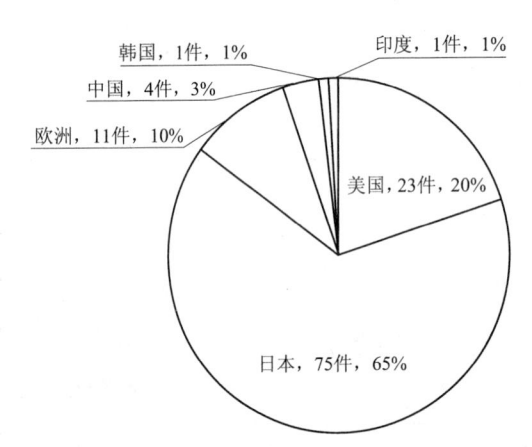

图 3-2-18　岛津公司电泳芯片申请地区分布

从图 3-2-18 中可以看出，该公司在日本的专利申请量为 75 件，占总申请量的 65%，可见其最为重视本国市场的专利布局，其次为美国和欧洲，分别占 20% 和 10%，在中国和韩国的专利申请量较少，分别占 3% 和 1%。

3.2.5.3　其他申请人

此外，值得关注的重要申请人包括 Perkin-Elmer（Shelton，CT）公司，其美国专利 US4816123 "制造毛细管电泳通道的方法" 于 1987 年申请并在 1989 年获得批准，该专利技术使用毛细管作为模板制成分离通道，是电泳芯片技术发展的基础专利之一。

1992 年，瑞士 Ciba-Geigy 公司的 Manz 和 Harrison 等首先采用微电子机械加工技术在平板玻璃上刻蚀微管道，研制出毛细管电泳微芯片分析装置，成功地实现了荧光标记的氨基酸的分离。相关专利申请包括：DE4105107A1、EP0620432A1、EP0670489A、WO03038424A1、US6423198A、US2002036140A1。

1994 年开始，美国科学家 Ramsey J. Machel 在 Manz 的工作基础上，改进了芯片毛细管电泳的进样方法，提高了其性能和实用性。相关重要的专利申请包括：

WO9604547A1，对化学分析和合成进行微流体处理的装置和方法，该发明通过控制集成通道中产生的电场来对流体材料的移动精确地导向，保证生物化学反应过程中所需的精确混合、分离和反应，从而提出了一种新的提高电泳分辨率和改进注入稳定性的方法和装置。该发明是根据美国能源部与Martin Marietta Energy System Inc签订的相关合同，在美国政府的支持下完成的。之后，Ramsey J. Machel 在这一发明的基础上，又进行一系列的改进，相关的申请有24项，申请的时间集中在2000~2004年。

美国卡钳生命科学公司于1997年申请的专利WO98/00705A1，涉及微流控芯片的电吸移管和电泳偏离补偿装置的改进，截至2010年8月31日已经被引用459次。

3.2.6 系统集成

3.2.6.1 申请人排名

如表3-2-8所示，系统集成技术领域的专利申请呈比较分散的态势，虽然韩国三星公司、荷兰皇家飞利浦公司、美国昂飞公司居申请量前三位，但其申请量较其他申请人的申请量并没有太大差距。前十位申请人中有6位是美国公司或研究机构，包括昂飞公司、加州大学及安捷伦公司等。

表3-2-8 系统集成技术申请人排名

排名	申请人	数量（项）
1	三星公司*	57
2	皇家飞利浦公司	54
3	昂飞公司*	54
4	加州理工学院	47
5	霍尼韦尔有限公司	42
6	安捷伦公司*	40
7	阿普里拉股份有限公司	37
8	加州大学	34
9	佩利坎技术公司	30
10	法国原子能委员会	30

注：其中申请人后面加*表示对该申请人的申请量已进行合并。

3.2.6.2 三星公司

三星公司所涉及的系统集成技术的专利申请共有57项。该公司是韩国以电子技术著名的公司，从21世纪开始该公司涉足系统集成技术领域。并且其在早期（2002~2004年）的申请量处于很低的水平，但2005年迅速上升到16件，之后申请量有所下降，参见图3-2-19。

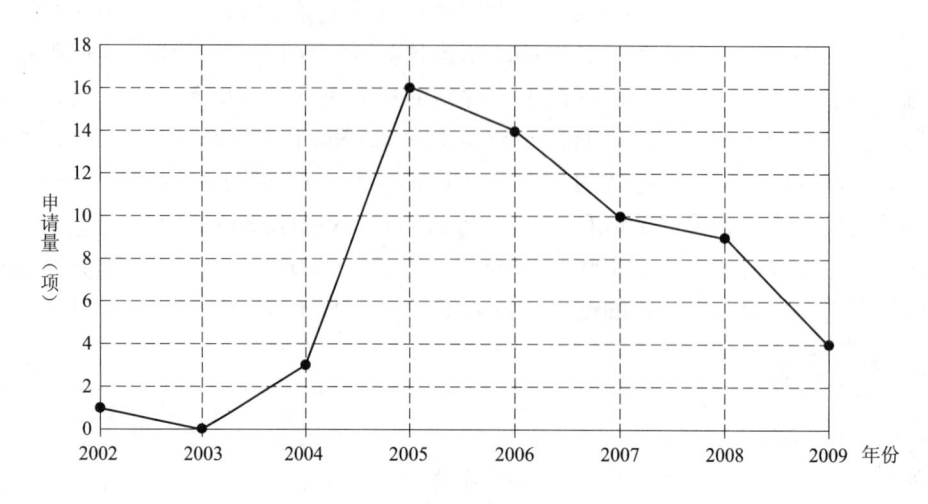

图 3－2－19　三星公司系统集成技术申请量分布

分析三星公司在各国家/地区的涉及系统集成技术的专利申请量分布，该公司的专利申请相对集中，主要在韩国、美国、欧洲、日本、中国进行专利申请，在其他国家/地区并未进行专利申请。该公司在韩国的申请量最高，达到30%。其次是在美国的专利申请量，占到29%。表明该公司主要注重在本国及在技术发展最强的美国进行专利布局，这部分专利申请量占到一半以上。其次占有份额较多的是在欧洲、日本和中国的专利申请。由此可见除技术较强的美国、欧洲、日本外，其最为重视的是在技术逐步呈上升趋势的中国进行专利布局，如图3－2－20所示。

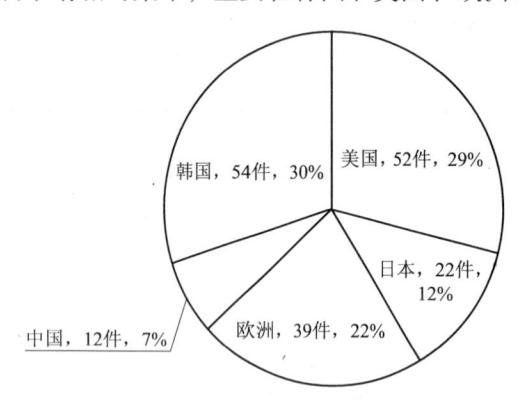

图 3－2－20　三星公司系统集成技术申请地区分布

3.2.6.3　皇家飞利浦公司

皇家飞利浦公司虽然进入系统集成领域进行专利布局的时间较晚，但从2004年开始，却是当前微流控领域值得重视的申请人，尤其是该公司较重视在中国的专利布局。在其早期（2004～2005年）的专利申请中，主要包括将进样和冲洗液控制系统进行整合、芯片实验室的微液流控制等技术。从2006年开始，该公司在系统集成技术领域的专利申请开始迅速攀升，并于2007年达到峰值，鉴于专利申请公开的滞后性还存在着进一步上升的可能性。在此阶段，皇家飞利浦公司将集成化的系统推广到分子诊断领域（例如PCT专利申请WO2007093939A、WO2007107910A），推测其可能在近几年开始逐步重视应用于诊断应用的系统集成技术，从而完成芯片实验室的产业化进程，参见图3－2－21。

由图3－2－22可知皇家飞利浦公司比较重视在欧洲进行专利布局，在欧洲专利局

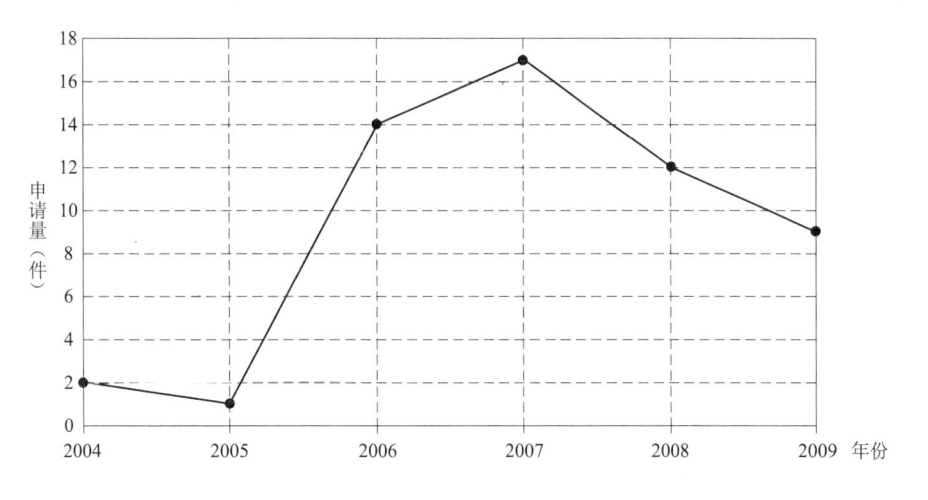

图 3-2-21　皇家飞利浦公司系统集成技术申请量分布

的申请量占到 28%。其次，该公司在亚洲地区的中国和日本的申请量占 19% 左右，并且对这两个国家的专利布局申请量要高于在美国的专利申请量（其在美国的专利申请占到总量的 15%）。对韩国的专利申请数量较少，目前只有 4 件。另外，在其他国家的专利申请中该公司十分注重在印度的申请，其在印度有 16 件专利申请，数量仅次于美国，占到了其他国家申请的大部分。综上，皇家飞利浦公司比较注重在亚洲进行专利申请，参见图 3-2-22。

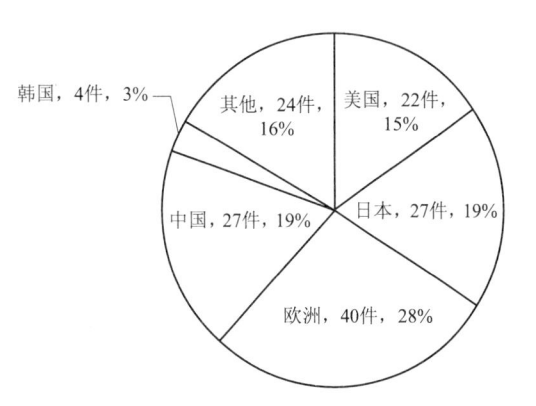

图 3-2-22　皇家飞利浦公司系统集成技术申请地区分布

2007 年，皇家飞利浦公司申请的 PCT 专利（专利公布号为 WO2007093939A）公开了一种用于分子诊断用途的微流体装置。该装置包括：表面上具有至少一个微通道结构的基板；至少一个检测、控制和/或处理元件；用于接收流体试样的至少一个接收室，其中接受室可形成在膜和基板之间，接收室与至少一个微通道通畅地连接；至少一个膜，其中，膜防渗漏地覆盖布置在基板上的至少一个微通道结构的上表面，由此所述膜的移动导致对位于所述微通道中接收室的流体的泵作用、和/或导致对引导通过微通道的流体的阀作用；和用于驱动膜移动的装置。该系统可在微流体装置上集成多个功能从而完成分子诊断任务。

3.2.6.4　其他重要申请人

加州大学于 1995 年申请的专利（申请号 US492678）公开了基于硅的套筒型化学反应腔，该腔体与加热器相结合。反应腔使临界比的硅和氮化硅结合了一定体积的被加热材料，从而在较小功率的前提下提供了一致的加热效率。反应腔可用于进行 PCR 或其他基于热循环的 DNA 反应。该专利申请于 1996 年被授予美国专利权（US5589136A）。加州大学于 1996 年对该专利进行系列申请（申请号 08/774174），公开了一种基于硅或非硅的套筒型化学反应腔的检测器腔。该检测器腔用于电化学发光检测，其包括具有玻璃盖层的硅层，及插入各层中的电极。同样该检测器腔可用于 PCR 反应。该系统进一步将 PCR 反应系统和光学检测系统结合起来，从而可完成样品从提取到检测的全过程。该专利于 2003 年被授予专利权（公告号 US6521181B）。

卡钳生命科学公司于 1998 年申请的美国专利（申请号 09/054962）公开了一种集成化的系统，该系统可用于 DNA 测序。在该集成化系统中可以利用第一反应的结果来选择适当的试剂、反应物、产物等来进行进一步分析。例如第一测序反应的结果可用于选择探针、模板等来进行进一步的测序。在该集成化的微液流测序系统中包括具有一系列的反应通道的微液流系统，用于可控运送测序试剂的材料传输系统。该专利申请于 2001 年授予美国专利权（US6235471B）。与该专利相关的另一专利申请是该公司的另一件专利申请（美国申请号 09/605548），已于 2002 年授权（公告号 US6406893B）。

在生物芯片的系统集成化进程中，中国申请人也投入了一定的科研力量和资金来进行这一领域的研发，并取得了一定进展。2001 年由清华大学和博奥生物共同申请的专利（申请号为 01145118），公开了一种用于样品制备和分析的集成式生物芯片系统。该申请给出了在集成式生物芯片系统的一块或是多块芯片上按照一定顺序对样品进行处理和分析的器件，可实现自动化操作。该专利申请于 2006 年被授予专利权。

2004 年由美国 Woodcock Washburn 公司申请的美国专利（申请公开号 US20050014134A）公开了一种用于微全分析系统的装置，可进行大分子（例如蛋白质和核酸）的收集和识别。其通过测定并比较大分子样品的分子量信号来完成这一功能。可重复的分子量信号使得样品识别的可靠性提高。该装置包括具有下述结构的微液流芯片：用于接收大分子样品的注射入口；任选的预浓缩器；用于将样品中的大分子运送到电动微通道分离器中的电动泵。该专利得到美国政府资助。

3.2.7 生物芯片的诊断应用

3.2.7.1 申请人排名

如表 3-2-9 所示，诊断应用技术领域的专利申请量最多的申请人是美国基因公司，其具有 1 083 项申请，申请量占到全部申请的 26%，申请数量远远高于其他申请人。其次是美国昂飞公司申请量达到 64 项，居第 2 位。居于其后的其他申请人分别是：加州大学、德国柏林外基因组学股份有限公司、东京大学、美国健康与人类服务部、霍尼韦尔公司、日本佳能公司、肿瘤疗法科学股份有限公司、美国塞昆纳姆股份有限公司、美国因赛特公司、美国阿普里拉股份公司等。前十二位申请人中只有 3 个是政府机构和研究机构，其他都是企业。这表明该应用领域具有较大的获利及产业化前景，企业在该应用领域投入了大量的研发力量从事技术开发。

表 3-2-9　诊断应用技术领域申请人排名

排名	申　请　人	数量（项）
1	基因公司	1 083
2	昂飞公司*	64
3	加州大学	44
4	德国柏林外基因组学股份有限公司	42
5	东京大学	38
6	美国健康和人类服务部	35
7	霍尼韦尔有限公司	34
8	佳能公司	33
9	肿瘤疗法科学股份有限公司	30
10	赛昆纳姆股份有限公司	27
11	因赛特公司	27
12	阿普里拉股份有限公司	26

注：其中申请人后面加*表示对该申请人的申请量已进行合并。

3.2.7.2　基因公司

基因公司目前是罗氏集团的子公司，其也是美国历史最久的生物技术公司之一，主要涉及的领域是生物医药领域，被并购入生物界的巨头罗氏集团后经济实力大大增长。美国基因公司所涉及的诊断应用技术的专利申请共有 1 083 项。该公司从 1996 年开始生物芯片领域的专利申请，在 1996 年申请量很少。但在其后短短的 4 年中申请量迅速攀升，到 2000 年已达到 440 项/年，但在之后申请量又开始迅速下滑，最近的几年每年只有几件申请。表明该公司进入这一应用领域的势头很强，在进行一定的研发后又逐步收紧了在这一领域的投入，参见图 3-2-23。分析其专利技术，其大部分专利

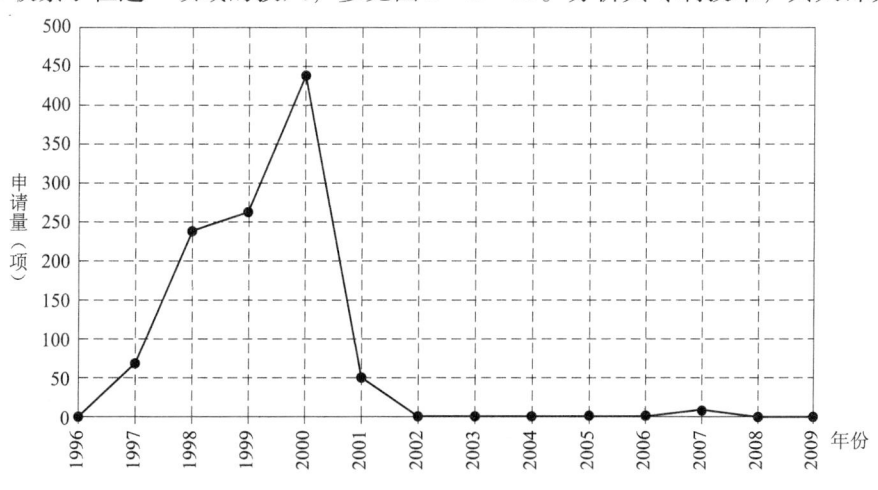

图 3-2-23　基因公司诊断应用技术全球专利申请历年申请量分布

适用于治疗或诊断目的的肽片段或核苷酸片段,其可应用于微阵列芯片上而进行诊断。因此,这部分专利技术可归为探针技术,对于生物芯片结构和工艺方面的改进很少涉足。

分析基因公司在各国家/地区的涉及诊断应用技术的专利申请分布,其在美国申请是其最主要的部分,占到总申请量的77%,在别的国家/地区的专利申请量相对较少。其次比较重视在欧洲进行专利申请,申请量占全部申请的6%。在亚洲市场的分布主要集中在日本(4%)和韩国(2%),在中国的申请量较少,申请量只占到总申请量的1%。在其他国家/地区的申请中,比较重视在澳大利亚的申请,其在诊断应用技术领域在该国的申请共68件,仅次于在美国的申请量。见图3-2-24。

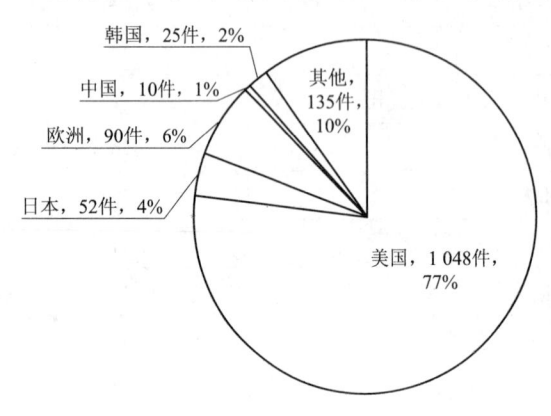

图3-2-24 基因公司诊断应用技术申请地区分布

3.2.7.3 昂飞公司

如图3-2-25所示,昂飞公司早在生物芯片的发展初期就进入了诊断应用领域开始进行专利布局,可见其对诊断应用技术相当重视,将其视作生物芯片的一种具有重要前景的应用。虽然在其后的几年中,专利申请有所间断,但在1994年即达到申请量的峰值,并在以后的几十年中保持着良好的持续性。分析其在1994年左右的专利技术主要涉及芯片制作技术中的封装技术、杂交测序技术等。而近几年来的专利申请,主要涉及测序技术、全基因组表达、基因分型技术。可见诊断逐渐向个体化定制、分子水平诊断的方向发展。

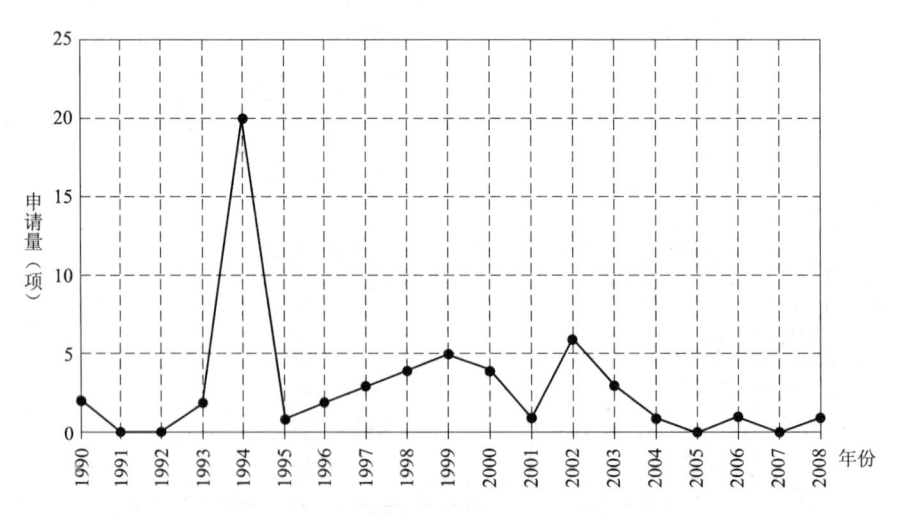

图3-2-25 昂飞公司诊断应用技术全球专利申请历年申请量分布

分析昂飞公司在各国家/地区的涉及诊断应用技术的专利申请量分布,其主要在本国内进行专利布局，美国国内的专利申请量占到52%，占一半以上。其次在技术较强的欧洲和日本进行专利布局，申请量居第二位和第三位，分别为20%和15%。中国申请量只占总申请量的1%。该公司在韩国还没有关于生物芯片诊断应用领域的专利申请。在其他国家/地区关于这一技术领域的专利申请，该公司比较重视在澳大利亚和加拿大的专利布局，在这两个国家的专利申请量要高于在中国的专利申请量。参见图3-2-26。

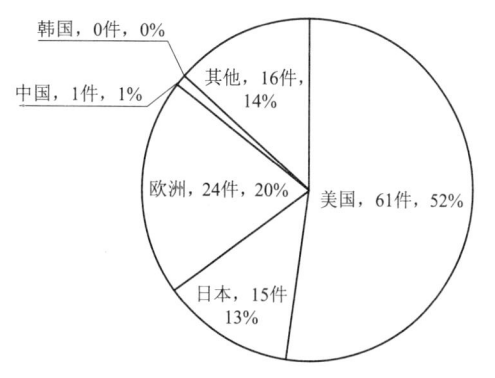

图3-2-26 昂飞公司诊断应用技术申请地区分布

3.2.8 生物芯片的测序应用

3.2.8.1 申请人排名

如表3-2-10所示，测序应用技术领域的专利申请并没有申请量特别突出的申请人，基本呈比较分散的态势。居前两位的申请人分别是美国昂飞公司和美国希斯克有限公司，其他的前几位申请人申请数量的差别不大。昂飞公司在生物芯片的市场地位一直居于前列，对于具有广泛市场前景的测序应用领域也保持了较高的申请量。位于第二位的美国希斯克有限公司是在测序应用领域需要重点关注的申请人，其位于美国加利福尼亚州，主要开发杂交测序的技术平台。前十二位申请人中，75%是企业，只有3个申请人为大学和研究机构，这说明该领域的产业化程度相对较高。前十二位申请人中，有10个是美国申请人。在这些申请人中除了传统从事生物芯片领域的企业，例如昂飞公司、安捷伦公司等外，还有传统从事计算机芯片开发的企业，例如美国英特尔公司。美国英特尔公司在芯片测序领域的专利主要是关于长序列高速、自动测序，即拉曼光谱测序法。此外，一些以测序技术见长的公司也是本领域重点关注的对象，例如美国希斯克有限公司（Hyseq公司）、美国林克斯治疗公司、英国亿明达剑桥有限公司以及拥有目前热门的单分子实时测序技术的美国海利克斯生物科学公司（Helicos公司）。

表3-2-10 测序应用技术申请人排名

排名	申请人	数量（项）
1	昂飞公司*	98
2	希斯克有限公司	67
3	加州大学	38
4	阿普里拉股份有限公司	36
5	加州理工学院	40
6	安捷伦公司*	31

续表

排名	申请人	数量（项）
7	英特尔公司	27
8	林克斯治疗公司	27
9	德国柏林外基因组学有限公司	24
10	海利克斯生物科学公司	22
11	亿明达剑桥有限公司	22
12	哈佛大学	22

注：其中申请人后面加 * 表示对该申请人的申请量已进行合并。

3.2.8.2 昂飞公司

美国昂飞公司涉及生物芯片测序应用技术的专利申请共98项。该公司是将生物芯片应用于测序领域最早的公司之一，早在1989年该公司即有该应用领域的申请，虽然在初期的几年（1989~1993年）申请量并不是很大，但并未有间断。1994~1995年，昂飞公司在这一应用领域的申请量达到峰值，每年有十七八件。而这一时期还是该应用技术的萌芽时期，可见昂飞公司在生物芯片的测序应用领域中独占先机。但2003年以后，昂飞公司在这一领域的申请量有所下降，时断时续，可能是由于该企业在生物芯片的应用领域有所转移。参见图3-2-27。

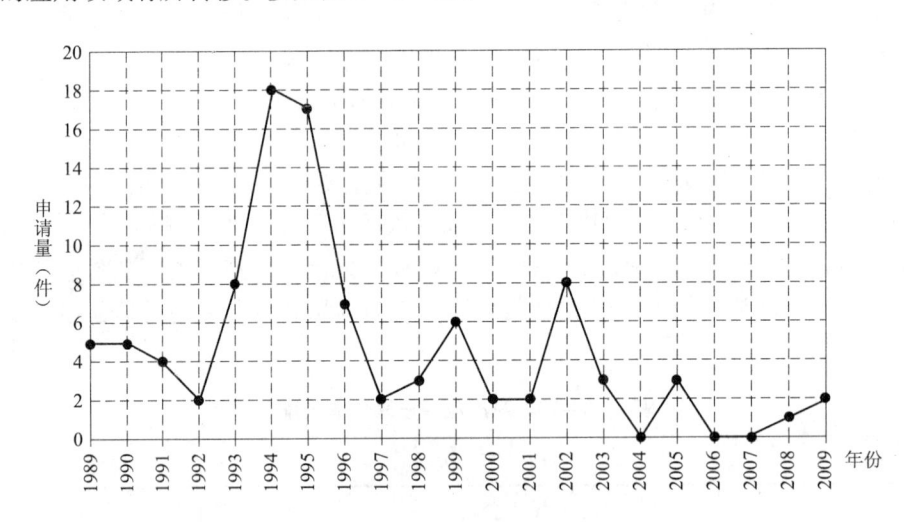

图3-2-27 昂飞公司测序应用技术全球专利申请历年申请量分布

分析昂飞公司在各国家/地区的涉及测序应用技术的专利申请量分布，其在美国的专利申请量最高，达到52%，占据了一半以上的比例。其次是在欧洲专利局的申请，占到23%。表明该公司主要注重在本国及在技术发达的欧洲市场进行专利布局。其次，该公司在亚洲市场的专利布局主要集中在日本，占全部申请的9%，在中国的专利申请量较少，只有4件，而在韩国还没有涉及生物芯片测序应用技术的专利申请。从图3-2-28可见，该公司在测序应用技术领域的专利布局比较集中，除以上提到的国家/地区外，在其他国家的专利布局主要集中在澳大利亚，共18件专利申请，申请量超过了日本，排专利申请量的第3位。

3.2.8.3 希斯克有限公司

美国希斯克有限公司涉及生物芯片测序应用技术领域的专利申请共67项。该公司开始进行生物芯片研发的时间较早，其主要技术是建立在杂交测序（SBH）基础上的。虽然其起步很早（始于1988年），但在其后的10年中几乎没有专利申请，只有1994年和1995年每年有一件专利申请。从1998年开始才再一次进行专利申请，但此阶段至2001年达到33件的峰值后，又迅速回落，2002年以后在这一领域没有专利申请。参见图3-2-29。

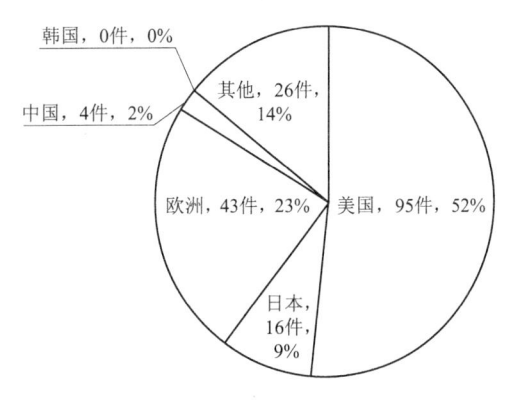

图3-2-28 昂飞公司测序应用技术申请地区分布

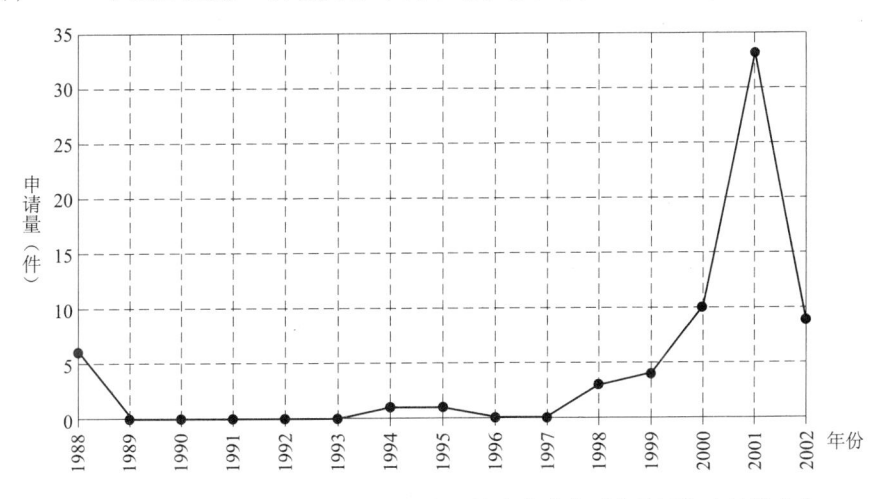

图3-2-29 希斯克有限公司测序应用技术全球专利申请历年申请量分布

以上现象究其原因，主要是由于其技术基于杂交测序。杂交测序虽然具有自身优势，例如采用标准化的高密度寡核苷酸芯片能够大幅度降低检测的成本，但也存在着一些问题。这些主要问题是：由于众多寡核苷酸的组成各不相同，其最佳杂交条件难于统一，易于出现假阳性和假阴性的杂交结果；根据获得的数据无法准确地排列重叠序列；尤其是，如果待检测核酸存在重复序列，那么重叠的探针不是唯一的，重组探针无法再继续，因此这种方法不能用于含有许多内部重复和简单序列单元的DNA测序。因此，在出现了454测序法、Solexa测序法后，该技术已逐渐不能满足需求。另一主要原因是，由于希斯克有限公司与昂飞公司在20世纪90年代陷入了严重的专利纠纷。希斯克有限公司认为昂飞公司的基因芯片技术侵犯了其关于DNA杂交技术的专利，而昂飞公司用自己的专利进行抗诉。在经过几年都耗资巨额的基因芯片专利诉讼后，双方在2001年达成全面解决专利纷争的协议。两家公司从2001年开始才取消在美国地方法院的所有专利诉讼请求，互相承认各自所取得专利的合法性和强制性，双方终止向美国专利局申请专利获权的干扰。可见与昂飞公司的专利战争严重影响了希斯克有限公司在生物芯片的测序领域的申请。

分析希斯克有限公司在各国家/地区的涉及测序应用技术的专利申请量分布，其在其他国家中的澳大利亚的该技术领域的专利申请最多。其次，该公司比较重视在欧洲和美国的专利布局，分别占到26%和24%。表明该公司重点在澳大利亚、欧洲和美国进行专利申请。相对于这些地区/国家，在亚洲的主要申请集中在日本，在中国和韩国的申请量较少。该公司对于澳大利亚、欧洲和美国的申请量较为平均，但都普遍高于亚洲。除以上提到的国家/地区外，在其他国家的专利份额较少。见图3-2-30。

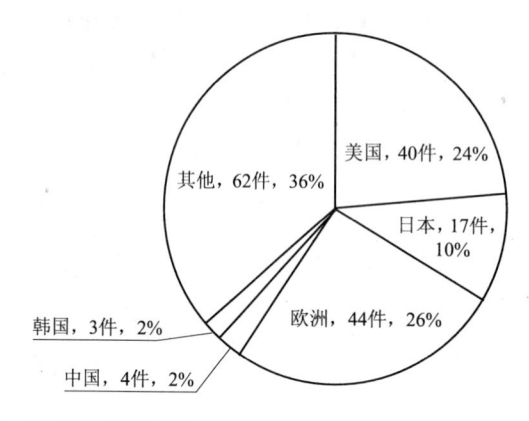

图3-2-30 希斯克有限公司测序应用技术专利申请地分布

第4章 中国专利申请分析

本章分析对象为在中国国家知识产权局的专利申请以及中国申请人在其他国家和地区专利申请情况。

4.1 在华专利申请总体状况分析

生物芯片方面经初步检索在中国专利数据库中共有 6 770 篇，经过对初步检索结果逐条筛选和补充检索，相关专利 3 439 篇，其涵盖了 1997 年以来在中国专利局递交的生物芯片方面的相关专利申请。

本节对中国相关专利申请进行总体上的统计分析，包括年代分布、申请人的国家地区分布、主要申请人、技术领域分布状况等。

4.1.1 申请趋势

从图 4-1-1 和表 4-1-1 中可以看出，在 1997～1999 年间，年申请总量增长缓慢，低于 100 件；2000～2003 年，其数量呈快速增长态势，2003 年以后趋于稳定。其原因在于：从 20 世纪 80 年代末提出生物芯片以来，到 1997 年生物芯片技术才开始进入中国，最初发展较为缓慢，申请量较少，而且以其他国家和地区的申请占很大比重。随着 1999 年 3 月国家科技部起草《医药生物技术"十五"及 2015 年规划》，国家 863 计划"功能基因组及生物芯片研究"重大专项的实施，中国对生物芯片领域加大了投入，国内生物芯片技术得到了迅速发展，同时其他国家和地区在中国的相关专利申请也逐渐增加，使得 2000～2003 年间在华专利申请量快速增长，而 2003 年以后，年申请量趋于稳定，但由于其广泛的应用前景，申请量仍然保持较高的水平。而图中 2009 年的数据有所降低，是由于专利申请延迟公开以及数据库录入的滞后性所造成的。

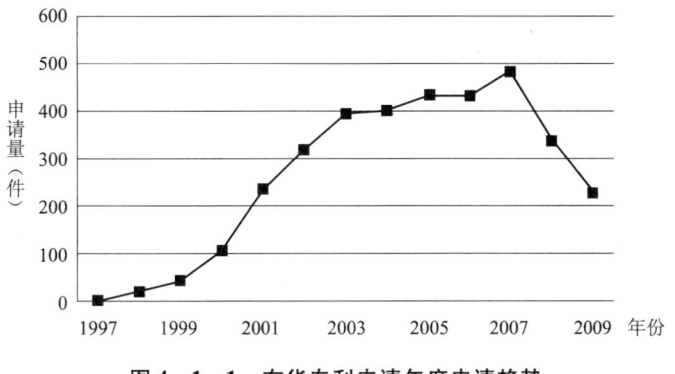

图 4-1-1 在华专利申请年度申请趋势

表 4-1-1 主要国家/地区在华专利申请情况

申请年区间 \ 申请量（项） \ 国籍	中国	日本	美国	欧洲	韩国	其他
1997~1999 年	35	4	25	0	0	6
2000~2003 年	791	69	95	29	24	50
2004~2009 年	1 442	350	213	137	66	103
1997~2009 年	2 268	423	333	166	90	159

另外，从表 4-1-1 中可以看出，在 1997~1999 年间，在华申请的其他国家和地区的申请人中，美国申请人申请量占绝对优势，为 25 件，这与中国申请人的申请量相差不多；一方面说明美国在生物芯片技术领域的领先，另一方面也表明美国申请人对中国市场的重视；在 2000~2003 年间，各国家和地区申请人的申请量都增加，此间，中国申请人的申请量尤为明显，另外，日本申请人申请量增幅也十分明显，韩国和欧洲申请人的专利申请出现。在 2004~2009 年间，日本申请人申请量则大幅度提高，其在华申请量在此期间超过了美国申请人的在华申请量，这充分表现出，日本对生物芯片技术的重视，以及日本申请人对中国市场的重视程度进一步增强。除美国、日本、欧洲和韩国申请人之外，其他国家和地区申请人的申请量也大幅度提高。

4.1.2 各国家/地区专利申请比率

从图 4-1-2 中可以看出，在华专利申请主要来自于中国申请人，其申请量占总量的 66%；来自其他国家和地区申请人以日本、美国、欧洲和韩国为主，来自这 4 个国家或地区的专利申请分别占相关专利申请总量的 12%、10%、5% 和 2%。这反映出了这 4 个国家和地区在生物芯片领域技术的发展情况，同时也反映出它们对中国市场的重视程度。结合对图 4-1-1 的分析可知，日本在近五年来在华申请的数量大幅上升。

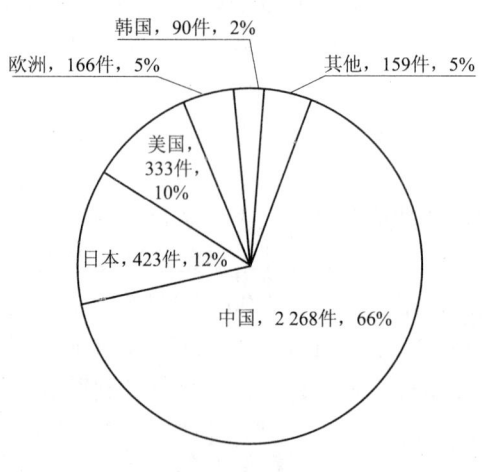

图 4-1-2 各国家/地区专利申请比率

4.2 在华专利申请技术总体分析

生物芯片是一项涵盖生物、物理、化学、材料、微加工、电子信息等技术领域的综合性技术，综合生物芯片的上、中、下游的产业链情况，从技术角度，可将生物芯片技术分为芯片制作技术、样品处理技术、生物分子反应技术、反应信号的检测技术、数据处理技术以及外围设备六部分。

本节从技术分布和主要技术分支的申请趋势两个方面分析在华专利申请。

4.2.1 在华专利技术分布情况

图4-2-1为在华专利申请中一级技术分支分布申请状况比较图，左图为在华专利申请中芯片制作、样品处理、生物分子反应、信号检测、数据处理和外围设备6个技术分支的历年申请情况比较，右图为在华申请中各技术分支所占比例情况。从图4-2-1的左图可以看出，1997~1999年间，各技术分支的申请量都增长较缓慢，在2000年以后生物芯片技术得到了快速发展，申请量急剧增加，这其中尤其以芯片制作、信号检测和生物分子反应技术增幅较大。2003年后各技术分支的年申请量基本趋于稳定，这与生物芯片技术在中国总的申请趋势是一致的。但是可以看出只有芯片制作方面的年申请量在2000年后一直维持在100件以上，而其他技术年申请量则相对较低，都处于100件以下，或者低于50件。考虑到专利数据公开的滞后性，芯片制作技术相关的专利申请量今后还有进一步上升的可能性。同时可以看出，其中关于生物分子反应的专利申请一直处于振荡中提高的趋势，另外，针对信号检测的专利申请同样也具有每年较高的专利申请量，但通过数据分析可以看到信号检测技术近年来的申请量出现了下降趋势。从图4-2-1的右图可以看出，在华专利申请中关于芯片制作的申请占绝对优势，为2 319件，占总申请量的67%，其次是信号检测和生物分子反应，分别为453件和399件，分别占13%和12%。

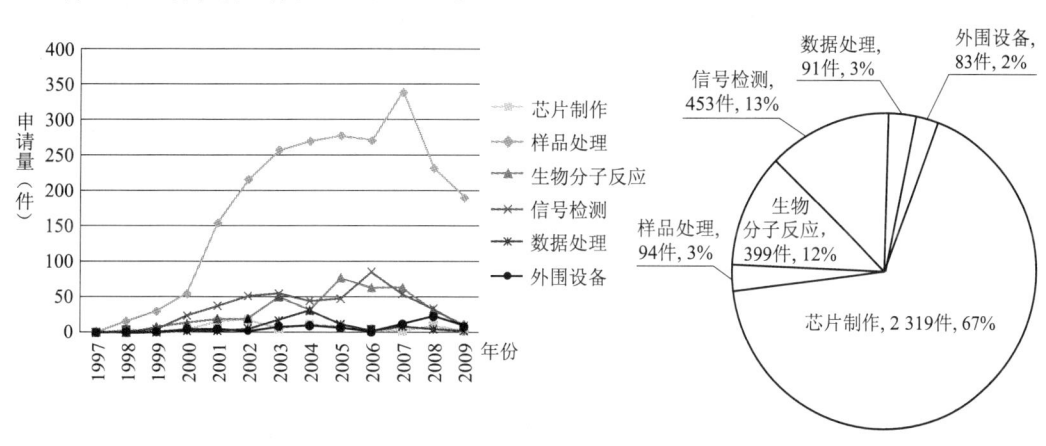

图4-2-1　在华专利申请中一级技术分支申请趋势及构成比率

从图4-2-2可以看出，在芯片制作、样品处理、生物分子反应、信号检测、数据处理和外围设备6个一级技术分支中，中国申请人的申请量分别为：1 521件、55件、254件、331件、53件和55件，美国申请人的申请量分别为：189件、20件、63件、44件、8件和10件，日本申请人的申请量分别为：355件、4件、18件、28件、11件和7件，欧洲申请人的申请量分别为：94件、6件、30件、28件、4件和4件，韩国申请人的申请量分别为：67件、2件、11件、3件、6件和1件。综合比较各国家和地区在六个一级技术分之所占比例，各国家和地区的专利申请主要都集中在芯片制作上，充分表现出申请人对生物芯片制备技术的重视。另外可以看出中国申请人在芯片制作、生物分子反应和信号检测方面申请量上占有较大的优势,分别为1 521件、254件和331件,但是应该看出在芯片制作方面,日本和美国的申请量也占有较大数量,因此也说明在此技术上美国和日本具有较强的实力。而在样品处理,生物分子反应、信号检测技术分支中,美国占有较大比例,表明这些技术是美国申请人比较关注的研发方向。

表4-2-1 在华专利申请一级技术分支各国/地区申请人专利申请量情况

	中国	韩国	美国	欧洲	日本	其他
芯片制作	1 521	67	189	94	355	93
样品处理	55	2	20	6	4	7
生物分子反应	254	11	63	30	18	23
信号检测	331	3	44	28	28	19
数据处理	53	6	8	11	11	9
外围设备	55	1	10	7	7	6

4.2.2 主要技术分支分析

本部分内容中,选取8个技术作为分析对象,其中包含与芯片制作相关的微阵列制作方法和设备、微流控芯片制作方法与设备,微流控芯片中的微结构设计和芯片封装,样品处理,与生物分子反应相关的反应用途和系统集成,以及与数据处理相关的图像处理技术。从申请量、所属国家和地区分布以及各技术分支随年度的变化来分析,从而说明所选技术在华的发展和分布情况。

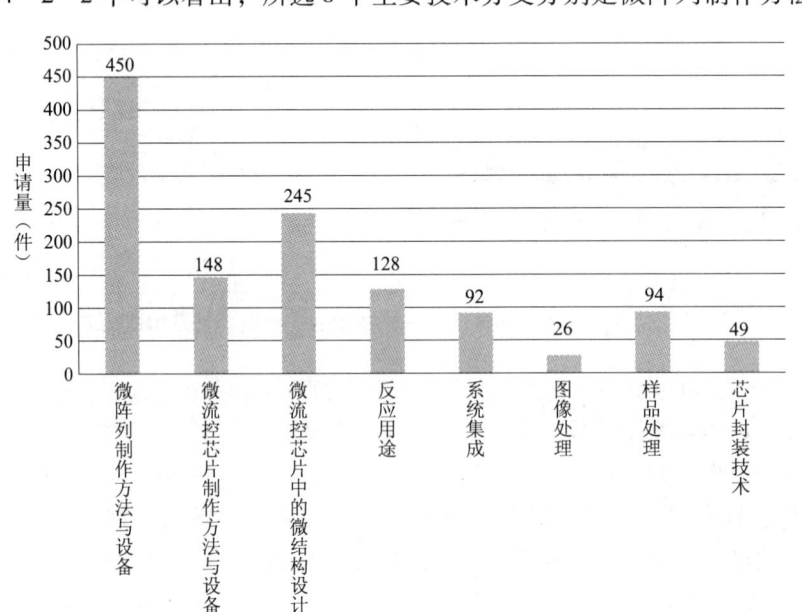

从图4-2-2中可以看出,所选8个主要技术分支分别是微阵列制作方法和设备、

申请量(件)

技术分支	申请量
微阵列制作方法与设备	450
微流控芯片制作方法与设备	148
微流控芯片中的微结构设计	245
反应用途	128
系统集成	92
图像处理	26
样品处理	94
芯片封装技术	49

图4-2-2 主要技术专利申请量分布

微流控芯片制作方法与设备、微流控芯片中的微结构设计、反应用途、系统集成、图像处理、样品处理和芯片封装技术。其中微阵列制作方法与设备和微流控芯片中的微结构设计，微流控芯片制作方法与设备，反应用途，系统集成和样品处理申请量相对较大，而与图像处理和芯片封装技术相关的专利申请较少。由此可见，在华申请中主要以芯片制作技术的申请为主，而随着近年来微流控芯片的广泛应用包含电泳芯片等的生物芯片反应用途技术也具有一定的申请量，而样品处理技术由于直接影响生物芯片检测的灵敏性和特异性因此受到了较多的关注。

表4-2-2所示为主要技术分支在华发展趋势，相比其他所选技术分支，微阵列制作方法和设备历年的申请量都最大。从整体上看，从2005年开始，微阵列制作方法和设备、微流控芯片制作方法与设备、系统集成和微流控芯片中的微结构设计申请量相对较稳定，尤其是微流控芯片中的微结构设计申请量突然增大，并保持稳定。而反应用途技术是在华申请中最早开始进行专利申请的技术，从2005年开始该技术的申请量也有明显上升。系统集成技术是在华申请中发展始终比较稳定的技术，从2003年开始该技术分支的申请量一直保持在比较平稳的水平。而在样品处理技术和芯片封装技术方面，发展虽早于其他技术分支，都是在2003年左右就达到了申请量的峰值，但近年来申请呈下降趋势。

表4-2-2 主要技术分支技术发展历年申请量情况

技术分支 \ 申请量(件) \ 年份	1997	1998	1999	2000	2001	2002	2003	2004	2005	2006	2007	2008	2009
微阵列制作方法与设备	0	6	5	9	17	18	46	89	41	63	63	43	50
微流控芯片制作方法与设备	0	0	0	0	0	7	16	27	25	11	31	22	9
微流控芯片中的微结构设计	0	0	4	3	10	16	10	1	37	49	48	44	23
反应用途	1	0	3	6	3	3	13	3	32	24	26	8	3
系统集成	0	0	1	4	6	5	14	12	11	6	13	15	5
图像处理	0	0	0	0	0	1	11	8	4	0	1	1	0
样品处理	0	4	2	5	16	19	6	12	9	5	3	10	3
芯片封装技术	0	0	1	0	4	25	3	1	3	1	7	2	2

从图4-2-3中可以看出，除微阵列制作方法和设备外，中国专利申请在各主要技术分支中申请量均占有一定优势，而日本在微阵列制作方法和设备方面具有大量申请，主要来自精工爱普生株式会社关于微点样设备中的喷射装置的申请。可以看出，美国相比其他国家和地区就主要技术分支的在华专利申请都占有一定优势，尤其是在反应用途、系统集成、样品处理技术方面优势比较明显。而在微流控芯片中的微结构设计技术方面，美国、欧洲、日本申请人的申请数量相当，这也表明在该技术领域，

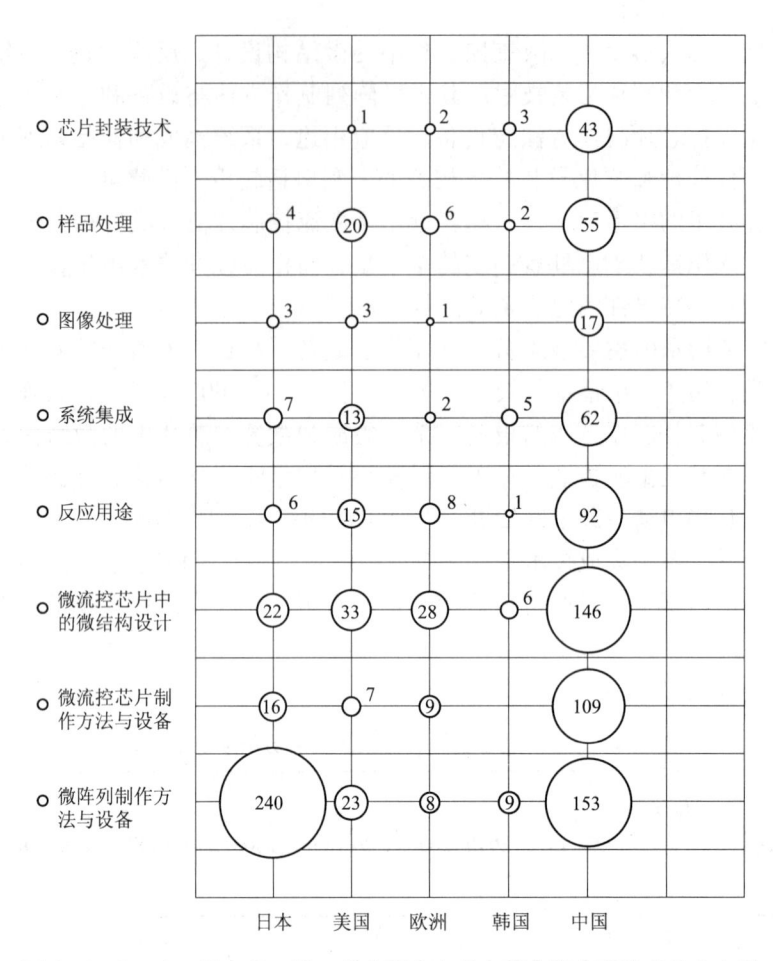

	日本	美国	欧洲	韩国	中国
芯片封装技术		1	2	3	43
样品处理	4	20	6	2	55
图像处理	3	3	1		17
系统集成	7	13	2	5	62
反应用途	6	15	8	1	92
微流控芯片中的微结构设计	22	33	28	6	146
微流控芯片制作方法与设备	16	7	9		109
微阵列制作方法与设备	240	23	8	9	153

图 4-2-3 中、日、美、欧、韩申请人在华专利申请主要技术分支布局

这 3 个国家或地区的申请人市场竞争明显。而在微流控芯片制备作方法与设备领域，日本申请人相对于其他国家/地区的申请人可能具有较多优势。从图 4-2-3 中可以看到，美国申请人在上述 8 个技术分支上的专利分布相对比较平衡，并且在这 8 个技术领域都有所涉及。而日本在微阵列制作方法与设备技术、欧洲在微流控芯片中的微结构设计技术相对于其他技术有较多优势，这分别与日本精工爱普生株式会社和荷兰皇家飞利浦公司涉及这些技术领域在华有较多申请有关。中国申请人则在技术领域微阵列制作方法与设备、微流控芯片中的微结构设计、微流控芯片制作方法与设备、反应用途、系统集成技术几方面具有较多申请。

4.3 在华专利申请人分析

4.3.1 申请人类型

从图 4-3-1 中可以看出，在华专利申请总体而言，企业和大学的申请量相差不多。但对于中国申请人而言，大学的申请量为 1 168 件，研究机构为 106 件，企业为

500件，而其他国家和地区籍申请人中，企业为929件，大学和研究机构总和为107件，企业申请人中，国外申请人所占比例比国内申请人所占比例高将近一倍。从而可以看出，在中国，生物芯片领域的主要研发主体是大学，生物芯片技术的发展主要还处于技术研发阶段，产业化程度略显不足。国内申请人中，个人申请也占相当比重。

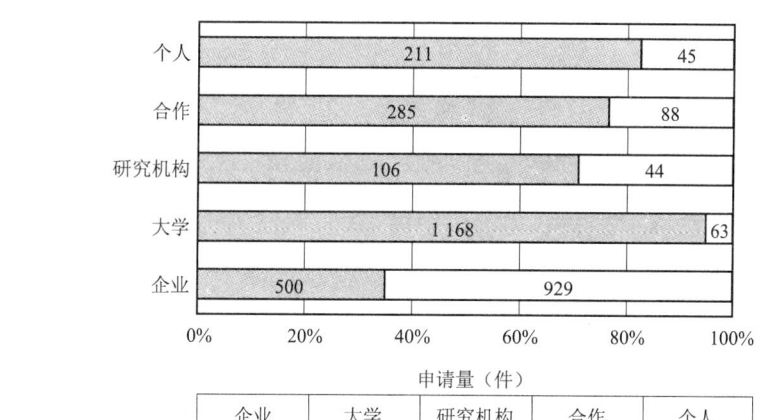

	企业	大学	研究机构	合作	个人
中国籍申请人	500	1 168	106	285	211
其他国家和地区籍申请人	929	63	44	88	45

图4-3-1 在华申请申请人类型比较

4.3.2 申请人排名

表4-3-1为在华专利申请排名前二十的申请人，其中博奥生物的申请量合并是由于该公司名称的变化引起的。从表4-3-1可以看出，在申请量排名前20位的申请人中，中国占16个，日本占2个，而在中国的16个申请人中又以大学和研究机构为主，占12个，企业仅4家：博奥生物有限公司、天津生物芯片技术有限责任公司、上海生物芯片有限公司、上海裕隆生物科技有限公司。

表4-3-1 在华申请申请量前20位的申请人

申请人	数量（件）
精工爱普生株式会社	230
浙江大学	130
清华大学	116
博奥生物*	88
中国科学院大连化学物理研究所	88
东南大学	75
天津生物芯片技术有限责任公司	69
南开大学	64
皇家飞利浦电子股份有限公司	54

续表

申请人	数量（件）
中国科学院上海微系统与信息技术研究所	49
三星电子株式会社	46
上海交通大学	44
复旦大学	35
中国农业科学院茶叶研究所	34
重庆大学	34
上海生物芯片有限公司	28
中国检验检疫科学研究院	27
广州益善生物技术有限公司	27
上海裕隆生物科技有限公司	25
佳能株式会社	24

注：其中申请人后面加 * 表示对该申请人的申请量已进行合并。

从表 4-3-2 可以看出，中国申请人排名中主要是大学和科研院所，占 8 个，而公司只有两家。其他国家和地区申请人排名中主要是公司，而且很多公司并非专门做生物芯片研究的，都是利用了自身技术的优势，将自身的优势技术结合生物芯片技术，从而涉足生物芯片领域，如精工爱普生株式会社，佳能公司。另外，这些公司大都是知名公司，具有很强的财力，在一定程度上也说明生物芯片领域的发展与强大的资金支持是分不开的，其中日本占 6 家，充分显示出日本申请人对中国市场的关注。

表 4-3-2 在华申请中国和其他国家和地区申请人排名

其他国家和地区申请人	数量（件）	中国申请人	数量（件）
精工爱普生株式会社	230	浙江大学	130
皇家飞利浦公司	54	清华大学	116
三星公司	46	博奥生物*	88
佳能公司	24	中国科学院大连化学物理研究所	88
财团法人工业技术研究院	22	东南大学	75
昂飞公司*	21	天津生物芯片技术有限责任公司	69
日立公司*	19	南开大学	64
索尼公司	17	中国科学院上海微系统与信息技术研究所	49
横河电机	13	上海交通大学	44
松下公司*	13	复旦大学	35

注：其中申请人后面加 * 表示对该申请人的申请量已进行合并。

表4-3-3和表4-3-4所示为主要申请人在主要技术分支中的专利申请情况,其中表4-3-3为中国主要申请人在主要技术分支中的在华专利申请情况,可以看出,在微阵列制备方法和设备上,东南大学、清华大学、上海交通大学和博奥生物,占有一定优势。

表4-3-3 中国主要申请人在主要技术分支中的专利申请情况

申请量(件) 技术分支	浙江大学	清华大学	中国科学院大连化学物理研究所	东南大学	天津生物芯片	南开大学	博奥生物*	中国科学院上海微系统与信息技术研究所	上海交通大学	复旦大学
微阵列制作方法与设备	2	7	0	16	0	2	5	3	7	2
微流控芯片制作方法与设备	3	7	18	4	0	0	5	8	8	8
微流控芯片中的微结构设计	10	10	18	3	0	0	5	4	4	4
反应用途	9	5	14	3	0	0	4	9	3	2
系统集成	2	4	4	1	0	1	4	0	1	1
图像处理	1	0	1	0	0	0	0	0	0	0
样品处理	1	10	0	0	1	0	10	1	2	1
芯片封装技术	0	3	1	1	0	0	1	1	0	0

注:其中申请人后面加*表示对该申请人的申请量已进行合并。

表4-3-4 其他国家/地区主要申请人在主要技术分支中的专利申请情况

申请量(件) 技术分支	精工爱普生株式会社	皇家飞利浦公司	三星公司	佳能公司	财团法人工业技术研究院	索尼公司	昂飞*公司	横河电机	松下*公司	日立*公司
微阵列制作方法与设备	20	6	7	0	3	2	0	3	2	2
微流控芯片制作方法与设备	0	2	0	0	2	1	0	0	0	10
微流控芯片中的微结构设计	1	9	2	3	1	3	0	0	0	0
反应用途	0	2	1	2	3	1	0	0	0	0
系统集成	0	1	1	2	1	0	0	0	0	0
图像处理	0	1	0	0	0	0	1	0	0	0
样品处理	0	4	1	1	0	0	0	2	0	0
芯片封装技术	0	2	3	0	0	0	1	0	0	0

注:其中申请人后面加*表示对该申请人的申请量已进行合并,精工爱普生株式会社申请量实际为227件。

表4-3-4的下图为其他国家和地区主要申请人在主要技术中的专利申请情况,可以看出精工爱普生株式会社和日立公司申请比较集中,分别是微阵列芯片制作方法

和设备与微流控芯片制作方法和设备。其他申请人则较为分散。其中在微阵列芯片制作方法和设备方面以精工爱普生株式会社、三星公司和皇家飞利浦公司排在前三位;其中精工爱普生株式会社主要涉及微阵列芯片制作中的微点样设备的喷射装置。微流控芯片制作方法和设备方面以日立公司为最多;在微流控芯片中的微结构设计中以皇家飞利浦公司为最多。除了需要注意涉及技术分支集中的申请人外,还需值得注意几个涉及多个技术分支的申请人,如皇家飞利浦公司,三星公司的专利申请都涉及多个主要技术分支。

4.4 中国申请人向他国提交的专利申请分析

本节研究对象为检索到的涉及中国申请人向其他专利局提交的专利申请88项,其中未包含1 130项与探针相关的专利申请。从申请人、专利地区分布、技术分布等方面进行研究。

从图4-4-1中可以看出,中国申请人向国外申请量排名前7位的申请人中,公司占5家,大学1个,研究机构1个,其中博奥生物与清华大学是合作申请,共计44件。

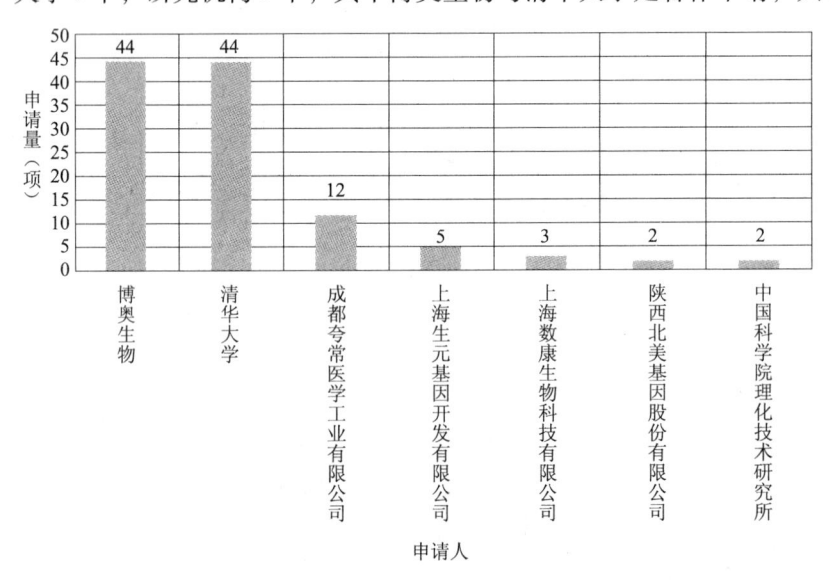

图4-4-1 中国申请人向国外申请排名

从图4-4-2中可以看出,中国申请人向国外申请专利时,主要申请地区为美国(占39%)、欧洲(占23%)、澳大利亚(占16%)、日本(占13%)和加拿大(占6%)。

从图4-4-3可以看出,中国申请人向其他国家和地区的专利申请集中在生物芯片产业的上游和中游技术,其中芯片制作与样品处理相关的申请量分别占42%和24%。从图4-4-4中可以看出,具体二级技术分支中,探针为20项,样品的提取与纯化为10项,排在前两位。同时在阵列基片的处理与修饰、核酸扩增、反应条件控制等也分别具有6项专利申请。

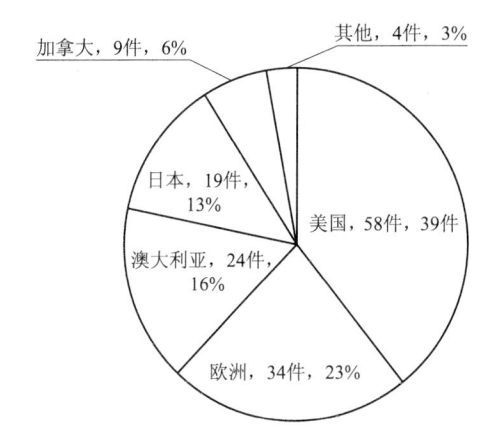

图4-4-2 中国申请人向国外
申请专利地区分布图

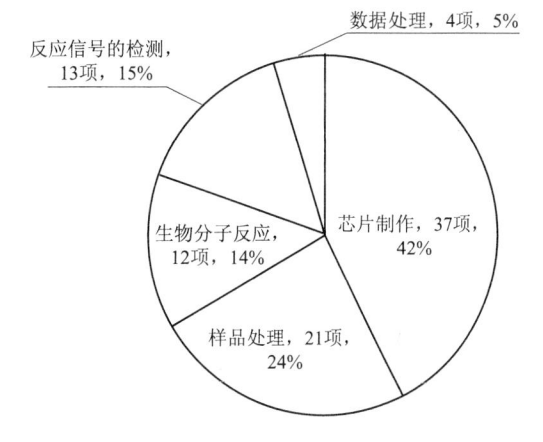

加拿大，9件，6%
其他，4件，3%
日本，19件，13%
美国，58件，39%
澳大利亚，24件，16%
欧洲，34件，23%

图4-4-3 中国申请人向国外
申请技术分布图

数据处理，4项，5%
反应信号的检测，13项，15%
芯片制作，37项，42%
生物分子反应，12项，14%
样品处理，21项，24%

二级技术分支

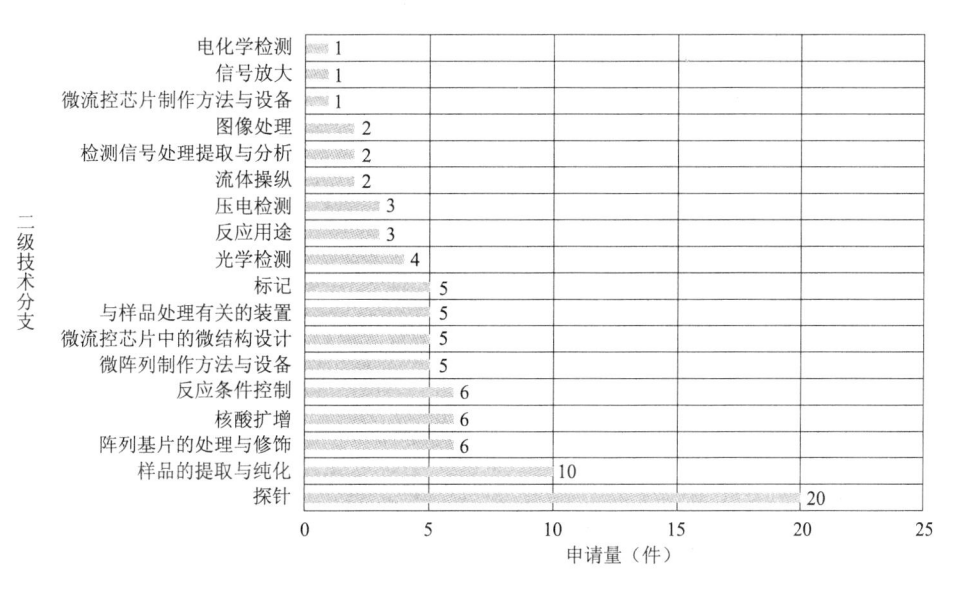

- 电化学检测 1
- 信号放大 1
- 微流控芯片制作方法与设备 1
- 图像处理 2
- 检测信号处理提取与分析 2
- 流体操纵 2
- 压电检测 3
- 反应用途 3
- 光学检测 4
- 标记 5
- 与样品处理有关的装置 5
- 微流控芯片中的微结构设计 5
- 微阵列制作方法与设备 5
- 反应条件控制 6
- 核酸扩增 6
- 阵列基片的处理与修饰 6
- 样品的提取与纯化 10
- 探针 20

申请量（件）

图4-4-4 中国申请人向国外申请二级技术分支申请量分布图

第 5 章 主要结论及建议

本报告第 2 章至第 5 章分别就生物芯片技术方面的技术和申请人以及重要专利进行分析研究,在以上分析研究的基础上形成了如下结论和建议。

5.1 主要结论

一、生物芯片相关全球专利申请发展态势

生物芯片技术发展经历了技术发展萌芽期、快速成长期,目前产业发展平稳。生物芯片技术自 1989 年开始,专利申请量从无到有,1998~2002 年专利申请量急剧上升,2003 年以后申请量略有下降并趋于稳定,目前专利申请量仍保持在较高的水平。在生物芯片技术发展的初期,美国申请人是这一技术领域的主要申请人并且在此阶段美国的专利申请多为基础性专利;2000 年以后,日本、欧洲、中国和韩国在生物芯片领域的专利申请量开始增加,尤其是日本申请人的申请量在 2003 年以后超越美国。

就专利地区分布和流向而言,在美国、日本、中国和韩国专利局的专利申请中,本国专利申请量最多。美国、日本申请人在美、日、欧、中、韩五个专利局中的比例都较高。相比而言,在中国申请人的全部申请国外布局中,除了在澳大利亚专利局申请量较大外,而在美、日、欧、韩四局中申请量比例很少。中国相对于美国、日本、欧洲和韩国处于专利申请逆差地位。

就申请人而言,在生物芯片技术领域,排名前 20 位的申请人主要来自美国和日本,占 15 个,企业占据专利申请量占总申请量的 60%,在行业技术创新中占绝对主导地位,合作申请占 25%,以企业与企业合作为主。

二、中、日、美、欧、韩申请人在各主要技术分支专利申请状况

1. 从申请人国籍分析各国在生物芯片技术分支中的侧重点

从表 5-1-1 中可以看出,各技术分支中,申请量最多的都是美国籍申请人,其中生物芯片的测序应用、生物芯片的诊断应用,系统集成和芯片封装 4 个技术分支中所占比例较大,均在 60% 以上,又以生物芯片的测序应用和生物芯片的诊断应用最多,分别占该技术分支专利申请量的 75% 和 72%,体现出美国在这些技术分支方面具有很强的实力。而日本籍申请人在多个技术分支中排在美国之后,成为第二大申请人,其中在光导合成、微流控制备方法和设备、微泵技术、样品处理和电泳芯片等技术中均在 20% 以上,其中光导合成技术最多,占 35%。欧洲在微流控芯片结构设计中的微通道技术和系统集成,以及生物芯片的测序应用方面高于日本。样品处理不仅是在生物检测领域,而且在更广泛的样品分析领域也至关重要,样品制备已经成为制约技术发

展的一个瓶颈,从数据可以看出,没有哪个国家在该技术方面具有绝对的实力,也就是说在生物芯片领域样品制备是各国都面临的技术难题。但这也是我国生物芯片企业的一个发展机遇。

表 5-1-1 主要技术分支专利申请人国籍分布

技术分支	主要国家/地区籍申请人分布				
	美国	欧洲	日本	中国	韩国
光导原位合成	48%	11%	35%	2%	3%
微通道	54%	16%	19%	3%	4%
微泵	49%	17%	21%	6%	3%
微阀	53%	16%	18%	4%	6%
芯片封装	63%	15%	11%	4%	3%
样品处理	36%	23%	29%	5%	3%
电泳芯片	51%	12%	28%	5%	1%
系统集成	63%	18%	10%	2%	6%
诊断应用	72%	11%	12%	2%	2%
测序应用	75%	17%	3%	3%	3%

生物芯片的应用是生物芯片发展的目的所在,然而在所分析的诊断应用和测序应用中,美国占据绝对地位,一方面说明美国籍申请人对生物芯片技术应用的重视,另一方面也反映出美国在生物芯片领域的研究走在其他各国的前面。相比而言,日本籍申请人则较为重视生物芯片的基础研究,对生物芯片的应用则在日本国内申请较多。中国和韩国的专利申请相对较少,但其中在生物芯片的测序应用方面中国与日本相差不多,但申请量都很少。

2. 从技术分支发展重点分析各国家和地区现状

总体而言,各技术分支经历了 2000 年前后的迅速发展之后,近年来发展趋于稳定。但不同的国家和地区在不同技术分支上面的发展却存在不同的发展情况,如在光导合成技术方面日本发展呈大幅增长趋势;在样品处理技术分支中,除了常规核酸扩增方法,近年来各国申请人特别是美国和中国籍申请人开始将一些新的扩增方法,例如采用连接酶链式反应、滚环扩增和核酸依赖的扩增与微流控技术相结合研发新的处理芯片;而中国和韩国籍申请人对微流控芯片制作方法与设备技术的关注度近几年逐渐提高,申请量呈增长趋势,另外,在微流控芯片中的微结构设计中,中国籍申请人在微通道和微泵技术方面的专利申请近年来呈增长趋势。芯片封装方面美国申请量降低,中国申请量增加,系统集成方面欧洲保持增长趋势,韩国稳定并保持较高申请量。

3. 从各技术分支中专利申请流向分析各国差异

表5-1-2 主要技术分支专利申请地区分布

技术分支	申请地区分布				
	美国	欧洲	日本	中国	韩国
光导原位合成	29%	21%	22%	8%	7%
微通道	31%	26%	17%	7%	4%
微泵	29%	26%	18%	8%	4%
微阀	30%	26%	18%	8%	4%
芯片封装	31%	26%	14%	8%	5%
样品处理	34%	20%	28%	10%	4%
电泳芯片	30%	23%	22%	7%	2%
系统集成	32%	25%	14%	7%	5%
诊断应用	36%	21%	14%	5%	3%
测序应用	32%	27%	11%	4%	2%

从表5-1-2中可以看出，整体而言，各技术分支专利申请目的国主要是美国、日本和欧洲，其中以美国最高，各技术分支专利申请所占比例均在30%左右，其次是欧洲，均在20%以上，日本整体较多，在生物芯片的测序应用方面的专利申请最少，仅11%，也在一定程度上反映出日本籍申请人在生物芯片的应用方面的侧重点有所不同。在华申请中，各技术分支大多在8%左右，生物芯片的诊断应用和测序应用在中国的专利申请较低。同时在研究中发现，在一些技术中，澳大利亚也是较大的专利申请目的国，如系统集成和生物芯片的测序应用在澳大利亚的专利申请比较大。

4. 从各技术分支中的主要申请人分析技术重点

在各个技术分支排名前10位的申请人，主要集中在美国和日本，还有荷兰的皇家飞利浦公司和韩国的三星公司虽起步较晚，但发展迅速。

美国籍申请人在生物芯片领域实力最为雄厚。昂飞公司研究较早，1994年前后该公司发展迅速，其研发重点集中在光导原位合成、样品处理、诊断应用和基因测序等技术分支，昂飞公司掌握着光导原位合成制备技术中的大部分关键技术。在专利申请方面，昂飞公司以本国为主，其次是欧洲和日本，在中国的专利申请量较少。卡钳生命科学公司专门从事微流控相关技术研究，在微流控芯片领域占据绝对优势。其研发重点集中在微流控芯的各个技术分支，涵盖微流控芯片制作方法、微通道技术、微泵技术、微阀技术、系统集成。卡钳生命科学公司以本国为重点，海外市场中重视欧洲地区、澳大利亚和日本的专利申请，在中国和韩国的申请量较少。

日本在生物芯片领域起步较晚，但发展迅速。日本的许多著名的光学仪器公司，如尼康公司、柯尼卡美能达公司、岛津公司、佳能公司、日立公司等利用其自身技术优势，在2000年之后纷纷进入生物芯片研究领域。其中，尼康公司的研发重点是光导合成制备方法，在专利申请方面以日本为主，海外市场的重点是美国、中国和韩国。柯尼卡美能达公司的研发重点是微泵技术，岛津公司的研发重点是电泳芯片技术。

韩国的三星公司是生物芯片领域的后进入者，2004年后申请量迅速增加，研发重点集中在微流控芯片领域，涵盖微流控芯片制作方法、微通道技术、微泵技术、微阀技术和系统集成。三星公司重视本国和美国的专利申请，其次是欧洲和日本。值得注意的是，三星公司在中国的专利申请较多，重视在中国的专利申请。

荷兰皇家飞利浦公司在2004年之后申请量增加迅速，其研发重点同样集中在微流控芯片领域，该公司重视欧洲地区的专利申请，其海外市场最为重视亚洲地区，主要包括中国、日本和印度，其次是美国。值得注意的是，皇家飞利浦公司非常重视在中国的专利申请，特别是涉及微流控芯片的相关技术。

三、向中国申请的相关专利情况

生物芯片领域在中国申请总体上趋于平稳，并保持较高申请量。就申请人分布来说，中国籍申请人申请量所占比例最大，日本、美国、欧洲和韩国籍申请人是在中国主要的外来申请人，相比其他四国和地区而言，中国籍申请人以大学为主，表明中国的研发主力军是大学。其中主要中国籍申请人包括：浙江大学、清华大学、博奥生物、中国科学院大连化学物理研究所、东南大学、天津生物芯片技术有限责任公司、南开大学、中国科学院上海微系统与信息技术研究所、上海交通大学和复旦大学。其他国家和地区籍主要申请人包括精工爱普生株式会社、皇家飞利浦公司、三星公司和佳能公司。

从技术上而言，相比日本、欧洲和韩国，美国籍申请人在多个技术分支领先，也就是说美国在生物芯片技术上的优势是比较明显的。日本籍申请人在微流控芯片制作方法与设备方面的专利申请较多。微阵列制作方法与设备、微流控芯片中的微结构设计、反应用途和微流控芯片制作方法与设备在近几年保持较高的年申请量，同时日本在系统集成方面的专利申请一直保持较为稳定的申请量。另外，我们注意到韩国凭借其在微电子方面的优势，在微流控芯片方面发展较好。所选主要技术中，中国籍申请人的专利申请量比较均衡，但是专利申请的持续性和稳定性有待加强；同时，如上所述中国籍申请人中以大学和研究机构最为突出，本领域产学研具有很大空间。

相比而言，中国籍申请人在其他国家专利申请中，总申请量不大，主要国家和地区是美国、欧洲、澳大利亚、日本和加拿大；涉及技术较多，合作申请占最大比例，其中博奥生物和清华大学的共同申请占有很大比例。

5.2 建 议

一、找准方向，加强跨领域合作，集中力量进行技术突破

研究中发现，在生物芯片领域中，无论国内国外，合作申请的均占有比较重要的地位，这与生物芯片技术本身就是生物学、微电子学和化学等多学科交叉的技术密切相关。到目前为止，没有哪个国家或者公司能够在生物芯片的所有环节上占据绝对的优势，因此，这对于我国生物芯片行业来说是一个发展机会。从前面的分析可以发现

(参见表 5-1-1) 我国申请人在光导原位合成、系统集成和诊断应用方面目前和美国、日本、欧洲、韩国 4 个国家/地区相比，所占比例最小。由于光导原位合成和系统集成是生物芯片的基础技术，疾病诊断则是生物芯片技术最具市场前景的应用，因此集中力量进行技术研发，争取实现技术突破对于我国生物芯片发展具有重要意义。我国可以将技术上占优势的产业和技术与生物芯片行业结合起来，例如清华大学在机电技术和光学检测技术、东南大学在微电子技术方面具有较强的实力，利用上述优势集中力量在生物芯片技术上加大研发力度，力争在上述生物芯片的关键技术有所建树，从而提高在国际上竞争力。从国际上的经验来看，要想超越美国，在生物芯片核心技术上占据一定优势必须借助本国行业的优势。最典型的例子就是日本，美国昂飞公司已经垄断了光导合成技术，其他国家或者公司要想在光导合成的基础技术方面有所突破非常困难，在这种情况下日本的一些大公司利用在精密仪器和光学检测方面所拥有的强大技术优势，例如尼康公司就对光原位引导合成的外围设备和方面进行很好的改进，从而在技术上占有一席之地。

而且我国拥有强大的机械制造业，如果我们能够充分利用这一优势，在芯片硬件设备的研发上整合力量，有可能取得较大的突破，在系统集成上拥有更多的自主知识产权。虽然目前美国在诊断应用方面一家独大，但是如果可以将生物芯片技术与我国传统产业结合起来，将非常有利于我国在生物芯片未来市场上的占有度。中医药是我国的传统瑰宝，而基于生物芯片的高通量、大规模、平行性分析标的物的能力，如果将这两者有机结合起来，将极大推动我国历史悠久的中医药资源的深度挖掘，同时也有可能为我们在生物芯片市场上占据一块新的领地。

二、产学研结合，提高企业创新能力

纵观整个技术的申请人情况，一方面，我们最有特色的就是我国申请人中大学和研究机构的专利申请占有很大的比例，并且其中很多大学和研究机构在多个技术分支具有相当的优势，如东南大学、中国科学院大连化学物理研究所、清华大学、上海交通大学、复旦大学等。但是大学和研究机构的技术优势在产业化的进程中不够顺畅；另一方面，我国现有的生物芯片企业除少数几个规模较大，拥有雄厚的研发实力之外，存在自主研发滞后，主要靠简单技术引进为主的问题。通过加强产学研的结合，在充分利用了大学和科研院所的研发能力，提高成果转化率的同时有利于帮助企业提升创新能力，从而强化其市场地位。这其中我国的博奥生物和清华大学的合作则是一个很好的例子。

三、有的放矢，兼顾核心专利与外围专利的研发，争取有利专利申请

研究中发现，在目前的生物芯片技术中，各分支的技术发展程度并不完全一致，技术垄断程度也有高有低。例如在样品处理领域，目前并没有哪个国家占据绝对优势，而分析发现我国在这一领域具有一定的技术能力。像这样的领域，如果能集中资金和研发资源，还是有可能通过核心专利的突破而占有一席之地的。

生物芯片领域的发展过程中，确实有少数申请人控制了各分支技术较多的基础专利，如昂飞公司等，这给技术的发展带来了一定的限制作用，但是从不断涌现的申请人中发现，许多公司采用外围专利战略，也能在专利申请方面占有一席之地，如尼康

公司在光导合成技术方面的专利申请。对于我国申请人来说，一方面不能放松发展我国的优势技术，继续加强核心专利的研发力度；另一方面也不放松外围专利的申请，获得较高质量的外围专利权有利于在专利权的实施中争取比较主动的地位，从而在生物芯片领域占有一席之地。

同时，在分析中发现，我国专利申请的质量仍有可提高的空间，因此加强企业知识产权人才的培养，提高申请质量也是本行业目前需要关注的方面。

附 录

表1 术语说明

××局	指中国国家知识产权局、美国专利商标局、欧洲专利局、日本特许厅、韩国知识产权局,澳大利亚知识产权局六个专利局,其中,欧洲专利局包括欧洲专利局和36个欧洲专利局成员国的专利局
××申请人	指申请人国籍为××国/地区的专利申请。"欧洲专利申请"是指申请人的国籍为36个欧洲专利局成员国之一的专利申请
××国专利申请	指××国/地区专利局所受理的专利申请。"欧洲专利申请"指欧洲专利局或36个欧洲专利局成员国的专利局所受理的专利申请
PCT申请	指按照《专利合作条约》(PCT)提出的国际专利申请
项	在进行专利申请数量统计时,对于数据库中以一族(这里的"族"指的是同族专利中的"族")数据的形式出现的一系列专利文献,计算为"一项"。一般情况下,专利申请的项数对应于技术的数目
件	在进行专利申请数量统计时,例如为了分析申请人在不同国家、地区或组织所提出的专利申请的分布情况,将同族专利申请分开进行统计,所得到的结果对应于申请的件数。一项专利申请可能对应于一件或多件专利申请
被引频次	某专利文献被后续的其他专利文献引用的次数
专利顺差	对于某一技术领域,当A国籍的申请人向B国家提交的专利申请件数大于具有B国籍的申请人向A国家提交的专利申请件数时,则称A国处于专利顺差地位
专利逆差	对于某一技术领域,当A国籍的申请人向B国家提交的专利申请件数小于具有B国籍的申请人向A国家提交的专利申请件数时,则称A国处于专利逆差地位

表2 生物芯片技术分类表

芯片制作	微阵列制作方法与设备	原位合成
		机械点样
		分子印章
	微流控芯片制作方法与设备	
	阵列基片的处理与修饰	液相芯片
		表面化学修饰
		基片结构

续表

芯片制作	微流控芯片中的微结构设计	微通道
		微泵
		微阀
	探针	探针设计
		探针固定
	芯片封装	
样品处理	样品的提取与纯化	
	核酸扩增	
	与样品处理有关的装置	
生物分子反应	反应条件控制	芯片清洗
		温度控制
	流体操纵	
	信号放大	
	反应用途	电泳芯片
		扩增芯片
		混合芯片
		样品制备芯片
	系统集成	
反应信号检测	标记	
	光学检测	
	压电检测	
	电化学检测	
	悬臂梁	
	热敏检测	
	磁检测	
	质谱检测	
数据处理	检测信号处理提取与分析	
	图像处理	
外围设备		
应用	药物筛选和新药开发	
	疾病诊断与病理分析	
	环境监测	
	食品检测	
	基础研究	
	通用	

表3 技术分支定义表

技术分支	定 义
光导合成	应用到了影印平板术和光掩模技术的微阵列芯片制备方法与设备
微流控芯片的制作方法与设备	微流控芯片的制作技术涉及将图形高精度地转移到芯片上的微细加工技术，主要包括光刻和刻蚀等。硅、玻璃和石英芯片微细加工技术的基本过程包括涂胶、曝光、显影、腐蚀和去胶等步骤。高分子聚合物微流控芯片的制作技术主要包括热压法、模塑法、注塑法、激光烧蚀法、LIGA 法（包括 X 射线深刻、微电铸和微复制三个环节）和软蚀刻法等
微通道	微通道是指实现微流控芯片的各个功能单元，如驱动、进样、预处理、分离系统中的通道构型的设计
微泵	微泵是指用于微流控芯片的实现微流量供给和控制的微型泵，用于微流控芯片的微泵主要包括机械微泵和非机械微泵。机械微泵的主要类型包括压电微泵、电磁微泵、静电微泵、气动力微泵、热气动力微泵、双金属记忆合金微泵；非机械微泵主要包括电渗泵、磁液态动力泵、电液态动力泵和基于毛细与蒸发作用的微泵
微阀	微阀是用于微流控芯片中的控制液体通过以降低其压力或改变其流量及流动方向的装置。主要分为有源阀和无源阀。有源阀（又称"主动阀"）利用外界制动力实现阀的开关或切换，主要包括静电微阀、压电微阀、形状记忆合金微阀、气动微阀等。无源阀（又称"被动阀"）不需要外部动力制动，利用流体本身流向和压力的变化实现微阀状态的改变，主要包括双晶片单向阀和凝胶阀等
芯片封装	芯片封装是指对微加工得到的玻璃或聚合物材料平面上的开放的微通道结构封合以形成封闭微管路的方法。硅、玻璃和石英芯片的封装方法主要包括热封接、阳极键合合低温黏结。高分子聚合物芯片的主要封装方法有热压法、热或光催化黏合剂黏合法、有机溶剂黏结法、自动黏结法、等离子氧化封接法、紫外照射法和交联剂调解法等
样品处理技术	样品处理是指在样品的制备以及对样品的待测组分进行提取、纯化、扩增的过程，使待测组分转变成易于测定的形式，生物芯片中的样品处理技术主要包括样品的提取和纯化、核酸扩增以及与样品处理相关的装置
反应用途	反应用途是指生物芯片中的生物分子反应的用途和目的，涵盖电泳芯片、扩增芯片、混合芯片、样品制备芯片。电泳芯片是指通过电泳效应实现物质分离的生物芯片
系统集成	主要针对微全分析系统（μTAS）进行研究，是一类实现化学分析系统从试样处理到检测的整体微型化、自动化、集成化与便携化的系统。最大限度地把分析实验室的功能转移到便携的分析设备中（如各类芯片），所以微全分析系统也被通俗地称为"芯片实验室"（Lab-on-a-chip）
诊断应用	生物芯片在遗传病诊断、肿瘤发病机理研究、致病微生物检测等临床中的应用
测序应用	属于基因结构和功能基础研究中的一项，应用基因芯片获得基因图谱从而排列出待测样品的序列